准噶尔盆地油气勘探开发系列丛书

准噶尔盆地油气田典型油气藏

（克拉玛依油田分册）

中国石油新疆油田公司 编

石油工业出版社

内容提要

本书以准噶尔盆地克拉玛依油田不同类型的典型油气藏为重点解剖对象，从区带油气田勘探开发历程、勘探经验与启示、油气藏典型石油地质特征和开发现状等几个方面进行了系统的研究和总结，并以图件为主、图注为辅的形式进行展示。该书兼容了专著、图册和志书的特点，具有简练直观、快速入门和查询方便的功能，同时，兼具专业工具书和培训教材的特点。

本书可供从事油气勘探开发和石油地质研究领域的科研人员及相关院校师生学习和参考。

图书在版编目（CIP）数据

准噶尔盆地油气田典型油气藏. 克拉玛依油田分册 / 中国石油新疆油田公司编. —北京：石油工业出版社，2020.12

（准噶尔盆地油气勘探开发系列丛书）

ISBN 978-7-5183-4392-8

Ⅰ.①准… Ⅱ.①中… Ⅲ.①准噶尔盆地 – 油气藏 ②克拉玛依油田 – 油气藏 Ⅳ.① P618.13

中国版本图书馆 CIP 数据核字（2020）第 229544 号

出版发行：石油工业出版社

（北京安定门外安华里 2 区 1 号　100011）

网　　址：www.petropub.com

编辑部：（010）64523543　　图书营销中心：（010）64523633

经　　销：全国新华书店

印　　刷：北京中石油彩色印刷有限责任公司

2020 年 12 月第 1 版　2020 年 12 月第 1 次印刷

889×1194 毫米　开本：1/16　印张：16.25

字数：350 千字

定价：200.00 元

（如出现印装质量问题，我社图书营销中心负责调换）

版权所有，翻印必究

准噶尔盆地油气田典型油气藏
（克拉玛依油田分册）

编　委　会

主　　任：支东明

副 主 任：王小军　宋　永

委　　员：朱　明　郭旭光　梁则亮

编写项目组

组　　长：李学义

副 组 长：王屿帝

编写人员：杨新平　陈　磊　李世宏　罗官幸
　　　　　汪　飞　杨思迪　芦　慧　马万云
　　　　　张译丹　张利锋　王　鑫　任江玲
　　　　　潘　虹　赵清润　曹元婷

前言 / FOREWORD

准噶尔盆地油气资源丰富，油气藏类型多样。经历了 60 多年的勘探开发，截至 2018 年底，共发现油气田 33 个。其中，按油气藏圈闭成因类型可划分为构造油气藏、岩性油气藏、地层油气藏和复合型油气藏；按油气藏岩性可划分为砾岩油气藏、砂岩油气藏和火山岩油气藏；按原油性质可划分有稀油油藏、稠油—超稠油油藏和凝析油气藏；按勘探开发难度和连续油气藏成藏理论可划分为常规油气藏和非常规油气藏等。因此，准噶尔盆地是目前国内陆上油气资源量当量超百亿吨且油气藏类型最为丰富的含油气盆地之一。

为了全面总结和再现准噶尔盆地不同类型油气田和油气藏的石油地质特征、勘探开发历程，并为今后深化油气勘探开发提供可借鉴的经验和可类比的资料，同时，也为后人留下珍贵的、可追溯的油气藏勘探开发历史印记，《准噶尔盆地油气田典型油气藏》以准噶尔盆地腹部、南缘、东部和西北缘四大区带和 33 个油气田为基础，选择不同类型的典型油气藏为重点解剖对象，即分区带、油气田、油气藏三个层次并以勘探开发图件为主、图注（知识点）为辅的展现形式进行归纳和提炼。

该套丛书分七个分册进行编纂，即腹部分册、南缘分册、准东北部分册、准东南部分册、西北缘克拉玛依油田分册、西北缘红—车—拐分册和西北缘乌—夏—玛湖分册。本书综合了知识点的提炼和勘探开发历程的追溯、经验与认识的总结以及地质图件展示的特点，是一部通俗易懂、快速入门、简练直观、查询方便的专业工具书，又是一部抚今追昔、育人成才的教科书和培训教材，可为从事油气勘探开发研究的科研人员提供重要的参考和启迪。

　　本分册在编纂过程中得到了中国科学院西北分院油气中心杜社宽、李桂萍等，新疆侏罗纪石油技术开发有限公司丁鹏、谢鹏鲲等的大力协助，在此一并致谢！

　　本分册的编纂得到国家科技重大专项"准噶尔前陆冲断带油气成藏、关键勘探技术及新领域目标优选"（编号：2016ZX05003-005）的资助。

　　由于笔者水平有限，加之对该专著内容和形式的创新编纂，难免存在不妥之处，敬请读者批评指正。

目录 / CONTENTS

第一章 克拉玛依油田概况 ··· 1

第二章 石油地质条件及勘探开发历程 ····································· 5
 第一节 石油地质条件 ··· 5
 第二节 勘探历程及启示 ·· 16
 第三节 开发历程与难点对策 ··· 23

第三章 典型油气藏 ·· 29
 第一节 一区三叠系克拉玛依上亚组油藏 ···························· 29
 第二节 一区克浅 10 井区侏罗系西山窑组油藏 ····················· 44
 第三节 四区金 003 井区三叠系克拉玛依上亚组油藏 ·············· 58
 第四节 五区二叠系上乌尔禾组油气藏 ······························ 71
 第五节 六区侏罗系齐古组油藏 ····································· 86
 第六节 七区三叠系克拉玛依下亚组油藏 ··························· 101
 第七节 七中东区侏罗系三工河组油藏 ······························ 115
 第八节 八区二叠系佳木河组油藏 ··································· 129
 第九节 八区二叠系下乌尔禾组油藏 ································· 144
 第十节 八区 446 井区三叠系白碱滩组油藏 ························ 158
 第十一节 八区 552 井区侏罗系八道湾组油藏 ····················· 173
 第十二节 九区石炭系油藏 ··· 188
 第十三节 九区侏罗系八道湾组油藏 ································· 204

第十四节　九区侏罗系齐古组油藏………………………………………… 219

第十五节　九区 93850 井区白垩系清水河组油藏…………………………… 235

参考文献……………………………………………………………………… 250

第一章 克拉玛依油田概况

地理特征

克拉玛依油田位于新疆克拉玛依市境内，行政隶属克拉玛依市管辖，距克拉玛依市 36km，构造上位于准噶尔盆地西部隆起克—乌断裂带和中拐凸起（图 1-1）。地貌特征较单一，多为广阔平坦的戈壁滩，平均地面海拔 300m。在戈壁的低洼处，依靠自然降水或地下潜流，生长着稀疏梭梭柴、红柳、胡杨、沙枣及多年生禾草植物。野生动物有黄羊、野兔、狐狸等。克拉玛依地区属于典型的大陆性荒漠气候，平均年降水量为 108.9mm，蒸发量为 3008.9mm。冬夏和昼夜温差大、年平均气温 8.3℃，历年极端高温达 42.9℃，极端低温 –39.5℃。交通便利，有机场、铁路、高速公路等。

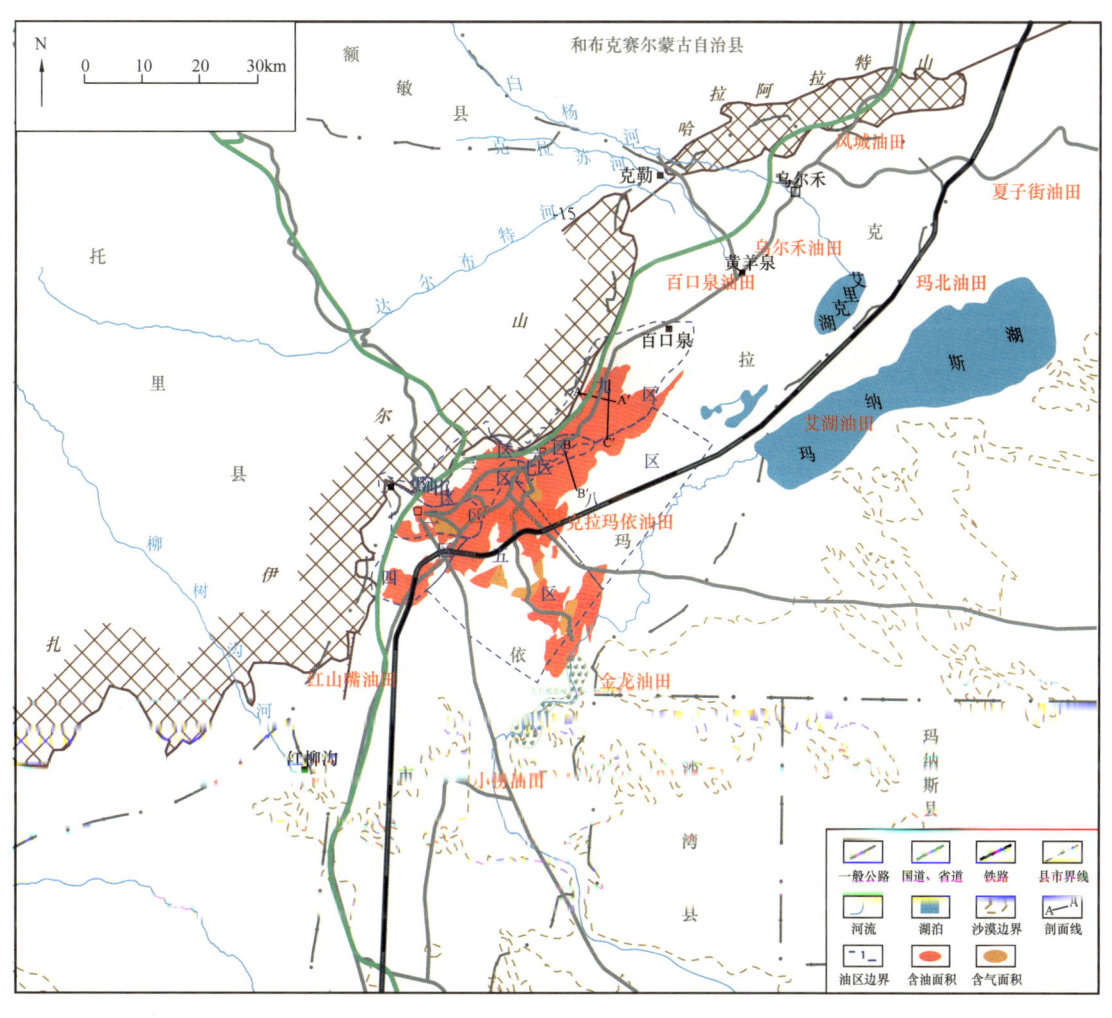

图 1-1 准噶尔盆地西北缘克拉玛依油田地理位置与行政区划图

资源状况

根据第四次油气资源评价结果,克拉玛依油田石油资源量约为 $13.5×10^8$t,占盆地石油总资源量的 13.5%;天然气资源量约为 $764.3×10^8m^3$,占盆地天然气总资源量的 3.3%(图 1-2)。截至 2018 年底,累计探明石油地质储量 $10.0×10^8$t,探明率为 74.6%,累计探明天然气地质储量为 $214.9×10^8m^3$,探明率为 28.1%,克拉玛依油田已进入勘探阶段的中后期(图 1-3、图 1-4)。

(a) 石油资源占比

(b) 天然气资源占比

● 图 1-2 准噶尔盆地西北缘克拉玛依油田油气资源占比图

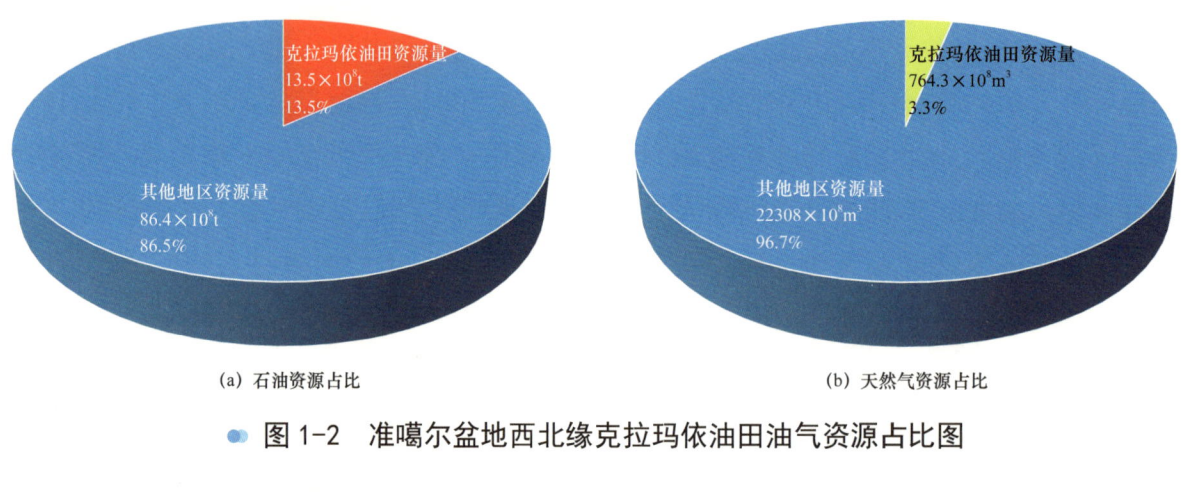

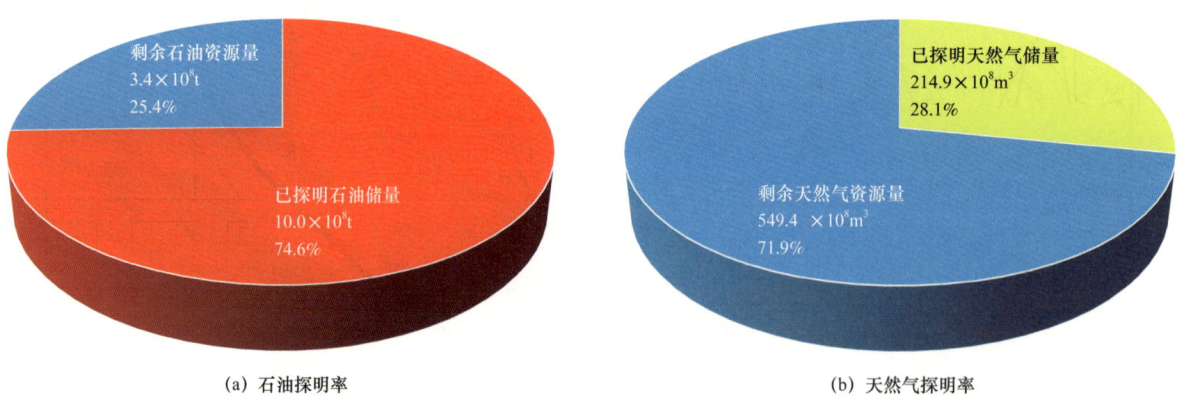

(a) 石油探明率

(b) 天然气探明率

● 图 1-3 准噶尔盆地西北缘克拉玛依油田油气探明率图

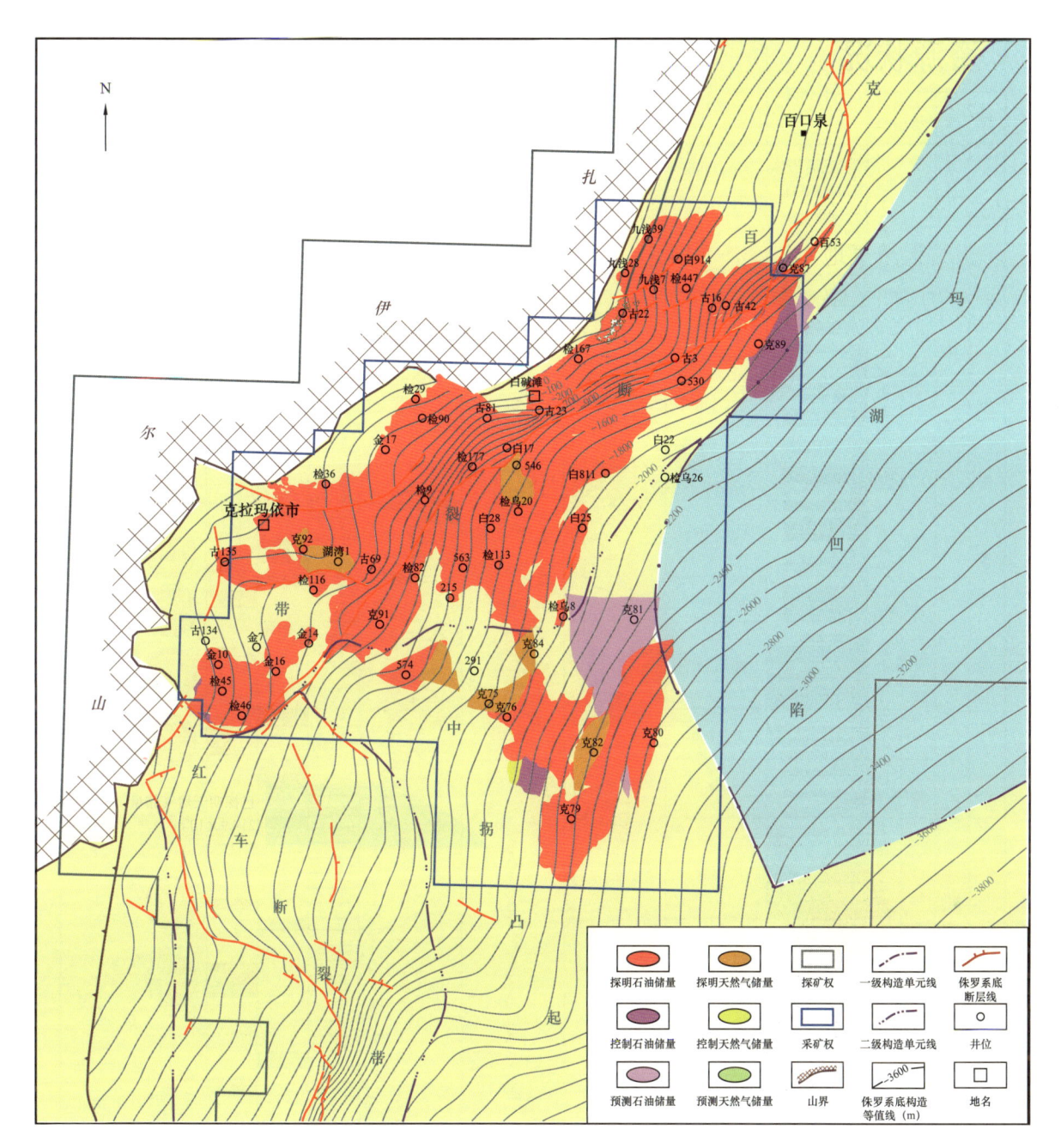

图 1-4　准噶尔盆地西北缘克拉玛依油田勘探现状图

地质特征

克拉玛依油田石炭系至第四系发育，石炭系与二叠系、三叠系与三叠系、二叠系与侏罗系为区域性不整合接触。油气主要来源于玛湖凹陷二叠系风城组、佳木河组和下乌尔禾组。区内发育双重介质型、冲积—洪积相砾岩和河流相砂岩三类储层，纵向上多层系含油（图 1-5）。

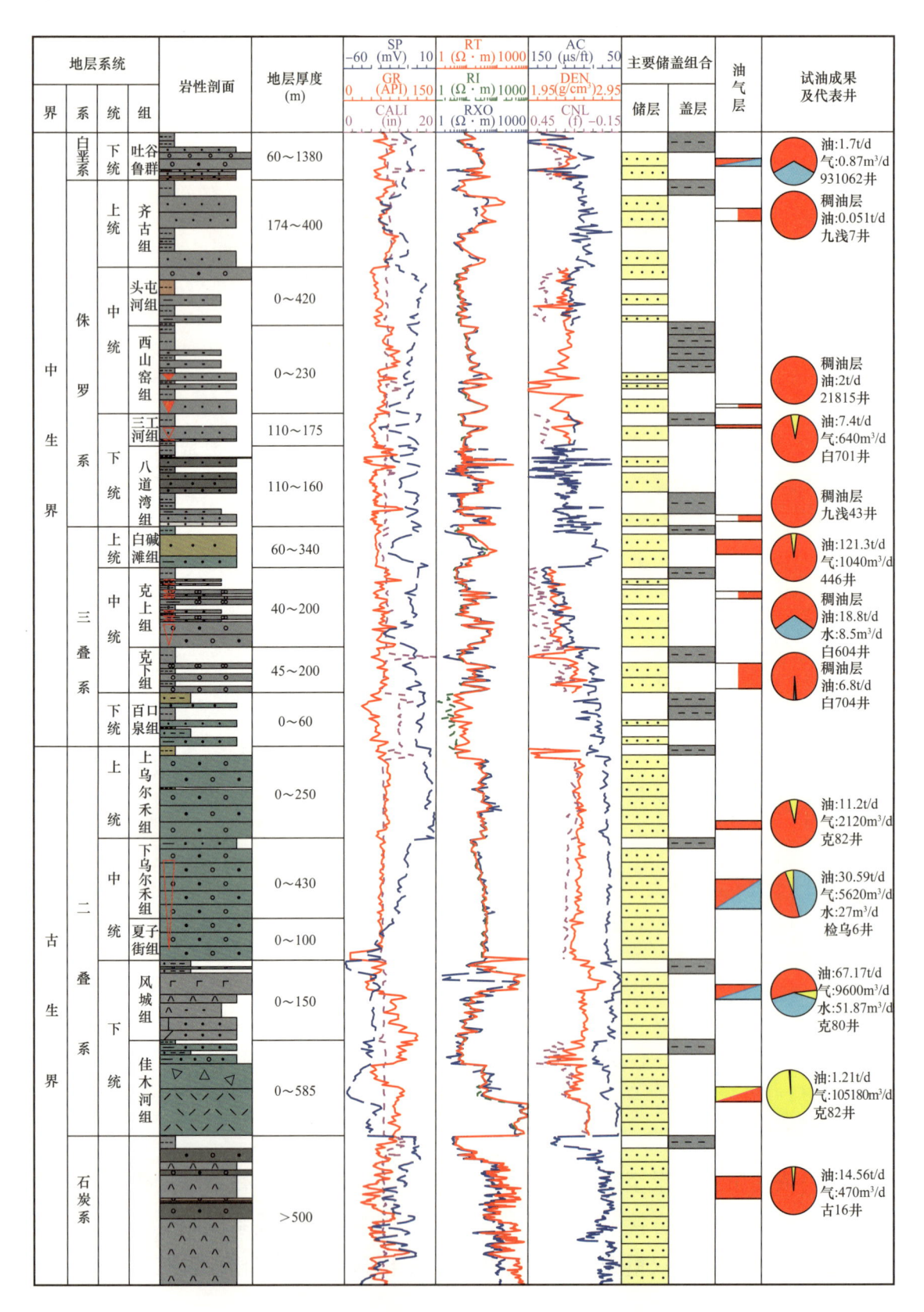

图 1-5 准噶尔盆地西北缘克拉玛依油田地层综合柱状图

第二章　石油地质条件及勘探开发历程

第一节　石油地质条件

克拉玛依油田共分为一区、二区、三区、四区、五区、六区、七区、八区、九区、黑油山区10个开发区，大约包括180个油气藏；含油气层系主要为侏罗系齐古组、西山窑组、八道湾组，三叠系白碱滩组、克拉玛依组上亚组（简称克上组）、克拉玛依组下亚组（简称克下组），二叠系上乌尔禾组、风城组、佳木河组，依据油藏类型、油藏特征、储量规模、开发效益等要素，选取15个典型油气藏进行石油地质特征分析（图2-1、表2-1）。

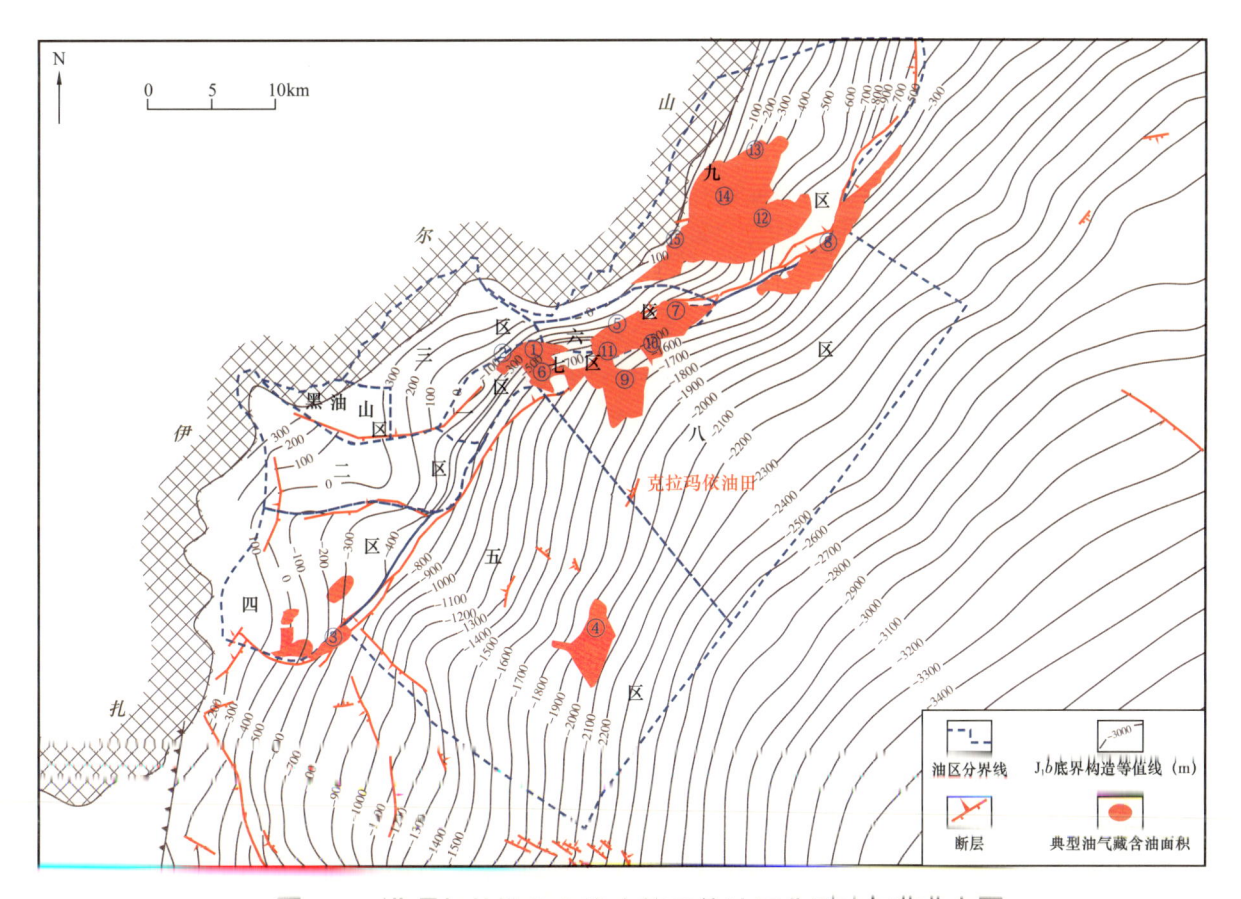

图2-1　准噶尔盆地西北缘克拉玛依油田典型油气藏分布图

①一东区三叠系克拉玛依上亚组油藏；②一区克浅10西山窑组油藏；③四区壹003井区克拉玛依上亚组油藏；④五区市二叠系上乌尔禾组油气藏；⑤六区侏罗系齐古组油藏；⑥七西区三叠系克拉玛依下亚组油藏；⑦七中东区侏罗系三工河组油藏；⑧八区二叠系佳木河组油藏；⑨八区二叠系下乌尔禾组油藏；⑩八区446井区三叠系白碱滩组油藏；⑪八区552井区侏罗系八道湾组油藏；⑫九区石炭系油藏；⑬九区侏罗系八道湾组油藏；⑭九区侏罗系齐古组油藏；⑮九区93850井区白垩系清水河组油藏

表 2-1　准噶尔盆地西北缘克拉玛依油田典型油气藏参数表

序号	计算单元 井区块	层位	计算面积（km²）	地质储量 原油（10⁴t）	地质储量 溶解气（10⁸m³）	原油类型	油藏类型	上报年度
1	一区	T_2k	5.8	616.81	—	稀油	构造岩性	2009
2	一区克浅10	J_2x	1.4	108.76	—	稠油	构造岩性	2003
3	四区	T_2k_2	4.57	411.08	—	稠油	构造岩性	2006
4	五区	P_3w	14.3	712.47	10.99	稀油	构造岩性	2000
5	六区	J_3q	11.03	2181.12	—	稠油	构造岩性	2000
6	七区	T_2k_1	12.6	882.65	8.09	稀油	构造岩性、构造断块	2009
7	七中东区	J_1s	6.73	197.52	2.23	稀油	构造岩性	2006
8	八区	P_1j	14.6	544.43	6.76	稀油	构造岩性	1991
9	八区	P_2w	44.67	9385.73	168.23	稀油	构造岩性	1996—2011
10	446井区块	T_3b	25.67	1378.4	9.28	稀油	构造岩性	1993、2013
11	八区552	J_1b	14.9	836.86	7.18	稀油	构造岩性	1987、2008
12	九区	C	73.19	7125.05	30.23	稀油	块状构造	1985—2018
13	九区	J_1b	19.98	2601.48	—	稀油+稠油	构造岩性、断块	1993—2014
14	九区	J_3q	54.64	11101.99	—	稠油	构造岩性	1983
15	九区	K_1q_1	3.98	677.2	—	稠油	构造岩性	2015

一、构造

准噶尔盆地西北缘断裂带靠近扎伊尔山褶皱带，具有典型的三段式构造特征，自南向北，红（红山嘴）—车（车排子）断裂带为基底卷入冲断构造模式，克（克拉玛依）—百（百口泉）断裂带为断阶构造模式，乌（乌尔禾）—夏（夏子街）断裂带为断褶构造模式。克拉玛依油田构造上主体位于准噶尔盆地西部隆起克—乌断裂带。克—乌断裂带在构造剖面为断阶状，多为三、四级断阶，它形成于石炭纪末，结束于侏罗纪晚期，主断裂具有明显的同沉积性，上盘地层缺失多，沉积厚度小，而下盘地层缺失少，沉积厚度大。区内发育的次一级断裂还有南黑油山断裂、北黑油山断裂、克拉玛依西部断裂、大侏罗沟断裂、白碱滩南断裂、白碱滩北断裂、九区中部断裂等，这些逆冲断裂的断距一般为几十米至几百米不等，是分割不同勘探开发区域的主要断裂。西北缘断裂带上盘石炭系经过海西运动剧烈褶皱变质后，又遭受长期风化剥蚀夷平，风化壳发育，形成石炭系油藏，其上三叠系克拉玛依组—白碱滩组、侏罗系八道湾组—头屯河组、侏罗系齐古组及白垩系吐谷鲁群四套地层沉积超覆范围逐渐变大。由于印支运动和燕山运动影响，地层保存不完整，局部地区缺失三叠系，石炭系向上依次为三叠系克拉玛依组、三叠系白碱滩组、侏罗系，石炭系与克拉玛依组之间为不整合接触。按构造特征可分为斜坡区、断裂带及超覆尖灭带，斜坡区至断裂带主要为稀油油藏，超覆尖灭带为稠油油藏。

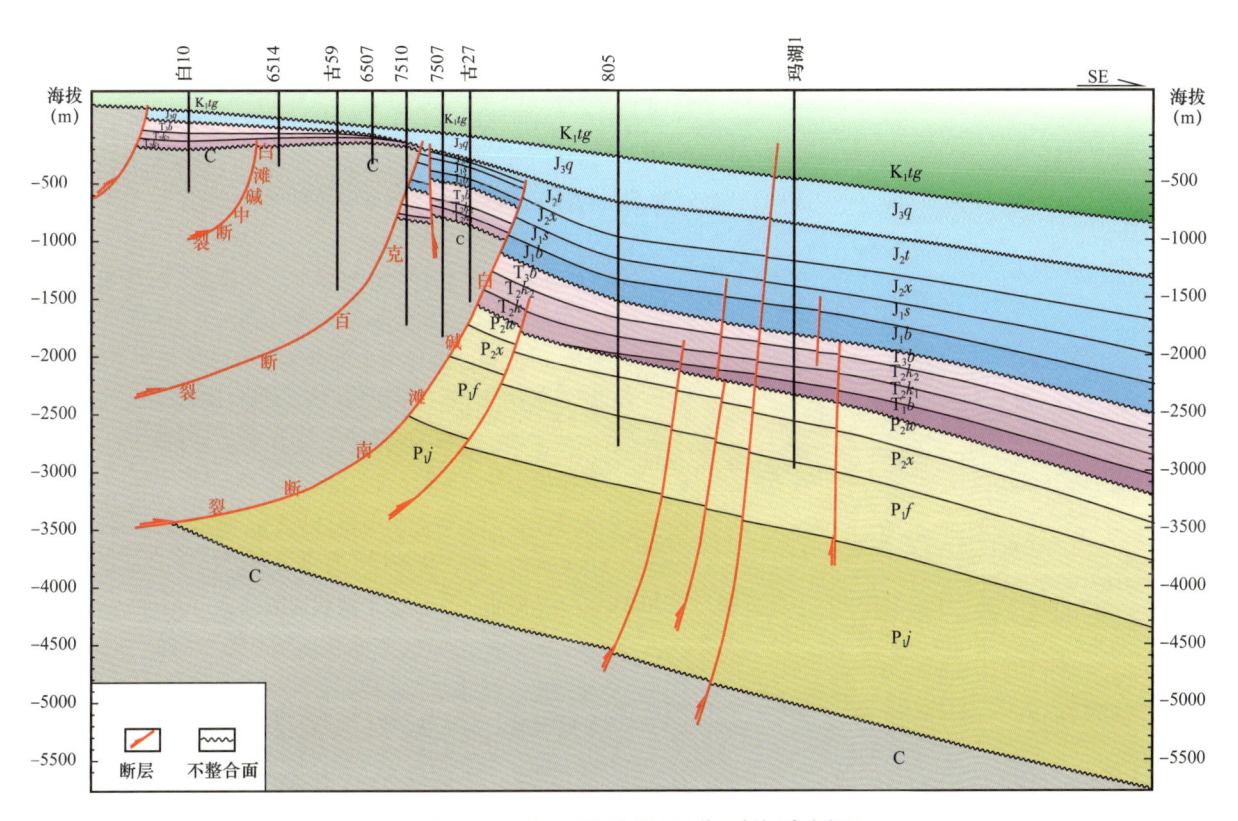

图 2-2 克拉玛依油田典型构造剖面

二、地层

地层自下而上发育石炭系（C），二叠系佳木河组（P_1j）、风城组（P_1f）、夏子街组（P_2x）、下乌尔禾组（P_2w）、上乌尔禾组（P_3w），三叠系百口泉组（T_1b）、克拉玛依下亚组（T_2k_1）、克拉玛依上亚组（T_2k_2）、白碱滩组（T_3b），侏罗系八道湾组（J_1b）、三工河组（J_1s）、西山窑组（J_2x）、头屯河组（J_2t）、齐古组（J_3q），白垩系吐谷鲁群（K_1tg），新近系（N），第四系（Q）。其中石炭系与二叠系、二叠系与三叠系、三叠系与侏罗系为区域性不整合接触（图1-5，表2-2）。

表 2-2　克拉玛依油田地层简况表

系	统	组		符号	钻遇厚度(m)	岩相岩性简述
白垩系	上统 K₂	艾里克湖组		K₂a		灰白色砂岩，灰色、灰褐色砾岩及棕红色砂质泥岩
	下统 K₁	吐谷鲁群		K₁tg		中上部岩性为灰色泥岩、泥质粉砂岩、粉砂岩、细砂岩，底部为灰绿色砂砾岩
侏罗系	上统 J₃	齐古组		J₃q	172～402	辫状河流相；岩性为砂砾岩、中细砂岩、细砂岩、砂质泥岩和泥岩，与下伏地层不整合接触
	中统 J₂	头屯河组		J₂t	0～419	辫状河流相；岩性为砂砾岩、细砂岩、砂质泥岩和泥岩，与下伏地层不整合接触
		西山窑组		J₂x	0～230	辫状河流相；岩性主要为灰绿色—浅灰色泥岩和细砂岩、中细砂岩、含砾不等粒砂岩、砂砾岩，与下伏地层不整合接触
	下统 J₁	三工河组		J₁s	109～175	辫状河流相；岩性为中细砂岩、小砾岩、砂质泥岩和泥岩，与下伏地层不整合接触
		八道湾组		J₁b	108～160	辫状河流相；岩性为中细砂岩、含砾砂岩、小砾岩、砂质泥岩和泥岩，与下伏地层不整合接触
三叠系	上统 T₃	白碱滩组		T₃b	58～336	三角洲相；岩性为细砂岩、泥质粉砂岩和泥岩，与下伏地层不整合接触
	中统 T₂	克拉玛依组 T₂k	上亚组	T₂k₂	43～192	辫状河流相；岩性为中粗砂岩、砂质小砾岩、砂质泥岩和泥岩，与下伏地层不整合接触
			下亚组	T₂k₁	45～189	冲积扇；岩性为不等粒砾岩、不等粒小砾岩、中粗砂岩、细砂岩、泥岩，与下伏地层不整合接触
	下统 T₁	百口泉组		T₁b	0～54	冲积扇；岩性为不等粒砾岩、不等粒小砾岩、砂质泥岩、泥岩，与下伏地层不整合接触
二叠系	上统 P₃	上乌尔禾组		P₃w	0～429	冲积扇；岩性为砾岩、砂质不等粒砾岩、砂质泥岩、含砾不等粒砂岩，与下伏地层不整合接触
	中统 P₂	下乌尔禾组		P₂w	80～815	冲积扇；岩性为砂质不等粒砾岩夹泥岩、砂岩及煤线，泥岩与砾岩、砂岩互层，与下伏地层不整合接触
		夏子街组		P₂x	0～100	冲积扇；岩性为砾岩、泥质砂岩，与下伏地层不整合接触
	下统 P₁	风城组		P₁f	0～148	火山喷出相；岩性为火山岩、白云质凝灰岩、白云质泥岩，与下伏地层不整合接触
		佳木河组 P₁j	上亚组	P₁j₃	0～585	火山喷出相；岩性为火山岩、火山角砾岩、火山角砾凝灰岩、砂岩、泥质白云岩、灰质砂砾岩，与下伏地层不整合接触
			中亚组	P₁j₂		
			下亚组	P₁j₁		
石炭系	上统 C₂	泰勒古拉组		C₂t	30～2450	灰色、灰绿色、紫红色薄层状凝灰岩，灰色粉砂岩夹辉绿岩、玄武岩、细碧岩
	下统 C₁	包古图组		C₁b	471～1297	薄层状灰黑色凝灰质泥岩、凝灰质粉砂岩夹硅质岩、砂岩
		希贝库拉斯组		C₁x	2286	厚层状灰色、深灰色砂岩与凝灰岩互层，局部夹火山岩和生物灰岩

三、烃源岩及油气源

二叠系佳木河组烃源岩在五八区及车排子地区有机质丰度普遍低，仅风城 1 井存在一套暗色泥岩有机质丰度较高，有机碳含量平均为 7.40%，生烃潜量（S_1+S_2）平均为 6.60mg/g，达到了好的烃源岩标准。有机质类型主要为Ⅲ型，处于高成熟演化阶段，为一套好的气源岩。

二叠系风城组烃源岩在玛湖凹陷有多口井钻遇，自下而上分为三段，岩性主要为白云质泥岩、白云质粉砂岩、泥质白云岩和混积岩夹碱矿层，为一套碱性湖相沉积。风城组有机碳含量平均为 1.18%，生烃潜量（S_1+S_2）平均为 5.55mg/g，达到了中等—好的烃源岩标准。有机质类型以Ⅰ型和Ⅱ$_1$型为主，处于低成熟—高成熟演化阶段，在玛湖凹陷中心区推测已达过成熟演化阶段，具有很强的生烃潜力。

二叠系下乌尔禾组烃源岩在玛湖凹陷钻遇井较多，岩性以暗色泥岩为主，个别井可见薄层的碳质泥岩。烃源岩生烃潜力普遍较低，有机碳含量平均为 1.42%，生烃潜量（S_1+S_2）平均为 1.31mg/g，主要以差—中等的烃源岩为主。有机质类型主要为Ⅲ型，个别为Ⅱ$_2$型和Ⅱ$_1$型，处于成熟—高成熟演化阶段，生油潜力较低。

克拉玛依油田断裂上盘一区、四区、五区、六区、七区、九区原油以及断裂下盘八区原油具有高丰度的 β—胡萝卜烷与 γ—蜡烷，姥植比（Pr/Ph）小于 1，原油母质以水生生物为主，处于咸化的强还原沉积环境，与二叠系风城组烃源岩具有很好的相似性，油源来自玛湖凹陷成熟的风城组烃源岩。一区和八区部分原油油质轻，三环萜烷含量高于五环藿烷，C_{20}、C_{21} 和 C_{23} 三环萜烷呈"下降型"或"山谷型"，原油碳同位素组成相对略偏重，这类原油主要来自高成熟的二叠系风城组烃源岩（图 2-3）。

五区上乌尔禾组气藏甲烷含量高，为 93% 左右，甲烷干燥系数为 0.95 左右，接近干气。天然气碳同位素组成整体偏重，甲烷碳同位素为 -35.07‰~-32.93‰，乙烷碳同位素为 -28.18‰~-26.41‰，与克 80 井区佳木河组气藏性质特征相近，属于腐殖型气，气源主要来自高成熟的二叠系佳木河组烃源岩（图 2-4）。

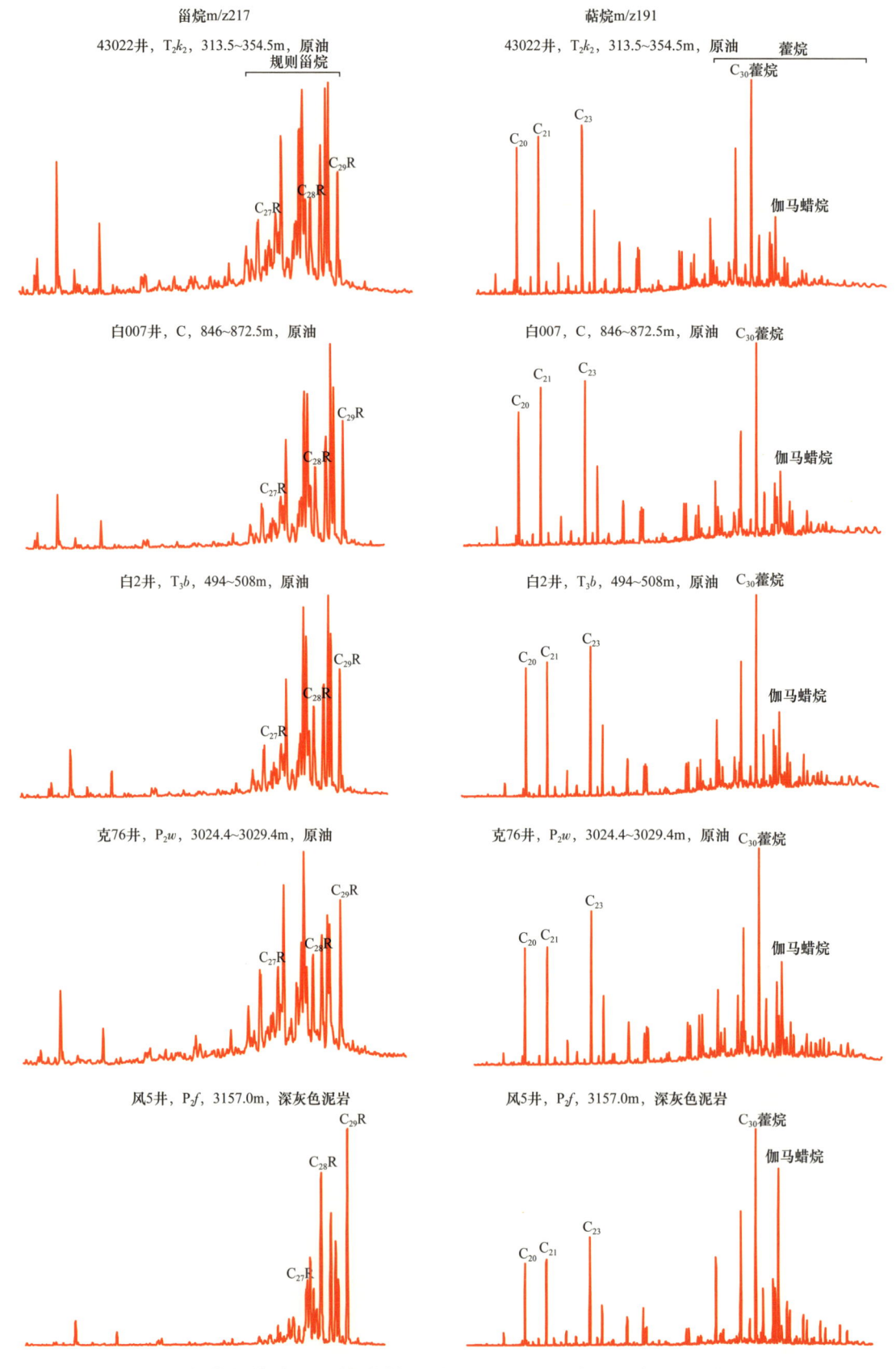

图 2-3 准噶尔盆地西北缘克拉玛依油田来自风城组成熟烃源岩油源对比图

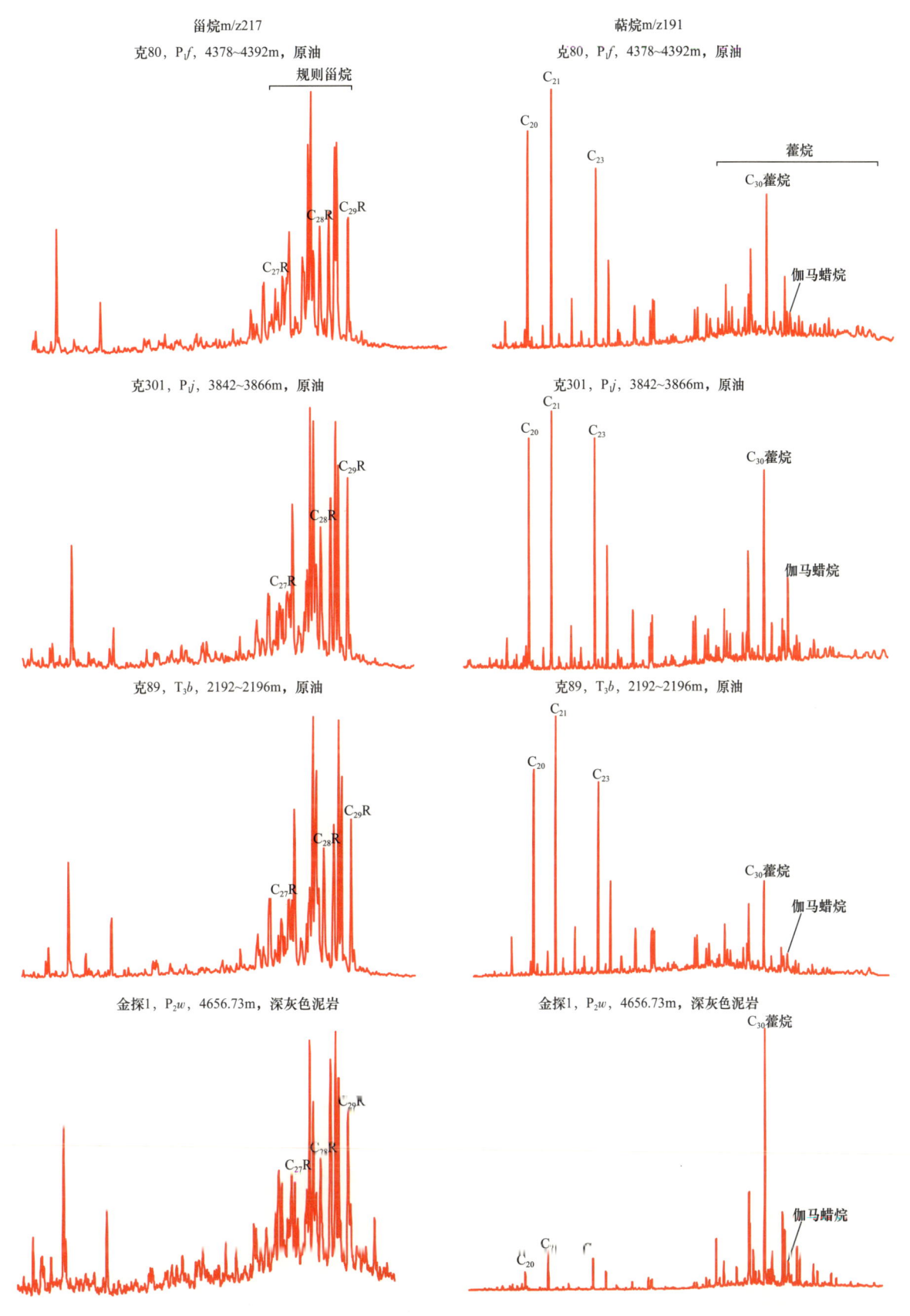

图 2-4　准噶尔盆地西北缘克拉玛依油田来自风城组高成熟烃源岩油源对比图

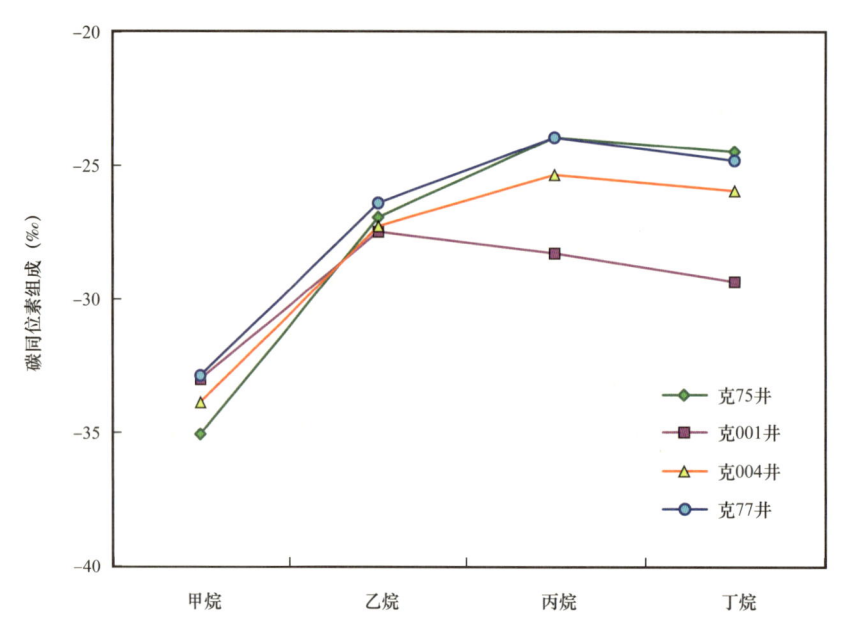

图 2-5 准噶尔盆地西北缘克拉玛依油田天然气碳同位素分布特征图

四、储层

克拉玛依油田按储层岩性可以为三大类，分别为石炭系—下二叠统火山岩储层、中二叠统—三叠系砾岩储层和侏罗系砂岩储层（表 2-3）。

表 2-3 准噶尔盆地西北缘克拉玛依油田储层类型综合表

序号	类型	主要储集空间	沉积相类型	沉积厚度（m）
1	石炭系—下二叠统火山岩储层	次生溶孔、裂缝	溢流相、爆发相	>30
2	中二叠统—三叠系砾岩储层	次生孔隙、裂缝	冲积扇相	>30
		原生粒间孔隙	冲积—洪积相、河流相、扇—三角洲	1.5~20
3	侏罗系砂岩储层	原生粒间孔隙	辫状河流相	60~140

（一）石炭系—下二叠统火山岩储层

这类储层结构极为复杂，以火山喷发岩和高度成熟的沉积碎屑岩为主，其主要特征是：① 岩石致密坚硬。无论是火山喷发的玄武岩油藏，还是深埋藏成岩作用强烈的砂砾岩油藏，岩石致密坚硬是共同的特征。② 储层为块状，有效厚度一般在 30m 以上。③ 储层物性差。砂砾岩分析孔隙度 0.1%~18.73%，平均 3.21%，渗透率 0.01~486.96mD，平均 0.39mD；凝灰岩分析孔隙度 0.06%~15.12%，平均 2.85%，渗透率 0.02~230.34mD，平均 0.77mD；安山玄武岩分析孔隙度 0.15%~20.98%，平均 4.47%，渗透率 0.02~200.41mD，平均 1.0mD，属特低孔隙度、特低渗透储层（九区石炭系油藏）。④ 孔隙结构复杂，以次生孔隙为主。孔喉分布多峰甚至无峰，喉道半径0.025～2μm，毛细管压力曲线显示孔隙分选差、细歪度，曲线平台长度小。次生孔隙占84%以上。⑤ 裂缝分布复杂。尤其是火山岩，裂缝的成因多种、性质多种、产状多样、时间多期、充填多层次、密度多变。

（二）中二叠统—三叠系砾岩储层

储层主要特征为：① 沉积相带变化剧烈。冲积扇砾岩可分为扇顶、扇中、扇缘三带。扇顶砾岩单层厚7～20m，宽200m左右，而扇中厚度仅1.5～3m，宽500～700m，扇缘砾岩单层厚则在2m以下。砾岩层间泥岩隔层在扇顶不发育，连续性差，到扇中或辫状河流相连续性相对变好，一般厚1.5～6m，宽度可达2000～2400m。② 岩性变化急剧。冲积相砾岩储层多为瞬时强水流沉积，是近物源环境产物，粒度组成复杂，砾、砂、泥混杂堆积，成层性差，颗粒分选不好，分选系数3～8，泥质含量10%～18%。在垂向上一般为正韵律，但颗粒的韵律变化不明显，均匀的岩性厚度小段仅0.31～0.47m。③ 物性差异大。断阶带上的各油藏，砾岩储层埋深由200m到3000m不等。断裂上盘孔隙度较大，为4.4%～27.2%，平均15.3%，渗透率0.03～1400mD，平均62.1mD，属中孔隙度、中渗透率储层（一区克拉玛依上亚组油藏、七区克拉玛依下亚组油藏）；下盘孔隙度变小，一般2.8%～21.6%，平均11.0%，渗透率0.05～6.0mD，平均1.2mD，属低孔隙度、特低渗透率储层（八区乌尔禾组油藏）。④ 微观孔隙结构复杂。砾岩孔隙属复模态结构或多级支撑结构。一般孔隙直径均值100～200μm，而喉道半径均值0.1～2μm，孔大喉小，分选不好。

（三）侏罗系砂岩储层

该类储层主要特征为：① 齐古组底部深度为120～420m，平均260m，沉积厚度60～140m，平均100m，为辫状河流相沉积。齐古组剖面上可明显划分出三个正韵律，自上而下分为J_3q_1、J_3q_2、J_3q_3三个砂层组。其中J_3q_1、J_3q_3仅在局部地区含油，主要开发层系为J_3q_2砂层组。储层岩性为灰绿—浅灰色细粉砂岩、中粗砂岩和含砾砂岩。储集空间主要为原生粒间孔隙，孔径在300～400μm之间，其次为粒间溶蚀孔、粒内孔以及杂基细孔和解理缝。孔隙分布属粗歪度，但油层非均质比较严重。油层有效厚度5～30m，平均13.5m，分析孔隙度20.3%～35.4%，平均27.4%，渗透率52.4～5003mD，平均756.3mD，属高孔隙度、高渗透率储层（九区齐古组稠油油藏）。② 八道湾组属辫状河流相沉积，沉积厚度平均80m，八道湾组自上而下划分为J_1b_1、J_1b_2、J_1b_3、J_1b_4、J_1b_5五个砂层组。而油层主要分布在J_1b_4、J_1b_5砂层组中，油层主要岩性为粗砂岩、中细砂岩及砂质砾岩。分选中等，磨圆度半圆状，泥质胶结，胶结中等—疏松。孔隙类型主要以粒间溶孔为主，其次为粒间孔、粒内溶孔等。八道湾组分析孔隙度20.0%～36.0%，平均27.0%，渗透率108～6158mD，平均1257mD，纵向上J_1b_5层最好，J_1b_4层稍差。

五、生储盖组合

克拉玛依油田自石炭系至白垩系发育多套储盖组合：石炭系为"新生古储"式油藏，分布于克—乌断裂带上盘，石炭系顶部为局部泥岩盖层；二叠系油藏分布于克—乌断裂带下盘斜坡区，其中，佳木河组为"新生古储"式油藏，风城组为"自生自储"式油藏，夏子街组—上乌尔禾组为"下生上储"式油藏，上乌尔禾组上部为区域性盖层；三叠系为"下生上储"式油藏，发育百口泉组、克拉玛依组、白碱滩组多套储盖组合，白碱滩组顶为区域性盖层；侏罗系属"下生上储"式油藏，八道湾组、三工河组、西山窑组、头屯河组、齐古组发育多套砾岩、砂岩储层和泥岩盖层；白垩系属"下生上储"式油藏，吐谷鲁群清水河组下部发育储层，上部为泥岩盖层（图1–5）。

六、成藏模式

（一）克拉玛依油田六区—八区油藏成藏模式

克拉玛依油田六区—八区油藏主要分布于克—乌断裂上、下盘主体油区内，其中，稠油油藏主要分布于断裂上盘侏罗系浅层中。石炭系—三叠系稀油油藏为印支运动末期形成的原生油藏；侏罗系稠油油藏为燕山运动对原生油藏调整后形成的次生油藏。油源研究证实断裂山下盘各油藏内的原油是同源的，油源区位于盆地中央坳陷内的玛湖凹陷。该区油源断裂大多具有"上正下逆"的特点，逆断层主要分布在二叠系—三叠系内，是重要的油源断层，配以区域性不整合面、输导层等构成油气长距离横向运移的主要通道；正断层主要发育在侏罗—白垩系，主要起到油气再分配和调整的作用，向断裂带上盘超覆尖灭带运移，形成稠油油藏。

克拉玛依油田六区—八区油藏主要经历了二次油气成藏期。第一期发生在三叠纪末期的印支运动末，该构造运动使西北缘逆掩断裂带剧烈活动，推覆体主部抬升，前缘断块形成，丰富的运气运移而至，形成了二叠系—三叠系早期原生油藏。第二期发生在侏罗纪晚期至早白垩世时期的燕山运动，该构造活动强度大为减弱，推覆体抬升幅度较小，主断裂仍在活动，但断距较小，造成侏罗系八道湾组超覆不整合，头屯河组遭受不同程度的剥蚀，齐古组的超覆不整合，并使印支期形成的油藏遭受破坏，沿断裂和不整合面再次运移，于推覆体上盘高断块以及上覆地层形成稠油油藏，如六区、九区齐古组、八道湾组稠油油藏（图2–5）。

（二）克拉玛依油田五区油气藏成藏模式

五区油气藏位于克拉玛依油田西侧、克—乌断裂下盘斜坡区。二叠系乌尔禾组超覆沉积在二叠系其他地层之上，与上覆三叠系呈角度不整合接触；西南以乌尔禾组剥蚀尖灭线为界。贯穿全区的五区断裂将工区分割成南、北两块。位于断裂上盘的克75井、克77井在乌尔禾组、561井、581井在下二叠统佳木河组获得高产气流，形成克75井区气藏；而位于断裂下盘的克76井则在乌尔禾组获工业油流，形成克76井区油藏。油气源研究证实，天然气与原油分别来自不同的母源，其中，克76井区原油与克拉玛依油田主体原油一致，来自玛湖凹陷二叠系风城组烃源岩，克75井等天然气反映了典型的高成熟煤型气特征，来自下伏的下二叠统佳木河组高成熟的腐殖型烃源岩。

该区油气主要经历了二次成藏期。第一期与克拉玛依油田主体原油一致，发生在三叠纪末印支运动期。玛湖凹陷风城组烃源岩排烃后，油气通过油源断裂进入乌尔禾组向构造高部位运移，当运移至该区后，由于五区断裂的影响，原油在下盘受断裂的遮挡和地层尖灭，形成早期稀油油藏。第二期发生在古近系至新近系的燕山运动末期。佳木河组高成熟的腐殖型烃源岩生成的天然气通过垂向运移就地聚集成藏。当上覆乌尔禾组缺乏储集条件时，如561井乌尔禾组为一套砂质泥岩沉积，天然气便在佳木河组内部聚集成藏。由于佳木河组储集空间主要以微裂缝为主，物性条件不如乌尔禾组，故气藏规模较小（图2-6）。

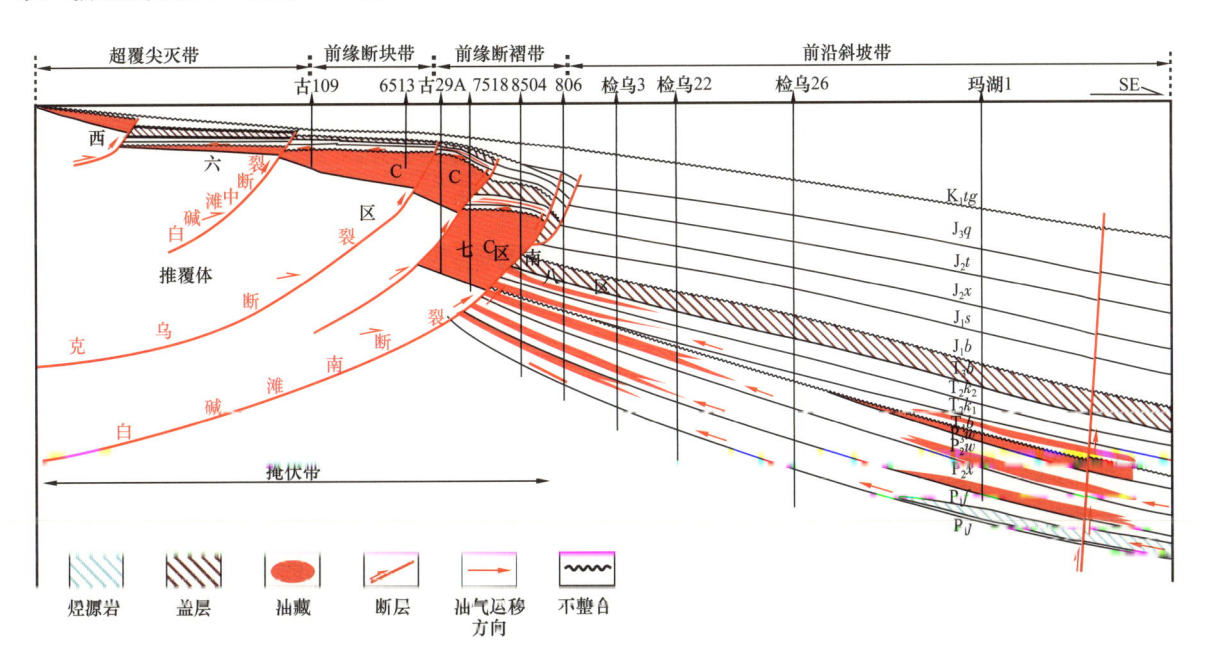

● 图2-6 准噶尔盆地西北缘克拉玛依油田六区—八区油气成藏模式图

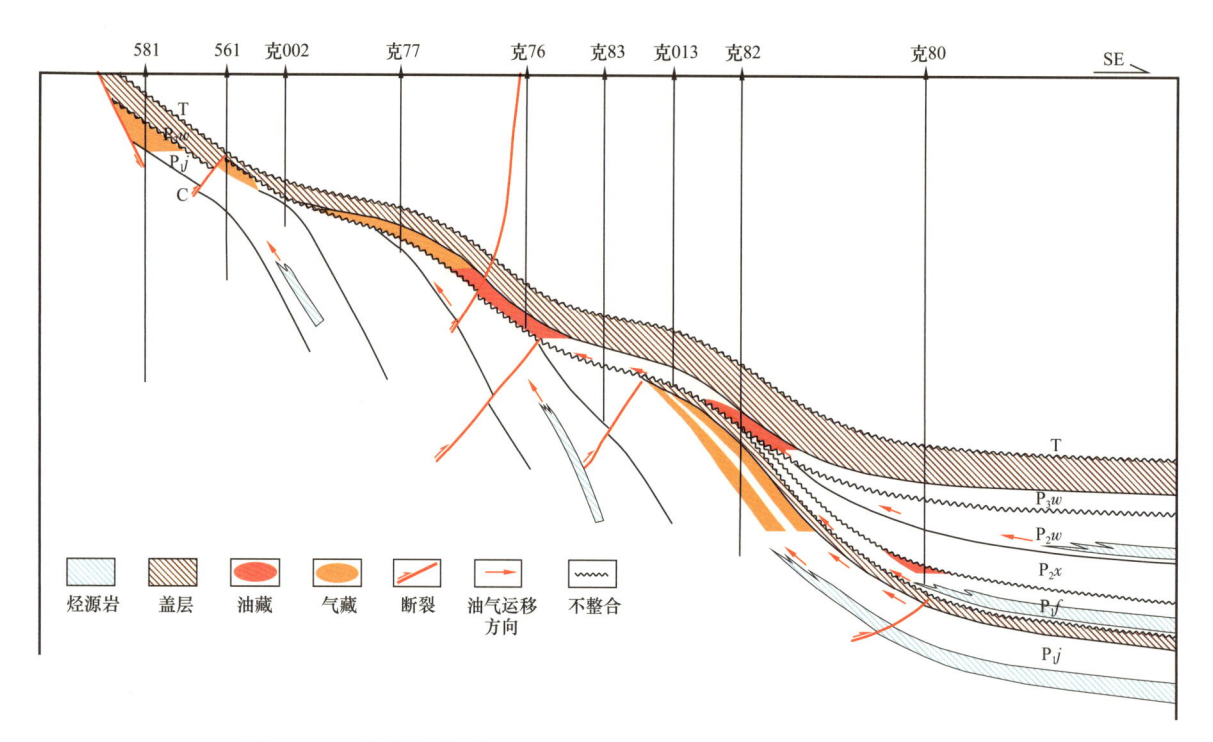

● 图 2-7　准噶尔盆地西北缘克拉玛依油田五区油气成藏模式图

第二节　勘探历程及启示

一、勘探历程

（一）克拉玛依油田发现阶段（1955 年以前）

1950 年以前，为准噶尔盆地西北缘早期地面地质调查阶段。1894—1909 年，苏联著名地质学家 B.A. 奥布鲁切夫曾四次来准噶尔盆地进行地面地质调查，编制了 1∶50 万盆地地质图，并著有《边缘准噶尔》一书，书中记述了黑油山的沥青丘和乌尔禾沥青脉，提出其油源来自侏罗系以下地层。1941—1942 年，苏联地质学家杜阿耶夫在黑油山、乌尔禾进行石油地质调查，于 1946 年发表了《准噶尔盆地含油情况》。1950 年，杜阿耶夫受苏联石油工业部石油地质勘探总局委托，编写了《新疆地区含油问题及在新疆为寻找石油应进行地质地球物理和地形测量工作的方向》长篇技术报告，详细描绘了黑油山的沥青丘情况。

1951—1955 年，为准噶尔盆地西北缘地质详查和钻探发现阶段。1951 年，中苏石油股份公司派出地质队到黑油山进行了 200km² 的地形测量和地质详查，编制出 1∶2.5 万的地形地质图，发现了 16 个地面构造、20 余处沥青丘和含油砂岩。1952—1953 年，根据地质队建议在沥青丘附近钻探了 4 口构造浅井，见到不同程度的油气显示，但未获得工业油气流。1954 年，苏联专家乌瓦洛夫带领地质队前往黑油山地区进行勘察，在这一地区 2150km² 的面积上进行了 1:10 万的地质普查填图。在总结前人已做过的地质、浅钻、电法、重磁力工作的基础上，通过对掌握资料的综合分析，对这一地区的油层、构造和生储油层提出了新的认识。他们认为黑油山（克拉玛依）—乌尔禾地区属于盆地北部地台区，在黑油山发现的大量沥青丘石油露头，是石油在盆地中心生成后，汇聚和运移过程中形成的，并指出黑油山沥青丘露头以南可能有大量的石油聚集，最终形成了勘探黑油山的地质调查报告，建议进行详细的地球物理勘探和深井钻探。1955年1月，为探明黑油山地区侏罗系含油气情况及研究准噶尔盆地西北缘的地质构造，在距黑油山沥青丘东南 5.5km 处的局部构造上部署了黑油山1号井，后更名为克1号井。该井于 1955 年 7 月 6 日开钻，10 月 29 日于井深 620m 完钻试油，喷出原油和天然气，11 月 1 日测得 10mm 油嘴 8.5 小时原油产量 6.95t，出油层位为三叠系克拉玛依组 487.5～507.5m。由此发现了黑油山油田，1956 年更名为克拉玛依油田，成为新中国石油工业史上的第一个里程碑。

（二）克拉玛依油田扩大勘探阶段（1956—1977 年）

1956—1960 年为克拉玛依油田探明及初建阶段。为了尽快探明克拉玛依油田的规模和建设产能，新疆石油管理局和石油工业部都把工作重点集中到克拉玛依，从局内和全国各地迅速调集物资装备和勘探队伍，在从南到北百余千米、宽数十千米无人无路的荒漠上掀起了勘探高潮。1956 年，采取"撒大网、捞大鱼"的勘探方针，把区域勘探和油田详探结合起来，在克拉玛依—乌尔禾长 130km、宽 30km 的广大范围内部署了十条钻探大剖面（图 2-8），通过第一批 29 口探井整体解剖，首先在白碱滩获得

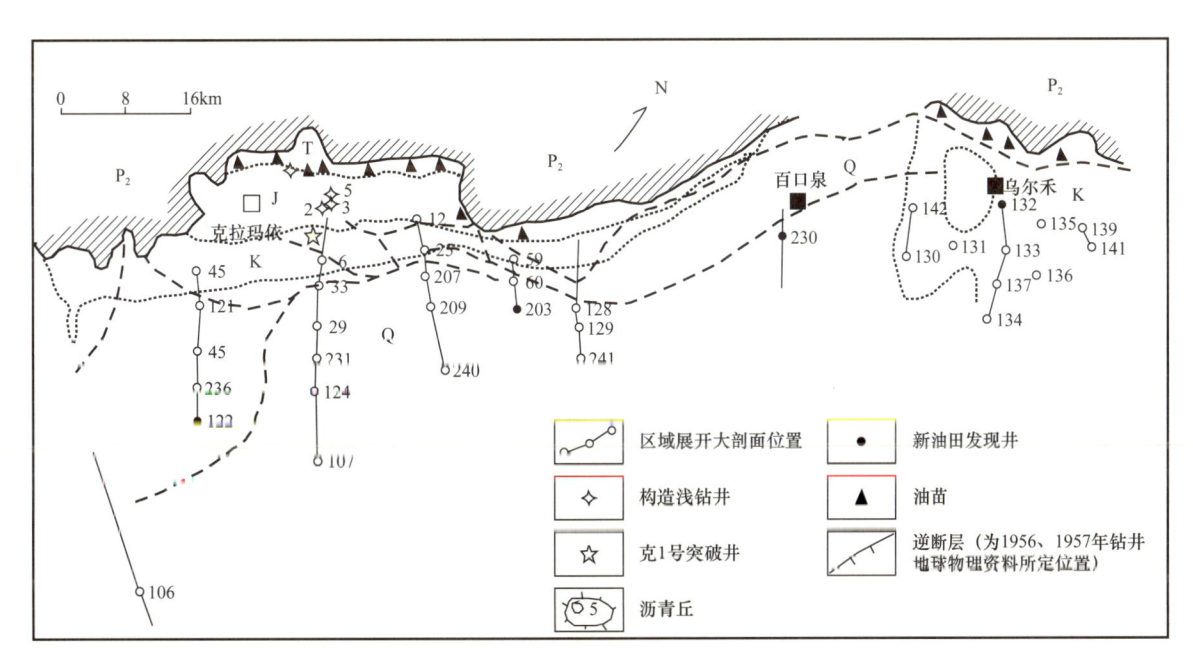

● 图 2-8　根据"撒大网、捞大鱼"勘探方针确定的十条钻井大剖面

突破，1957年5月59号井出油，1958年9月白碱滩193号井投产，7mm油嘴日产原油138t，成为克拉玛依第一口日产百吨以上的高产油井，发现白碱滩油区（即克拉玛依油田的六区、七区、八区）高产区。到1960年底，已基本探明克拉玛依油田的面积290.7km^2，原油产量达163.7×10^{4}t。期间还发现红山嘴、百口泉、乌尔禾3个油田，与克拉玛依油田连片形成长约150km的含油气区。

1961—1977年，该阶段为支援大庆、江汉、陕甘宁石油会战等，勘探队伍和设备成批成建制地调出。在人员大幅度减少、资金和器材缺乏的条件下，新疆石油管理局采取缩短战线，集中力量在克拉玛依油区进行开发调整，使原油产量下滑的局面得到控制，并稳步发展上升。勘探重点放在克拉玛依油田五区、八区深部二叠系乌尔禾组，勘探目的是扩大克—乌油区的后备储量。1965年1月，检乌1井乌尔禾组裸眼中途测试后完井试油，获得日产15m^{3}的工业油流，中途测试日产天然气2000m^3。到1969年，在五区—八区乌尔禾组勘探会战中，共钻探井21口，试油17口，有9口获得工业油流，单井最高日产量28m^3，五区—八区乌尔禾组已拿下连片含油面积。1970年检乌3井经过连续四次大型压裂后，最高日产油318m^3。1970—1974年，对乌尔禾组进行地球物理详查，基本查清乌尔禾组分布与上下层系的接触关系。到1977年探明乌尔禾组含油面积74km^2，探明石油地质储量1.66×10^{8}t。

（三）克拉玛依油田深化勘探阶段（1978—2001年）

该阶段以整体解剖准噶尔盆地西北缘油气富集带为重点，在深化认识西北缘大逆掩断裂带构造含油模式的基础上，按照沿断裂带找油的勘探思路，通过地球物理、钻井、试油、测井、地质研究"五位一体"的勘探方法，克拉玛依油区勘探获得重大突破。

石炭系基岩油藏勘探的开辟新领域。1979年3月，在八区白碱滩断裂下盘钻探侏罗系时，发现了上盘石炭系高产油流，古3井在885～926m，获初期日产原油177.8m^3，随后又在距主断裂3km的古16井石炭系获日产15.5t油流，揭示了断裂上盘石炭系基岩油藏勘探新领域。从1983年开始，对油区内主断裂上盘石炭系进行整体解剖，采取钻探井、开发井和利用老井侧钻或加深"三位一体"的办法，发现并探明了一区、二区、三区、七中区等石炭系油藏，获得了新的含油面积和地质储量，证实了西北缘石炭系基岩油藏勘探领域广阔，潜力巨大。

稠油勘探开发取得重大突破。克拉玛依断裂带上盘的中生界超覆尖灭带，特别是侏罗系有丰富的稠油。1983年4月，克拉玛依油田九浅1井在钻至齐古组时发现油气显示，冷采试油获得1.6m^{3}工业稠油，从而发现了九区齐古组稠油油藏。当年11月，利用引进的国外稠油注蒸汽技术及设备，对九浅1井进行注蒸汽热采试油，日产稠油18t，注蒸汽热采试验取得成功。此后新疆油田对稠油进行大规模的勘探与开发，相继发现探明了六区、四₂区等齐古组稠油油藏，到 1989 年克拉玛依油田稠油产量突破百万吨大关。

五区—八区深化勘探取得丰硕成果。1988 年，在八区克—乌大逆掩断裂下盘钻探 446 井，在三叠系白碱滩组 1889.14～1927m 裸眼中途测试，折合日产油 15.5t，发现首个三叠系白碱滩组油藏。1992 年 2 月，五区克 75 井钻至乌尔禾组地层后发生强烈井喷，制服井喷后，对 2672～2604.9m 井段进行裸眼测试，日产天然气约 515670m³，原油 21.9t。扩大勘探后，在克 76 井、克 77 井、克 001 井等获得高产油气流。至今已陆续发现并探明了五区二叠系乌尔禾组、克 80 井区风城组、530 井区乌尔禾组、五区—八区佳木河组、克 82 井区佳木河组气藏等后备储量区块。

（四）克拉玛依油田滚动勘探阶段（2002 年至今）

2002 年新疆油田建成了我国西部第一个千万吨级的大油田之后，勘探难度日益显现，石油预探逐渐步入"低谷"，盆地面临后备储量接替严重不足的局面。在此情形下，为了缓解增储上产的压力，同时给新区预探提供深入研究、争取油气发现的时间，油气最富集的西北缘断裂带成为准噶尔盆地最重要的滚动勘探区带，主体位于西北缘克—乌断裂带的克拉玛依油田进入滚动勘探阶段。尤其在 2002—2012 年共 11 年滚动勘探期间，共完成评价三维 17 块，实施评价井 764 口，其中 70% 以上工作量都投到了克拉玛依油田所在的克—乌地区，克拉玛依油田滚动勘探累计探明石油储量 11917×10⁴t，占全盆地滚动勘探储量的 23%（表 2-4），为克拉玛依油田稳产提供了重要保障。

表 2-4 准噶尔盆地 2002—2012 年探明石油储量统计表

年度	克—乌滚动探明（10⁴t）	乌—夏滚动探明（10⁴t）	红—车滚动探明（10⁴t）	其他地区滚动探明（10⁴t）	滚动勘探探明合计（10⁴t）	全盆地勘探探明合计（10⁴t）
2002—2005	4554	1063	736	1152	7505	22342
2006—2012	7363	14914	10811	11631	44719	55561
合计	11917	15977	11547	12783	52224	77903

二、勘探启示

（一）以地表油气苗为找油线索，进行地面地质调查和钻探，是克拉玛依油田发现的关键

西北缘黑油山地区地表油苗十分丰富，早在 19 世纪末 20 世纪初，俄国著名地质学家 B.A. 奥布鲁切夫通过地面地质调查得到证实，发现那里有多处沥青丘露头。20 世

纪 50 年代，中苏地质队首次对黑油山地区开展地质细测工作，共发现沥青丘 20 余处。黑油山沥青丘群位于克拉玛依市东北部，距市中心约 2km。沥青丘呈黑色，由被石油浸染的砂岩或被石油凝结的砂砾构成，最大的一个高 13m，面积 0.2km^2。沥青丘中不断涌出黏稠状的原油，色泽黝黑，油质为珍贵的低凝油，地面原油平均密度 0.9144g/cm^3，50℃时地面原油黏度为 138.8mPa·s，凝固点 –29.5℃，含蜡量为 1.3%。通过详细的油苗分析和地层划分对比，确定了出油层位为三叠系克拉玛依组。研究认为黑油山地区油苗与构造断裂有关，地下仍保存着有工业价值的油藏，而沥青丘周边是最可能形成大量石油聚集的区域。

根据黑油山地区地面地质调查研究认识及部署建议，1952—1953 年，首先在黑油山沥青丘附近钻探了 4 口浅井，虽然见到不同程度的油气显示，但未获得工业油气流。造成 4 口浅井失利的原因，分析认为有可能是井位偏移或钻井深度不够。1955 年，在黑油山沥青丘东南方向 5.5km 处优选构造部署上钻了黑油山 1 号井，最终发现了中华人民共和国成立后第一个大油田——克拉玛依油田。

克拉玛依油田发现的关键，是在盆地早期勘探技术水平有限的条件下，通过大量地面地质调查研究以后，围绕地表油气苗丰富的有利区域进行钻探的结果，这也是勘探初期最有效的找油手段。

（二）不断深化对西北缘大逆掩断裂带成藏认识，极大地拓宽了油气聚集带

西北缘大逆掩断裂带从盆地西南的车排子地区到东北的夏子街地区贯穿全区，对断裂带的构造特征及其含油特点的全面认识经过了长期的勘探实践与再认识的漫长过程。发现并证实大断裂带是在 20 世纪 50 年代末，从地震、重力、电法资料发现了处于西北缘中段的克—乌大断裂带雏形，依据钻穿断裂井取心和地层对比证实了大断裂的存在，并认识到区内发育两组逆掩主断裂，第一组沿克拉玛依油田东北—西南走向，以克—乌大断裂为主，第二组是垂直油田走向，主要包括大侏罗沟和南黑油山逆断裂等。对克—乌断裂带含油性及断裂产状的认识是在 20 世纪 60—70 年代，通过对克—乌断裂带勘探和研究，逐步认识到克—乌油区是一个在地层—岩性油藏的基础上为断裂复杂化了的特大型断块油田，油藏依附断裂带而存在。同期对克—乌断裂一直认为是高角度逆断层，断面倾角 60°～70°，其古生代断面宽度一般只有 100～200m。直到 1979 年，为落实百口泉油田西部边界断裂位置，通过钻扩边井才发现断面倾角上陡（50°～60°）下缓（25°～45°），随后又对之前钻遇断层的 377 口井做的 262 条横切剖面的分析研究，认为断面上陡下缓在克—乌断裂带具有普遍性（图 2-9），于是发现了克—乌断裂下盘新的找油领域。1980 年以后，沿断裂带进行地震详查和精查，经过对各种资料的综合研究，查清西北缘大逆掩断裂带由红山嘴—车排子断裂带、克拉玛依—乌尔禾断裂带及风城—夏子街断裂带等组成，在平面上围绕玛湖生油凹陷呈弧形

展布，在剖面上北段呈犁式，南段呈叠瓦式，整个断裂带全长250km，宽20km，面积约5000km²。根据断裂带构造、沉积特征及含油特点，创建了西北缘大逆掩断裂带构造含油模式（图2-4），将断裂带划分为推覆体、超覆尖灭带、前缘断块带、掩伏带、前缘断褶带及前缘斜坡带等有利勘探领域，极大拓展了沿断裂带的勘探面积。

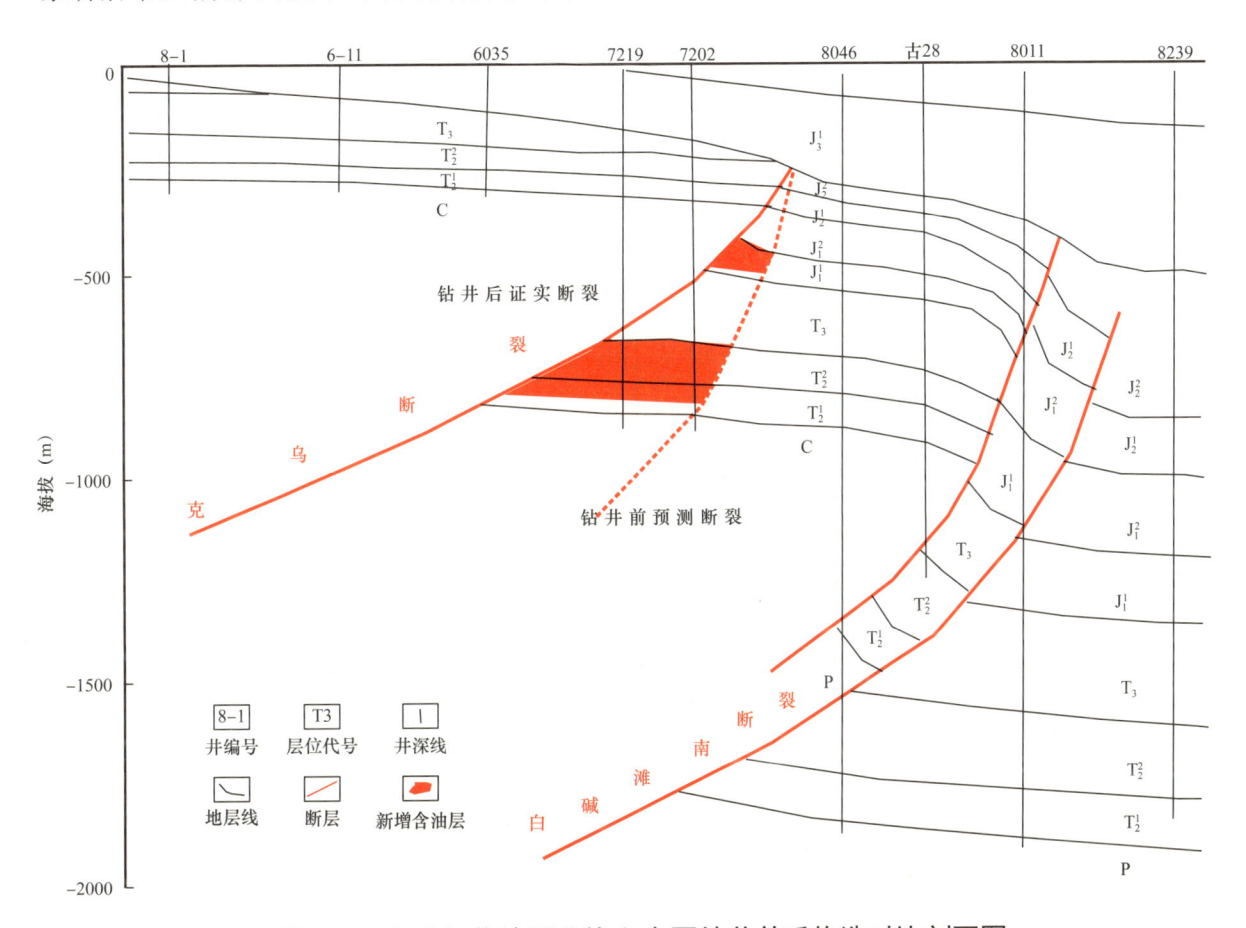

● 图2-9 准噶尔盆地西北缘七中区钻井前后构造对比剖面图

根据西北缘大逆掩断裂带构造含油模式的认识，20世纪80年代至90年代在断块带发现许多高产油藏，并在超覆尖灭带、掩伏带及前缘斜坡带等领域取得重大勘探成果。进入21世纪以后，对西北缘断裂带进行再认识的基础上进行滚动勘探，在断裂上盘石炭系又连年获得规模储量，为老油田稳产提供了良好的基础。随着断裂带勘探技术的进步和认识的提高，西北缘推覆体石炭系内幕以及掩伏带深层二叠系可能是油气资源接替的重要领域。

（三）立足老井资料复查和地震资料重新处理，是老油田滚动勘探的主要手段

老油田/油藏内开展的滚动勘探与一般预探的程序是不同的。前者主要是利用油田/油藏的老井资料进行重新复查、老的地震资料进行重新处理，从而获得对老油田/油藏成藏条件及剩余油分布的重新认识，通过恢复试油或钻探新井直接获得探明储量；而后者则主要在新区需要按照预探程序由预测储量通过钻井和地震获得控制储量，再

通过钻评价井获得探明储量。加之老区成熟、配套的地面、管网等设施，实现了储量探明的"短、平、快"和高效的开发。显而易见，滚动勘探具有投资少、程序简单、资料可靠、风险小和效益好的特点，是老区储量挖潜和可持续发展的最重要手段。

克拉玛依油田勘探早期，受当时测井和试油技术制约，有些老井只测标准曲线，没有综合测井资料，无法准确识别油气水层；很多钻井、录井、测井显示好的老井因钻井液伤害、未射开好油层、没压裂、油稠没注蒸汽等原因造成试油不彻底，试油结果为干层或低产井，这些不利因素造成对油层的认识不全面。因此立足剩余出油气井点和试油不彻底的低产井和干层井，开展了构造精细研究和储层预测，通过深化地质研究，重新认识老油藏。尤其在2006—2012年深化滚动勘探期间，克拉玛依油田滚动勘探累计探明石油储量 7363×10^4 t，成为老区滚动勘探的成功范例（图2-10）。因此，立足于在老油田/油藏利用已有老资料（钻井、地震）对油藏进行重新认识，是快速、高效获得储量并使老油田重新焕发生机的重要途径。

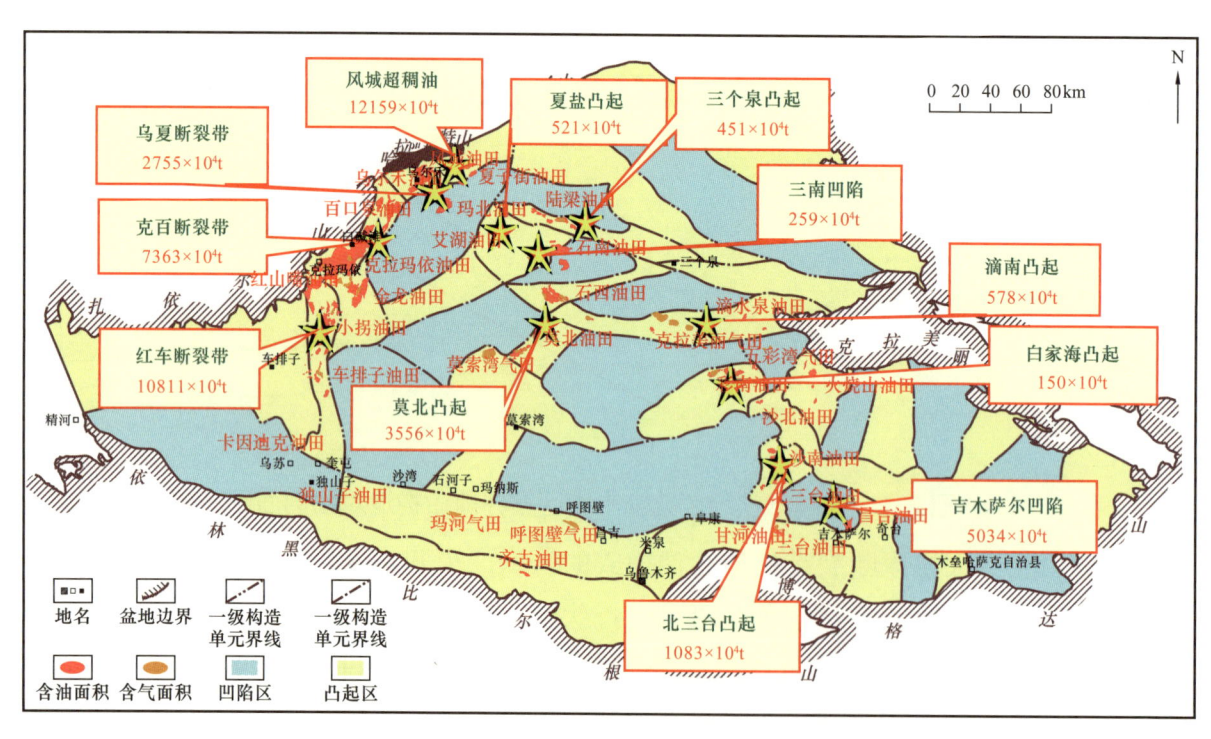

● 图2-10 准噶尔盆地2006—2012年滚动勘探探明石油储量分布图

（四）创新机制和管理模式是滚动勘探取得成效的重要保障

滚动勘探的业务管理模式与一般预探项目的管理模式不同，预探项目主要由勘探管理部门组织、研究院勘探研究部门和勘探公司组织实施，机制和程序较为单一；而滚动勘探无论在管理、研究和实施方面都会与之不同，这就需要在项目管理的机制和模式上进行创新，需要建立一套适合于滚动勘探的管理体制和机制，方能保证滚动勘探的有序、高效进行。

新疆油田在滚动勘探的长期实践中，形成了以油藏评价处为组织管理核心，研究院所和外部研究机构为技术支持，开发公司和采油单位为运行主体，相关服务单位为实施依托的运行管理体系。同时，出台了一系列有关滚动勘探的立项、考核、奖励制度。另外，在滚动勘探的实施主体上，也由过去以研究院为主逐渐过渡为以采油单位为主。2002—2005 年储量发现及探明均以研究院为主体，2005—2012 年，采油单位探明储量所占比例逐渐加大，研究院累计探明储量 $26473 \times 10^4 t$，采油单位累计探明储量 $29088 \times 10^4 t$，占总探明储量的一半以上（图 2-11）。

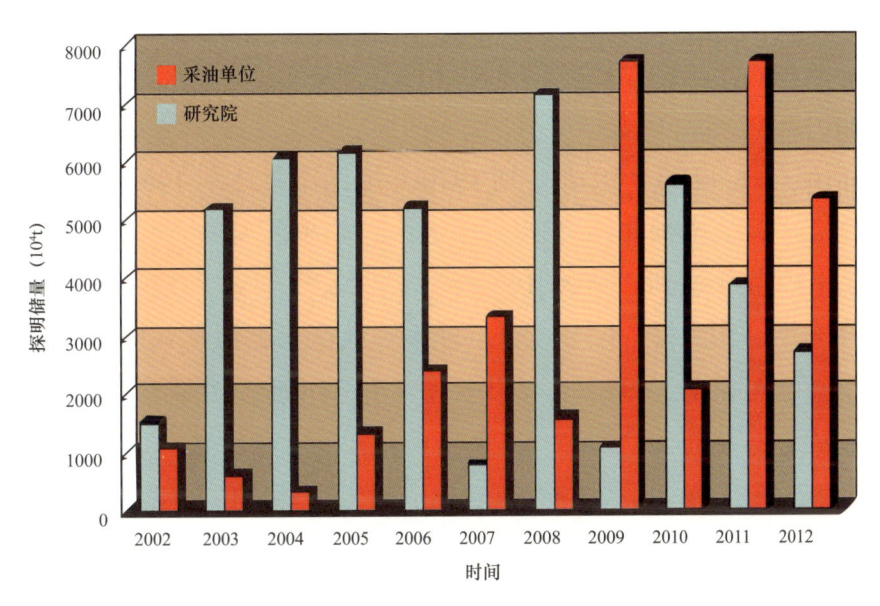

● 图 2-11 2002—2012 年研究院与采油单位新增探明储量对比图

由此可以看出，滚动勘探的特殊性决定了必须在体制机制和管理模式上有所创新，必须因地制宜建立一套适宜的、符合客观实际的立项、考核、奖励体系和制度；同时，应以开发采油单位为主体，构建多学科、多层次的立体协作团队。唯有如此，方可保障滚动勘探的顺利进行。

第三节　开发历程与难点对策

一、开发历程

（一）试采和投入开发阶段（1956—1960 年）

克拉玛依油田 1956 年投入试采井 21 口，当年采油 $1.64 \times 10^4 t$。随后在中区 74 口井投入生产，年产原油 $7.2 \times 10^4 t$。1959—1960 年，七东$_1$区克下组、一区克下组和克下组以及二东区克下组油藏又相继投入开发，到 1960 年底，年产原油 $161.6 \times 10^4 t$。

(二)开发初期调整阶段(1961—1965年)

从1961年开始,对已开发区块进行全面调整。二中区采取"平衡注水、分排治之"的治理措施,见到了效果。1964年完成《一区开发调整方案》编制,实施后有效注水量由59%提高到98.5%,采油速度由2.57%提高到4.07%。1965年9月完成了《克拉玛依油田七区、七东$_1$区克上组开发方案》,共部署采油井112口,注水井42口,平均单井日产油8.2t/d,设计年产油44.67×10^{4}t。

(三)三叠系砾岩油藏全面开发及调整阶段(1966—1976年)

1966—1970年,采用四点法、反九点法面积注水方式,开发建设了二西$_1$区克下、三$_3$区、三$_4$区克下、五$_1$区克下、七东区克上、八$_1$区克下等层块,动用地质储量5324×10^{4}t,新建产能49.05×10^{4}t/a,到1970年原油产量达到145.4×10^{4}t。

1967—1972年,从南到北对二中区进行了3次调整,注水见效面积由60%上升到79%,年产油量1974年达到22.52×10^{4}t。

1973—1976年,先后将二区、三区、四区、六区、七区、八区共13个区块的克上组、克下组油层投入开发。1975年七中东区八道湾组砾岩油藏投入开发,新建年产油能力22.9×10^{4}t/a。

油田进入全面开发后,原油产量逐年上升。到1976年底,动用地质储量21991×10^{4}t,年产油量达到295.4×10^{4}t。

(四)深部石炭—二叠系和浅层稠油油藏全面开发(1977—1998年)

1978—1987年投入开发了八区二叠系下乌尔禾组砾岩油藏、七区二叠系佳木河组、一区、六东区和九区石炭系火山岩油藏,新建年产能82.3×10^{4}t/a。1977—1990年采用四点法面积井网将四$_1$南、五$_1$西、五$_2$西、五$_3$中、八区、九区246等井区的克拉玛依组砾岩油藏投入开发。1978—1988年采用四点法面积注水井网先后投入开发二中西区、七区、八区530和九区246等井区的八道湾组砾岩油藏,新建年产能44×10^{4}t/a。1989—1992年,在446井区和五区、八区建成产能67.98×10^{4}t/a。1996年七东$_2$区克上组油藏新建产能3.6×10^{4}t。

1992年八$_2$西区二叠系上乌尔禾组气藏,五区克75井二叠系气藏,投入开发。1992年共采出天然气6.2×10^{8}m^3,1993年天然气产量为7.6×10^{8}m^3,其中气层气产量达到历史最高的2.0×10^{8}m^3。

1967—1971年,在黑油山8024井开展国内第一个井组的注蒸汽面积驱油试验。1976年,进入中间性矿场试验。1985年,九区侏罗系齐古组试验区年注气13.3×10^{4}t,年采油12.5×10^{4}t,投入蒸汽发生器(锅炉)10台形成工业生产规模,到1986年稠油产量达30×10^{4}t。

1992年底，先后投入注蒸汽热采的有九$_1$、九$_2$、九$_3$、九$_4$、九$_6$、六$_1$、六$_2$区齐古组，以及九$_2$区克拉玛依组、九$_4$区、九$_6$区八道湾组稠油油藏。以单井吞吐开采为主，年生产重油 150.72×10^4t，年注汽量 429.82×10^4t，累计建成重油产能 165.76×10^4t/a，累计生产重油 716.42×10^4t。1996—1998年九$_6$区、九$_1$—九$_5$区实施大面积加密调整，完钻加密井933口，取得了较好的生产效果。1999年一区克浅10井区齐古组油藏采用反九点井网全面投入注蒸汽开发。

克拉玛依油田由于砾岩油田老区综合含水上升，产量递减较快，新区产能还不能弥补老区的递减，年产油由1990年的 473.6×10^4t 下降到1998年的 394×10^4t。

（五）综合治理阶段（1999—2006年）

1999—2005年八区乌尔禾组继续进行综合治理，加密扩边工作，完钻油水井144口，建产能 26.94×10^4t/a，新井当年产油 19.81×10^4t。

2005年在七东$_1$区进行聚合物驱工业化试验的前缘水驱试验，从2005年6月3日开始正常注水，年底累计注水 12.8×10^4m^3。试验取得了预期的效果，试验区日产液量由110t上升到399t，日产油量由5t上升到26t，综合含水由95.5%下降到93.5%，地层压力上升。

2001—2002年在六东区克下组实施了19个井组蒸汽吞吐转蒸汽驱先导试验，相关采油井70口。2003年九区南齐古组、克浅10井区西山窑组、九$_9$区八道湾组进行滚动评价，新增探明储量并实施滚动开发。九$_{7+8}$区齐古组超稠油油藏在前期试验的基础上，于2005年2月编制完成了开发方案，年底完钻新井357口，新建产能 30.02×10^4t/a，新井当年产油 11.06×10^4t。

通过对老区实施加密调整、优化注水、油层改造、滚动扩边、蒸汽吞吐转蒸汽驱等综合治理工作，年产油自1999年以来呈逐年上升趋势，2006年产油量达到 529.35×10^4t。

（六）二次开发阶段（2007年至今）

克拉玛依油田经过50年的开采后，已开发油藏进入高含水期，为了实现稳产上产，对油藏进行二次开发。2005年、2006年进行了二次开发前期研究试验的准备工作，在取得初步成果的基础上，2007—2010年二次开发主要在一区、六区、七区和八区克拉玛依组、乌尔禾组等8个区块继续扩大调整试验，建成产能 87.76×10^4t/a。2010—2015年为二次开发扩大、推广阶段，主要开发区块是一区、二区、三区、四区、五区、七区和八区。截至2018年底，二次开发实施以来建成产能 285.24×10^4t/a，提高采收率9.0%，新增可采储量 2439×10^4t，增产原油 578.2×10^4t。

截至2018年底，克拉玛依油田累计生产原油 20120.78×10^4t，累计生产天然气

$472.88 \times 10^8 \text{m}^3$，平均年产油 $319 \times 10^4 \text{t}$，高峰年产油 $535 \times 10^4 \text{t}$，目前年产油 $390.3 \times 10^4 \text{t}$，采出程度 20.01%，综合含水 83.66%，采油速度 0.39%（图 2-12、图 2-13）。

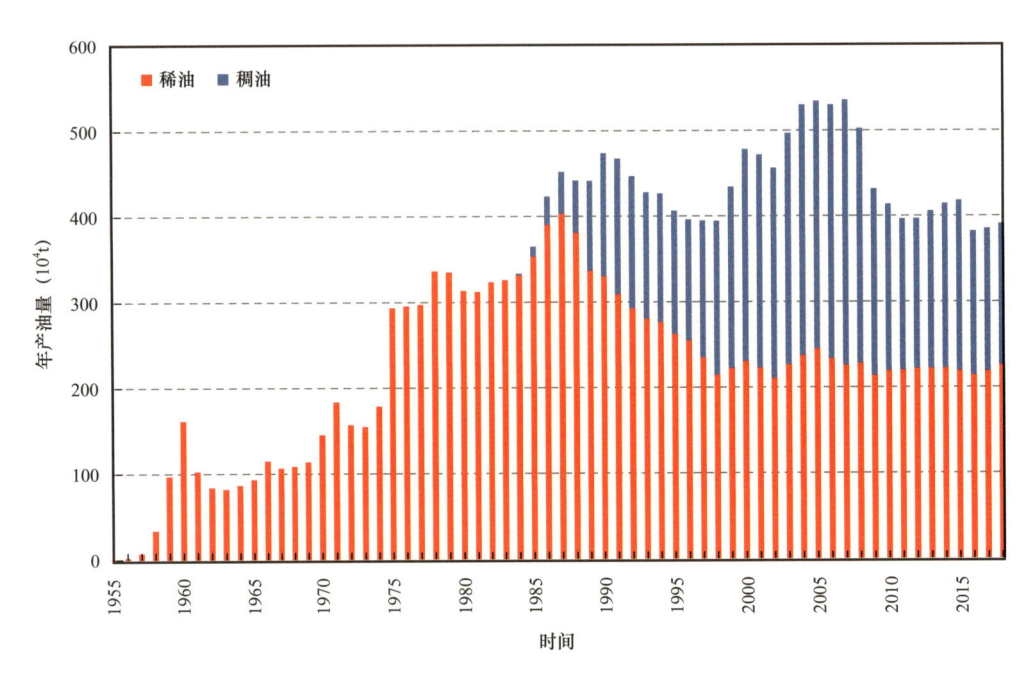

图 2-12 准噶尔盆地西北缘克拉玛依油田历年产油量柱状图

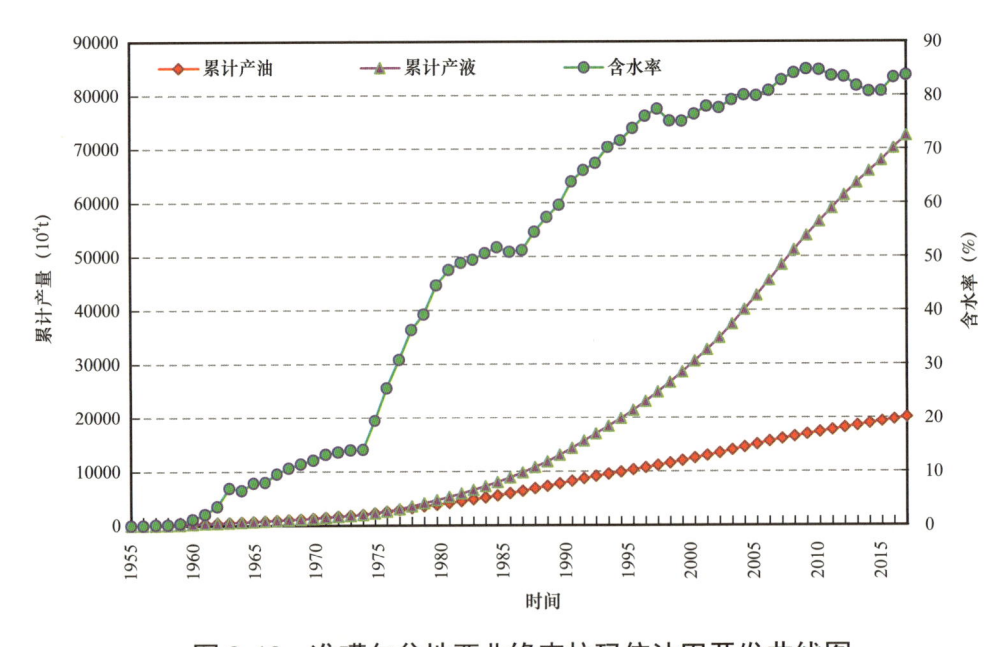

图 2-13 准噶尔盆地西北缘克拉玛依油田开发曲线图

二、开发难点与对策

（1）克拉玛依油田九$_1$—九$_5$区稠油蒸汽驱初期开发效果不理想，后采用加密井网汽驱方式进行接替开发。

九$_1$—九$_5$区齐古组油藏属于浅层普通—特稠油油藏，以普通稠油油藏为主体，油藏20世纪80年代投入开发。油藏开发初期采用100m×140m井距注蒸汽吞吐开发，吞吐后采用100m×140m井距反五点正方形井网进行汽驱，由于蒸汽加热半径限制影响，汽驱开发5年效果不理想。经过对该区齐古组系统研究后，采用加密井网汽驱方式进行接替开发，将100m×140m反五点正方形井网加密成70m×100m反九点正方形井网，加密直井吞吐1～2年后进行汽驱开发，加密汽驱开发后取得了非常好的效果，采油速度增加，油气比升高，截至目前采出程度较汽驱前增加了28%，井间剩余油明显动用，建成国内稠油蒸汽驱示范基地。

（2）在九$_6$—九$_8$区齐古组特超稠油目前处于蒸汽吞吐开发后期，开发效果差，利用驱泄复合技术，作为特超稠油吞吐开发后期的接替开发方式。

该区油藏黏度大，整体采用70m×100m正方向井网蒸汽吞吐生产，由于投产时间长，目前处于蒸汽吞吐开发后期，处于油藏低效开发阶段，在开发过程中进行过蒸汽驱试验，试验效果不理想，油气比低，采出程度不高，急需接替技术进行潜力挖潜。

通过对该区齐古组油藏剩余油分布及接替开发方式进行系统研究后，选择连续油层厚度大的区域进行VHSD及SAGD开发部署，对连续油层厚度大于10m区域在老井中间位置部署VHSD水平井，利用周围老井（老井无法利用的重新打直井）形成VHSD井组，在油层厚度大于20m区域在老井中间位置部署SAGD井组，探索了特超稠油吞吐老区接替开发方式，大幅度提高油藏采收率。利用驱泄复合技术，在该区设计产能$39.1×10^4$t/a，已实施产能$27.1×10^4$t/a。数模研究论证，在现有采出程度基础上，可增加采出程度26%，最终采收率可以达到50%。

（3）克拉玛依稀油油藏进入注水开发后期，稳产形势十分严峻，通过有序推进"二次开发"，形成了二次开发配套技术，实现油田稳产。

克拉玛依油田开采历史长，井网多次调整，地下油水关系变得极为复杂，产量持续下降，从年产油$431.5×10^4$t降到$254.7×10^4$t，减幅达40.9%，以提高储量控制程度为主要目标的提高采收率技术需求十分迫切。依据油田实际情况，创建"重构地下认识体系、重构井网结构、重组地面工艺流程、重调注水政策"的技术路线，形成了以"单砂体为研究单元描述剩余油分布、立体井网层系优化重组提高砂体控制程度为核心，采取精细注水调控、深部调剖封堵优势通道改善水驱为对策"等配套技术体系。二次开发实施以来建成产能$285.24×10^4$t/a，提高采收率9.0%，新增可采储量$2439×10^4$t，增产$578.2×10^4$t。

（4）克拉玛依油田注水开发进入二次开发后期，无碱二元复合驱可作为主力接替技术，推进克拉玛依砾岩油藏三次采油。

克拉玛依油田经过半个世纪的注水开发，导致储层结构、油水分布更为复杂，作为油田老区稳产的基础，寻找有效的接替技术是当务之急。通过试验攻关，形成了新疆油田独特的化学驱三次采油技术。相比较而言，聚合物驱提高采收率在10%左右（七东$_1$区聚合物驱工业化试验12.1%），提高采收率有限，且聚合物驱后大量剩余油仍然无法有效动用；克拉玛依油田二中区砾岩清水配液KPS三元复合驱虽然提高采收率在20%以上，但存在注采系统结垢、采出液破乳难、碱对环境不友好等问题，特别是规模化运用过程中存在清水不足问题。针对上述方法的不足，研发了适合采出水配液无碱二元复合驱配方体系，优化地面配套技术，最终形成配套技术，进行规模化运用。截至2018年底，已完钻新井1861口，动用地质储量7791×10^{4}t，新增可采储量1597×10^{4}t，年产油量77.9×10^{4}t，新增51.9×10^{4}t，每年可节约清水400×10^{4}m^3。

第三章 典型油气藏

第一节 一区三叠系克拉玛依上亚组油藏

一、石油地质特征

（一）地层分布

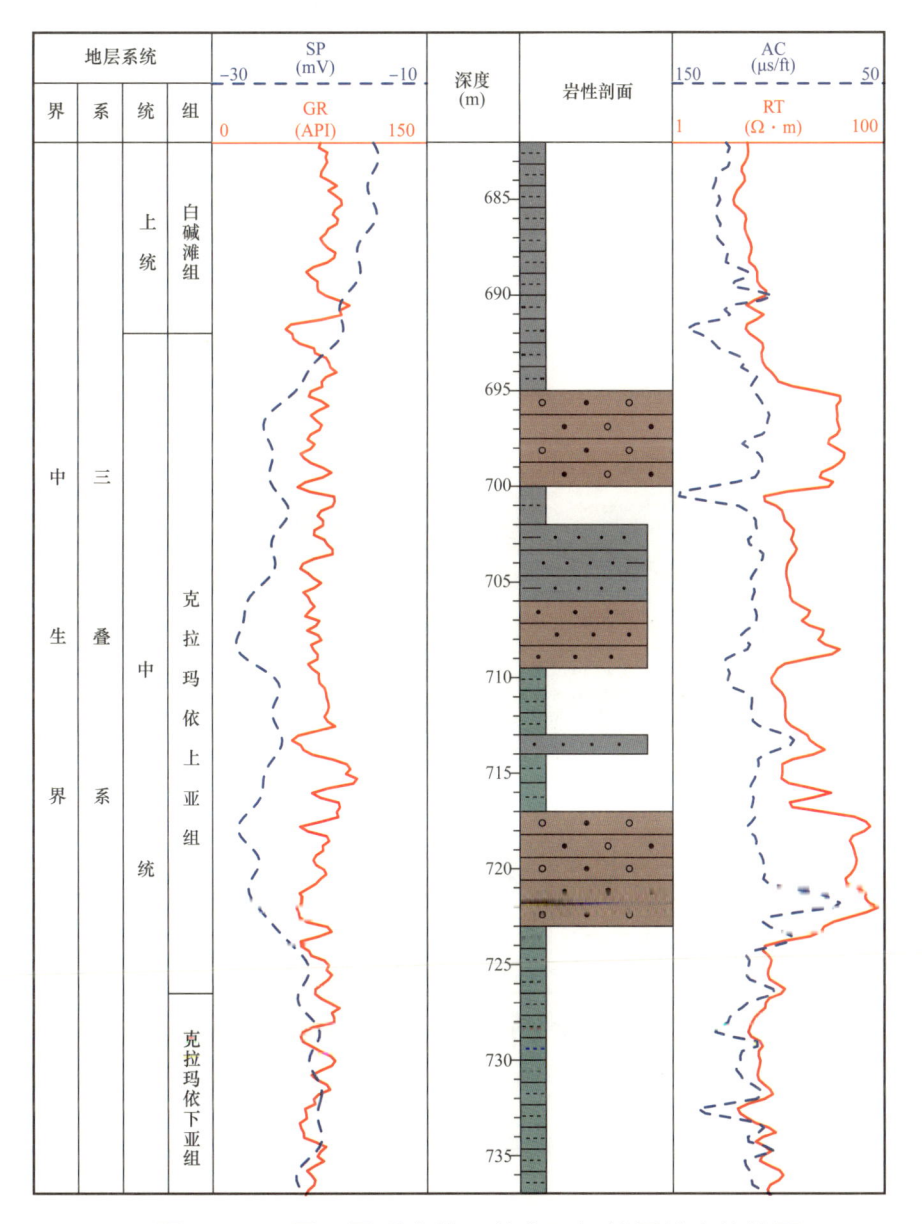

图 3-1 一区三叠系克拉玛依上亚组地层综合柱状图

表 3-1　一区重点井钻揭地层厚度统计表

井号	完钻层位	底深（m）	地层厚度（m）							石炭系
		白垩系	侏罗系				三叠系			
		吐谷鲁群	齐古组	西山窑组	三工河组	八道湾组	白碱滩组	克拉玛依上亚组	克拉玛依下亚组	
		K_1tg	J_3q	J_2x	J_1s	J_1b	T_3b	T_2k_2	T_2k_1	C
检552	C	114	205.5	97	107	113	55.5	34.5	46.5	30（未穿）
检553	C	131.5	253.5	132.5	96.5	121.5	87.5	64	43.5	30.5（未穿）
检554	C	60	292	142	117	115	89	41	66.5	30.5（未穿）

图表注　①钻揭地层自上而下分别为白垩系吐谷鲁群（K_1tg，底深60～140m），侏罗系齐古组（J_3q，200～300m）、西山窑组（J_2x，90～150m）、三工河组（J_1s，90～120m）、八道湾组（J_1b，110～130m），三叠系白碱滩组（T_3b，50～90m）、克拉玛依上亚组（T_2k_2，30～70m）、克拉玛依下亚组（T_2k_1，40～70m）及石炭系（C，未穿）；②三叠系克拉玛依组与石炭系地层呈角度不整合接触，主要目的层为克拉玛依上亚组。

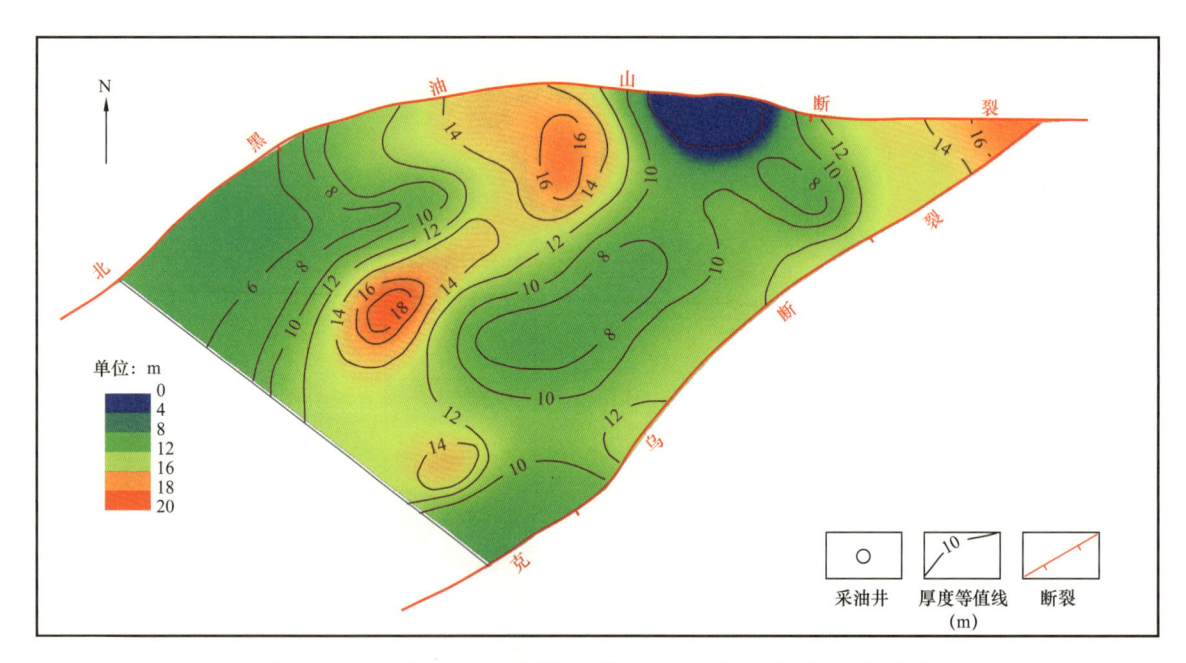

● 图 3-2　一区三叠系克拉玛依上亚组油层有效厚度分布图

图注　一区三叠系克拉玛依上亚组油层有效厚度分布较为均匀，在6～18m，平均为11m。

（二）构造特征

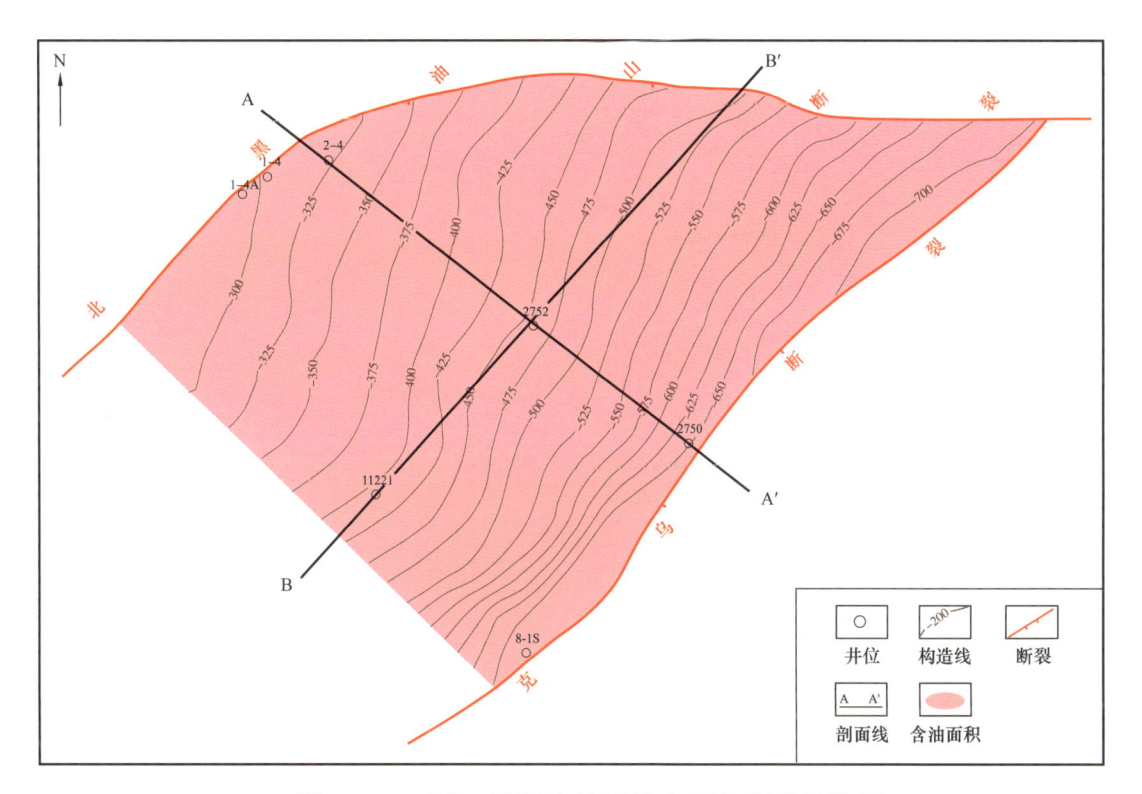

图 3-3　一区三叠系克拉玛依上亚组顶界构造图

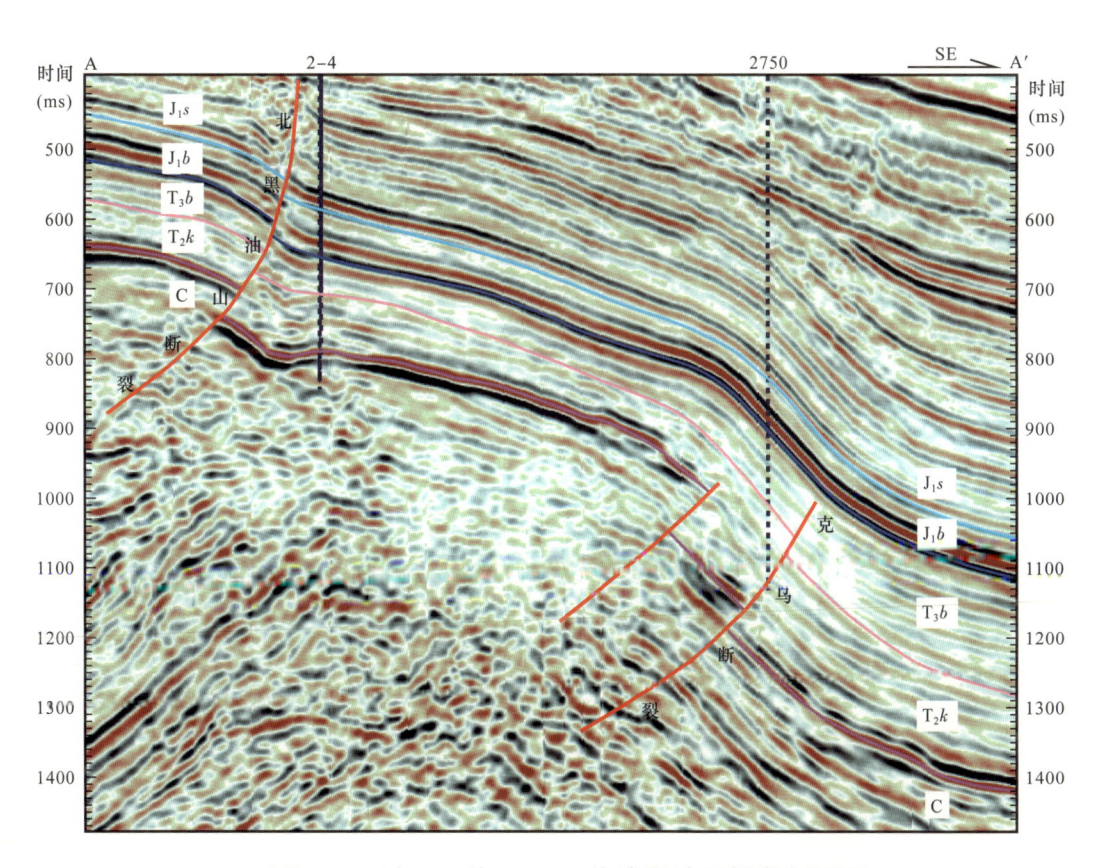

图 3-4　过 2-4 井—2750 井地震地质解释剖面图

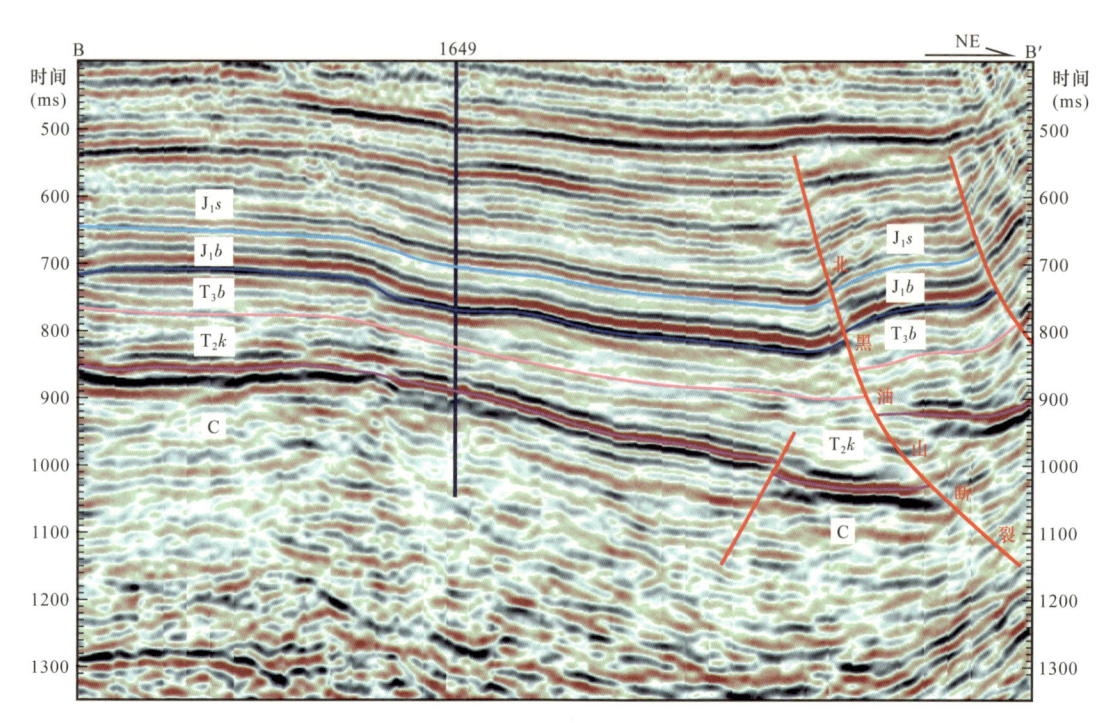

● 图 3-5　过 1694 井地震地质解释剖面图

表 3-2　一区主要断裂要素表

序号	断裂名称	断层性质	断开层位	目的层断距（m）	断层产状 走向	断层产状 倾向	断层产状 倾角
1	北黑油山断裂	逆	C—J₁s	45～96	NE—SW（西段）	NW	68°～79°
					E—W（东段）	N	
2	克—乌断裂	逆	C—T₃b	32～168	NE—SW	NW	63°～84°

图表注　①一区三叠系克拉玛依上亚组构造形态为一东南倾的单斜，地层倾角 5°～11°，西北部倾斜较缓，东南部倾斜较陡；②其东南部发育一条北东—南西走向的克—乌逆断裂，倾角为 63°～84°，从石炭系到三叠系白碱滩组均出现，并贯穿于全区；③西北部发育一条西段呈北东—南西走向，东段为东西走向的北黑油山断裂。倾角为 68°～79°，从石炭系到侏罗系三工河组均出现，贯穿于全区。

（三）油藏剖面

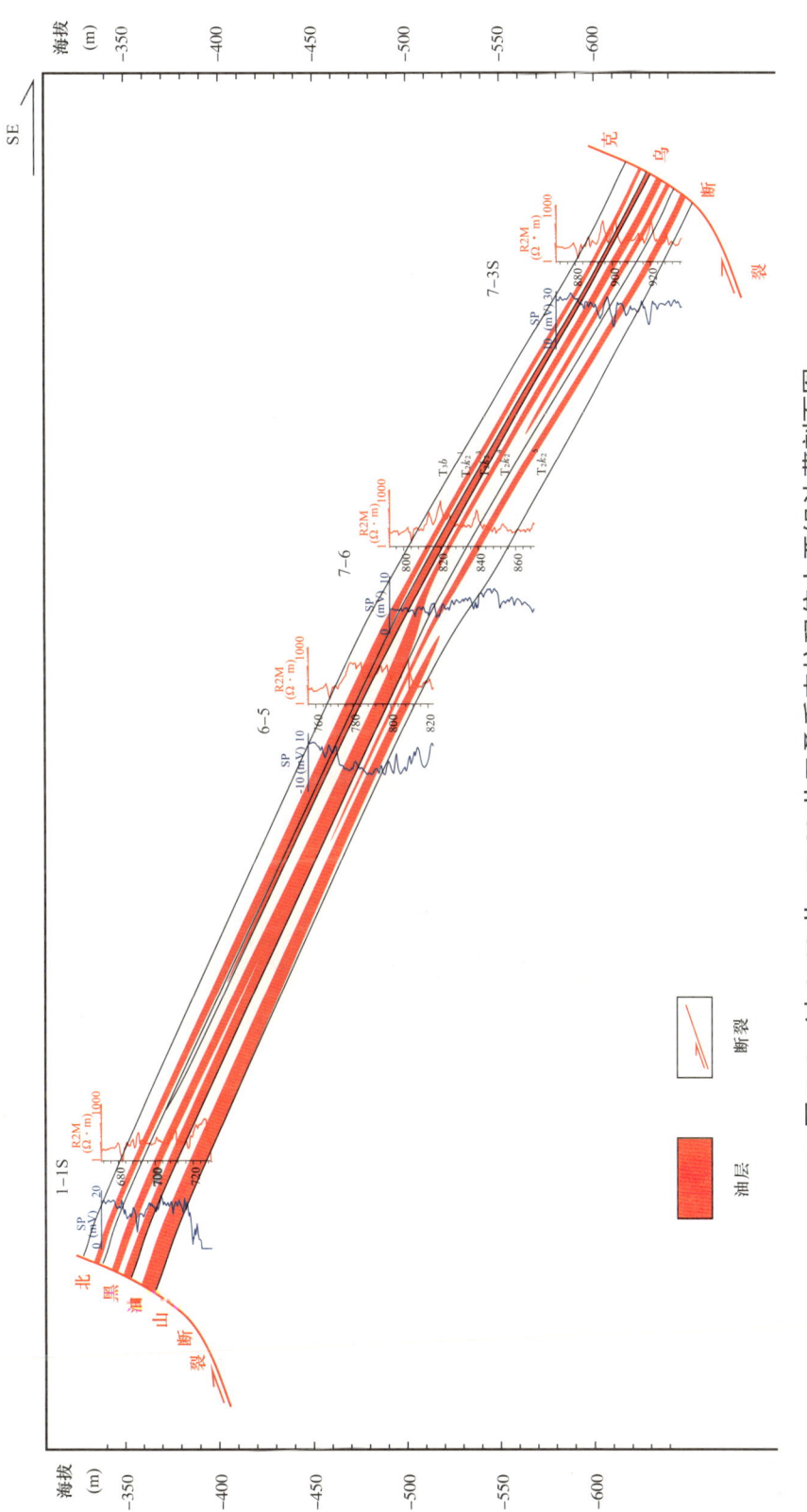

图 3-6 过 1-1S 井—7-3S 井三叠系克拉玛依上亚组油藏剖面图

图注 平面上东部以克乌断裂、西北部以北黑油山断裂为界，西南部为一区与一中区人为划分分界线。主力油层全部充满断块，油藏中部埋深 825.5m。油藏类型为构造—岩性油藏。

（四）沉积特征

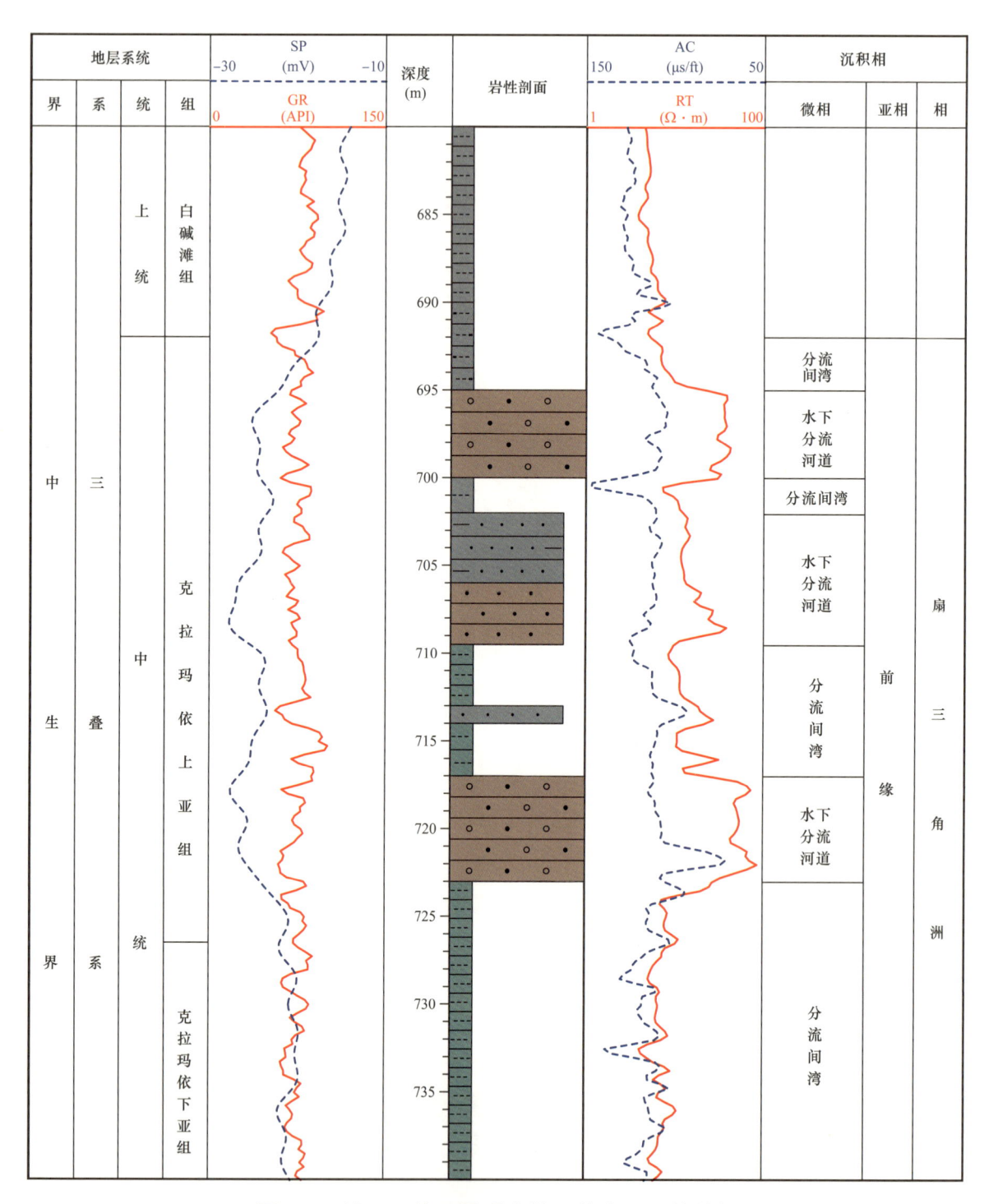

● 图 3-7　检 552 井三叠系克拉玛依上亚组单井相图

图注　①三叠系克拉玛依上亚组属于扇三角洲的前缘亚相沉积；②垂向上为分流间湾、水下分流河道相互重复叠置；③主力储层为水下分流河道微相，电阻率曲线呈齿状箱形，30≤RT＜90Ω·m，伽马曲线上表现为齿形，50≤GR＜90API，自然电位曲线为箱形，-28≤SP＜-20mV。

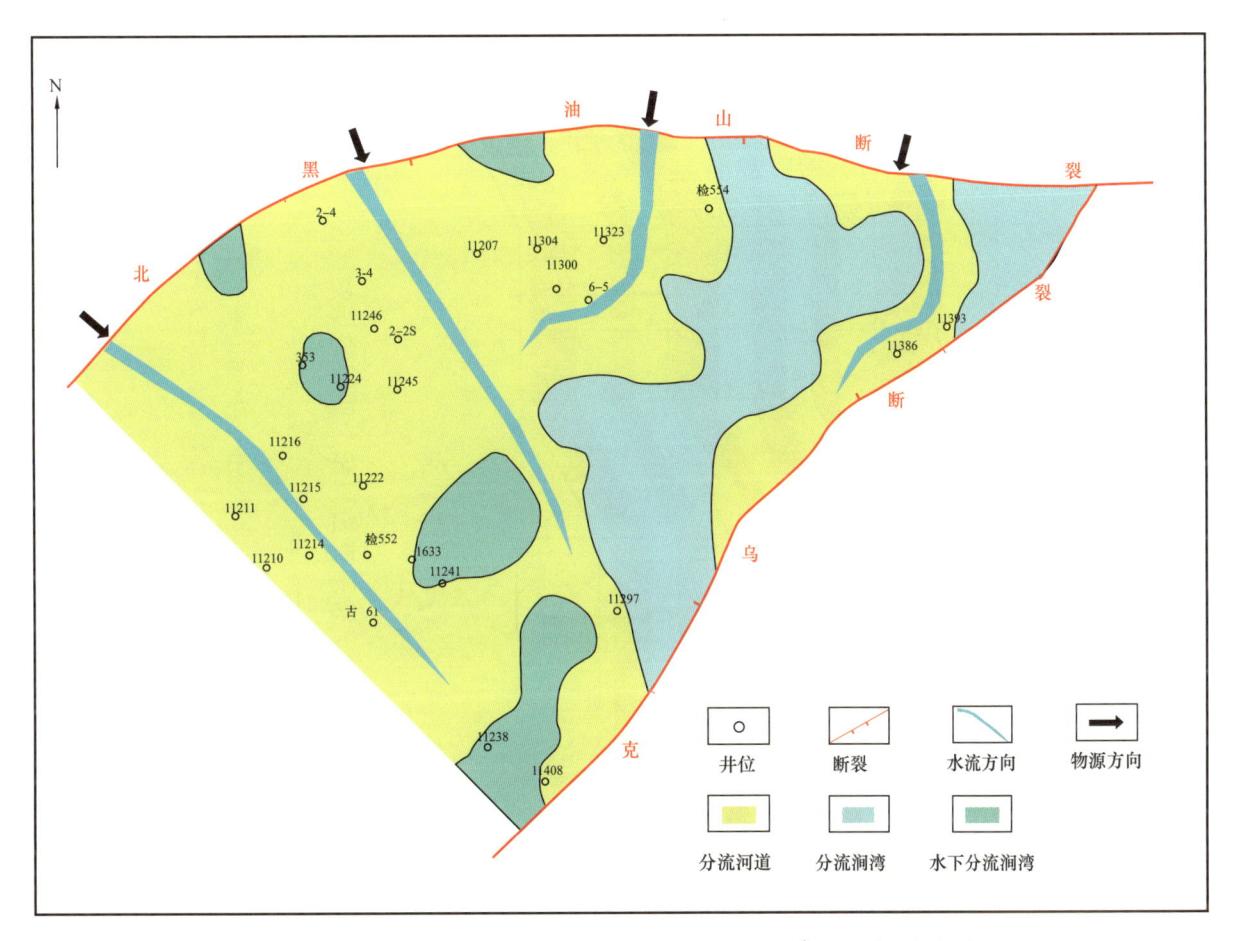

● 图 3-8　一区三叠系克拉玛依上亚组 $T_2k_2^4$ 沉积相分布图

图注　一区克拉玛依上亚组地层为一套砂砾岩与泥岩互层的正旋回沉积，即扇三角洲沉积，可划分为分流河道、水下分流河道和分流间湾微相。其中分流河道、水下分流河道相对较发育，物源主要来自西北、北部。

（五）储层特征

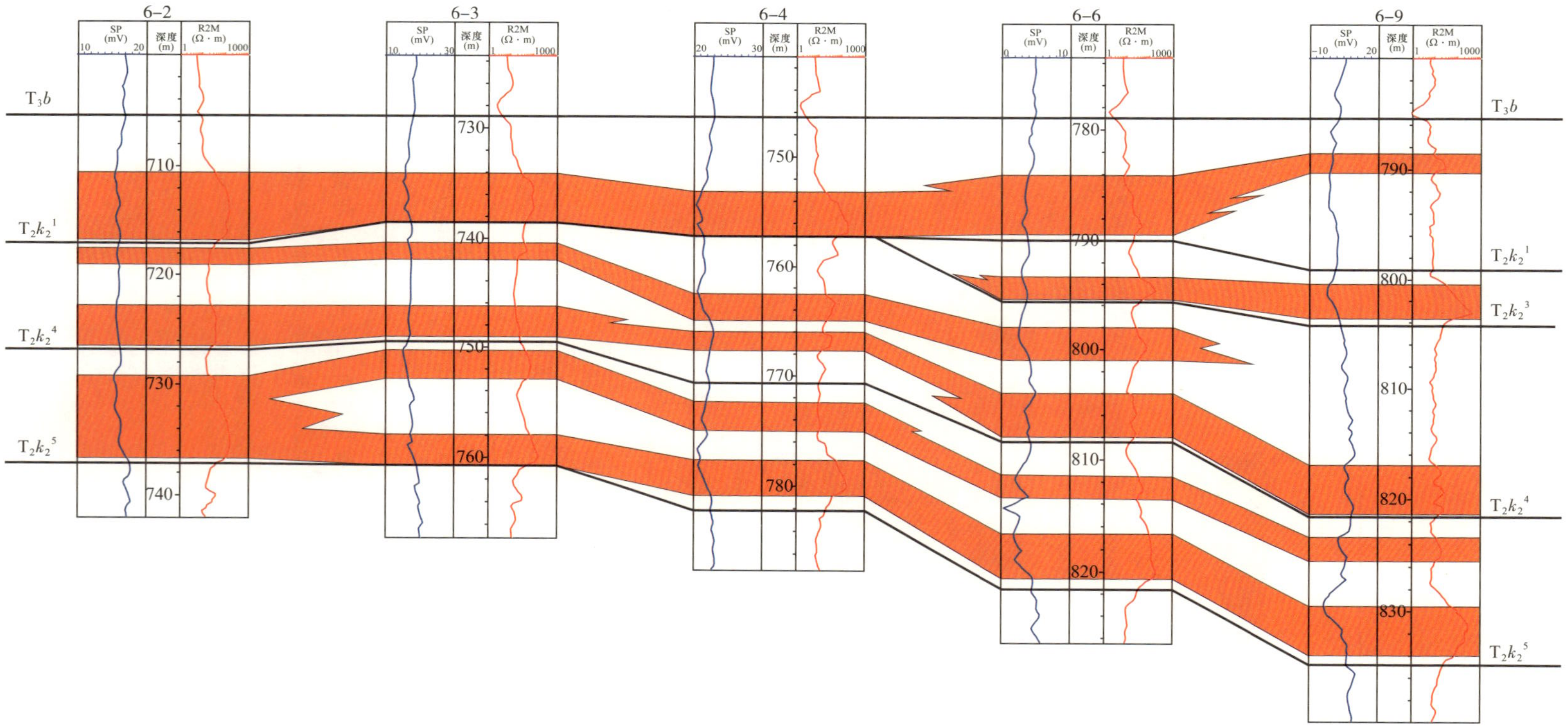

图 3-9　过 6-2 井—6-9 井三叠系克拉玛依上亚组砂层对比图

图注　一区克拉玛依上亚组沉积厚度 28.0~93.0m，平均 50.0m；砂层厚度 8.0~39.0m，平均 22.7m。自下而上分为 $T_2k_2^5$、$T_2k_2^4$、$T_2k_2^3$、$T_2k_2^2$、$T_2k_2^1$ 四个砂层组，由于遭受剥蚀，$T_2k_2^2$ 砂层组在本区不发育，$T_2k_2^3$ 砂层组仅在该区的东部局部分布。通过区域对比和试油试采、生产成果证实，主力层 $T_2k_2^5$、$T_2k_2^4$ 层和次要层 $T_2k_2^3$、$T_2k_2^1$ 层都含油，为本区油层。

表 3-3　一区三叠系克拉玛依上亚组储层物性特征统计表

层位	类别	孔隙度（%）			渗透率（mD）		
		样品数	变化范围	平均	样品数	变化范围	平均
T_2k_2	储层	64	12.2～27.2	19.3	63	0.04～1400	109.7
	油层	44	15.9～27.2	20.7	43	0.54～1400	168.5

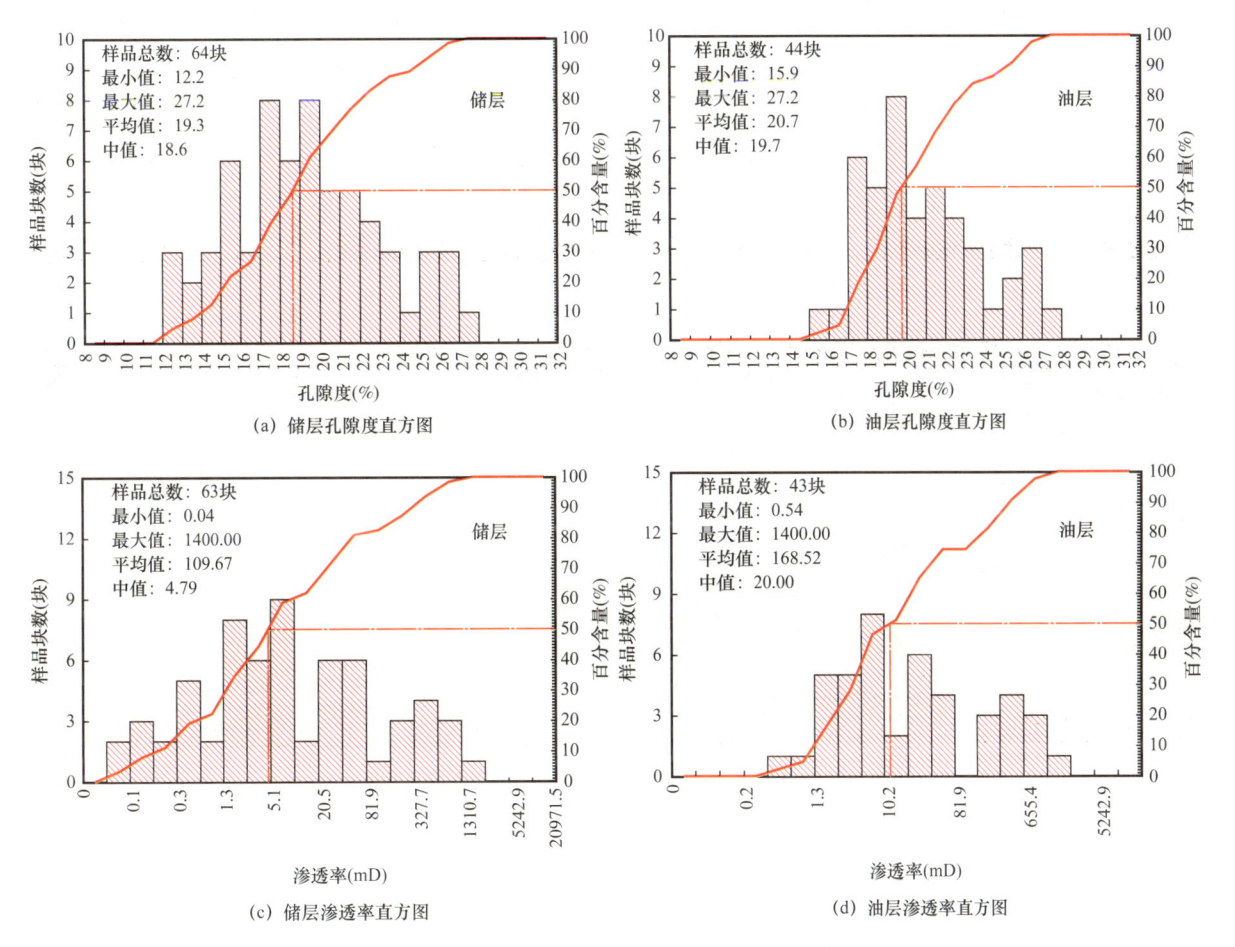

(a) 储层孔隙度直方图

(b) 油层孔隙度直方图

(c) 储层渗透率直方图

(d) 油层渗透率直方图

● 图 3-10　一区三叠系克拉玛依上亚组孔隙度、渗透率分布直方图

图表注　据本区三叠系克拉玛依上亚组 64 块岩心资料分析，储层孔隙度主要分布 12.2%～27.2%，平均 19.3%；渗透率 0.04～1400mD，平均 109.7mD。油层孔隙度 15.9%～27.2%，平均 20.7%；油层渗透率 0.54～1400mD，平均 168.5mD，整体为中等孔渗储层。

(a) 检552井，716.09m，灰色含砾砂岩

(b) 检552井，719.31m，灰褐色砾岩

(c) 检553井，827.9m，灰褐色小砾岩

(d) 检553井，846.7m，灰色不等粒砂岩

● 图3-11 一区三叠系克拉玛依上亚组岩心照片

图注 ① 一区克拉玛依上亚组岩性主要为灰色、灰绿色不等粒砂岩和砂质小砾岩；② 沉积构造观察统计反映克拉玛依上亚组水动力条件较强，沉积环境为扇三角洲沉积。

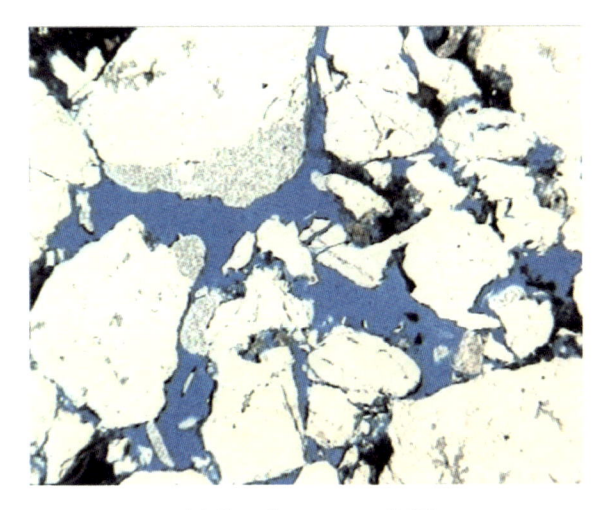

(a) 检554井，830.24m，砂砾岩

(b) 检552井，699.14m，砂砾岩

(c) 检552井，708.08m，细砂岩

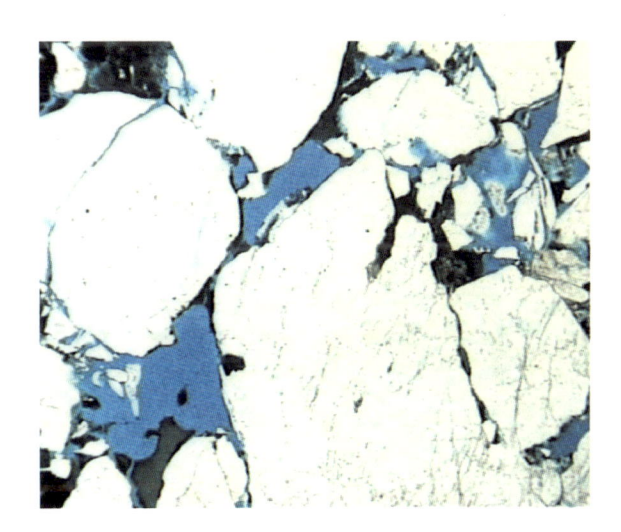

(d) 6-4A井，759.24m，中细砂岩

● 图 3-12　一区三叠系克拉玛依上亚组岩石铸体薄片照片

图注　一区克拉玛依上亚组岩性主要为灰色不等粒砂岩和砂砾岩，砂岩成分均以石英、长石为主，砾岩成分以火成岩为主，含量56%。岩石成分成熟度和结构成熟度均较低，颗粒分选差—中等。颗粒磨圆度为次棱角—次圆状。胶结类型以孔隙型、压嵌—孔隙型为主，胶结中等。储集空间类型以剩余粒间孔和原生粒间孔为主。

(a) 检554井，830m，不规则状、蠕虫状高岭石

(b) 检554井，831.54m，不规则状高岭石

(c) 检554井，855.26m，不规则状、蠕虫状高岭石

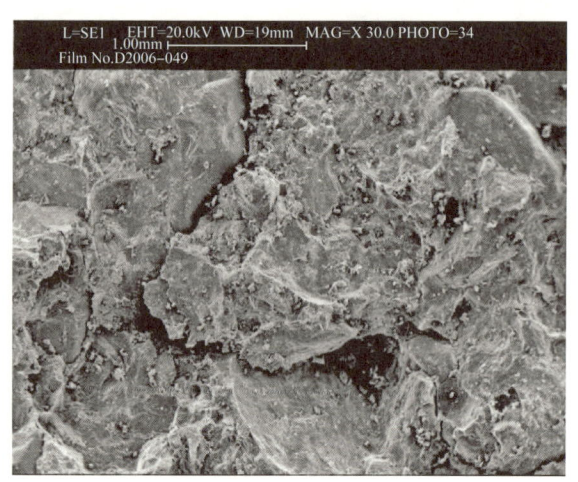

(d) 检554井，909.79m，粒表弯曲片状伊利石

图 3-13　一区三叠系克拉玛依上亚组扫描电镜照片

图注　三叠系克拉玛依上亚组黏土矿物主要为高岭石，其平均含量占 50.2%，其次为伊/蒙混层，平均含量达 25.5%，绿泥石和伊利石含量分别占 14.8%、9.3%。

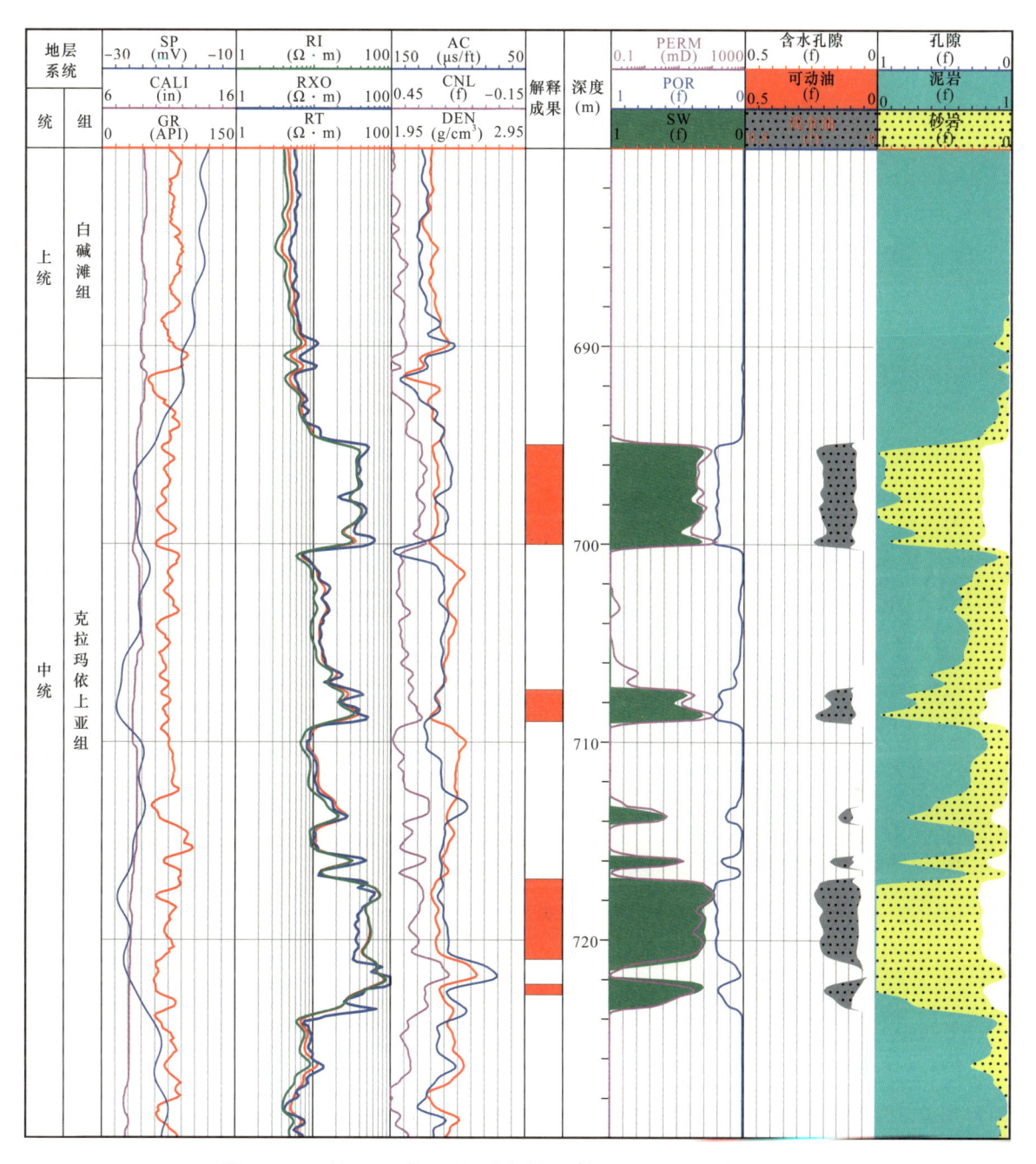

图 3-14 检 552 井三叠系克拉玛依上亚组测井解释成果图

图注 ① 一区三叠系克拉玛依上亚组油层解释下限标准为：$RT \geqslant 23\Omega \cdot m$，$\phi > 16\%$，$S_o > 52\%$；
② 检 552 井三叠系克拉玛依上亚组共解释油层 11.1m/4 层。

（六）流体性质与压力系统

表 3-4　一区三叠系克拉玛依上亚组油藏地面原油性质参数表

层位	密度（g/cm³）	30℃黏度（mPa·s）	含蜡（%）	凝固点（℃）
T_2k_2	0.864	52.5	3.4	−21.9

表注　一区克拉玛依上亚组地面原油密度 0.864g/cm³，30℃时地面原油黏度为 52.5mPa·s，凝固点 −21.9℃，含蜡量为 3.4%。

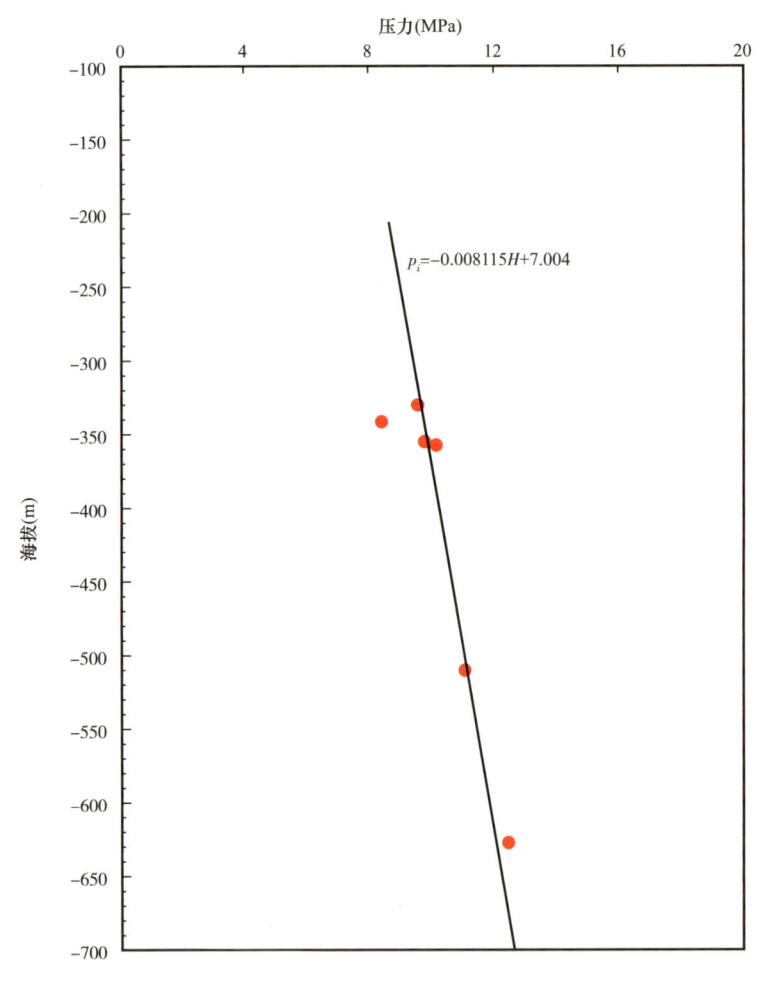

图 3-15　一区三叠系克拉玛依上亚组油藏压力梯度图

$$p_i = -0.008115H + 7.004$$

图注　一区克拉玛依上亚组油藏原始地层压力为 11.5MPa，压力系数为 1.39，饱和压力为 11.5MPa，为饱和油藏。

二、开发特征

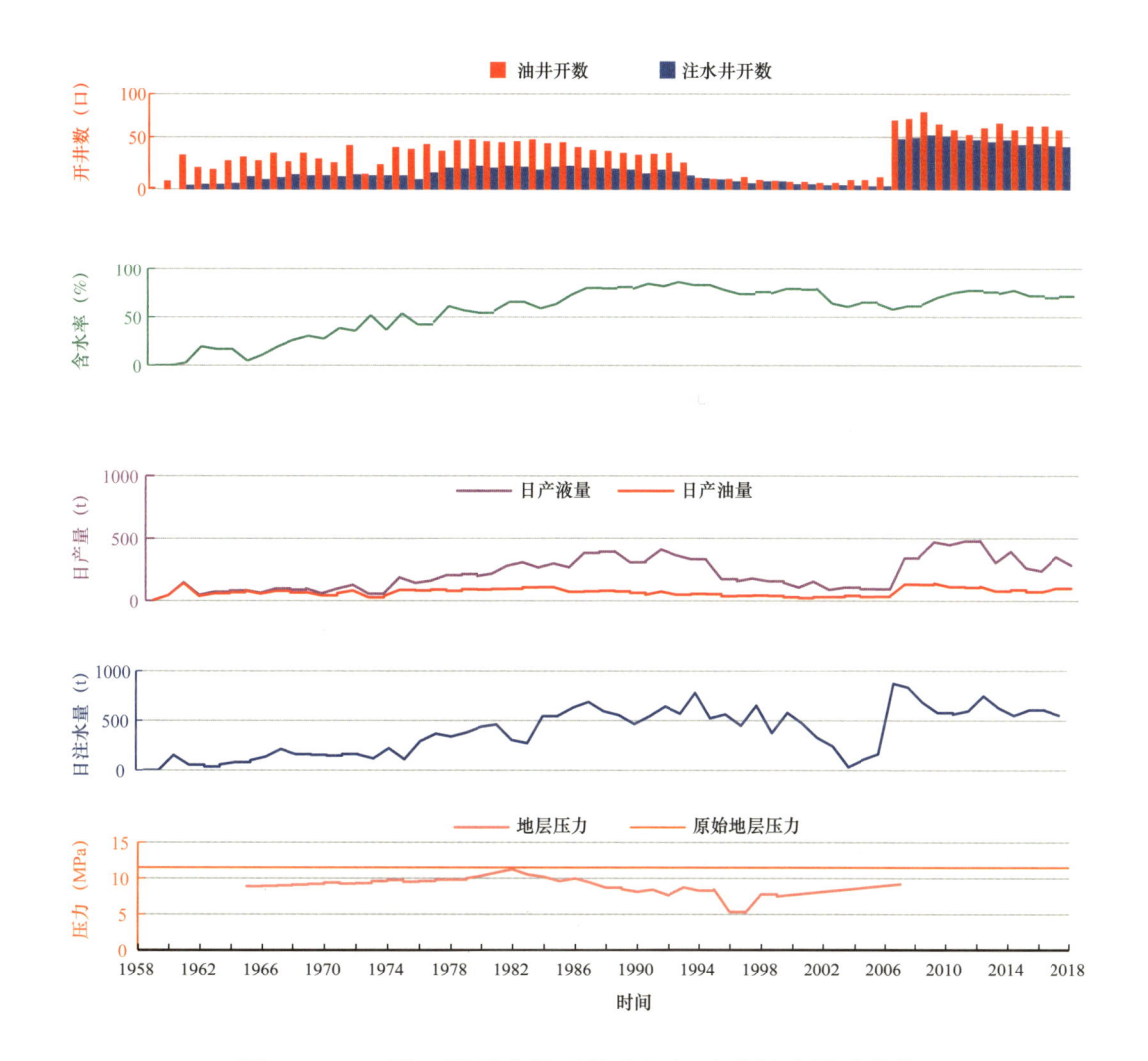

图 3-16　一区三叠系克拉玛依上亚组油藏综合开发曲线

图注　① 1958 年投入开发，最高开井数油井 80 口、注水井 55 口，2008 年产油量最高达 6.07×10⁴t；② 1959 年开始注水，1975 年后含水率上升较快，产出水类型为注入水和地层水；③ 2018 年 12 月，油井开井数 61 口，日产液 285t，日产油 84t，日注水 553m³，含水率 70.53%，采油速度 0.52%；累计产油 164.39×10⁴t，采出程度 27.57%。

第二节 一区克浅 10 井区侏罗系西山窑组油藏

一、石油地质特征

（一）地层分布

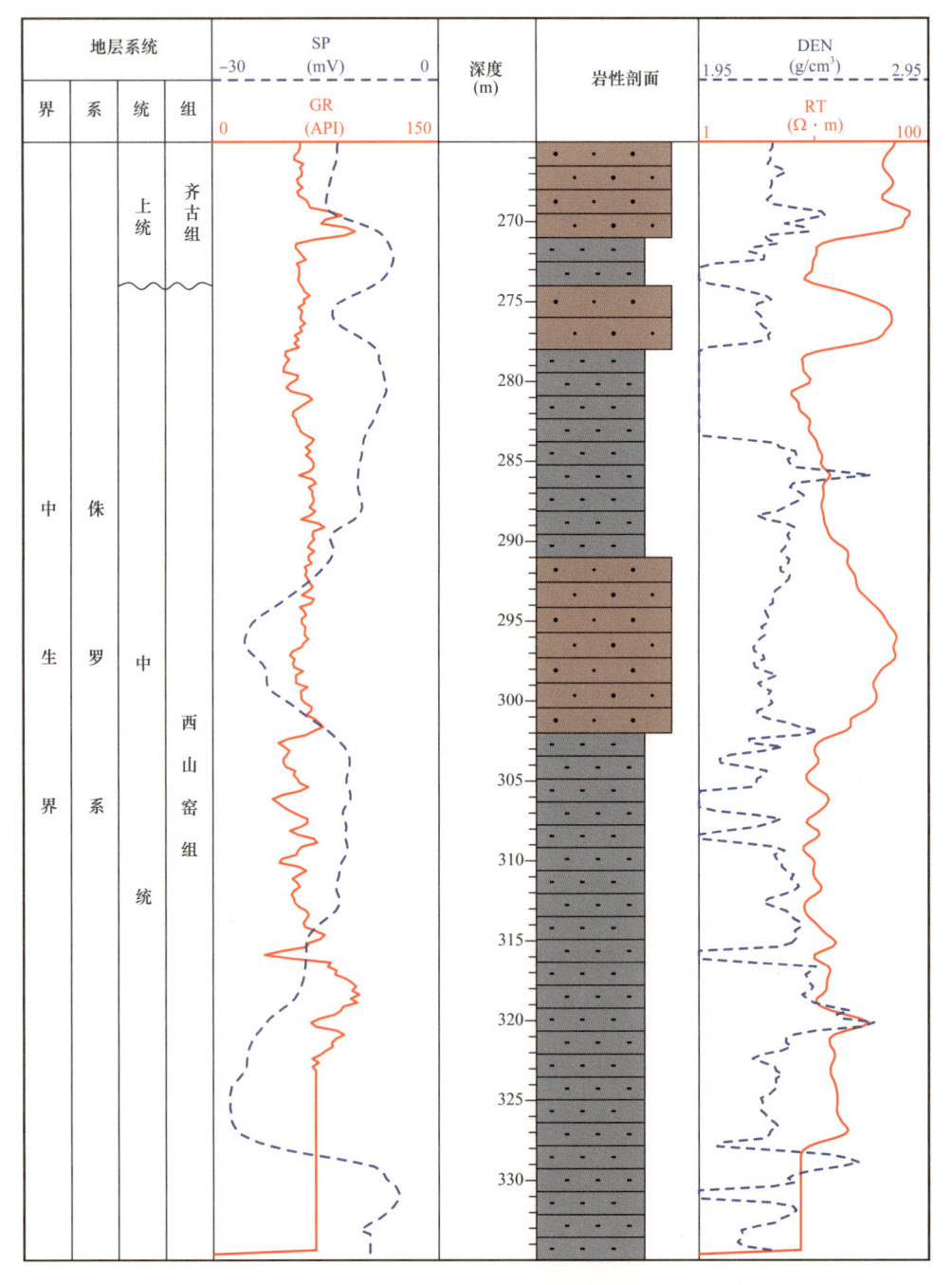

图 3-17 一区克浅 10 井区侏罗系西山窑组地层综合柱状图

表 3-5　一区克浅 10 井区重点井钻揭地层厚度统计表

井号	完钻层位	底深(m) 白垩系 吐谷鲁群 K_1tg	地层厚度(m) 侏罗系 齐古组 J_3q	西山窑组 J_2x
克浅 10	J_2x	100	214	33.3（未穿）
1866	C	85	152	58
克浅 12	J_2x	118	192	30（未穿）

图表注　① 钻揭地层分别为白垩系吐谷鲁群（K_1tg，80~120m）、侏罗系齐古组（J_3q，150~220m）、西山窑组（J_2x，30~60m，未穿）；② 侏罗系西山窑组为主要目的层，与上覆地层齐古组呈不整合接触。

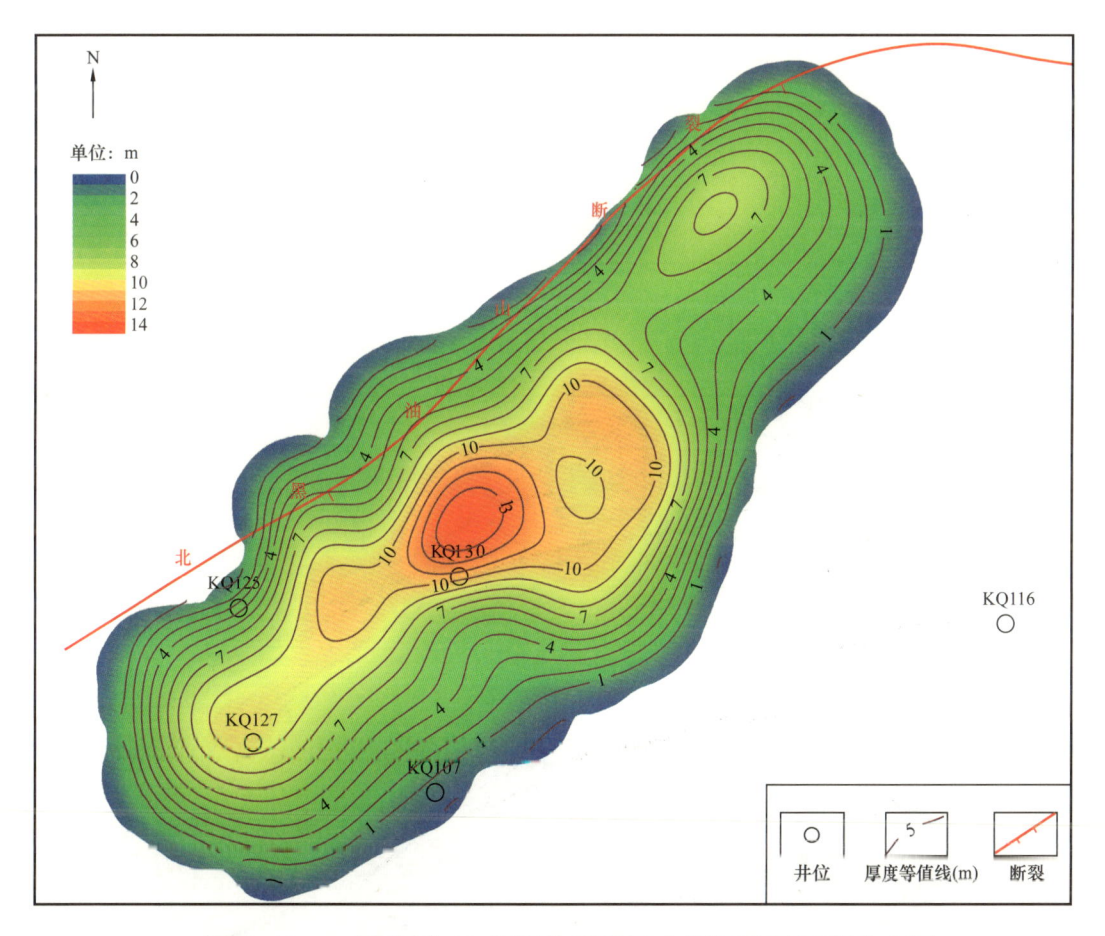

● 图 3-18　一区克浅 10 井区侏罗系西山窑组砂层厚度分布图

图注　侏罗系西山窑组地层残留厚度在 20~60m，储层厚度在 0~20m。含油砂层主要集中分布在克浅 10 油藏的西北部，其他部位零星分布。

（二）构造特征

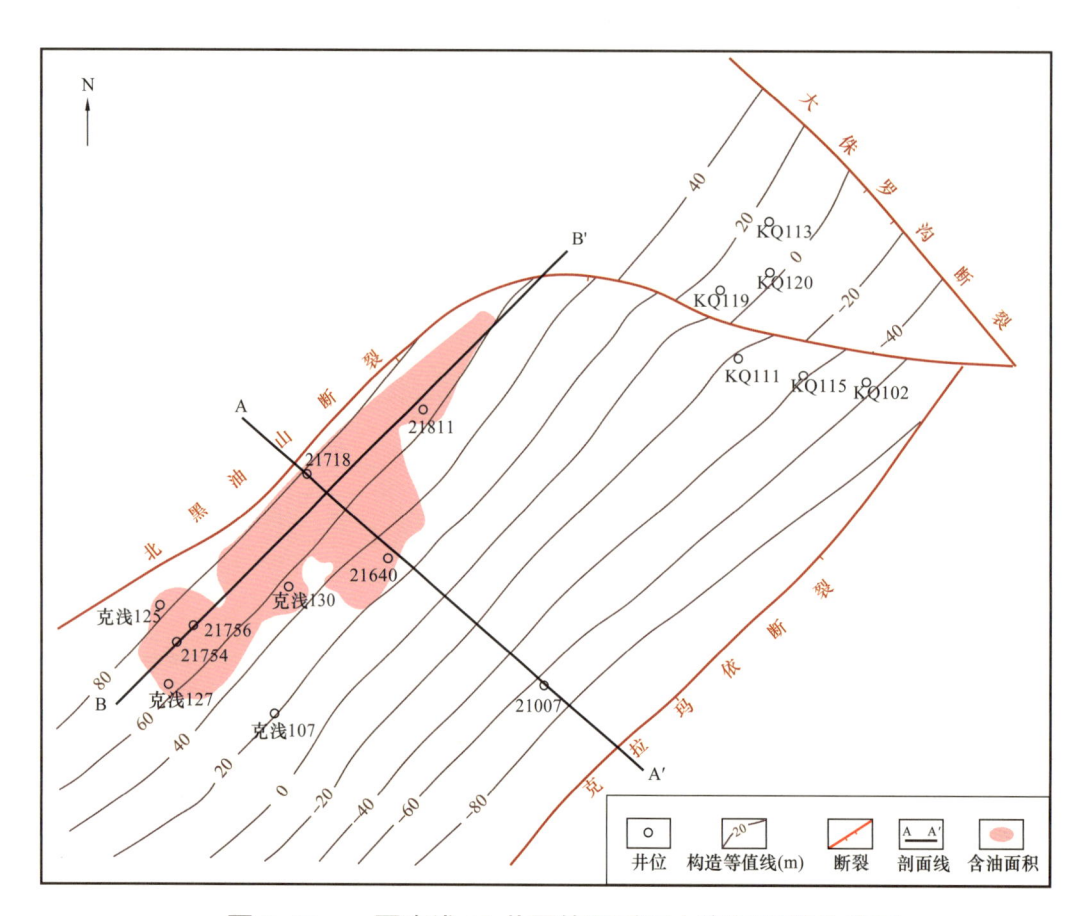

图 3-19　一区克浅 10 井区侏罗系西山窑组顶界构造图

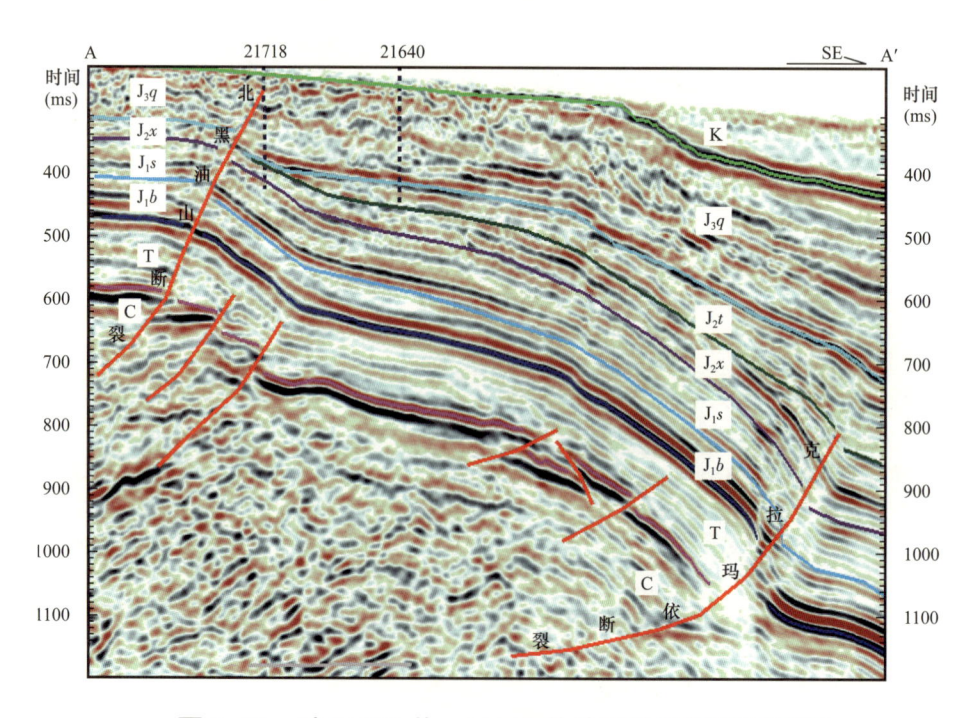

图 3-20　过 21718 井—21640 井地震地质解释剖面图

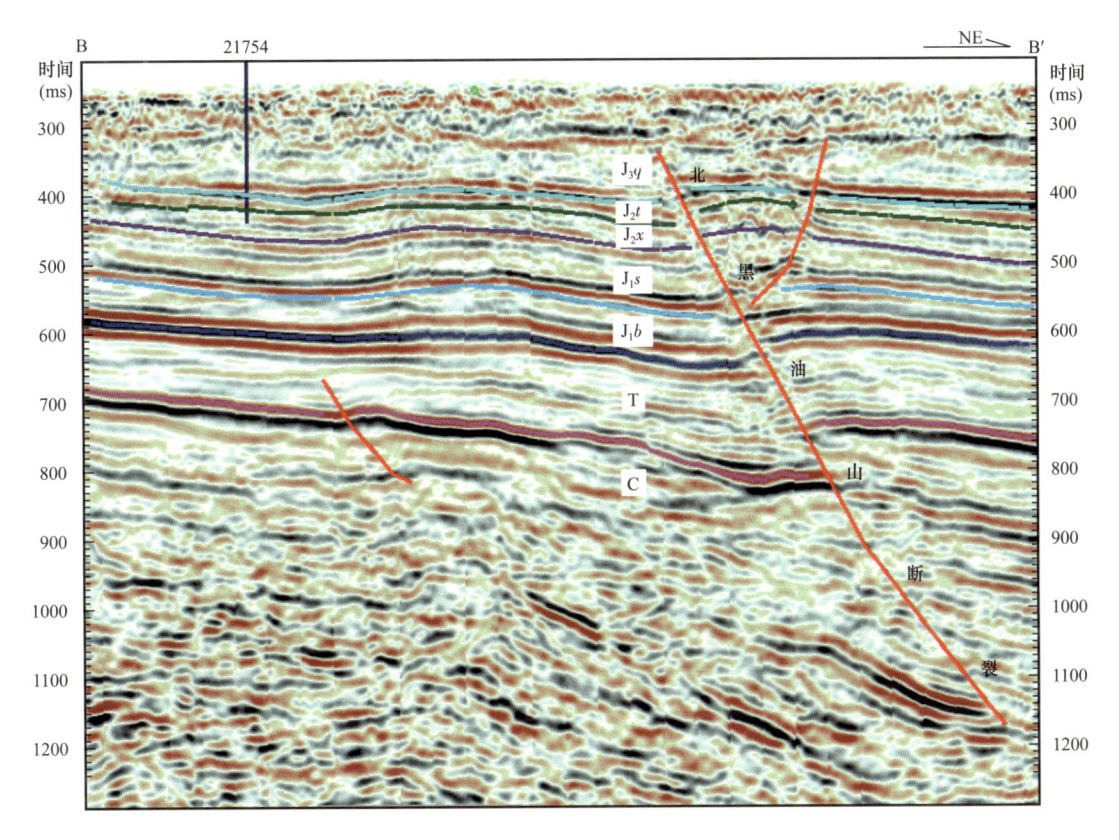

图 3-21 过 21754 井地震地质解释剖面图

表 3-6 一区克浅 10 井区主要断裂要素表

序号	断裂名称	性质	断开层位	断裂产状		
				走向	倾向	倾角
1	克拉玛依断裂	逆	J、T、P、C	SW	NE	65°~80°
2	北黑油山断裂	逆	J、T、P、C	NW	SE	60°~80°

图表注 ①侏罗系西山窑组构造单一，西山窑组顶部构造形态基本上为一向东南倾斜的平缓单斜，倾角3°~10°。油藏平均埋深275m，油藏中部深度290m；②克拉玛依断裂是一条规模较大的逆断裂，走向呈西南—东北向，断面倾角上陡下缓，自石炭系断至齐古组内部；③北黑油山断裂在本区内走向近似平行克拉玛依断裂，到本区的东部转为东西走向，与克拉玛依断裂相交，自石炭系断至齐古组内部。

（三）油藏剖面

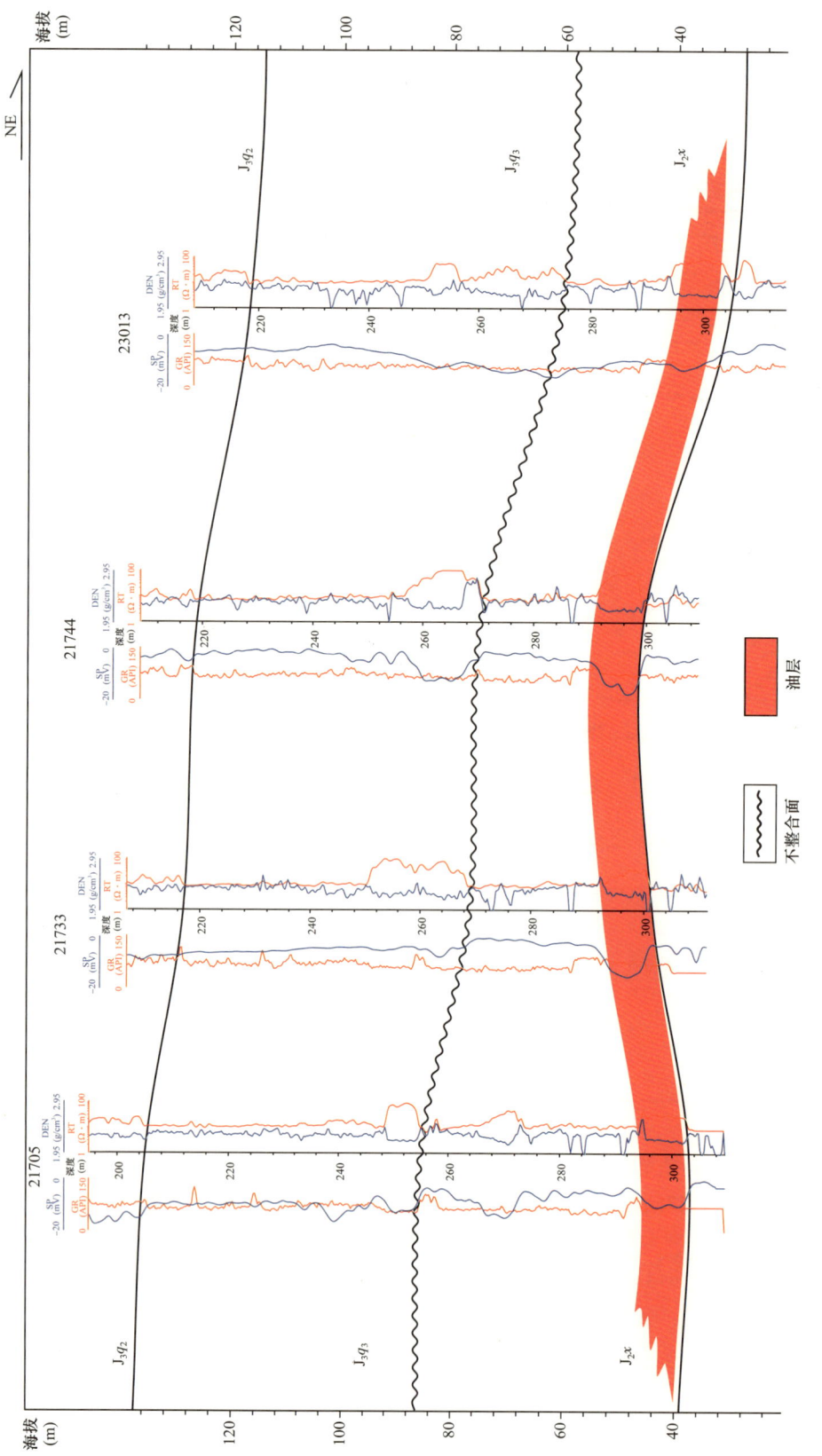

图 3-22　过 21705 井—23013 井侏罗系西山窑组油藏剖面图

图注　一区克浅 10 井区侏罗系西山窑组油藏平均埋深 320m，油层厚度 20～60m，自北黑油山断裂往南很快尖灭，油藏主要受构造和岩性控制，油藏类型为构造岩性油藏。

（四）沉积特征

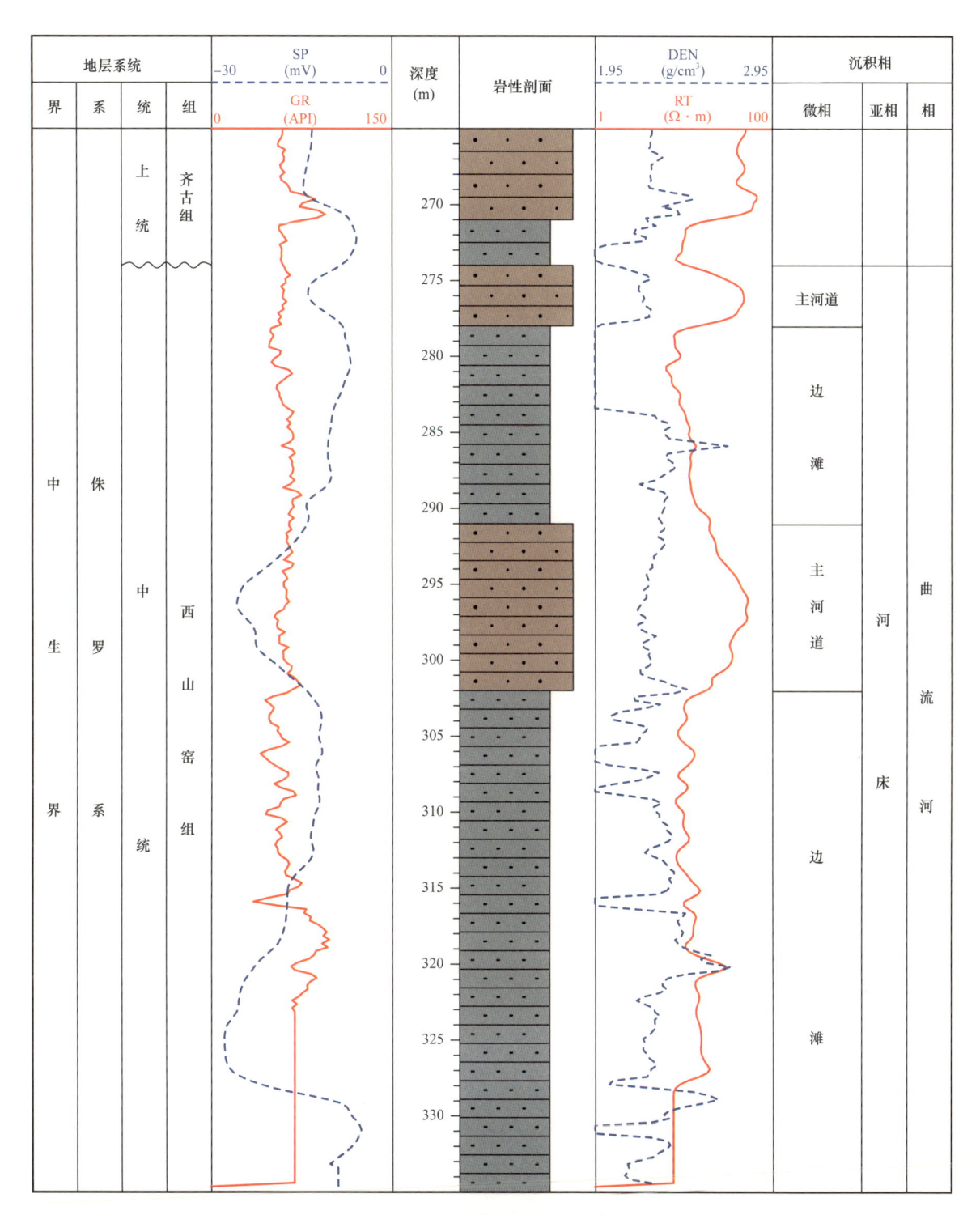

图 3-23　21815 井侏罗系西山窑组单井相图

图注　①侏罗系西山窑组主要为曲流河河道沉积；②垂向上边滩、主河道相互交错叠置沉积；③主力储层为主河道沉积，电阻率曲线呈箱形，20≤RT<60Ω·m，伽马曲线上表现为齿状箱形，50≤GR<70API，自然电位曲线为钟形、漏斗形，-28≤SP<-10mV。

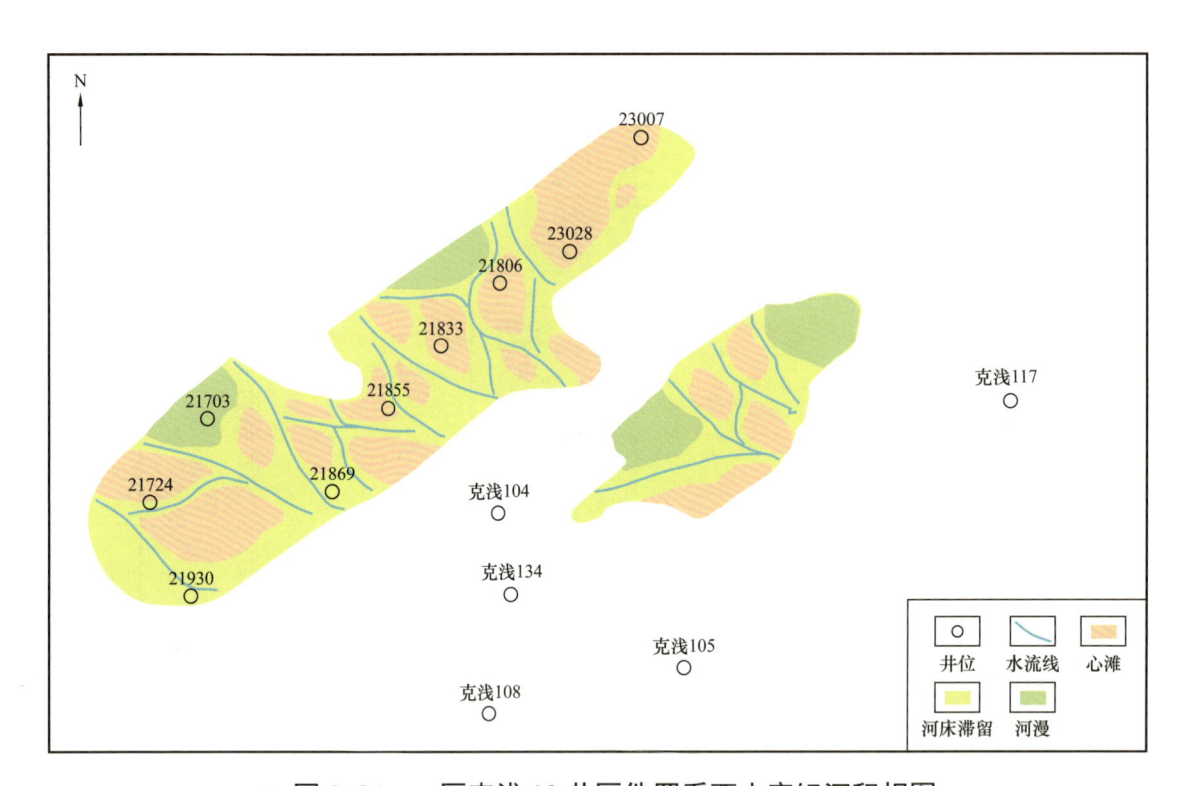

图 3-24　一区克浅 10 井区侏罗系西山窑组沉积相图

图注　一区克浅 10 井区侏罗系西山窑组主要以曲线河沉积为主，发育有心滩、河漫和河床滞留沉积，心滩沉积是主要的储层。

（五）储层特征

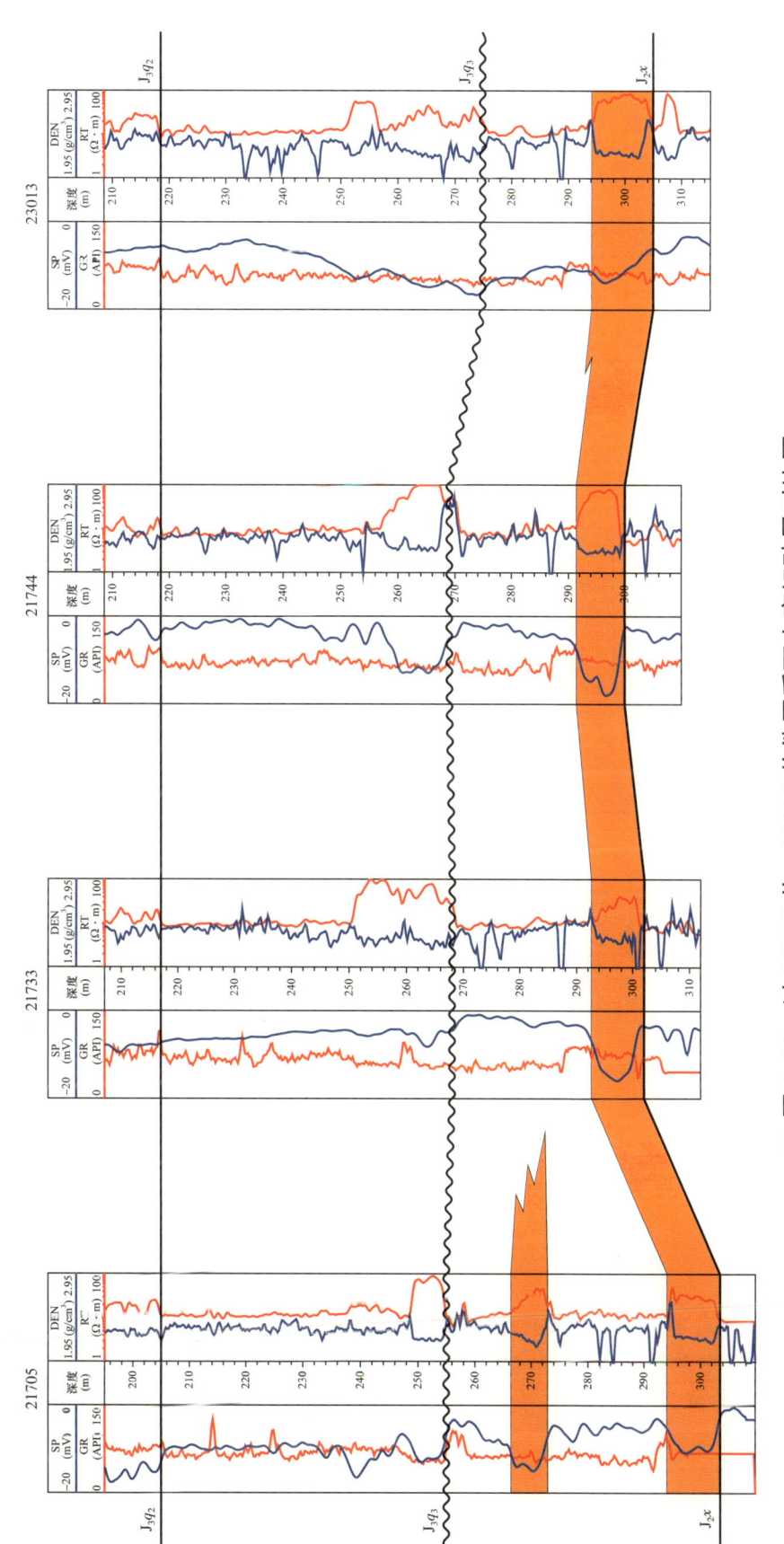

图 3-25 过 21705 井—23013 井侏罗系西山窑组砂层对比图

图注 克浅 10 井区西山窑组含油层岩性主要为灰褐色中细砂岩，油层砂体横向分布稳定，在平面上可呈层状叠合连片。

表 3-7　一区克浅 10 井区侏罗系西山窑组储层物性特征统计表

层位	类别	孔隙度（%）			渗透率（mD）		
		样品数	变化范围	平均	样品数	变化范围	平均
J₂x	储层	98	6～33	20	95	0.13～4680	1220
	油层	76	21～33	28.9	44	60～4680	1420

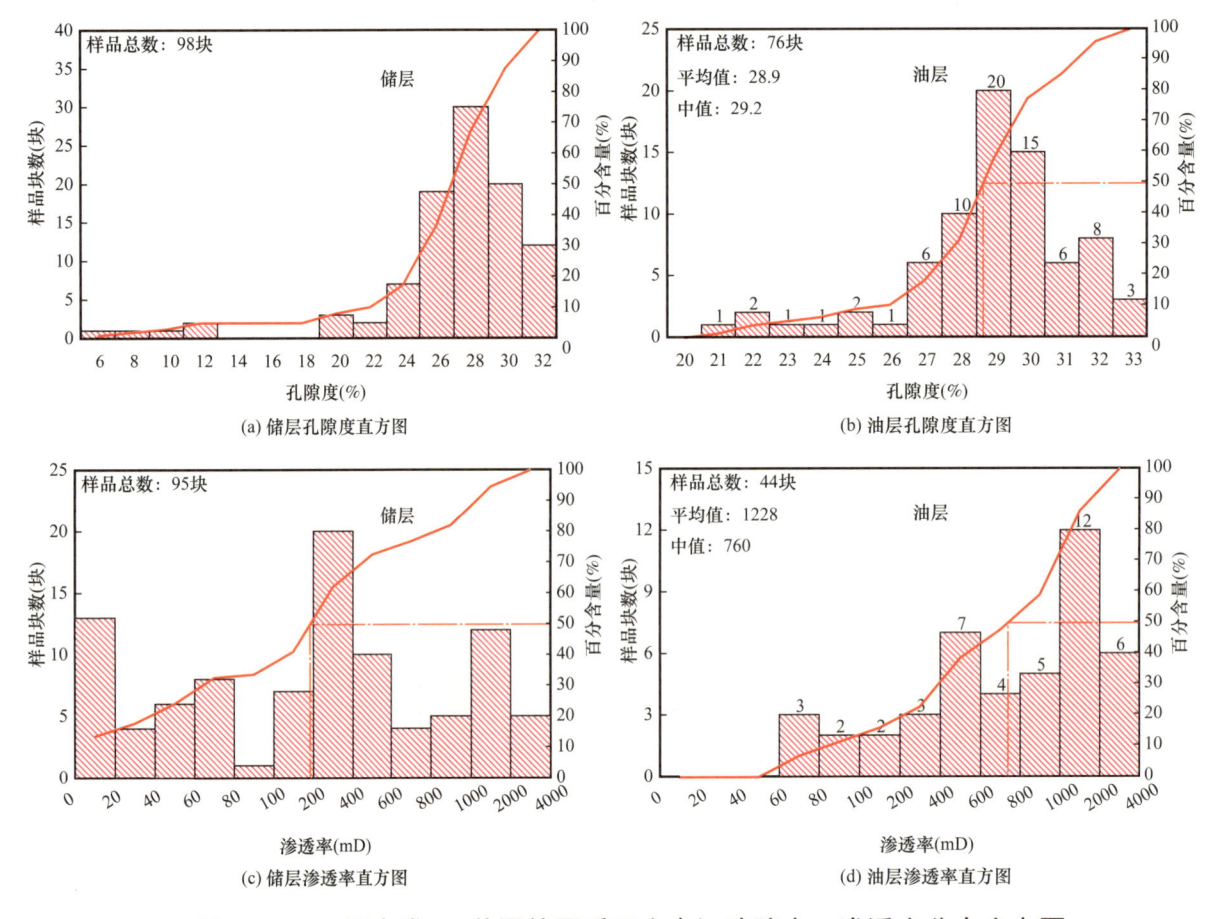

图 3-26　一区克浅 10 井区侏罗系西山窑组孔隙度、渗透率分布直方图

图表注　克浅 10 井区西山窑组储层分析孔隙度值分布在 6%～33%，油层孔隙度值主要分布在 21%～33%，油层平均孔隙度 28.9%。储层分析渗透率分布在 0.13～4680mD，油层分析渗透率为 60～4680mD，油层平均渗透率 1420mD。

(a) 21815井，289.2m，灰色中砂岩

(b) 21815井，289.93m，灰褐色中砂岩

(c) 21815井，287.28m，灰色细砂岩

(d) 21827井，288.74m，灰褐色细砂岩

● 图 3-27　一区克浅 10 井区侏罗系西山窑组岩心照片

图注　克浅 10 井区西山窑组岩石类型主要为灰色、灰褐色泥岩和细砂岩、中细砂岩、含砾不等粒砂岩。

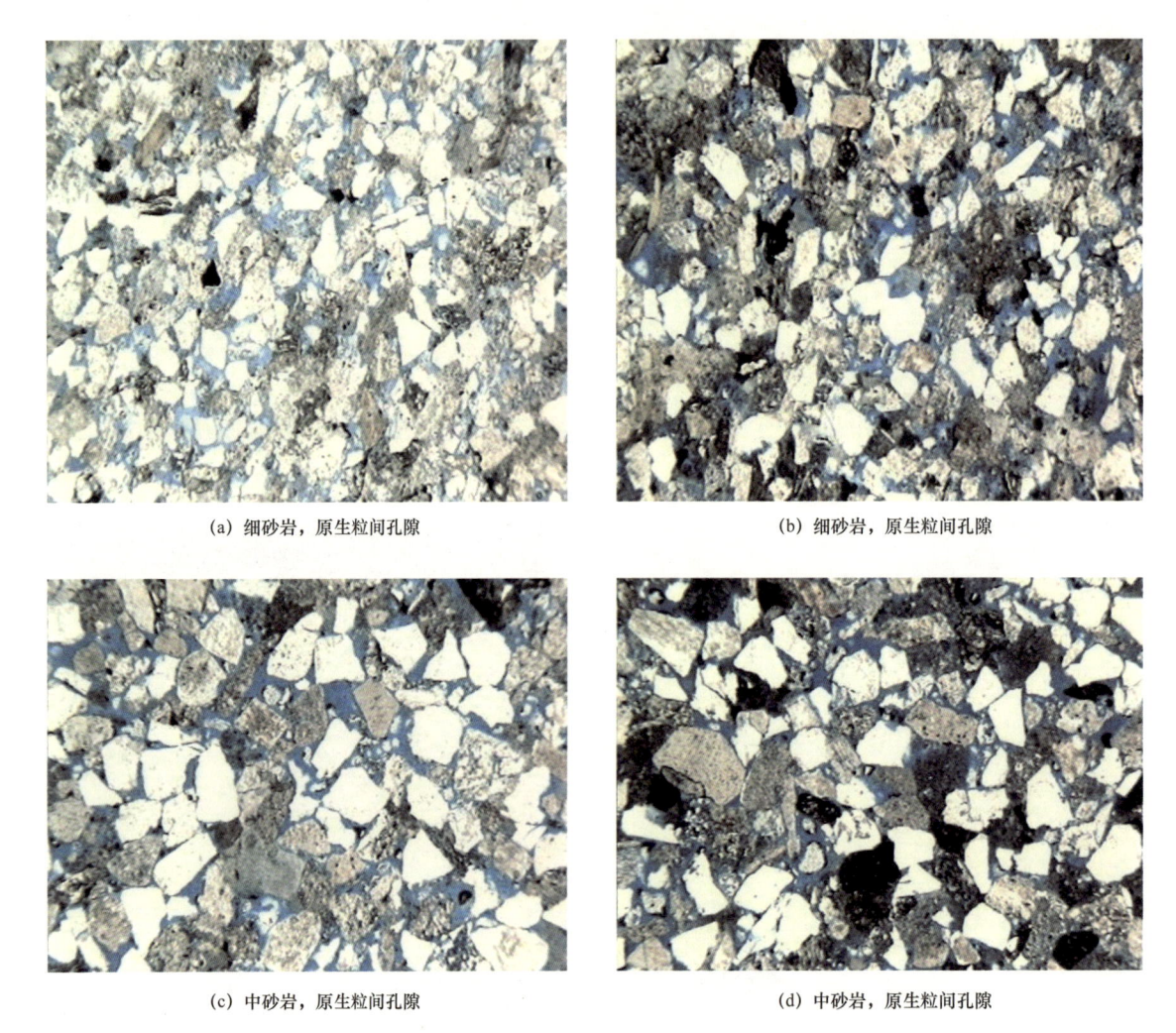

(a) 细砂岩，原生粒间孔隙　　　　　　　　　　(b) 细砂岩，原生粒间孔隙

(c) 中砂岩，原生粒间孔隙　　　　　　　　　　(d) 中砂岩，原生粒间孔隙

● 图 3-28　一区克浅 10 井区侏罗系西山窑组岩石铸体薄片照片

图注　储层孔隙类型主要为粒间溶蚀孔、粒间孔隙，其次为基质溶孔、粒内溶孔和解理缝。孔隙直径 56.5~127.6μm，平均 79.7μm，面孔率一般为 2.2%~11.43%，平均 5.33%，孔喉配位数 0~3。

(a) 石英次生加大

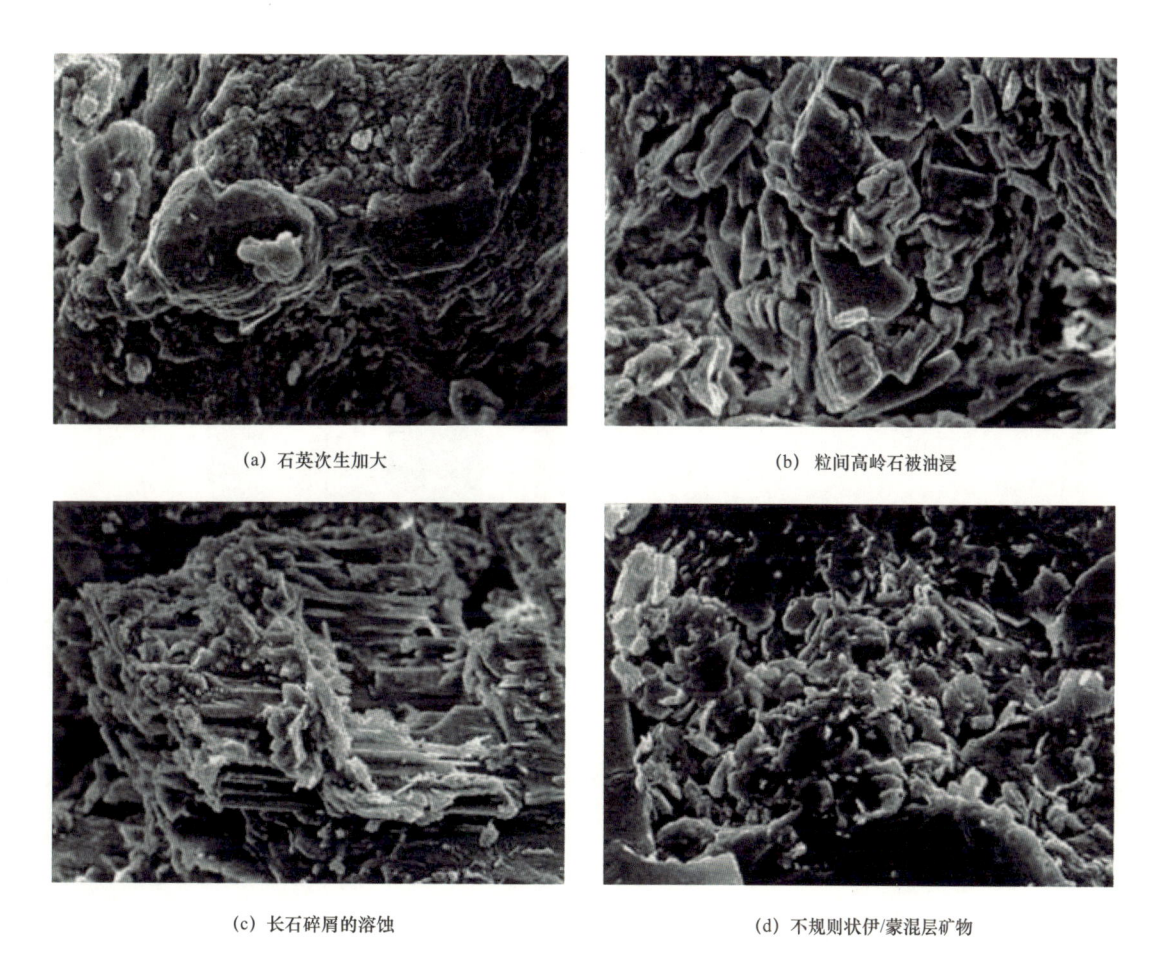

(b) 粒间高岭石被油浸

(c) 长石碎屑的溶蚀

(d) 不规则状伊/蒙混层矿物

● 图 3-29　一区克浅 10 井区侏罗系西山窑组扫描电镜照片

图注　填隙物中泥质含量为 2%～5%，具水云母化或绿泥石化。黏土矿物主要成分为高岭石、伊利石、伊/蒙混层。

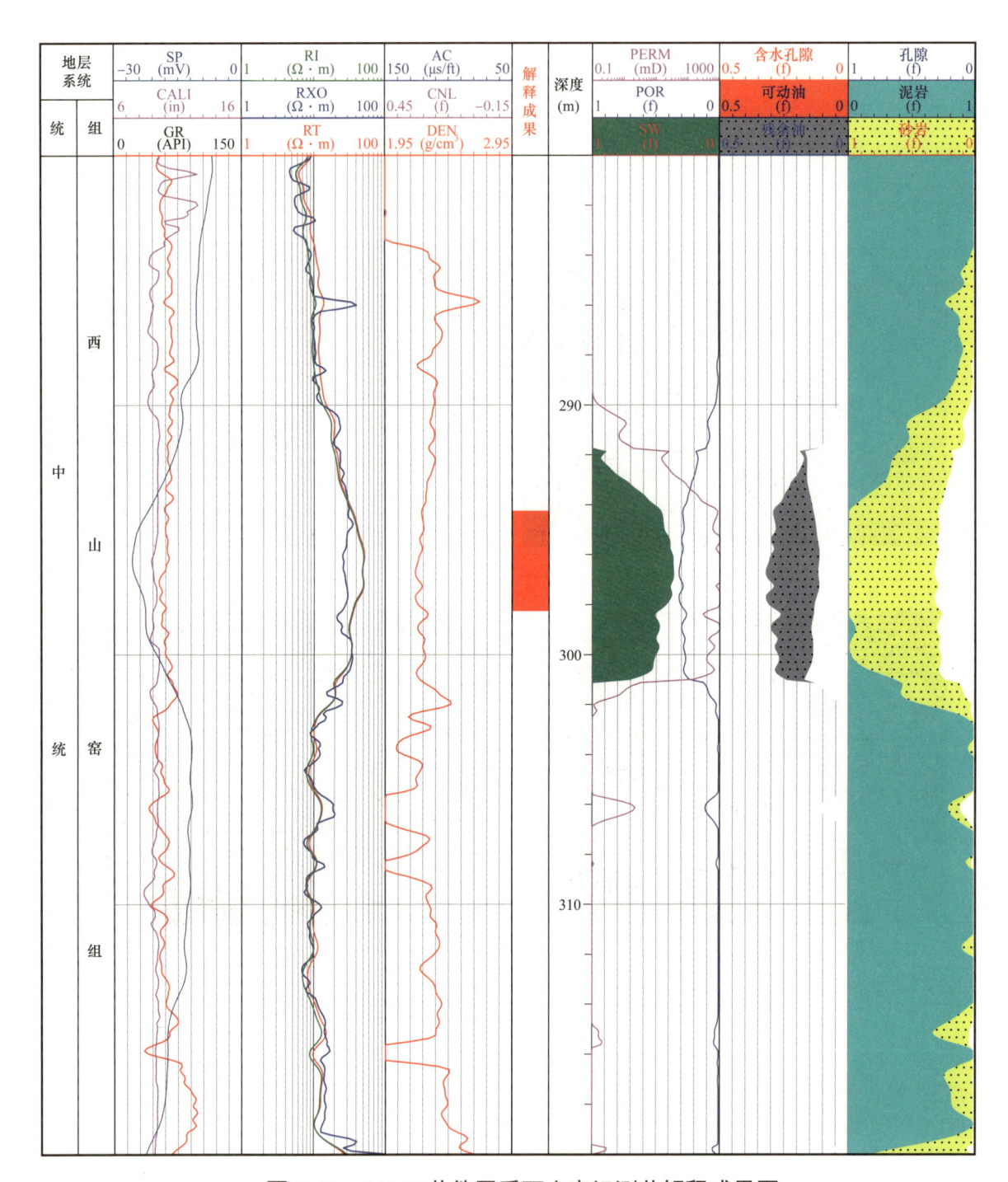

图 3-30 21815 井侏罗系西山窑组测井解释成果图

图注 ① 一区克浅 10 井区侏罗系西山窑组油层解释下限标准为：RT＞35Ω·m，ϕ＞21%，S_o＞50%；② 21815 井西山窑组共解释油层 4.0m/1 层。

（六）流体性质与压力系统

表 3-8　一区克浅 10 井区侏罗系西山窑组油藏地面原油性质参数表

层位	密度（g/cm³）	50℃黏度（mPa·s）	含蜡（%）	凝固点（℃）
J₂x	0.929	416.6	2.3	−22.8

表注　油藏原油密度为 0.929g/cm³，50℃黏度为 416.6mPa·s，含蜡量为 2.3%，凝固点为 −22.8℃。

二、开发特征

图 3-31　一区克浅 10 井区侏罗系西山窑组油藏综合开发曲线图

图注　① 1999 年投入开发，最高开井数油井 147 口，2004 年产油量最高达 1×10⁴t；② 油藏已于 2016 年全面关停。

第三节　四区金003井区三叠系克拉玛依上亚组油藏

一、石油地质特征

（一）地层分布

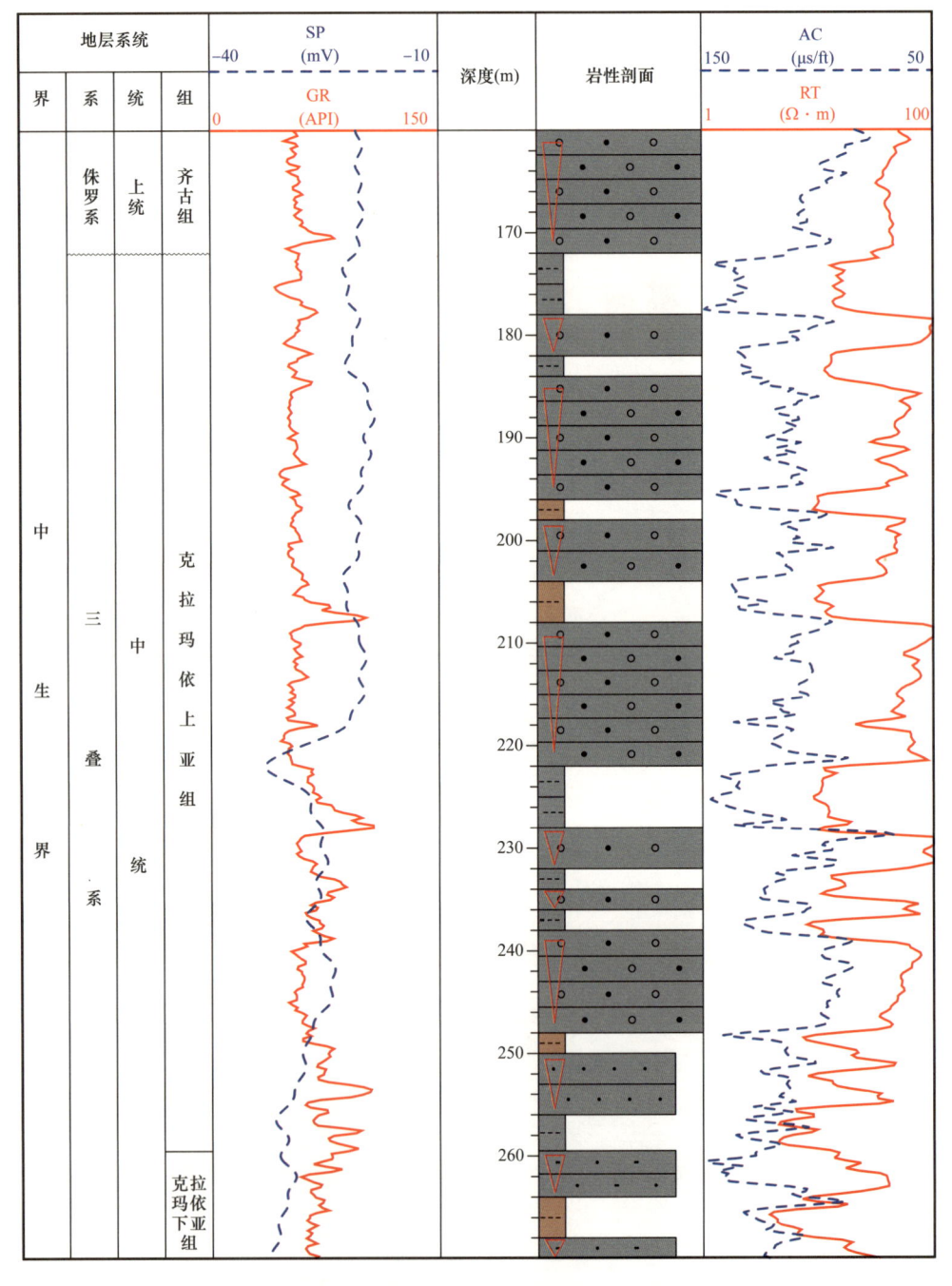

● 图 3-32　四区金003井区三叠系克拉玛依上亚组地层综合柱状图

表 3-9　四区金 003 井区重点井钻揭地层厚度统计表

井号	完钻层位	底深(m) 白垩系 吐谷鲁群 K₁tg	地层厚度(m) 侏罗系 齐古组 J₃q	地层厚度(m) 侏罗系 八道湾组 J₁b	地层厚度(m) 三叠系 白碱滩组 T₃b	地层厚度(m) 三叠系 克拉玛依上亚组 T₂k₂	地层厚度(m) 三叠系 克拉玛依下亚组 T₂k₁	石炭系 C
金007	T₂k₁	190.5	—	69.5	21	96	33（未穿）	
J137	C	110	—	30.5	2.5	82	57	（未穿）
古132	C	191	—	38	13	91	79	（未穿）

图表注　① 钻揭的地层自上而下分别为白垩系吐谷鲁群（K₁tg，100～200m），侏罗系八道湾组（J₁b，30～70m）、三叠系白碱滩组（T₃b，0～30m）、三叠系克拉玛依上亚组（T₂k₂，20～100m）、克拉玛依下亚组（T₂k₁，50～80m），石炭系未穿；② 三叠系白碱滩组与侏罗系八道湾组为不整合接触，克拉玛依下亚组与石炭系为角度不整合接触。

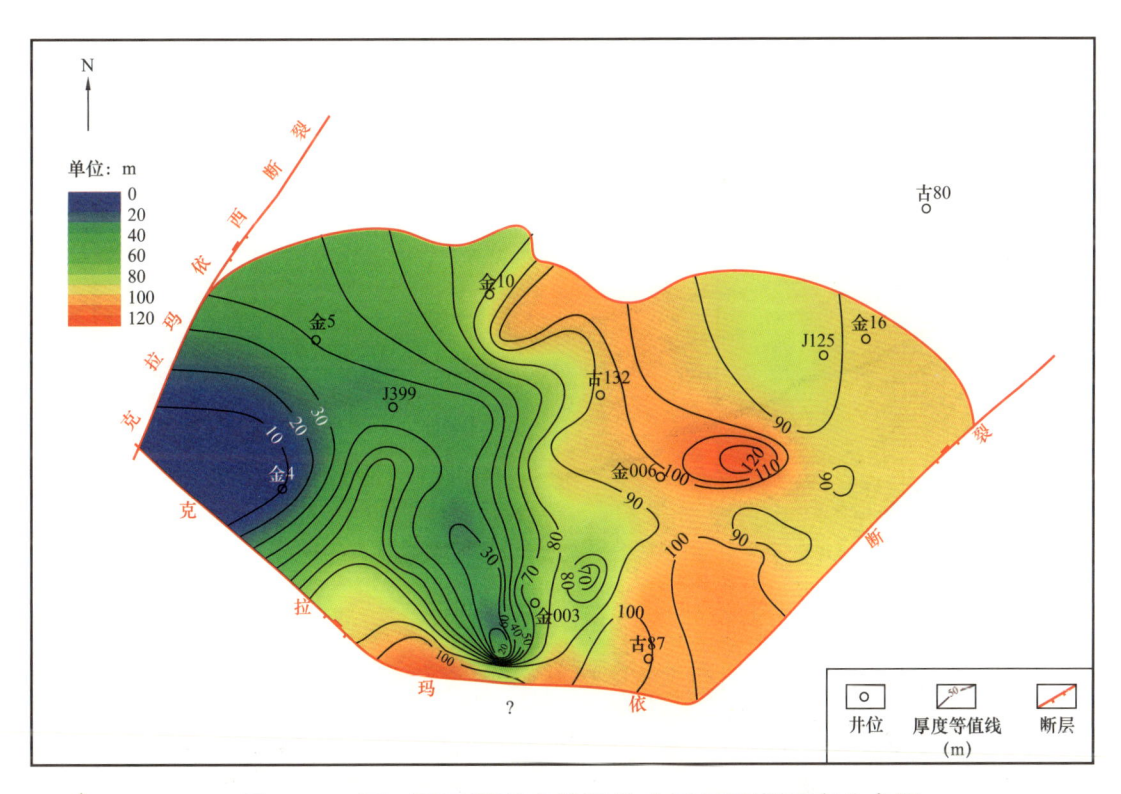

● 图 3-33　四₂区三叠系克拉玛依上亚组残留厚度分布图

图注　四₂区三叠系克拉玛依上亚组岩性较为单一，为一套扇中亚相的砂砾岩沉积；残留厚度 10～120m，平均 80m，表现为东厚西薄的特征。

（二）构造特征

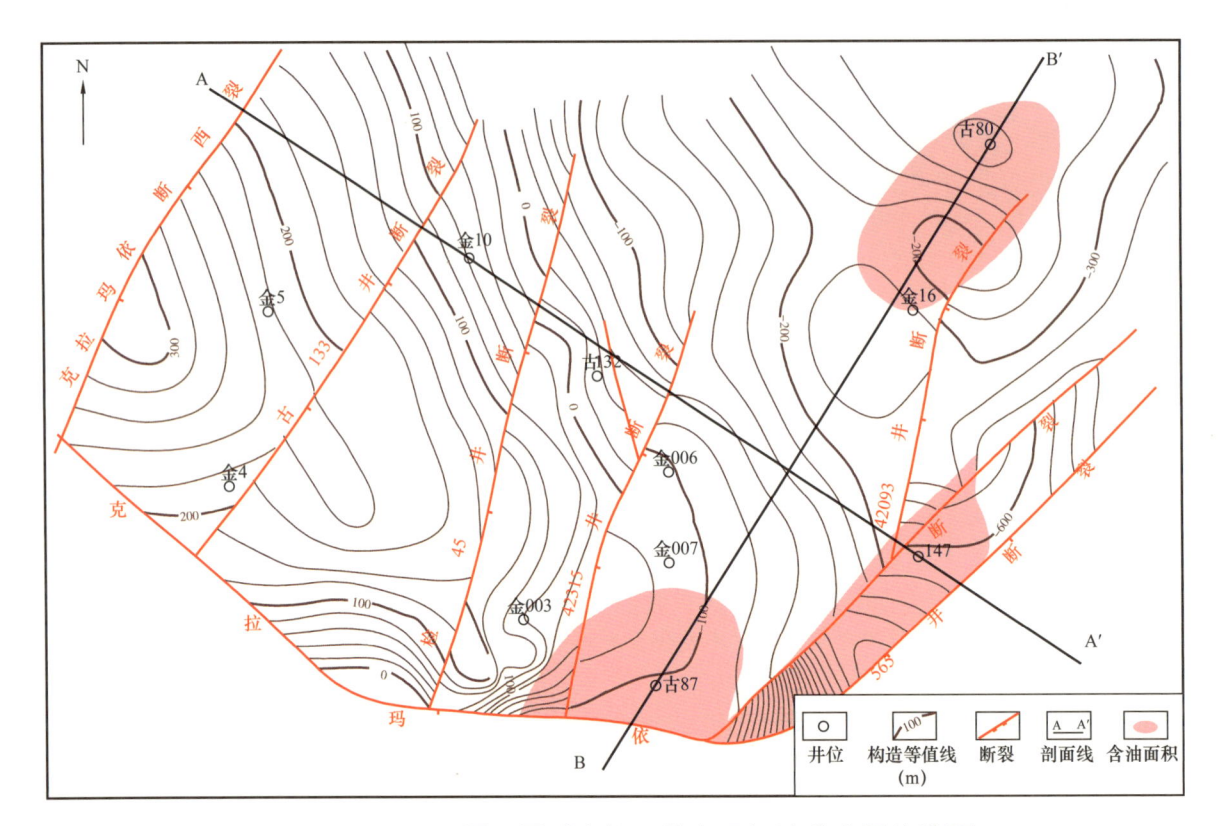

图 3-34　四₂区三叠系克拉玛依上亚组油藏底界构造图

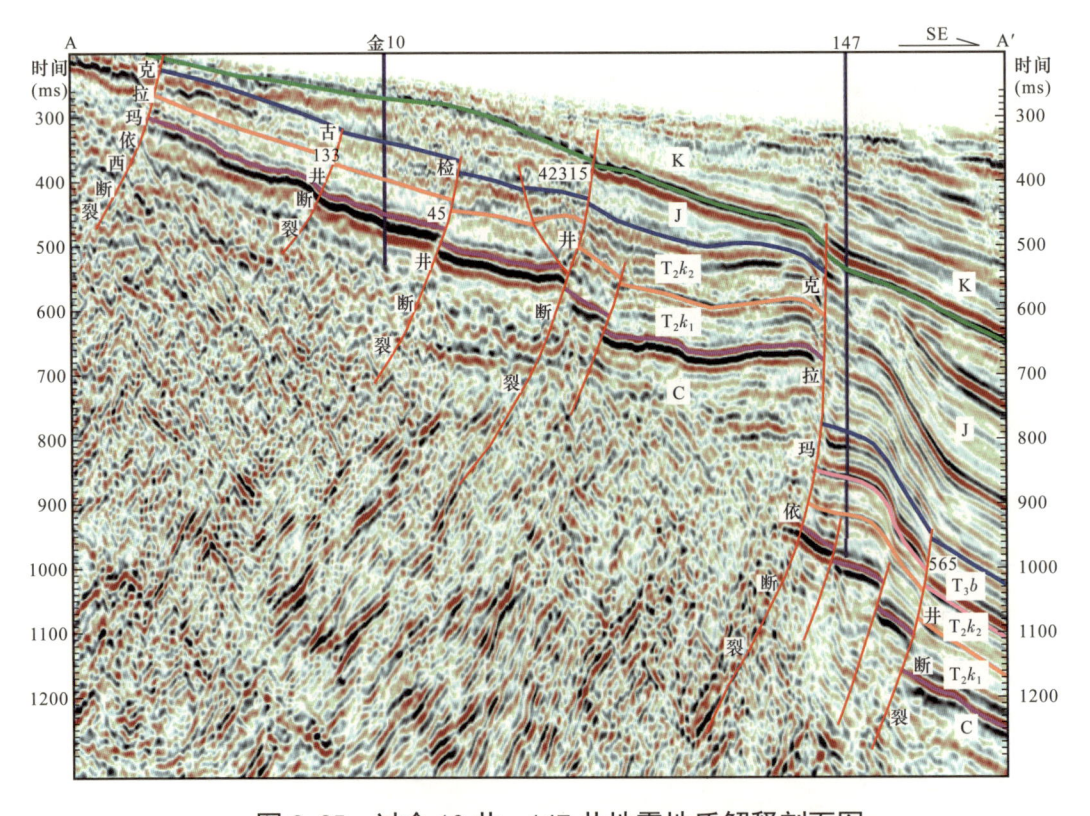

图 3-35　过金 10 井—147 井地震地质解释剖面图

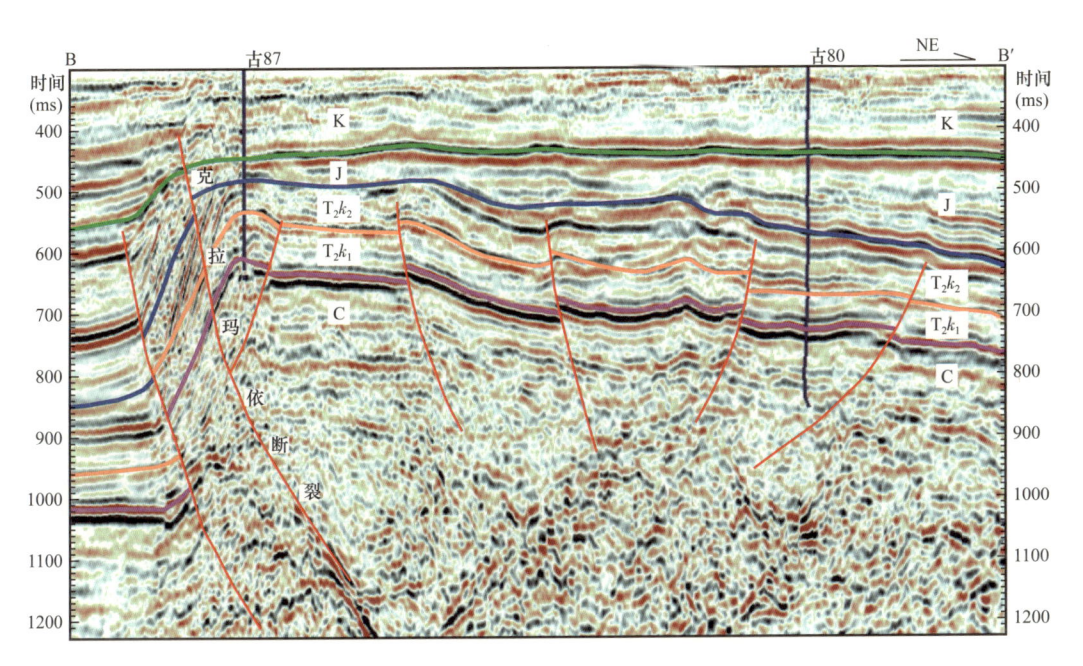

图 3-36　过古 87 井—古 80 井地震地质解释剖面图

表 3-10　金 003 井区主要断裂要素表

序号	断裂名称	断层性质	断开层位	目的层断距（m）	断层产状 走向	断层产状 倾向	断层产状 倾角
1	克拉玛依断裂	逆断层	C、T、J	300～600	WS、NE	N、NW	70°～55°
2	检 45 井断裂	逆断层	C、T	20～40	NE	NW	65°～50°
3	42315 井断裂	逆断层	C、T、J	30～90	NE	NW	70°～55°

图表注　金 003 井区三叠系克拉玛依上亚组油藏构造特征为被多个断裂切割而形成的断鼻构造，受克拉玛依断裂、检 45 井断裂、42315 井断裂等断裂控制。断鼻圈闭面积 6.1km²，闭合高度 180m，高点埋深 120m，地层倾角 2°～12°，轴部倾角缓，两翼，尤其是南翼较陡。

（三）油藏剖面

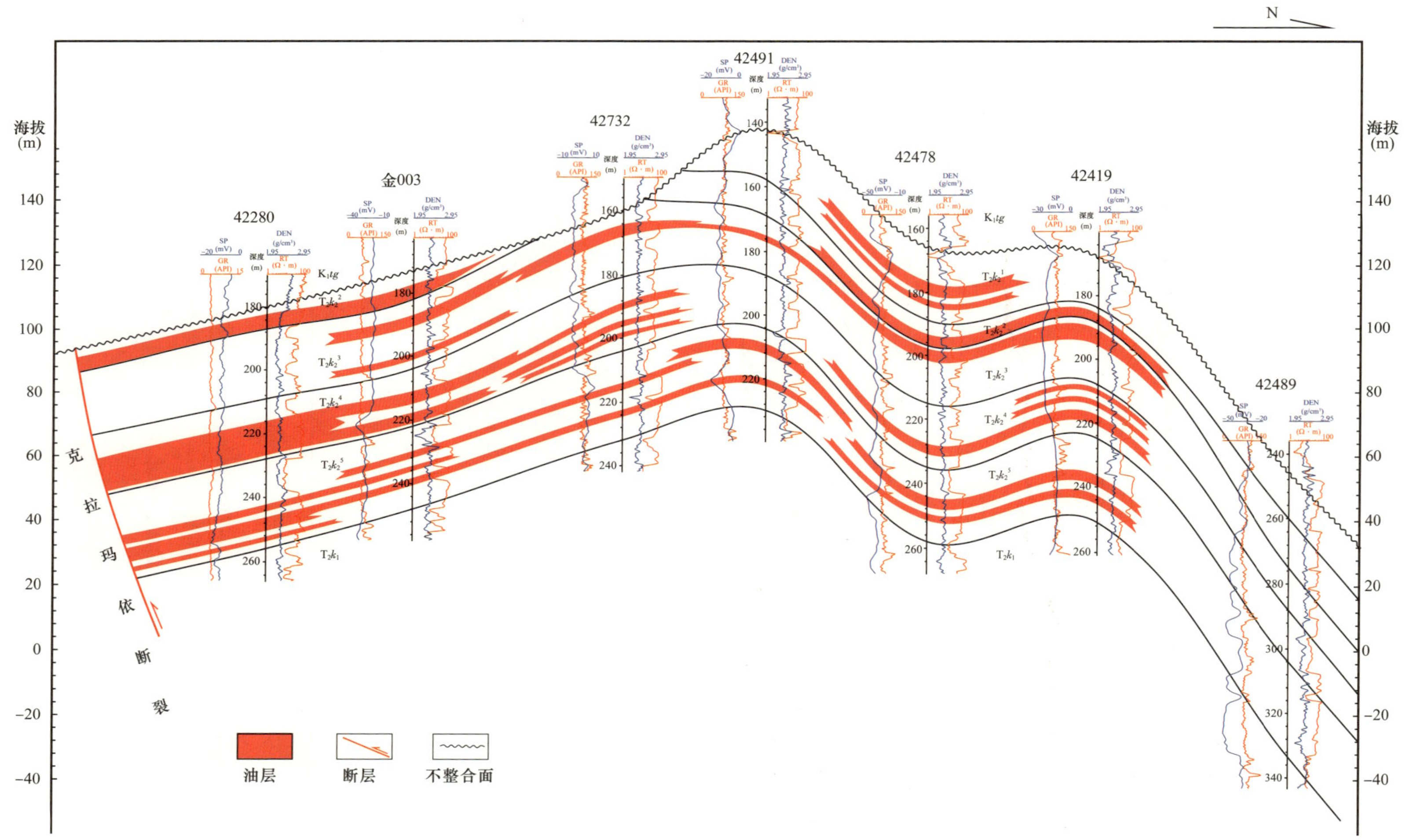

图 3-37　过 42280 井—42489 井三叠系克拉玛依上亚组油藏剖面图

图注　金 003 井区三叠系克拉玛依上亚组油藏类型为断层遮挡的构造岩性油藏；油藏中部埋深平均为 220m，中部海拔平均为 60m，油柱高度 140m，油藏无边、底水。

（四）沉积特征

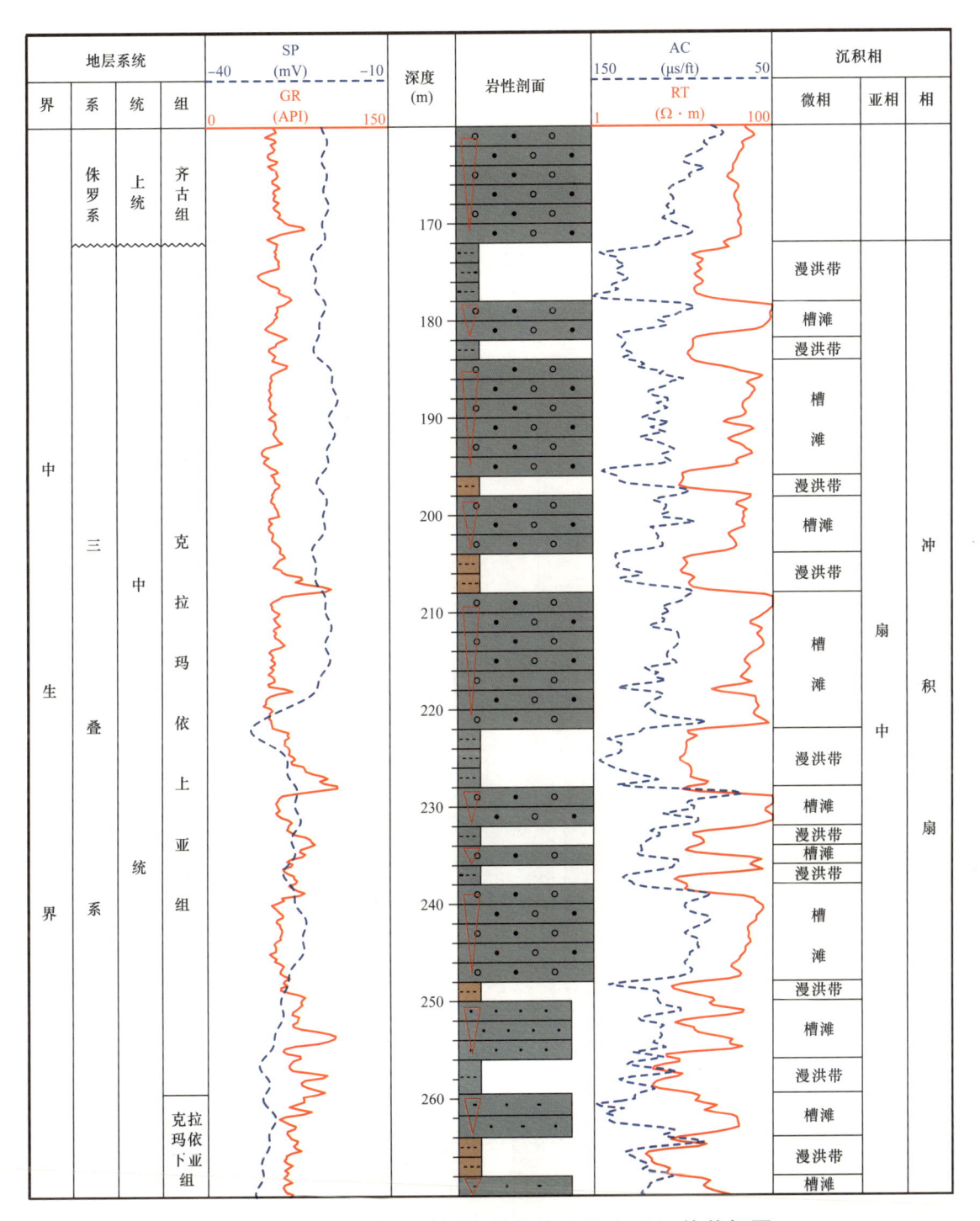

图 3-38　金 003 井三叠系克拉玛依上亚组单井相图

图注　①三叠系克拉玛依上亚组沉积上属于冲积扇相扇中亚相沉积；②垂向上漫洪带、槽滩相互交错叠置；③主力储层为槽滩微相，电阻率曲线呈箱形，30≤RT<100Ω·m，伽马曲线上表现为齿状箱形，45≤GR<65API，自然电位曲线呈箱形，-28≤SP<0mV。

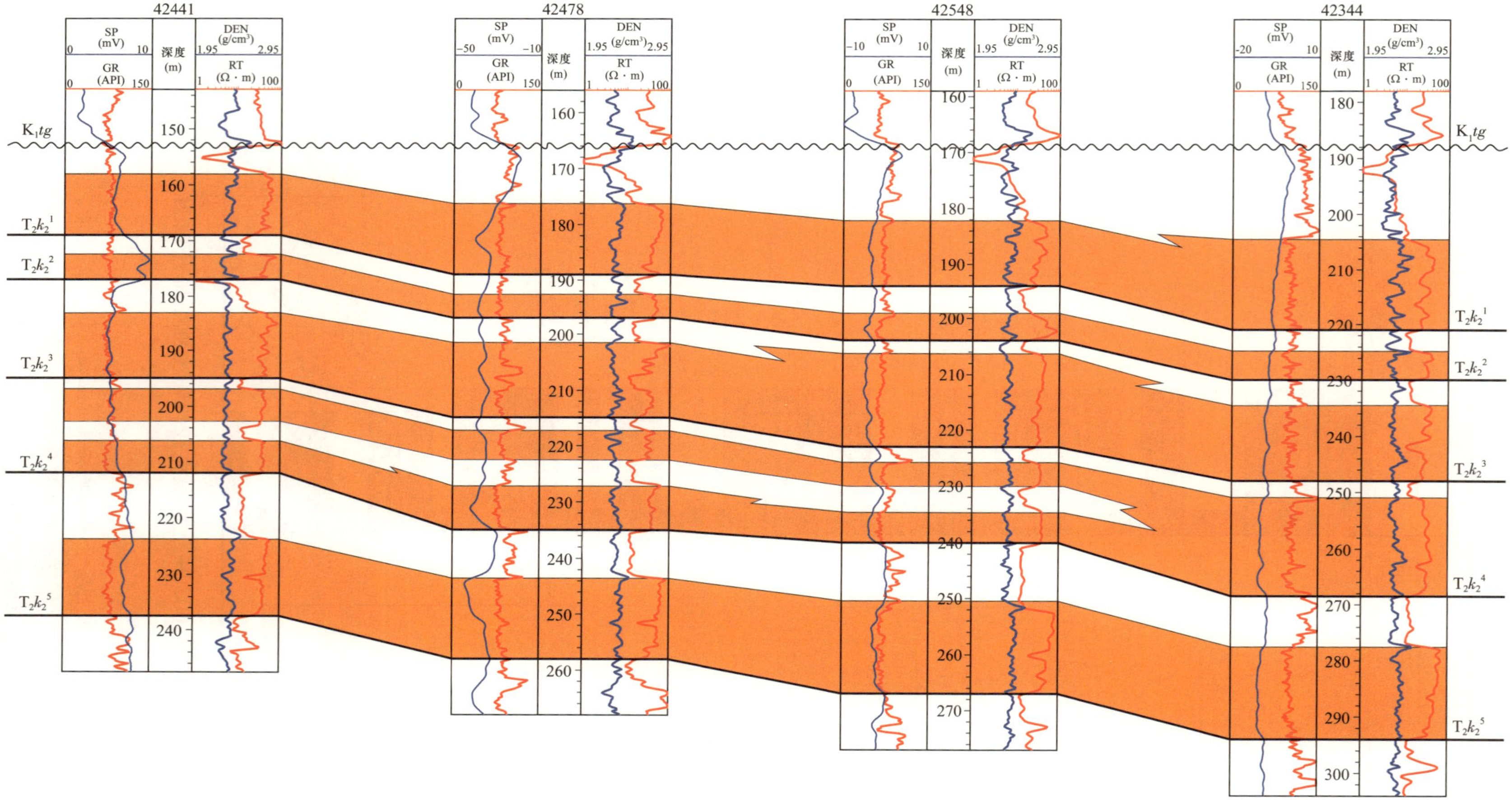

图 3-39 过 42441 井—42344 井三叠系克拉玛依上亚组砂层对比图

图注 金 003 井区三叠系克拉玛依上亚组自上而下分为 $T_2k_2^1$、$T_2k_2^2$、$T_2k_2^3$、$T_2k_2^4$、$T_2k_2^5$ 五个砂层组，砂层横向延伸广，连通较为稳定；
② 岩性较为单一，储层岩性为一套山麓洪积相扇中亚相的砂砾岩沉积。

（五）储层特征

表 3-11　金 003 井区三叠系克拉玛依上亚组储层物性特征统计表

层位	类别	孔隙度(%) 样品数	孔隙度(%) 变化范围	孔隙度(%) 平均	渗透率(mD) 样品数	渗透率(mD) 变化范围	渗透率(mD) 平均
T_2k_2	储层	334	5.4~30.5	20.89	307	0.041~8480	32.4
T_2k_2	油层	240	7.1~30.5	22.22	223	1.4~8480	68.8

(a) 储层孔隙度直方图

(b) 油层孔隙度直方图

(c) 储层渗透率直方图

(d) 油层渗透率直方图

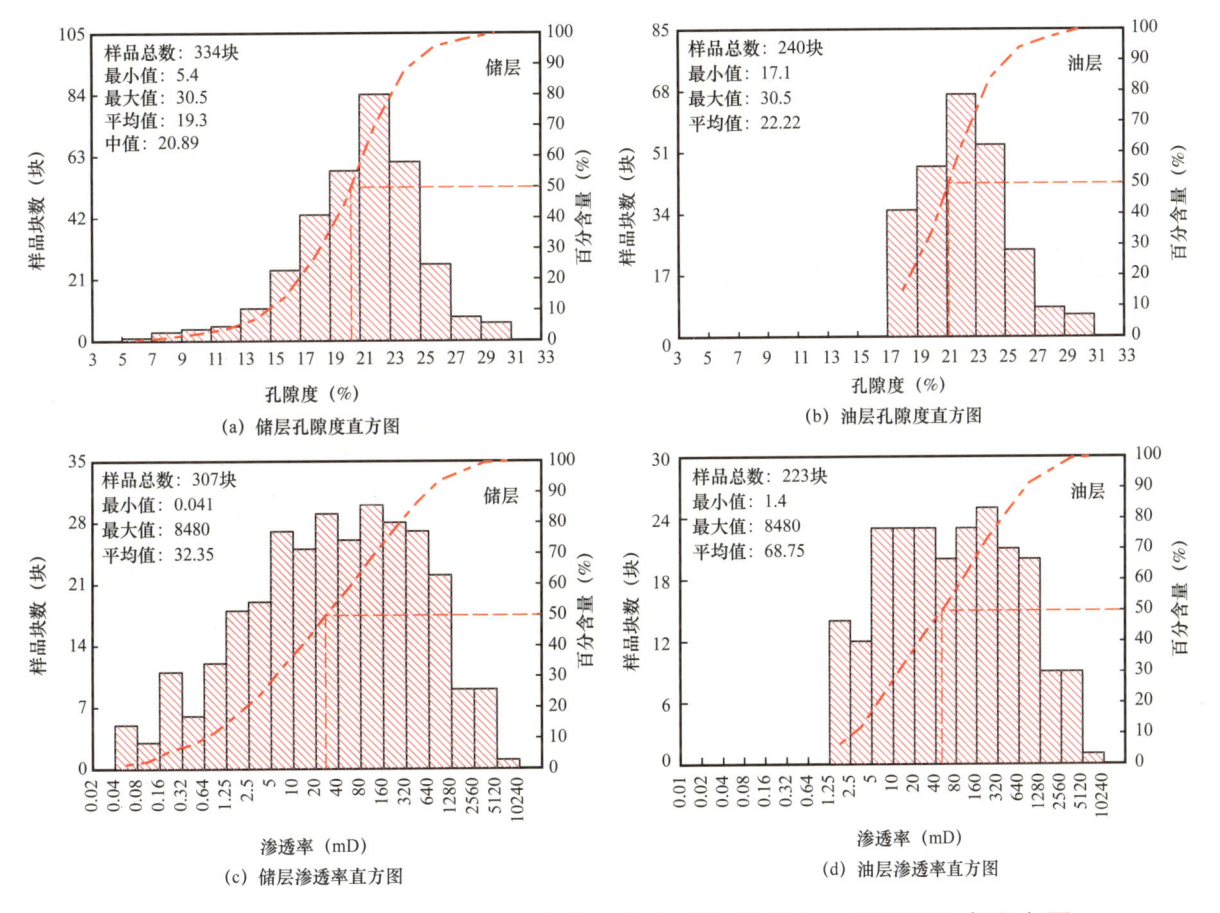

● 图 3-40　金 003 井区三叠系克拉玛依上亚组孔隙度、渗透率分布直方图

图表注　金 003 井区三叠系克拉玛依上亚组储层孔隙度分布区间为 5.4%~30.5%，平均孔隙度 20.89%；油层孔隙度分布区间为 17.1%~30.5%，平均孔隙度 22.22%。储层渗透率为 0.041~8480mD，平均 32.4mD；油层渗透率为 1.4~8480mD，平均 68.8mD。

(a) 43319井，270.2m，灰色砾岩

(b) 43319井，280.7m，灰色不等粒小砾岩

(c) 43319井，283.9m，灰色含砾砂岩

(d) 43319井，286.2m，灰褐色含砾砂岩

● 图 3-41　金 003 井区三叠系克拉玛依上亚组岩心照片

图注　金 003 井区三叠系克拉玛依上亚组岩石类型以灰色、灰绿色砂砾岩为主，局部有砂质不等粒小砾岩和含砾砂岩。砾石成分主要为凝灰岩，其次有石英和长石。观察发现沉积环境为一套山麓洪积相扇中亚相的砂砾岩沉积。

(a) 金03井，178.82m，灰色砂砾岩

(b) 金003井，235.92m，灰色含砾粗砂岩

(c) 金003井，179.79m，灰色砂砾岩

(d) 金003井，251.45m，灰色细砂岩

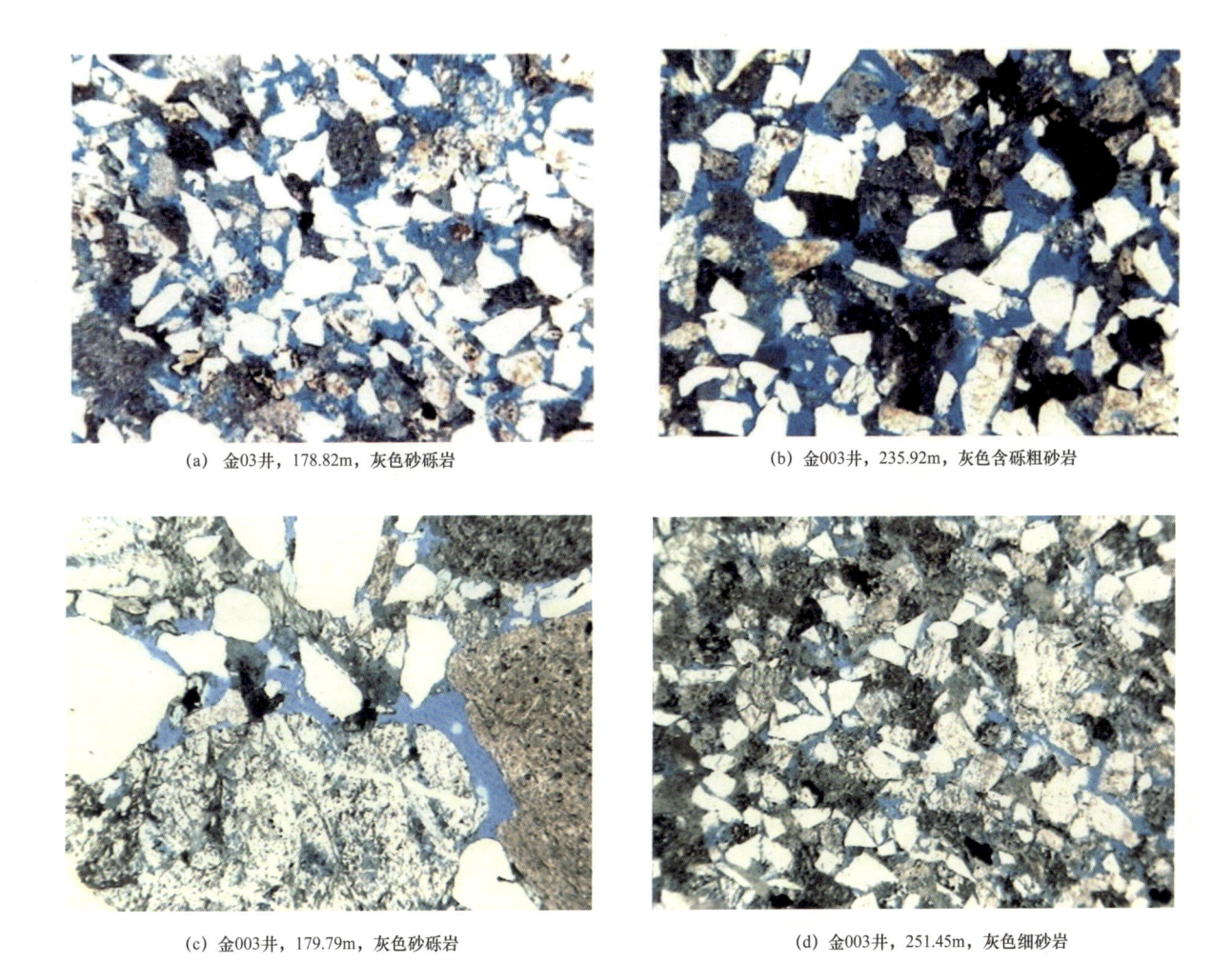

● 图 3-42　金 003 井区三叠系克拉玛依上亚组岩石铸体薄片照片

图注　根据岩心铸体薄片资料分析，储层孔隙以剩余粒间孔为主，占 90% 以上，其次为粒内溶孔，孔隙发育程度中等，孔喉配位数 1~3，中等偏细孔喉。碎屑颗粒圆度差，以次圆状为主，分选差。胶结类型以孔隙—压嵌型为主。

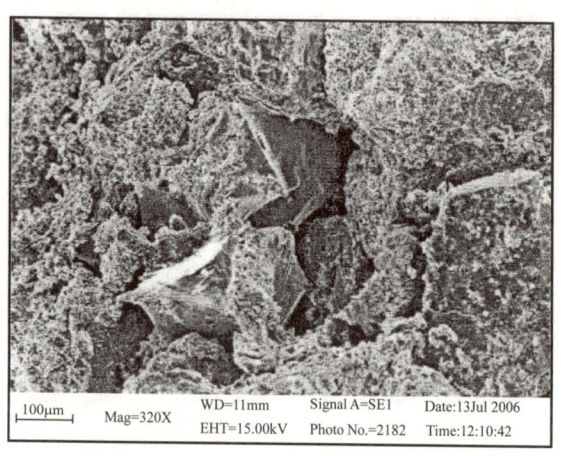

(a) 金003井，178.72m，粒间孔隙与石英次生加大边

(b) 金003井，213.44m，长石碎屑的溶蚀现象

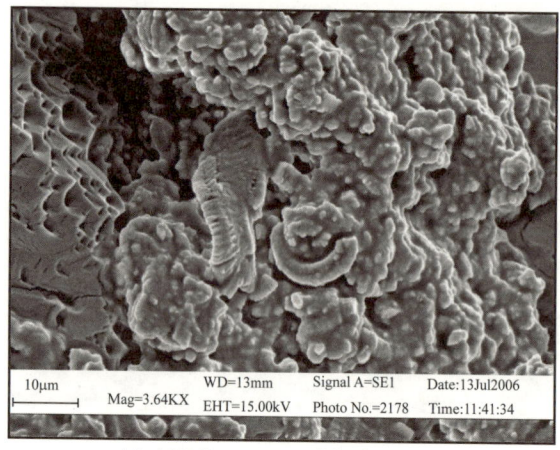

(c) 金003井，178.52m，粒间蠕虫状高岭石

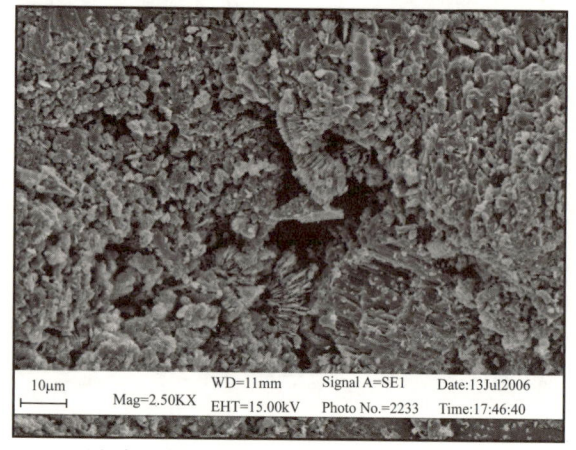

(d) 金003井，186.65，粒间蠕虫状、不规则状高岭石

图 3-43　金003井区三叠系克拉玛依上亚组扫描电镜照片

图注　金003井区三叠系克拉玛依上亚组黏土矿物总量8%左右，主要成分为高岭石及少量的伊利石和伊/蒙混层矿物。

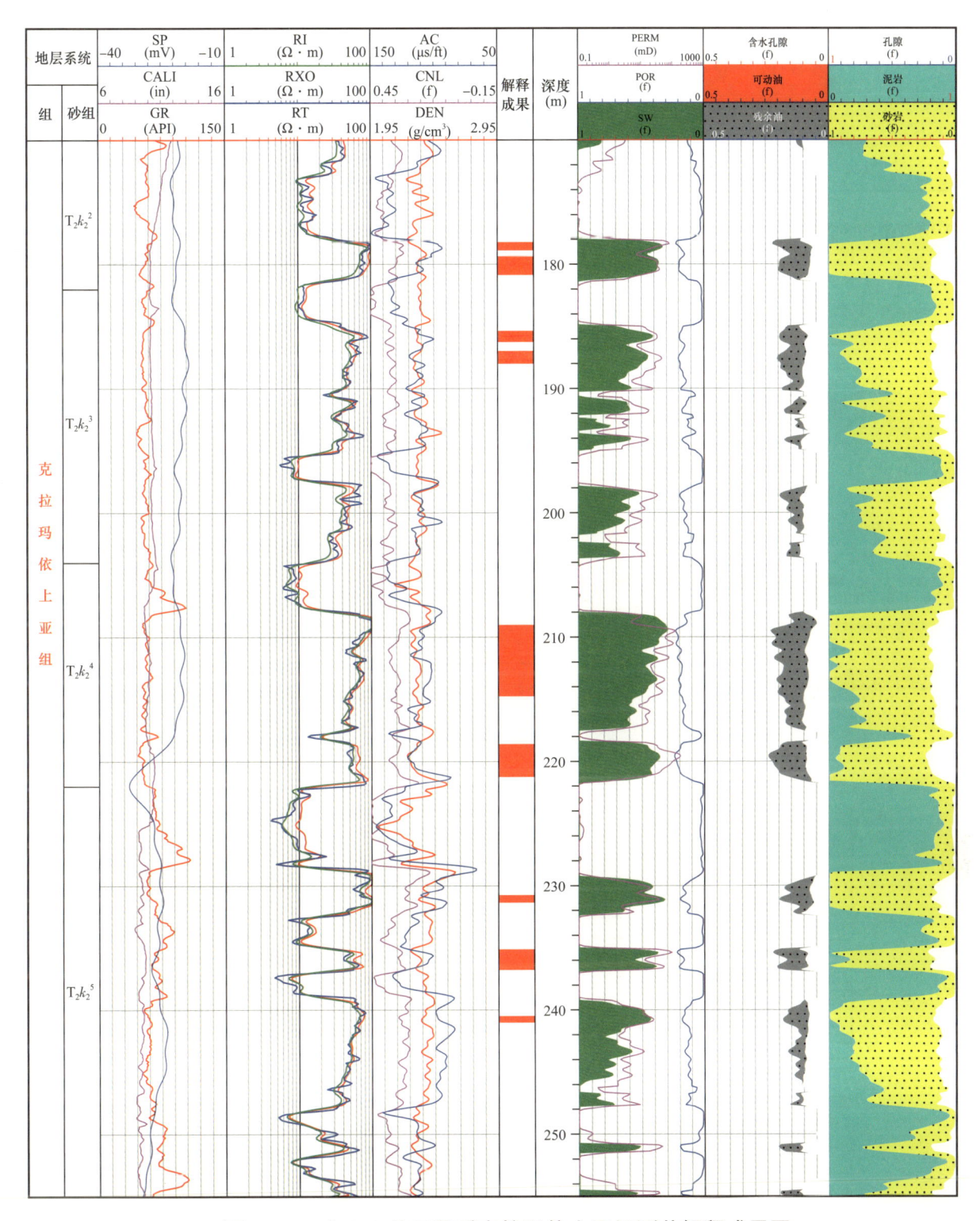

● 图 3-44　金 003 井三叠系克拉玛依上亚组测井解释成果图

图注 ① 四区金 003 井区克拉玛依上亚组油层解释下限标准为：RT＞40Ω·m，ϕ＞17%，S_o＞50%；② 金 003 井克拉玛依上亚组共解释油层 14.9m/9 层。

（六）流体性质与压力系统

表 3-12　金 003 井区三叠系克拉玛依上亚组油藏地面原油性质参数表

层位	密度（g/cm³）	20℃黏度（mPa·s）	含蜡（%）	凝固点（℃）
T_2k_2	0.931	5263	1.46	-21.2

表注　三叠系克拉玛依上亚组油藏地面原油密度平均为 0.931g/cm³，20℃时地面脱气原油黏度平均为 5263mPa·s，原油含蜡量平均 1.46%，凝固点 -21.2℃。

二、开发特征

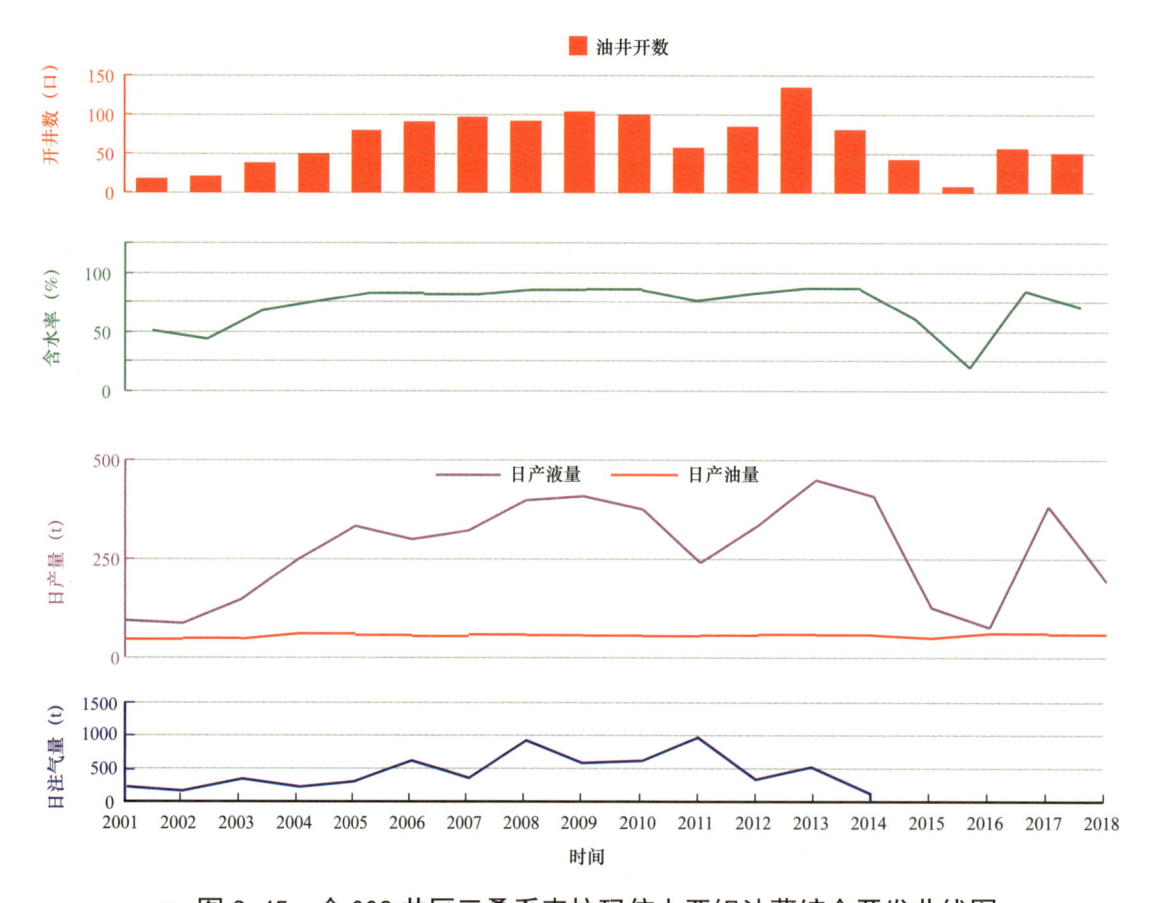

图 3-45　金 003 井区三叠系克拉玛依上亚组油藏综合开发曲线图

图注　① 2001 年投入开发，最高开井数油井 134 口、注水井 43 口，2007 年产油量最高达 $2.5×10^4$t；② 2001 年开始注水，2002 年后含水率上升较快，产出水类型为注入水和地层水；③ 2018 年 12 月，油井开井数 50 口，日产液 192.6t，日产油 55.6t，日注水 3440m³，含水率 71.13%，采油速度 0.8%；累计产油 $21.8×10^4$t，采出程度 16.61%。

第四节　五区二叠系上乌尔禾组油气藏

一、石油地质特征

(一) 地层分布

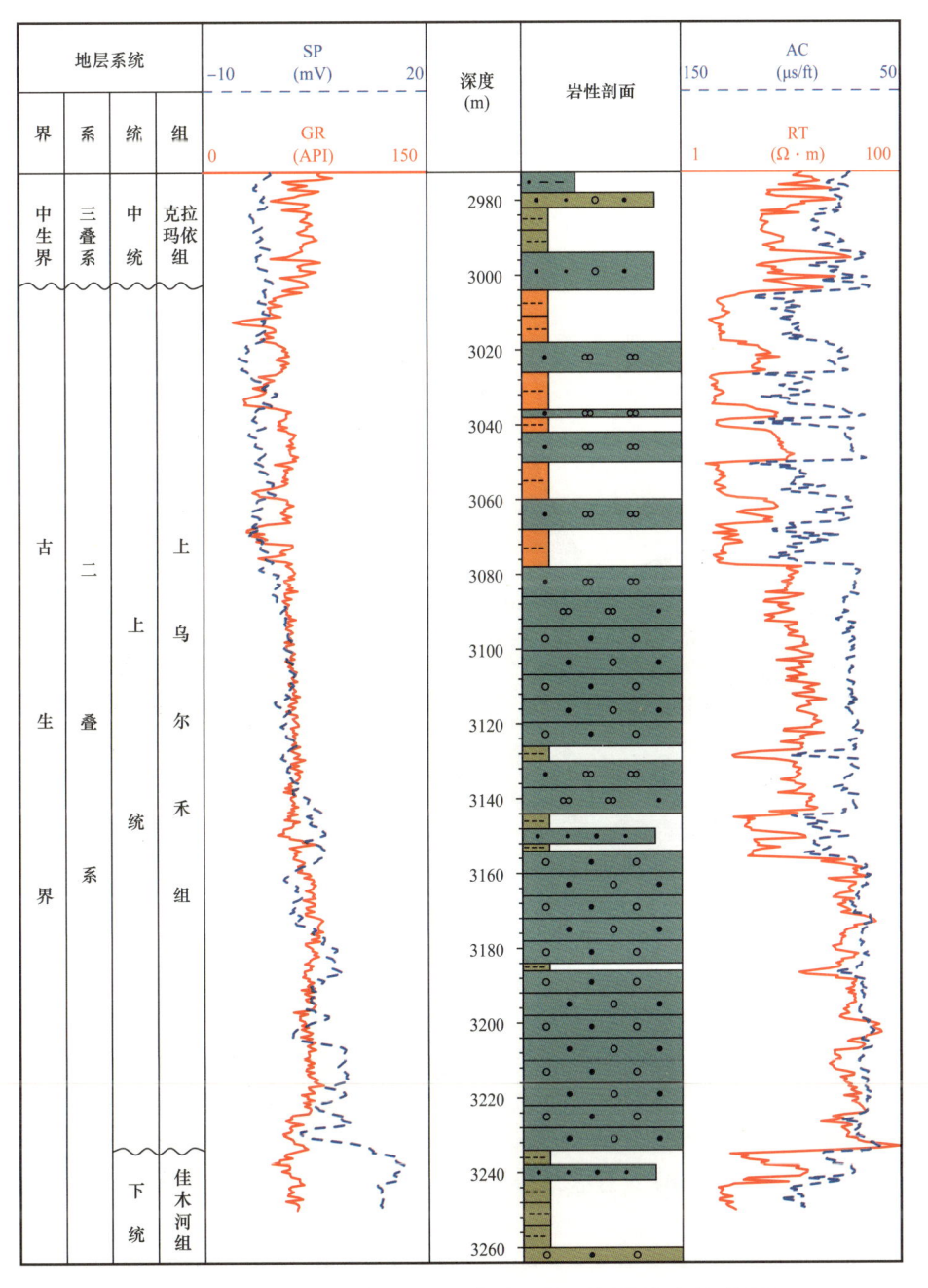

图 3-46　五区二叠系上乌尔禾组地层综合柱状图

表 3-13　五区重点井钻揭地层厚度统计表

井号	完钻层位	底深(m) 白垩系 吐谷鲁群 K_1tg	侏罗系 头屯河组 J_2t	侏罗系 西山窑组 J_2x	侏罗系 三工河组 J_1s	侏罗系 八道湾组 J_1b	三叠系 白碱滩组 T_3b	三叠系 克拉玛依组 T_2k_2	三叠系 克拉玛依组 T_2k_1	二叠系 上乌尔禾组 P_3w_3	二叠系 上乌尔禾组 P_3w_2	二叠系 上乌尔禾组 P_3w_1	二叠系 佳木河组 P_1j
克009	P_1j	1370	79	201	240	610	325	194	188	79	82	92	147
克010	P_1j	1305	52	207	231	598	292	187	192	76	82	77	86
克76	P_1j	1134	57	179	208	571	295	201	190	46.5	86.5	66	42
克83	P_1j	1338	72	207	233	615	295	190	195	82	83	80.5	490.5

表注　① 钻揭的地层自下而上分别为二叠系佳木河组（P_1j）、上乌尔禾组（P_3w），三叠系克拉玛依下亚组（T_2k_1）、克拉玛依上亚组（T_2k_2）、白碱滩组（T_3b），侏罗系八道湾组（J_1b）、三工河组（J_1s）、西山窑组（J_2x）、头屯河组（J_2t），白垩系吐谷鲁群（K_1tg）；② 目的层为二叠系上乌尔禾组。

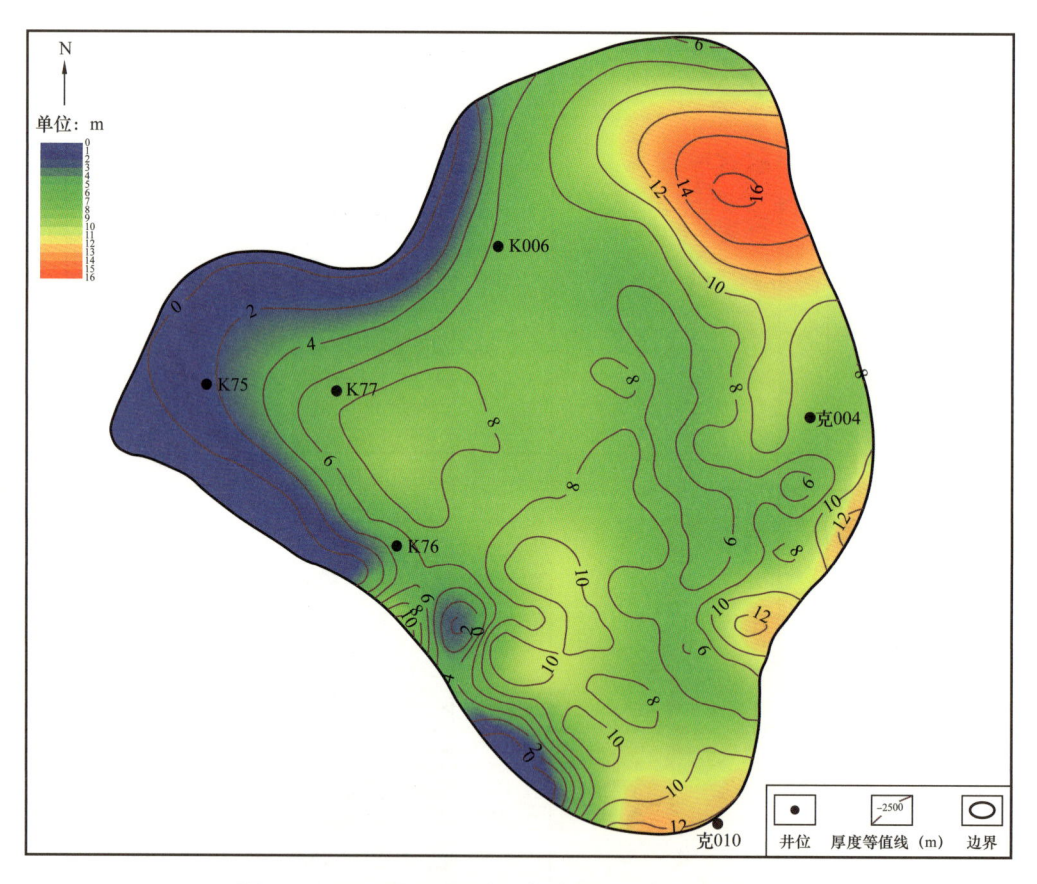

● 图 3-47　五区二叠系上乌尔禾组砂层厚度分布图

图注　① 五区二叠系上乌尔禾组油气藏（$P_3w_1^3$）砂层厚度在0～16m，平均7.3m；② 上乌尔禾组为一套粗碎屑沉积，岩石成分以砂质砾岩、砂砾岩为主，砾岩厚度占整个沉积厚度的51%～100%，平均81%。

（二）构造特征

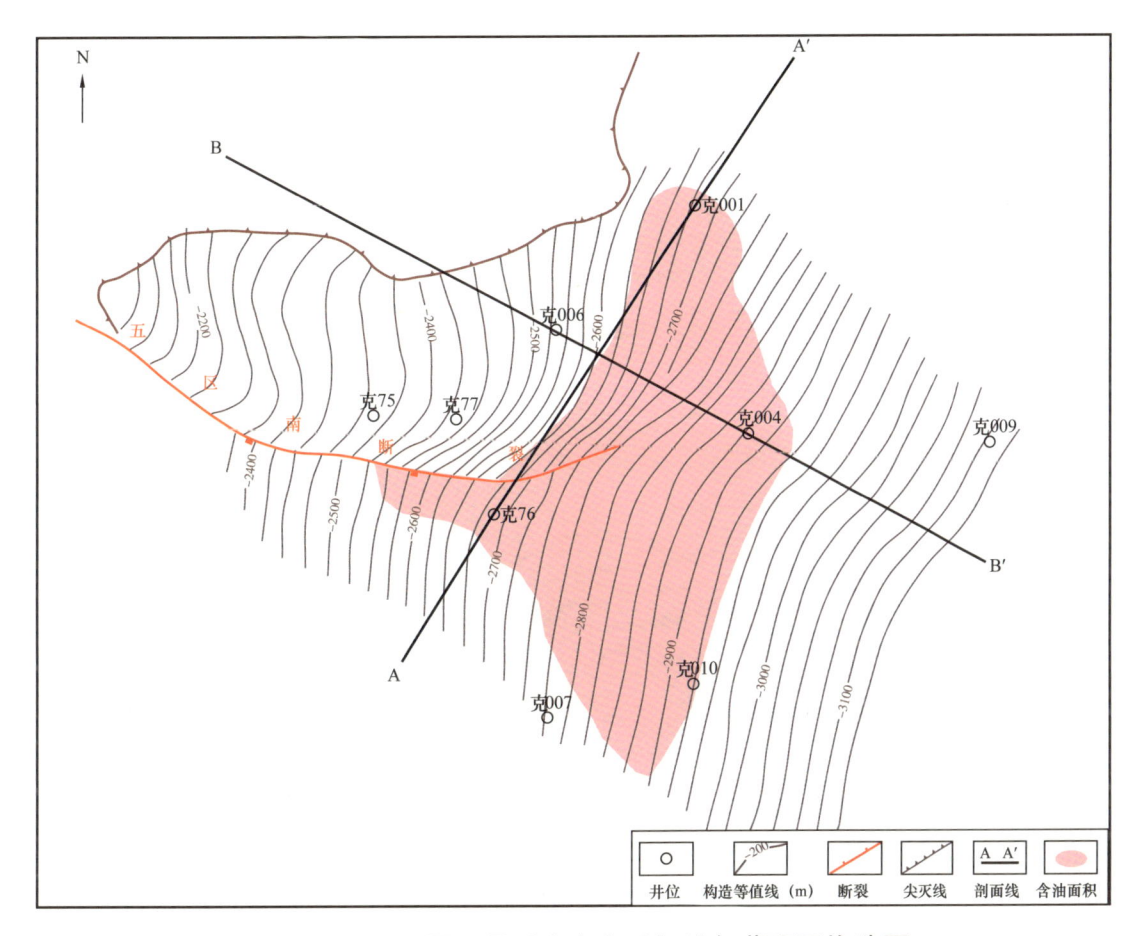

图 3-48 五区二叠系上乌尔禾组油气藏顶面构造图

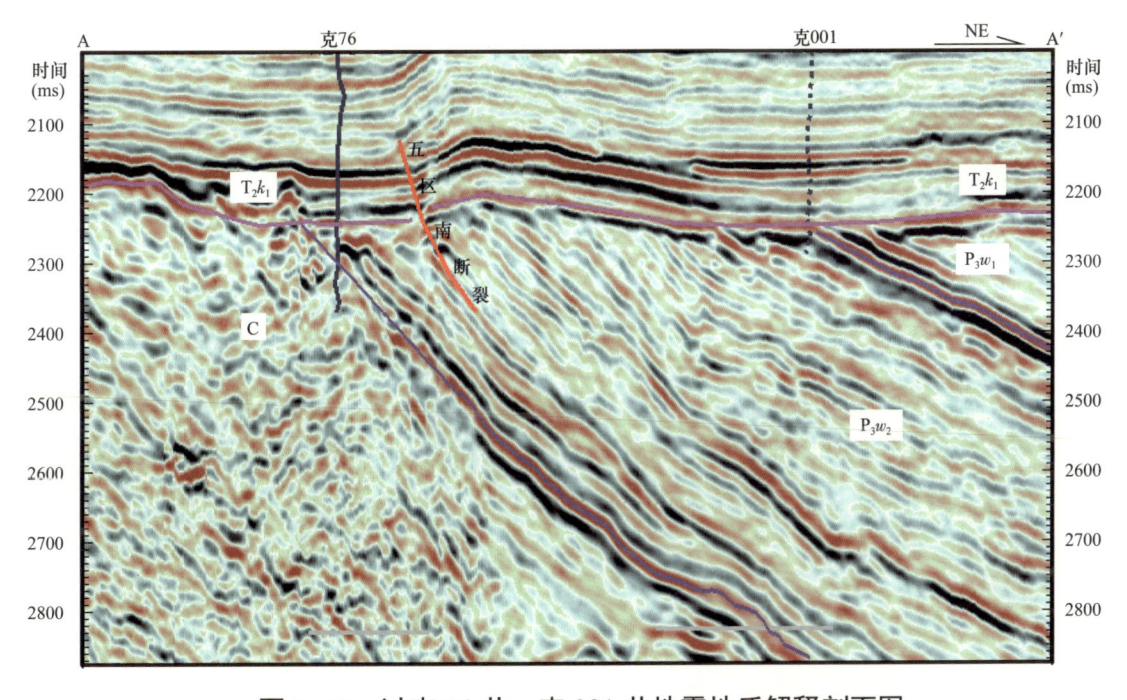

图 3-49 过克 76 井—克 001 井地震地质解释剖面图

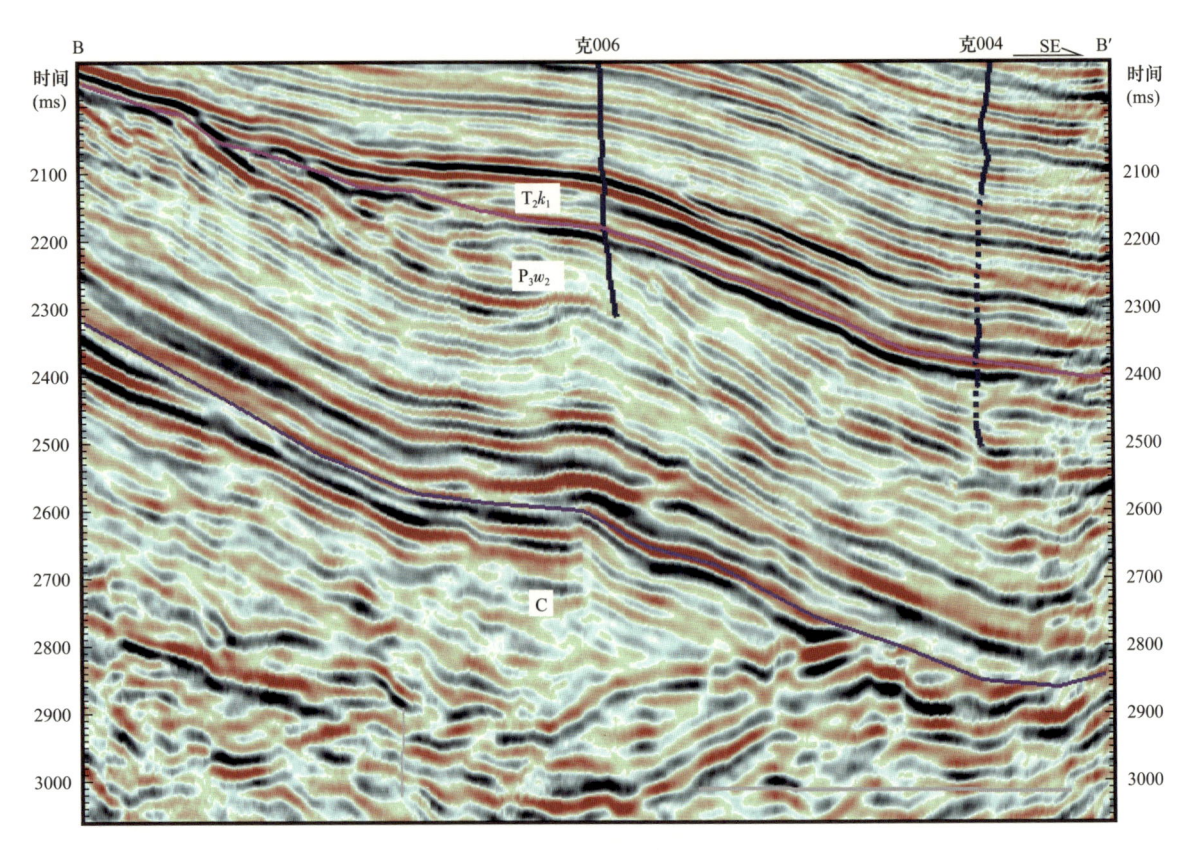

● 图 3-50 过克 006 井—克 004 井地震地质解释剖面图

表 3-14 五区主要断裂要素表

序号	断裂名称	断裂性质	断开层位	目的层断距（m）	断裂产状 走向	断裂产状 倾向	断裂产状 倾角
1	五区断裂	逆	P—J	40～140	近 EW	N	30°～60°
2	50056 断裂	逆	P—J	0～20	NE—SW	WN—NWW	30°～60°

图表注 ①五区二叠系上乌尔禾组构造为一向南东倾的单斜，地层倾角 4°～12°，局部发育小型的鼻状构造；②区内发育两条断裂，一条是五区断裂，延伸长约 18km、走向近东西，另外一条是 50056 井断裂，走向为北东—南西向。

（三）油藏剖面

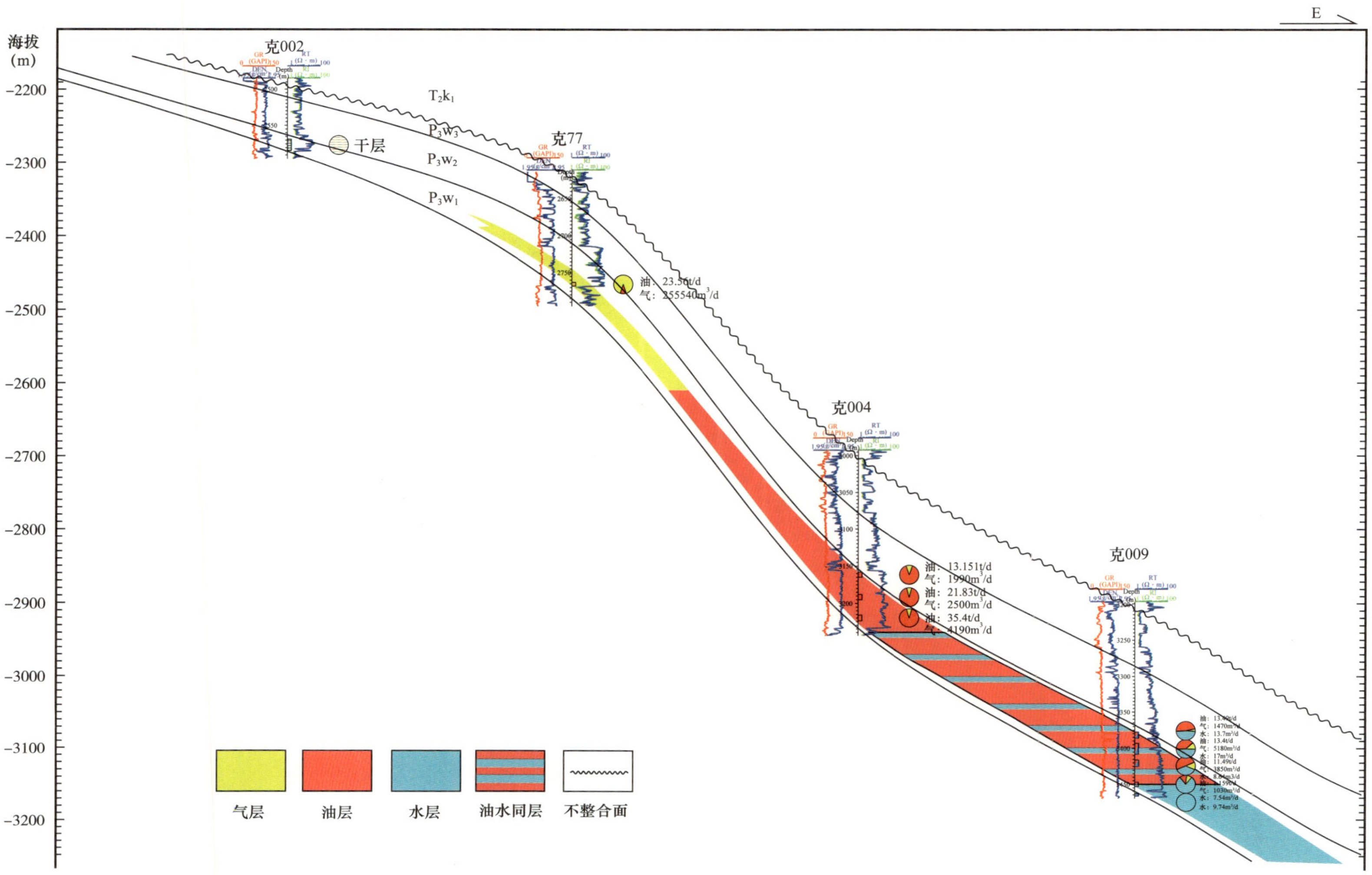

图 3-51　过克 002 井—克 009 井二叠系上乌尔禾组油气藏剖面图

图注 ① 五区二叠系上乌尔禾组为一个带气顶的饱和油藏，具有边水；② 油气藏受构造、地层及岩性控制的复合油气藏。

（四）沉积特征

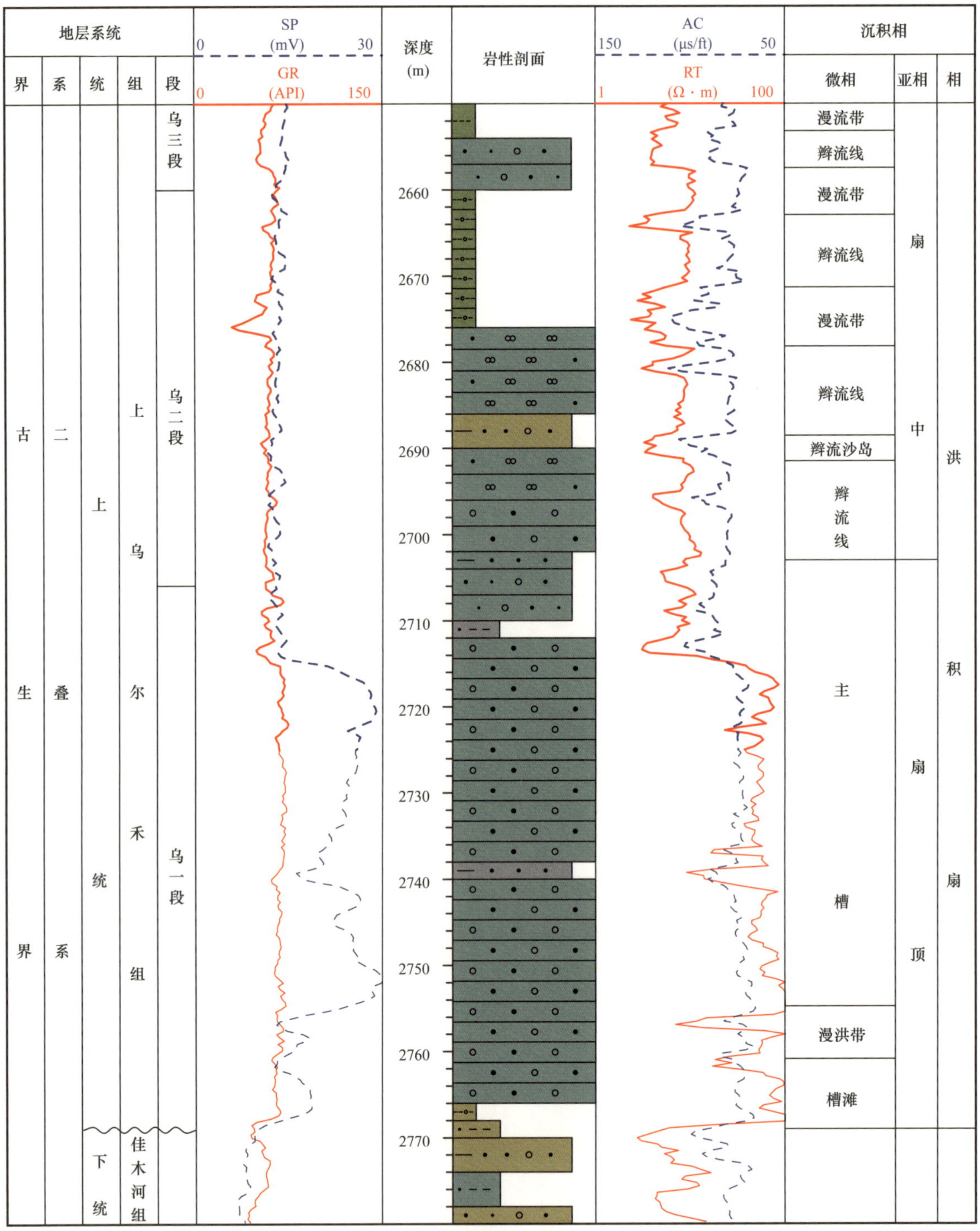

图 3-52　克 77 井二叠系上乌尔禾组单井相图

图注　① 五区上乌尔禾组沉积环境整体为一套洪积扇沉积相，主要发育扇顶、扇中亚相；② 其中 P_3w_3、P_3w_2 为扇中沉积，包括漫流带和辫流沙岛微相相互叠置；P_3w_1 为扇顶沉积，包括主槽、槽滩、漫洪带微相。

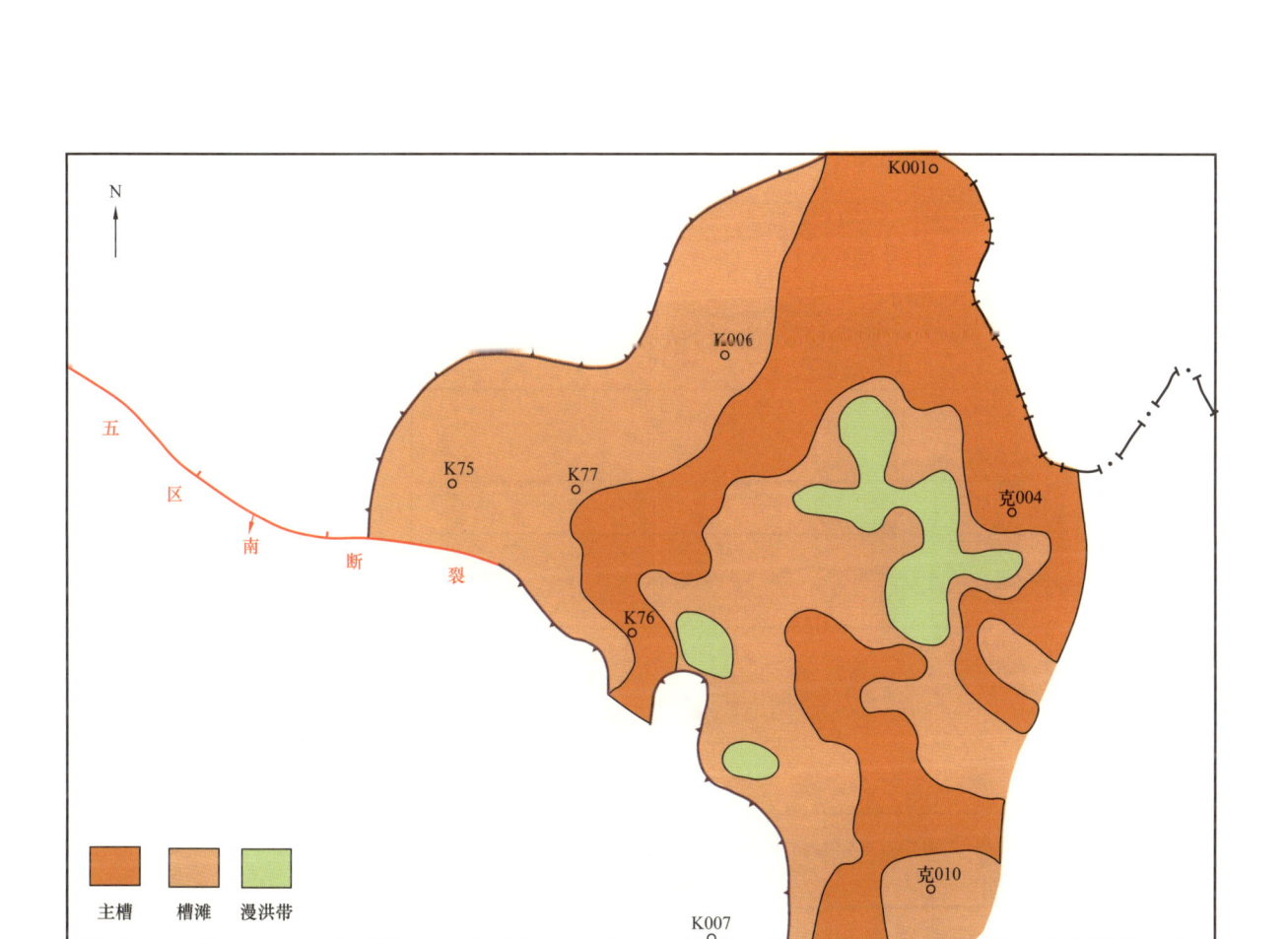

图 3-53　五区二叠系上乌尔禾组沉积相平面分布图

图注　① 五区上乌尔禾组砂层组主要为一套冲积扇沉积，主要发育主槽、槽滩、漫洪带；② 沉积物物源来自北东方向，主槽明显分成两支，长度和宽度都比较大，分别达到3639m和1530m，向西南方向大面积发育槽滩，局部也发育一些废弃的主槽相。漫洪带发育在西部相对高部位区域。

（五）储层特征

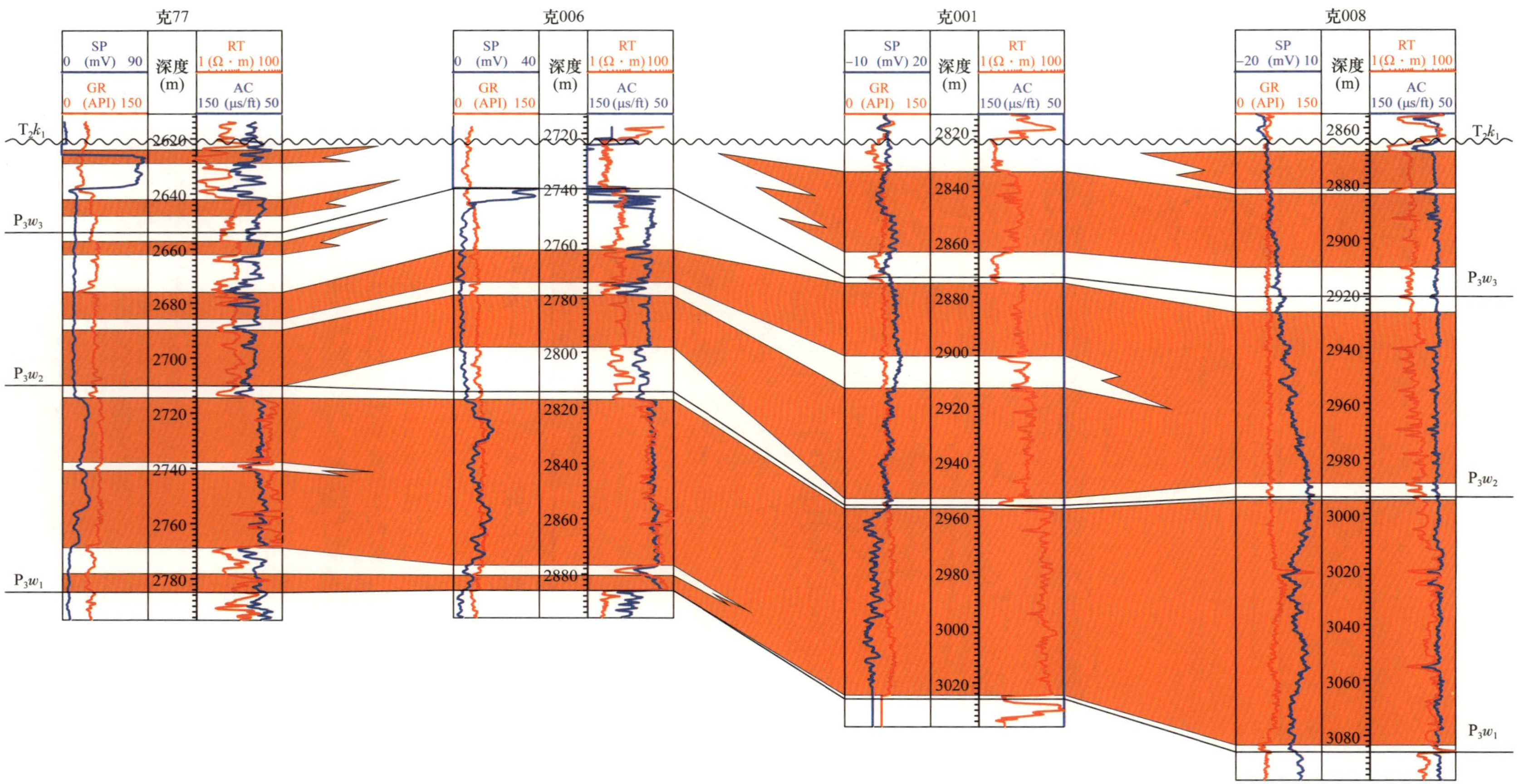

图 3-54 过克 77 井—克 008 井二叠系上乌尔禾组砂层对比图

图注 ① 五区上乌尔禾组自下而上可划分为 P_3w_1、P_3w_2、P_3w_3 三段，其中 P_3w_1 是本区的主力储油气层，P_3w_1 又细分为 $P_3w_1^1$、$P_3w_1^2$、$P_3w_1^3$ 三个砂层组；② P_3w_1 沉积厚度一般为 19.4～91.5m，平均 57.7m；③ P_3w_1 为一套粗碎屑沉积，岩石成分以砂质砾岩和砂砾岩为主。

表 3-15　五区二叠系上乌尔禾组储层物性特征统计表

区块	层位	类别	孔隙度(%) 样品数	孔隙度(%) 变化范围	孔隙度(%) 平均	渗透率(mD) 样品数	渗透率(mD) 变化范围	渗透率(mD) 平均
五区	P_3w	储层	292	4.41~20.73	9.13	138	1.02~478.46	17.58

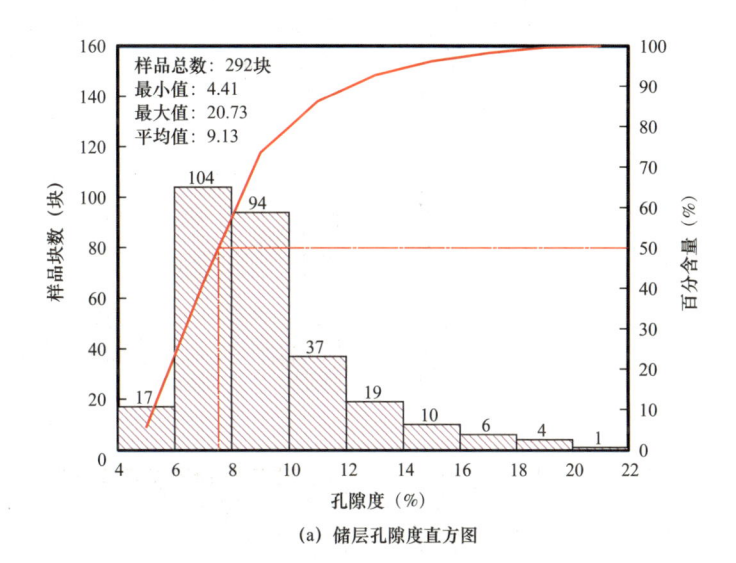

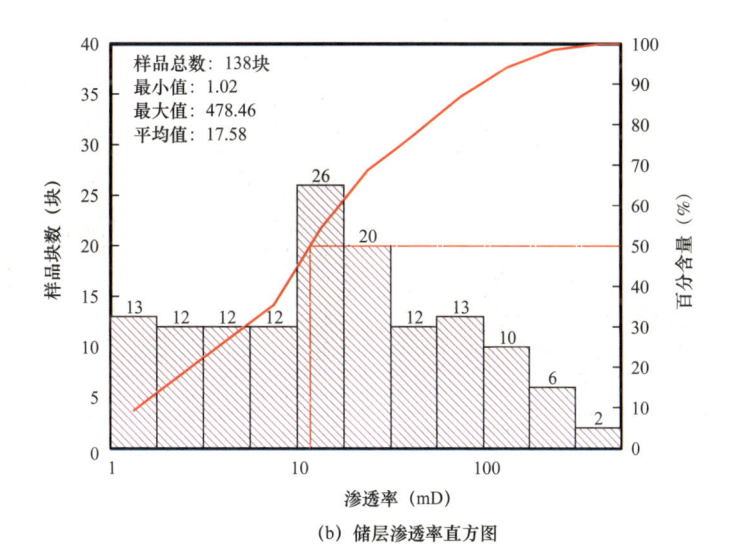

(a) 储层孔隙度直方图

(b) 储层渗透率直方图

● 图 3-55　五区二叠系上乌尔禾组孔隙度、渗透率分布直方图

图表注　五区二叠系上乌尔禾组储层孔隙度为4.41%~20.73%，平均9.13%；渗透率1.02~478mD，平均17.58mD。

(a) 克76井，2975.72～2975.94m，灰色支撑砾岩

(b) 克76井，2999.32～2999.77m，灰色支撑砾岩

(c) 克77井，2726.5～2726.58m，褐灰色砾岩

(d) 克77井，2730.64～2731.06m，灰褐色支撑砾岩

图 3-56　五区二叠系上乌尔禾组岩心照片

图注　上乌尔禾组储层岩性为砾岩。

(a) 粒间溶孔，粒间孔
(b) 粒内溶孔
(c) 界面孔
(d) 微裂缝

● 图 3-57　五区二叠系上乌尔禾组岩石铸体薄片照片

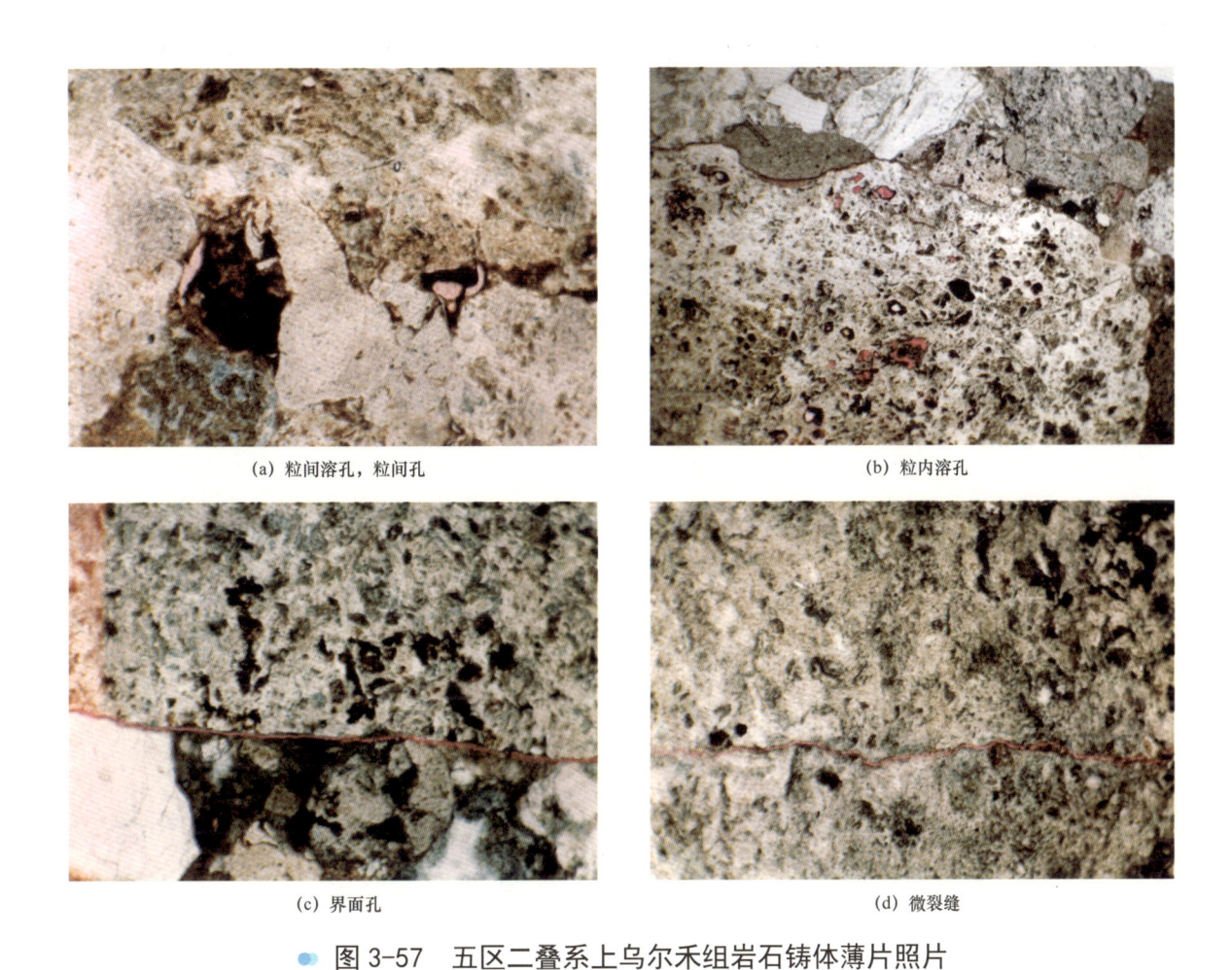

图注　①上乌尔禾组储层孔隙类型主要有剩余粒间孔、粒间孔、粒间溶孔和界面孔和微裂缝；②颗粒磨圆以圆状—次棱角状为主，其次为次棱角状；③岩石胶结程度中等，胶结类型为孔隙—接触式和接触式。

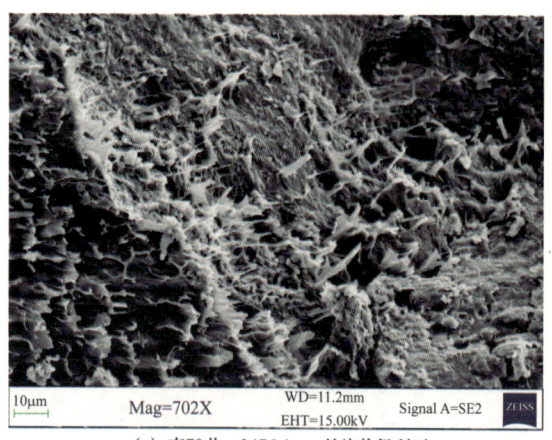

(a) 克79井，3476.4m，丝片状伊利石

(b) 克79井，3477.3m，不规则状伊/蒙混层

(c) 克79井，3481.92m，桥状伊利石与叶片状绿泥石

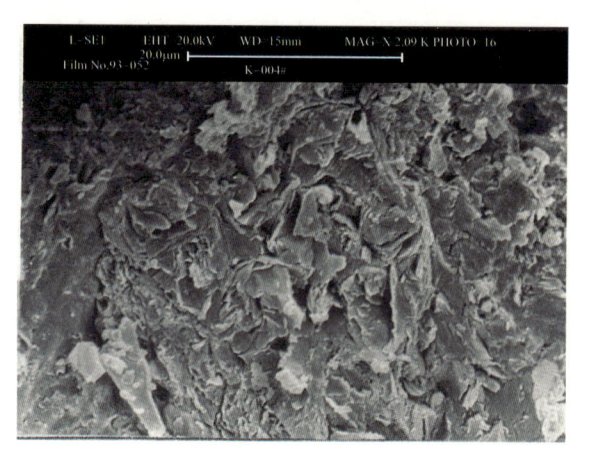

(d) 克004井，3165.35m，片状伊利石

图 3-58　五区二叠系上乌尔禾组扫描电镜照片

图注　① 储层中黏土矿物以伊/蒙混层（平均含量51.4%）为主，其次为高岭石（平均含量19.9%）、绿泥石（17.1%）和伊利石（平均4.5%）；② 黏土矿物形态为片状、蠕虫状、不规则状、蜂窝状等。

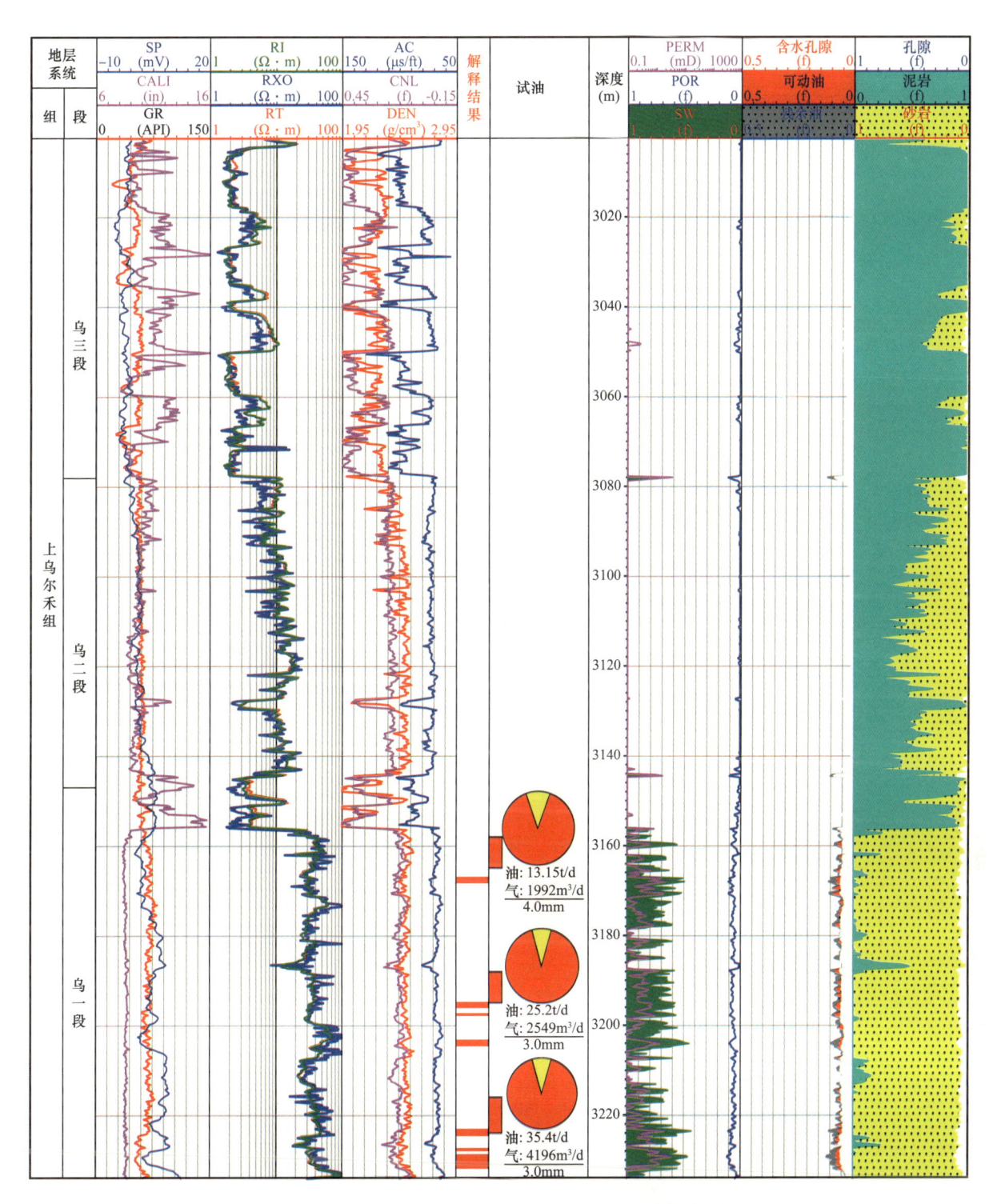

图 3-59 克 004 井二叠系上乌尔禾组测井解释成果图

图注 ① 五区二叠系上乌尔禾组油层解释下限标准为：RT>30Ω·m，ϕ>7%，S_o>40%；② 共解释油层 9.64m/7 层。

（六）流体性质与压力系统

表 3-16 五区二叠系上乌尔禾组油气藏原油性质参数表

井区	地面原油					地层原油	
	密度 (g/cm³)	50℃黏度 (mPa·s)	含蜡 (%)	凝固点 (℃)	初馏点 (℃)	密度 (g/cm³)	黏度 (mPa·s)
五区	0.895	156.5	5.62	-2	137.2	0.755	8.58

表注 五区上乌尔禾组油藏地面原油密度平均 0.895g/cm³，50℃黏度平均 156.5mPa·s，含蜡量平均 5.62%，凝固点平均 -2℃；地层原油密度 0.755g/cm³，地层原油黏度 8.58mPa·s。

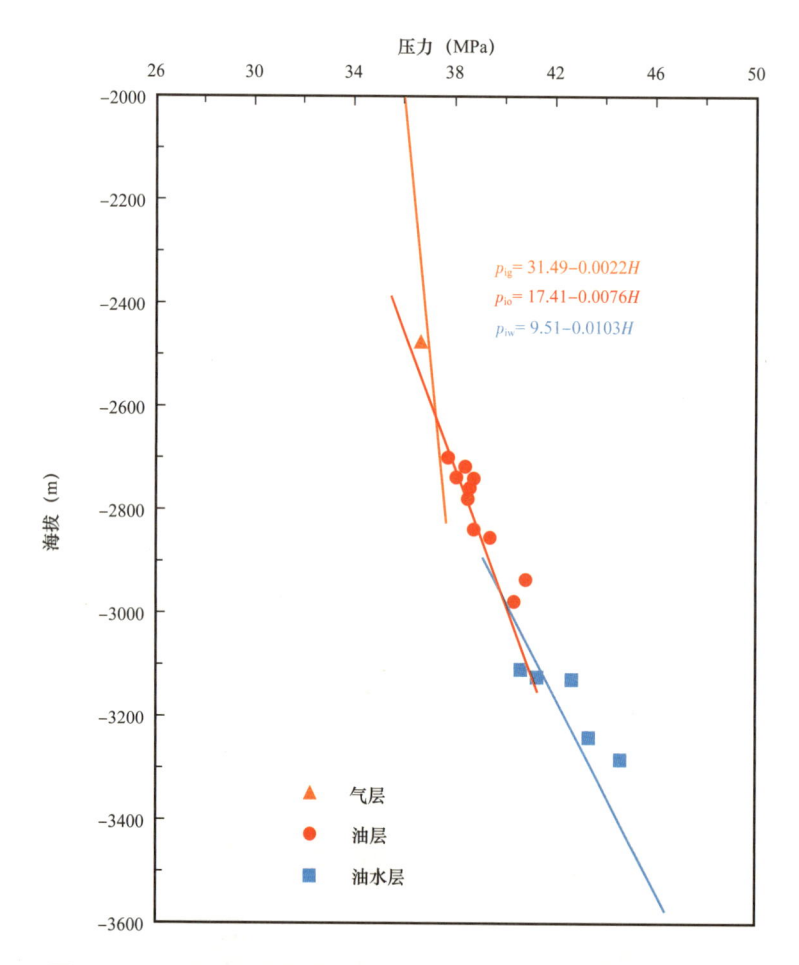

$p_{tg}= 31.49-0.0022H$
$p_{to}= 17.41-0.0076H$
$p_{tw}= 9.51-0.0103H$

图 3-60 五区二叠系上乌尔禾组油气藏中部地层压力梯度图

图注 五区二叠系上乌尔禾组油藏原始地层压力为 38.5MPa，压力系数为 1.261，气顶气藏原始地层压力为 36.91MPa，压力系数为 1.344。

二、开发特征

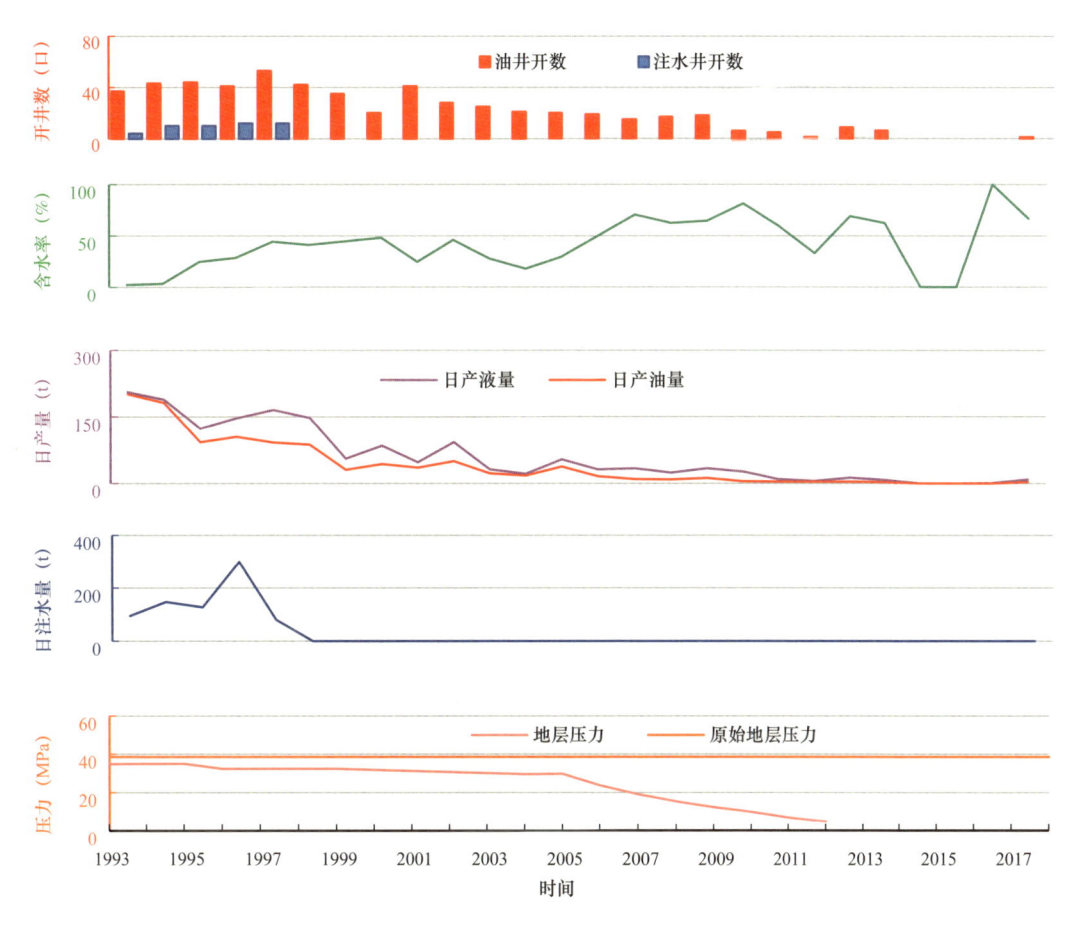

图 3-61　五区二叠系上乌尔禾组油气藏综合开发曲线图

图注　① 1993 年投入开发，最高开井数油井 53 口、注水井 12 口，1994 年产油量最高达 $6.8×10^4$ t；② 2001 年开始注水，2002 年后含水率上升较快，产出水类型为注入水和地层水；③ 2018 年 12 月，油井开井数 50 口，日产液 192.6t，日产油 55.6t，日注水 3440m³，含水率 71.13%，采油速度 0.8%；累计产油 $21.8×10^4$ t，采出程度 16.61%。

第五节　六区侏罗系齐古组油藏

一、石油地质特征

（一）地层分布

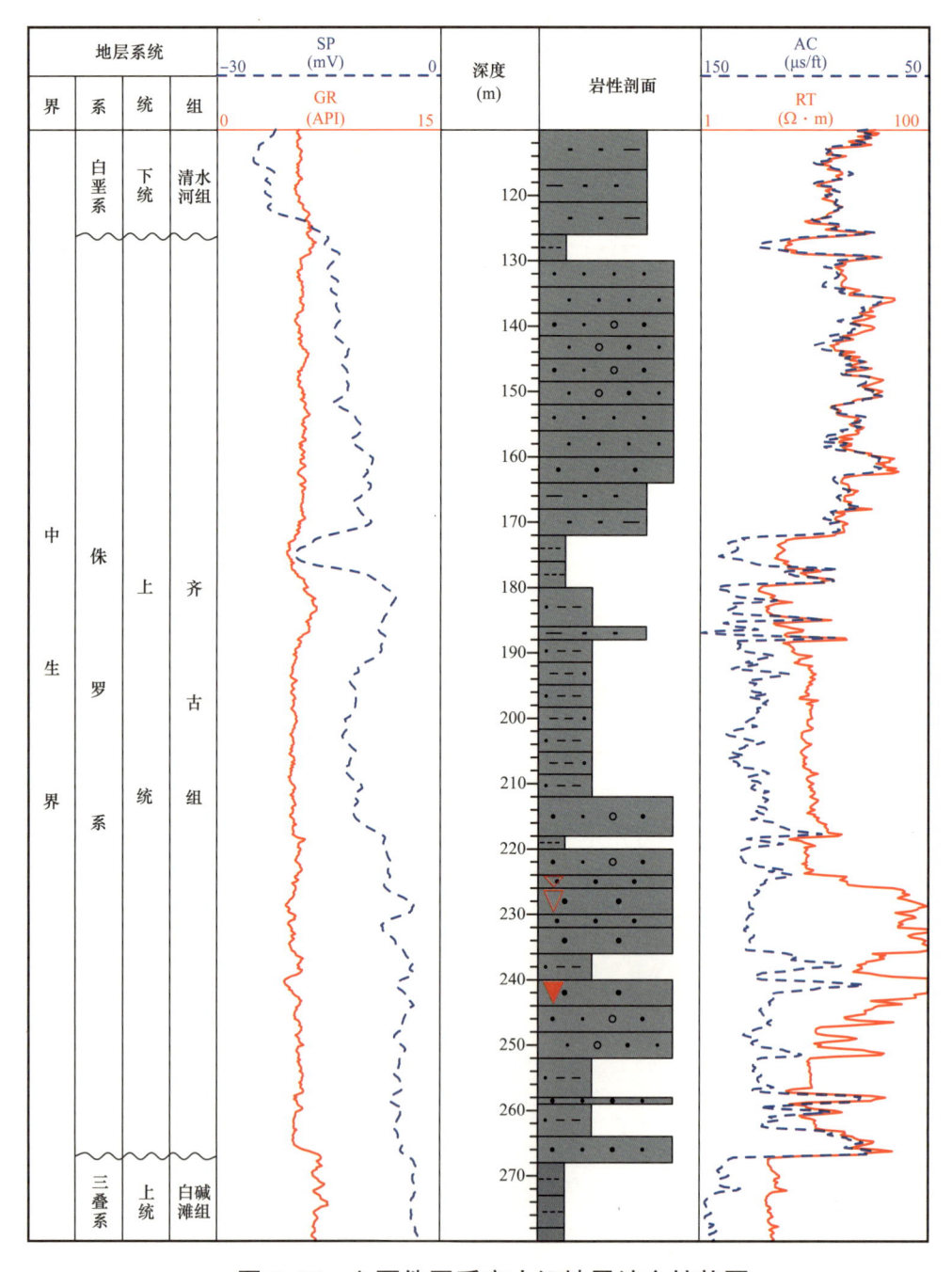

● 图 3-62　六区侏罗系齐古组地层综合柱状图

表 3-17　六区重点井钻揭地层厚度统计表

井号	完钻层位	底深（m）	地层厚度（m）			
		白垩系	侏罗系			三叠系
		吐谷鲁群	齐古组			白碱滩组
		K_1tg	J_3q_1	J_3q_2	J_3q_3	T_3b
白 10	C	149	40	66	15	96
古 31	C	72	0	0	120	0
九浅 16	T_3b	133	42	72	43	44（未穿）
六浅 7	T_3b	126.5	53.5	71.5	15.5	35.5（未穿）

图表注　① 钻遇的地层分别为白垩系吐谷鲁群（K_1tg，底深 70~150m）；侏罗系齐古组一砂组（J_3q_1，0~55m），齐古组二砂组（J_3q_2，0~75m），齐古组三砂组（J_3q_3，10~120m）；三叠系白碱滩组（T_3b，0~100m，未穿）；② 目的层侏罗系齐古组与其下地层不整合接触，油层集中分布在齐古组二砂组。

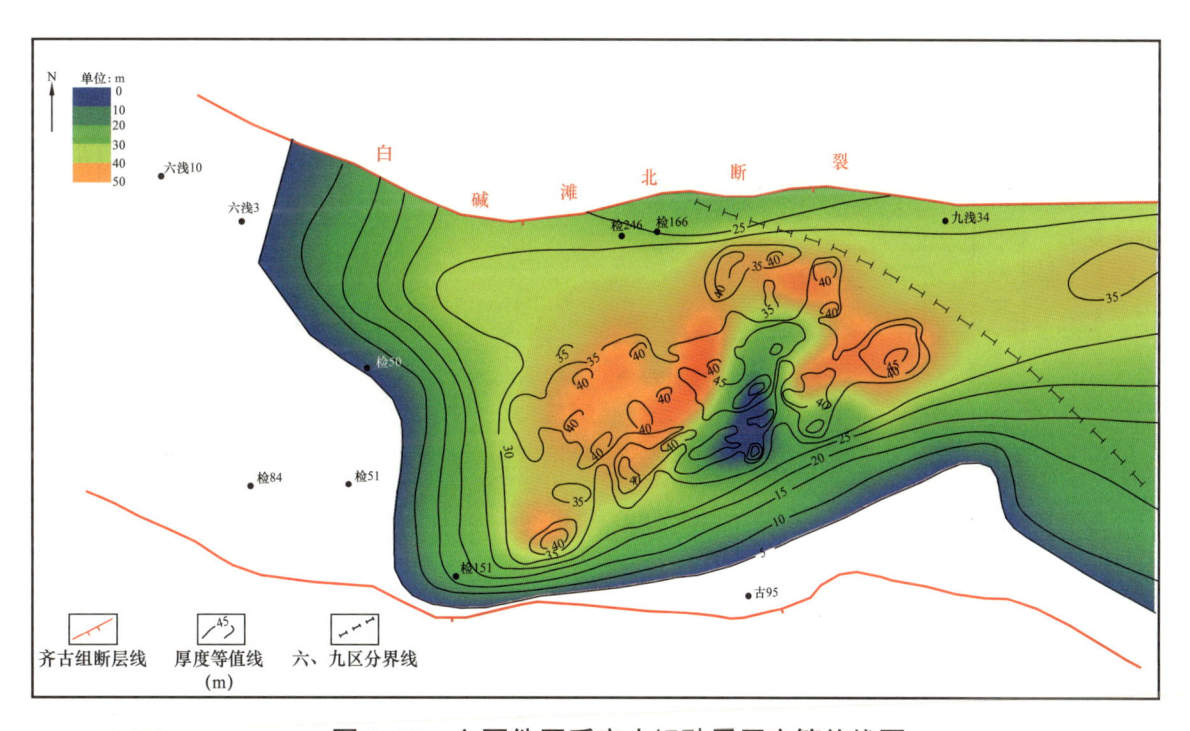

● 图 3-63　六区侏罗系齐古组砂层厚度等值线图

图注　六区齐古组存在上剥下超的特征，使六区现存齐古组的厚度为 77.0~216.0m，平均为 125.3m。总体上来看，油藏中部砂层厚度大，向边缘逐渐减薄。

（二）构造特征

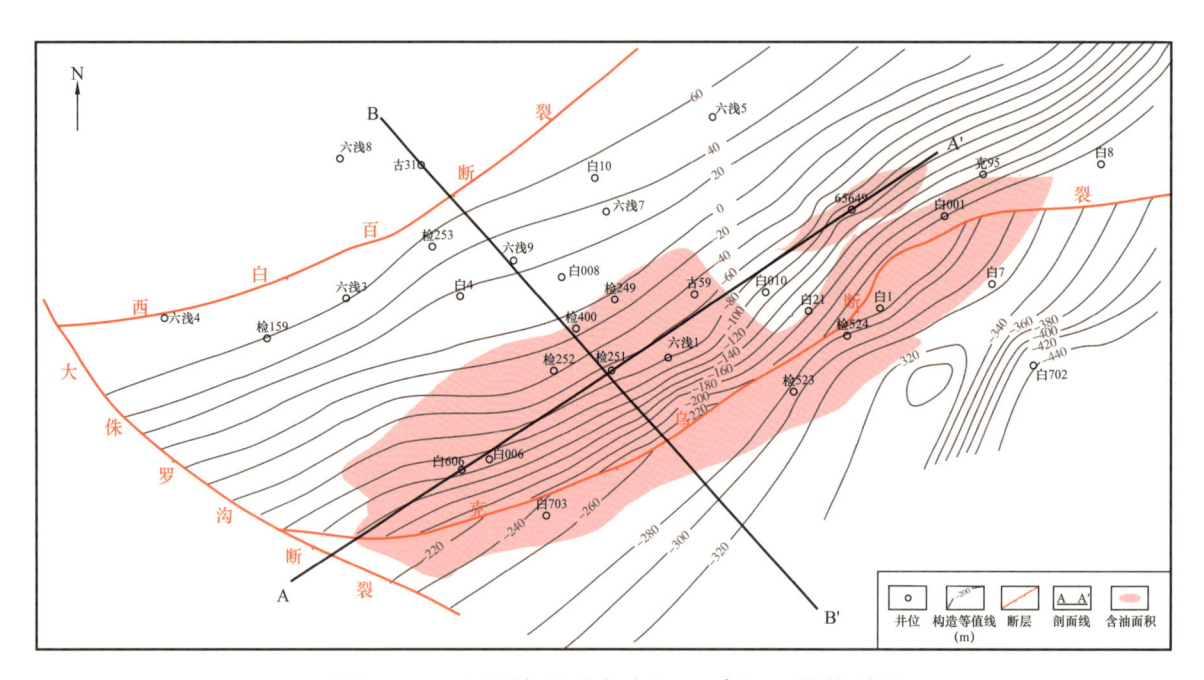

图 3-64　六区侏罗系齐古组三砂组顶界构造图

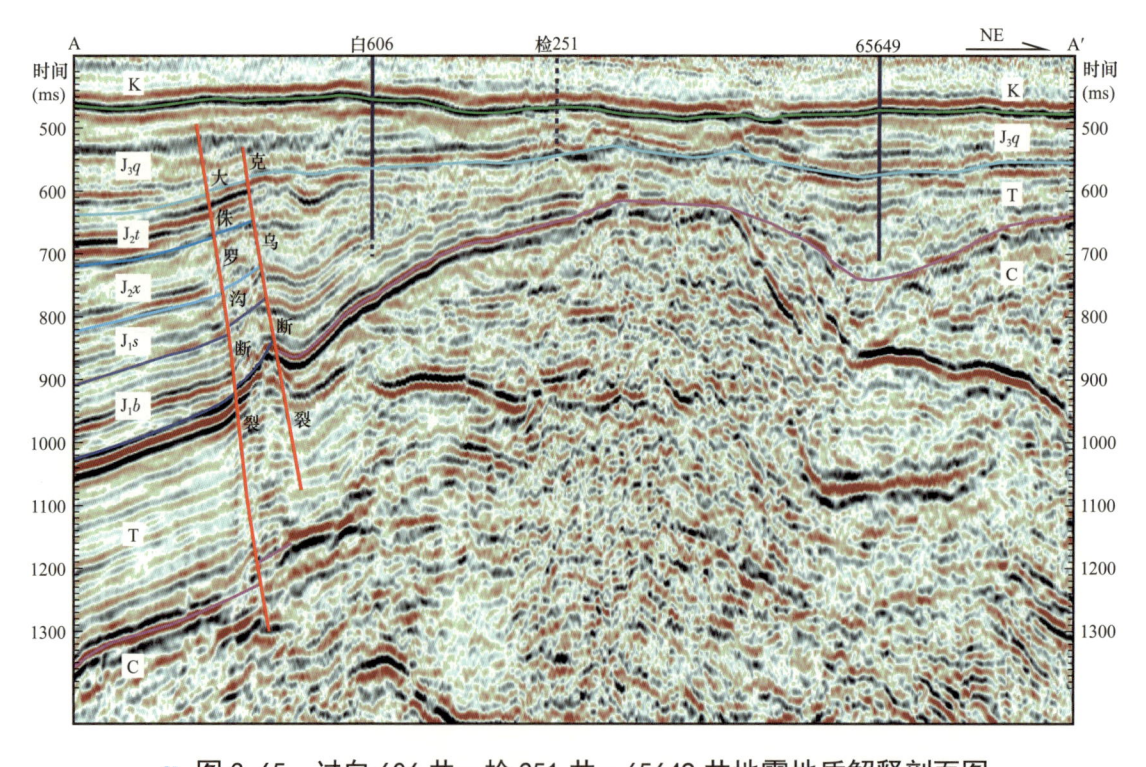

图 3-65　过白 606 井—检 251 井—65649 井地震地质解释剖面图

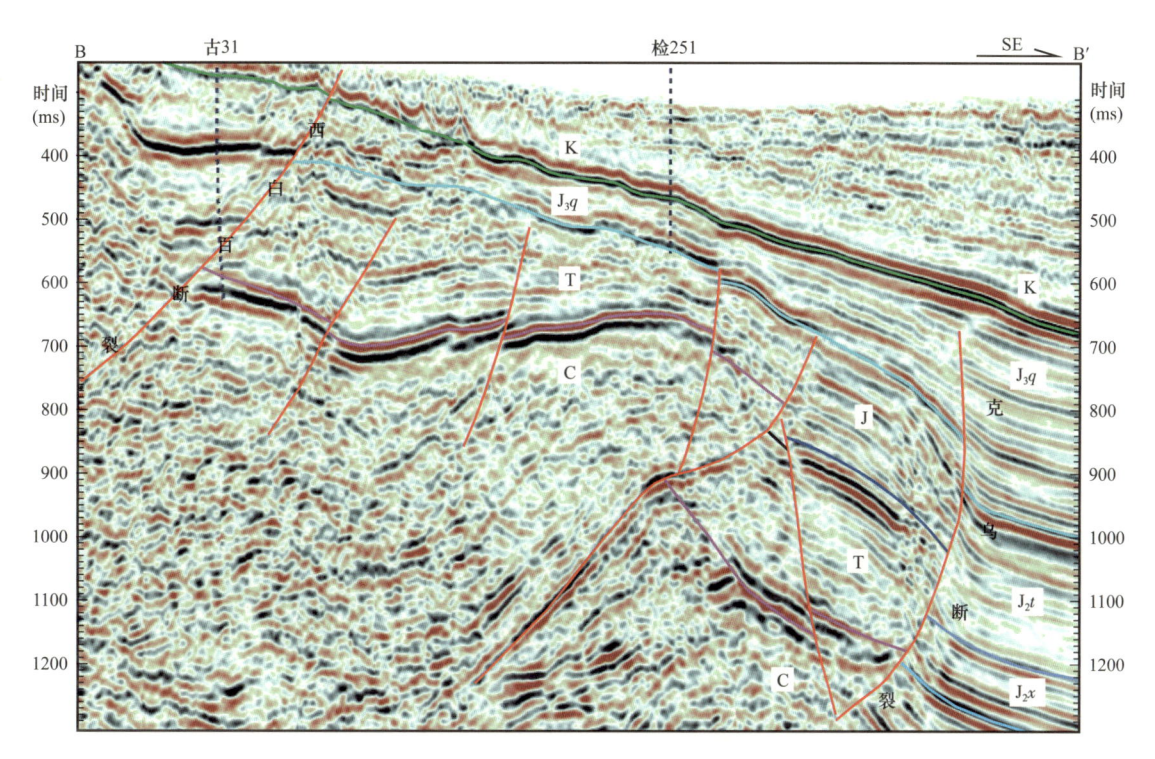

图 3-66　过古 31 井—检 251 井地震地质解释剖面图

表 3-18　六区主要断裂要素表

序号	断裂名称	断裂性质	断开层位	断距（m）	断裂产状		
					走向	倾向	倾角（°）
1	西白百断裂	逆断层	J_3q—C	10～14	SN	WN	25～45

图表注　① 主要断裂为克乌大逆掩断裂带的中白碱滩断裂及西白百断裂，西白百断裂断开齐古组并形成该油藏的遮挡条件；六区齐古组具有上剥下超的陆源碎屑沉积特点，底部形态为由西北向东南缓倾的单斜；② 西白百断裂，走向近南北向，长达数十千米，倾向西北，倾角自下而上由 25°增加到 45° 左右，断开齐古组及以下地层，垂直断距 10～14m，属基底同生断层。

（三）油藏剖面

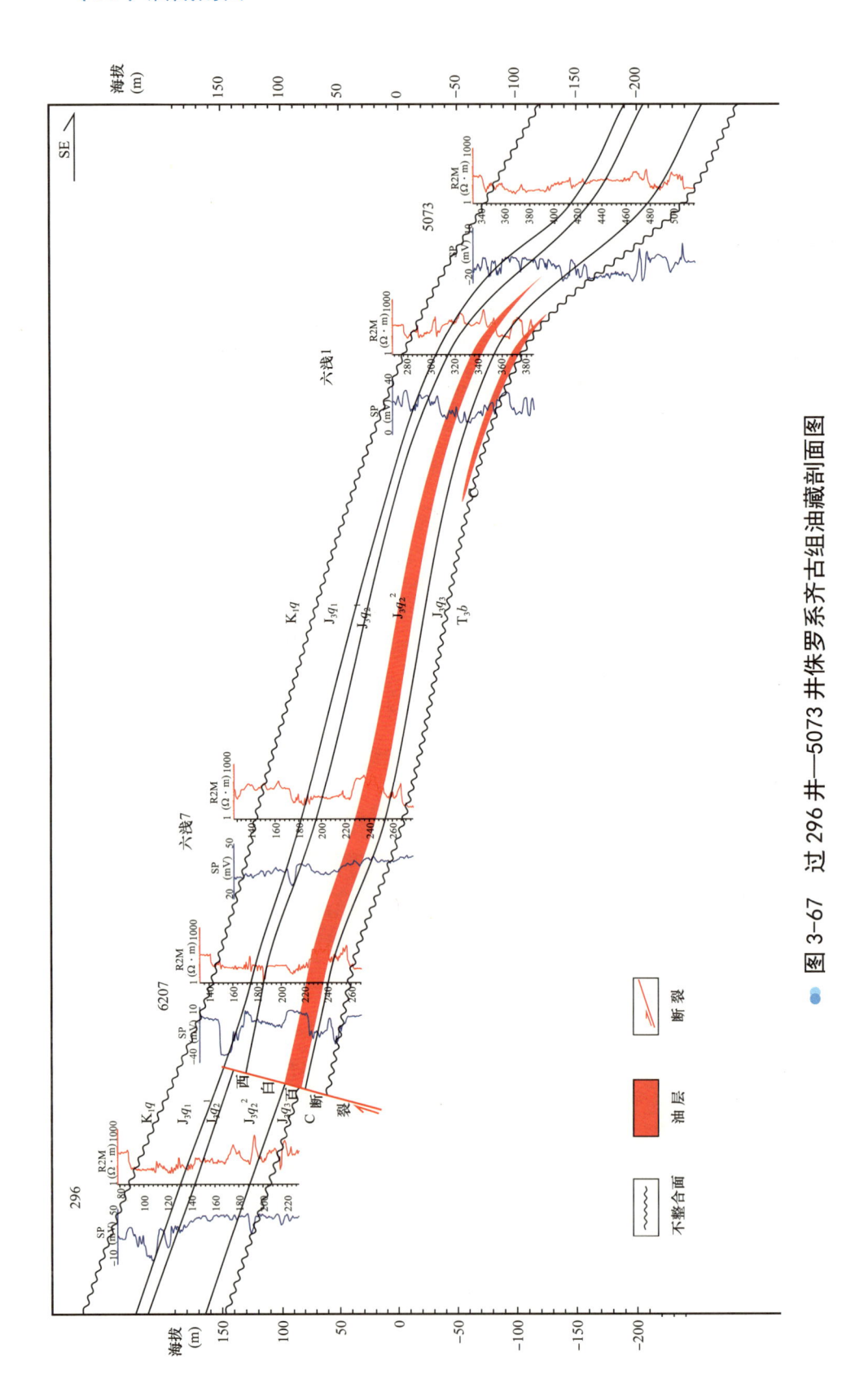

图 3-67 过 296 井—5073 井侏罗系齐古组油藏剖面图

图注 六区齐古组油藏类型为单斜构造背景下的岩性油藏，油藏北部受断裂遮挡，油藏无统一的油水界面，主要受储层岩性和物性控制。

（四）沉积特征

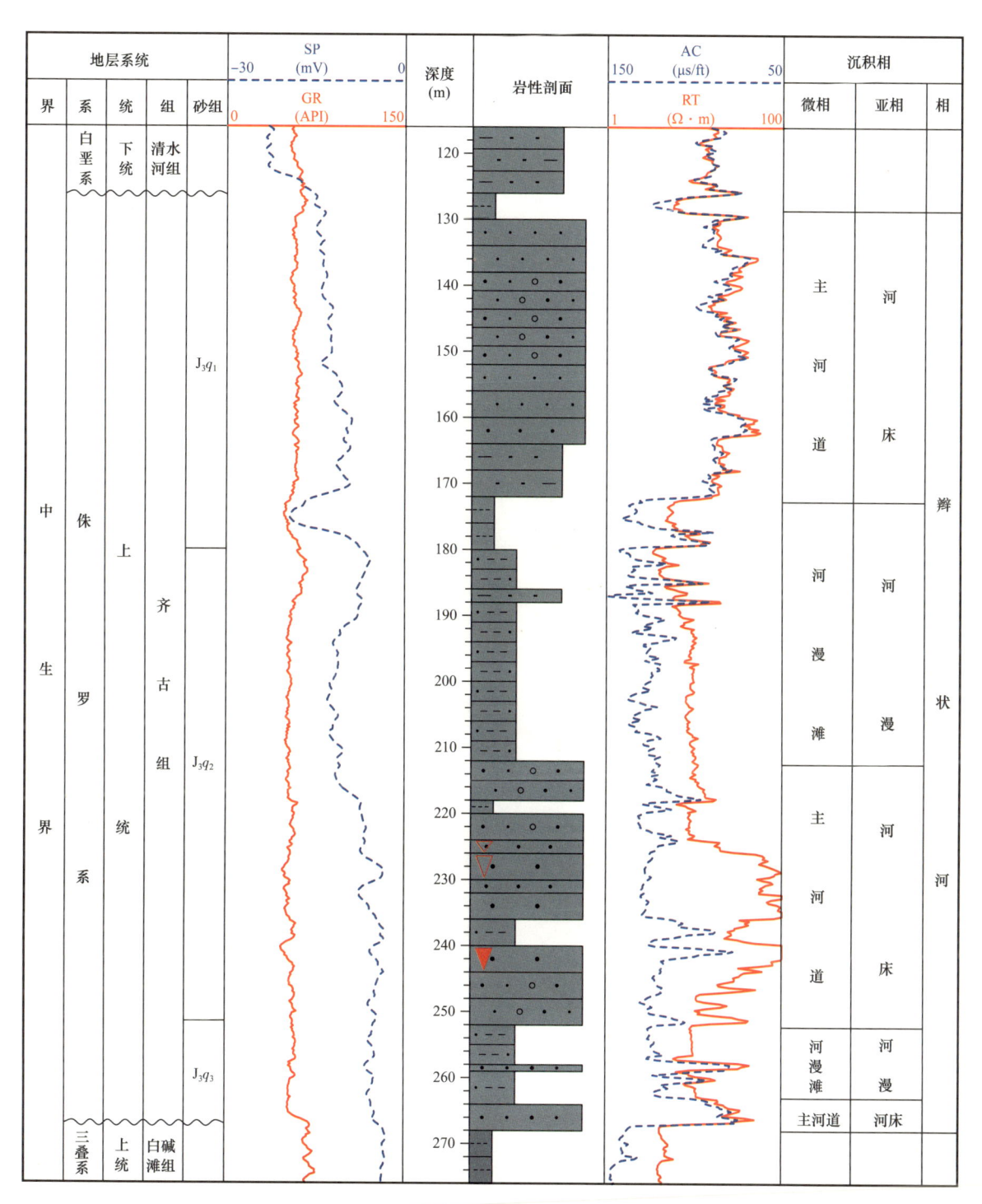

图 3-68　六浅 7 井侏罗系齐古组单井相图

图注　①主要发育辫状河流相；②垂向上辫状河道、河漫滩两种微相相互叠置；③主力储层为辫状河道微相，电阻率曲线呈箱形，$30 \leqslant RT < 100 \Omega \cdot m$，伽马曲线呈齿化箱形，$40 \leqslant GR < 65 API$，自然电位呈钟形、漏斗形，$-15 \leqslant SP < 0 mV$。

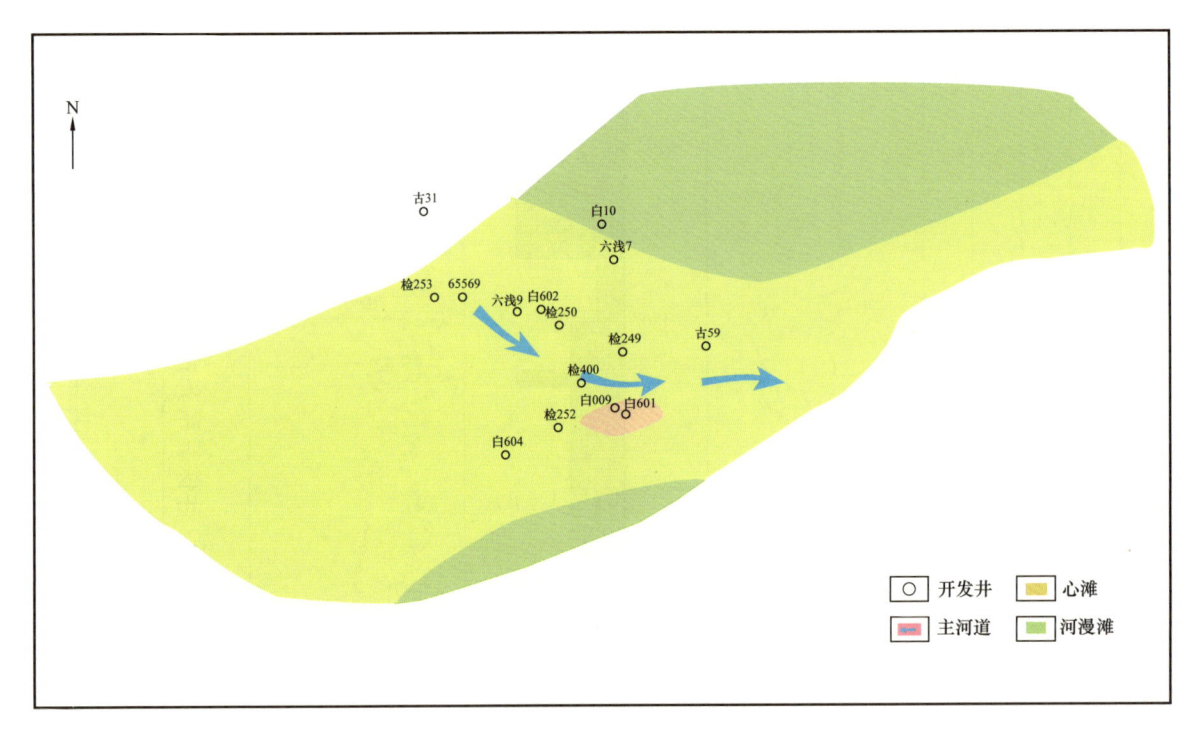

图 3-69 六区侏罗系齐古组沉积相分布图

图注 ① 齐古组沉积环境为辫状河流沉积，沉积亚相有河道与漫滩沉积，微相分为：河道滞留、心滩、废弃河道、河漫滩四种微相；② 主要目的层侏罗系齐古组二砂组以河道滞留、心滩两种微相为主，分布最广，也是该区主要含油微相；③ 物源为北西方向，主流线沿北西—南东方向。

（五）储层特征

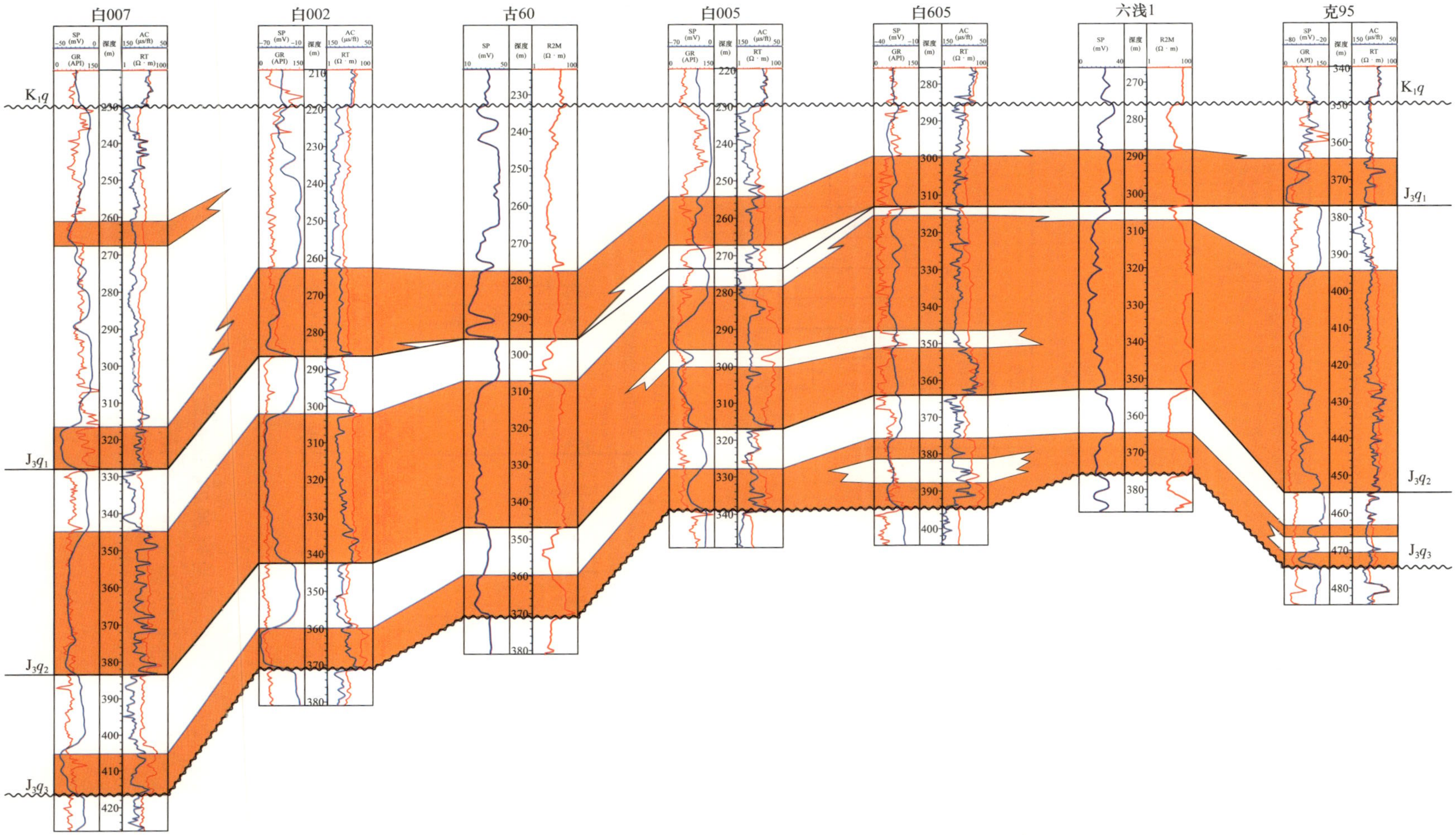

图 3-70　过白 007 井—克 95 井侏罗系齐古组砂层对比图

图注：① 齐古组发育了齐一（J_3q_1）、齐二（J_3q_2）、齐三（J_3q_3）三个砂层组，其中齐古组二砂组为主力油层，分布稳定；② 储层岩性以灰色砾岩、粗砂岩、中细砂岩为主。

表 3-19　六区侏罗系齐古组储层物性特征统计表

层位	类别	孔隙度(%) 样品数	范围	平均值	渗透率(mD) 样品数	范围	平均值
J_3q	储层	295	3.2~43.5	24.2	168	0.03~18960	2334
	油层	90	24.6~43.5	30.5	51	10.4~18960	5096

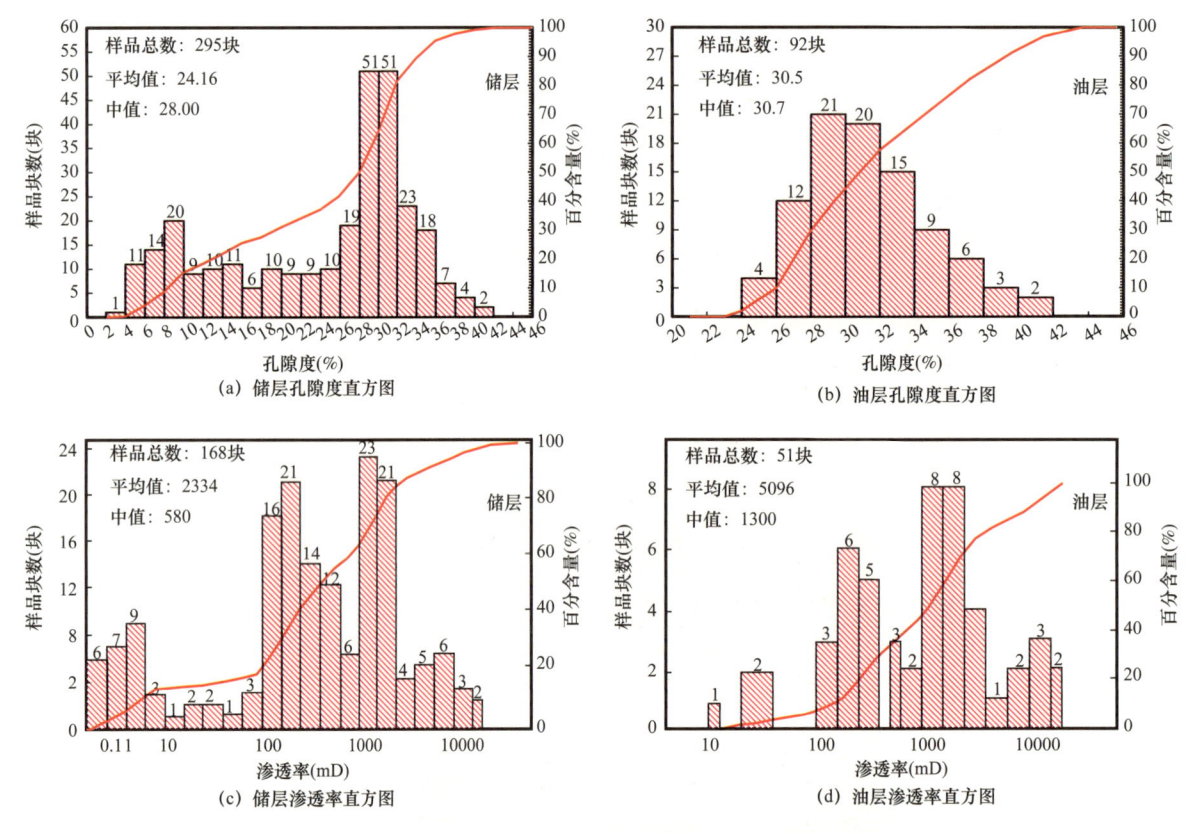

(a) 储层孔隙度直方图

(b) 油层孔隙度直方图

(c) 储层渗透率直方图

(d) 油层渗透率直方图

图 3-71　六区侏罗系齐古组孔隙度、渗透率分布直方图

图表注　① 储层孔隙度 3.2%~43.5%，平均为 24.2%；渗透率 0.03~18960mD，平均为 2334mD。
② 油层孔隙度 24.6%~43.5%，平均为 30.5%；渗透率 10.4~18960mD，平均为 5096mD。

(a) 白604井，灰色杂砾岩

(b) 白604井，灰色细砂岩

(c) 白604井，灰褐色中砂岩（油浸）

(d) 白604井，灰色细砂岩，夹泥岩层

● 图3-72 六区侏罗系齐古组岩心照片

图注 ① 岩性为灰色砾岩、粗砂岩、中细砂岩；② 主要发育块状、槽状、板状交错层理等；③ 沉积构造观察统计反映六区齐古组沉积时水动力条件较强且不稳定，沉积环境为辫状河流相沉积。

(a) 检249井，366.8m，粒内溶孔、粒间溶孔

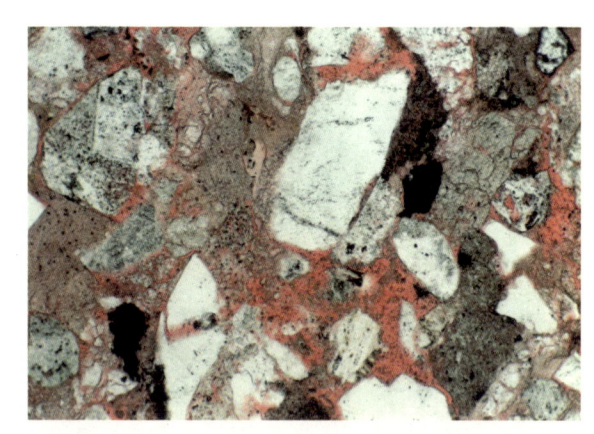

(b) 六浅7井，223.5m，粒间溶孔

(c) 白606井，384.4m，原生粒间孔

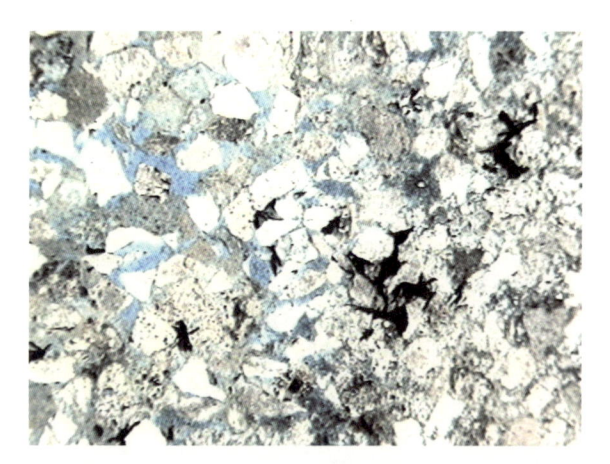

(d) 白606井，389.6m，原生粒间孔、粒内溶孔

图 3-73　六区侏罗系齐古组岩石铸体薄片照片

图注　①根据铸体薄片鉴定分析，齐古组储集空间主要为原生粒间孔（70%～80%），其次为粒间溶孔（5%～10%）、粒内孔、界面孔等；②颗粒磨圆度较差，主要为次棱角状，部分为次棱角—次圆状，分选差—中等；③胶结类型为孔隙型或孔隙—接触型。

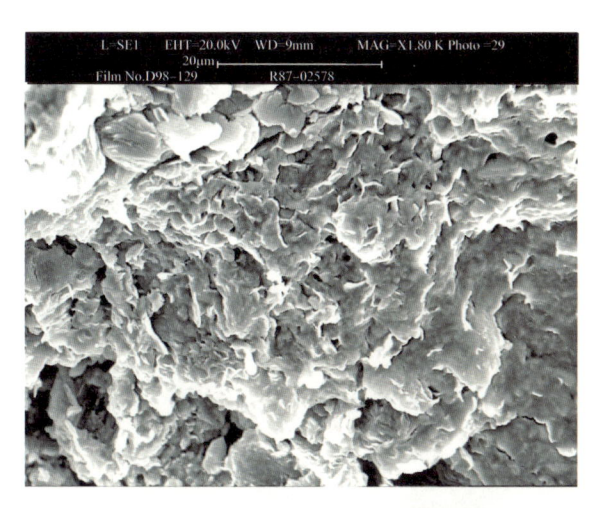

(a) 61470井，244.97m，粒表伊/蒙混层矿物

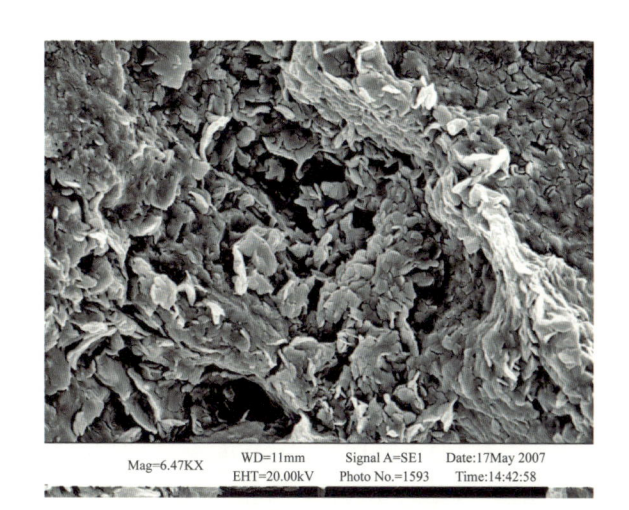

(b) 白607井，375.68m，叶片状绿泥石

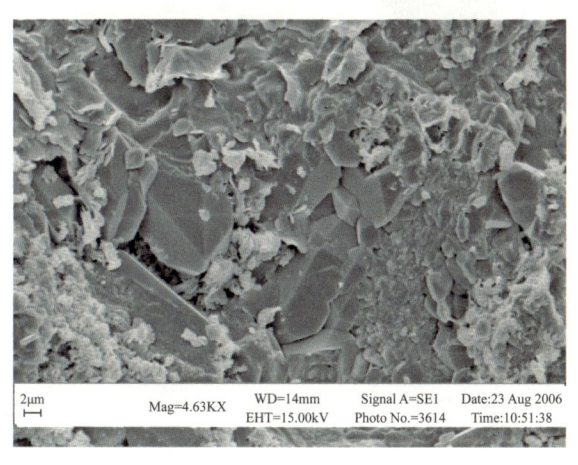

(c) 61470井，237.81m，蠕虫状高岭石

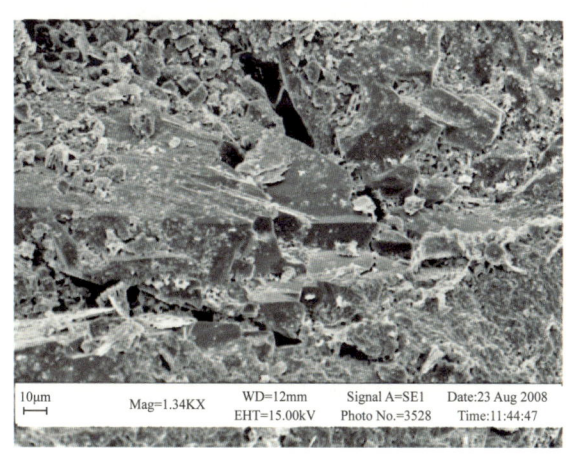

(d) 61470井，235.51m，粒表片状伊利石

● 图 3-74 六区侏罗系齐古组扫描电镜照片

图注 ①齐古组泥质含量占6%；②其主要矿物成分为伊/蒙混层（65.4%）、高岭石（15.9%）、伊利石（9.4%）、绿泥石（9.3%）；③黏土矿物形态为不规则状、片状、蠕虫状等。

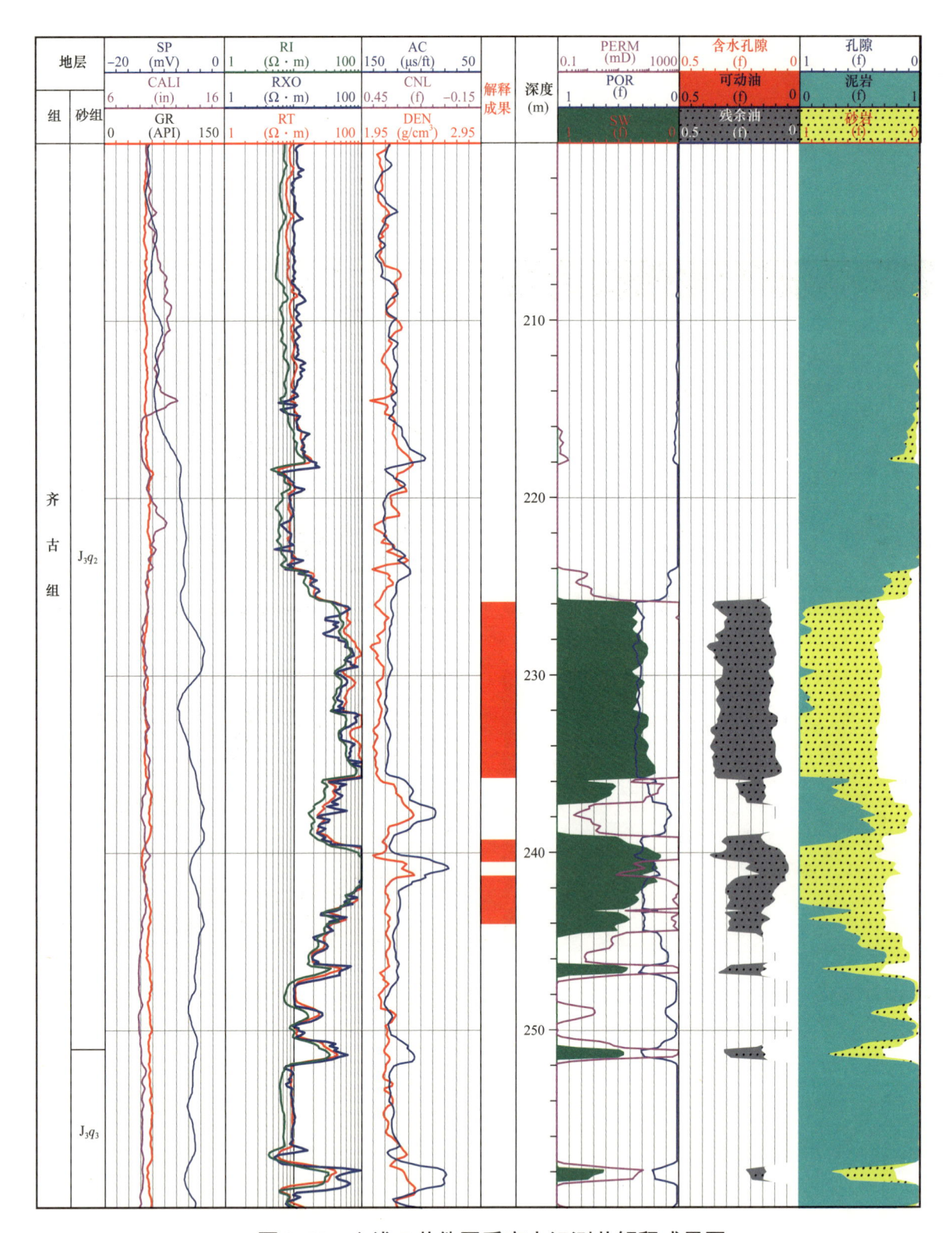

图 3-75 六浅 7 井侏罗系齐古组测井解释成果图

图注 六区齐古组油藏油层解释下限标准为：$RT>38\Omega\cdot m$，$\phi>24\%$，$S_o>50\%$；六浅 7 井齐古组共解释油层 13.8m/3 层。

（六）流体性质与压力系统图

表 3-20　六区侏罗系齐古组油藏地面原油性质参数表

层位	密度（g/cm³）	50℃黏度（mPa·s）	含蜡（%）	凝固点（℃）
J₃q	0.9658	19800	0.8～3.2	7～21

表注　油藏平均原油密度 0.9658g/cm³；50℃最大脱气油黏度 19800mPa·s；含蜡量低，蒸馏法 0.8%～3.2%；凝固点 7～21℃。

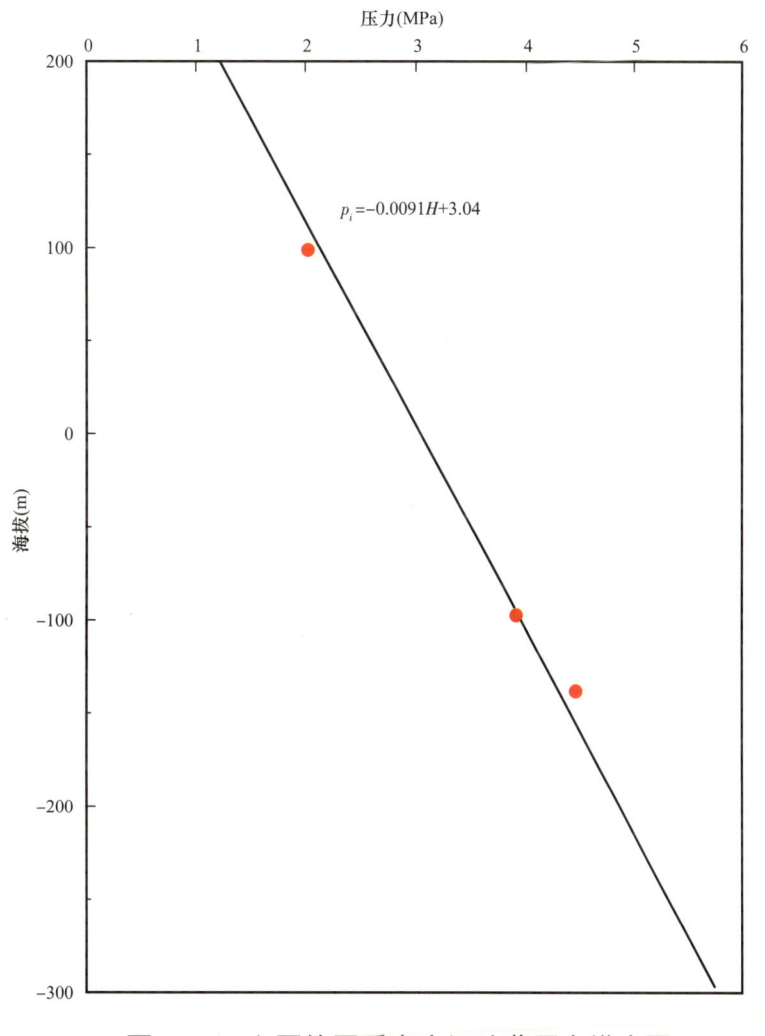

图 3-76　六区侏罗系齐古组油藏压力梯度图（$p_i = -0.0091H + 3.04$）

图注　六区齐古组油藏原始地层压力为 2.54MPa，压力系数 1.0，属于正常压力系统油藏。

二、开发特征

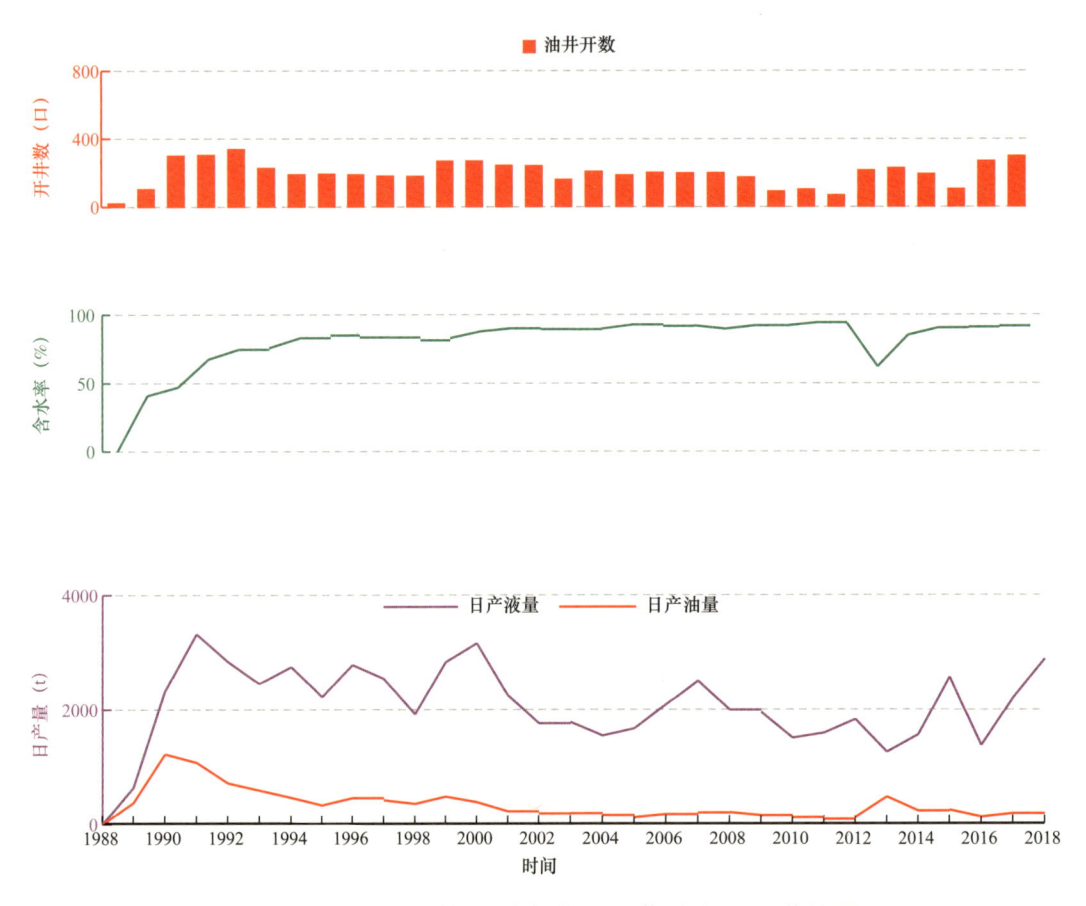

图 3-77 六区侏罗系齐古组油藏综合开发曲线图

图注 ① 1988 年投入开发，最高开井数油井 338 口、注汽井 43 口，1991 年产油量最高达 41.84×10⁴t；② 1988 年开始注汽，1993 年后含水率上升较快并长期保持在 80% 以上，产出水类型为注入水和地层水；③ 1992 年由蒸汽吞吐转为蒸汽驱，1999 年进入规模加密调整阶段，2007 年起进入综合治理阶段；④ 2018 年 12 月，油井开井数 50 口，日产液 192.6t，日产油 55.6t，日注水 3440m³，含水率 71.13%，采油速度 0.8%；累计产油 21.8×10⁴t，采出程度 16.61%。

第六节　七区三叠系克拉玛依下亚组油藏

一、石油地质特征

（一）地层分布

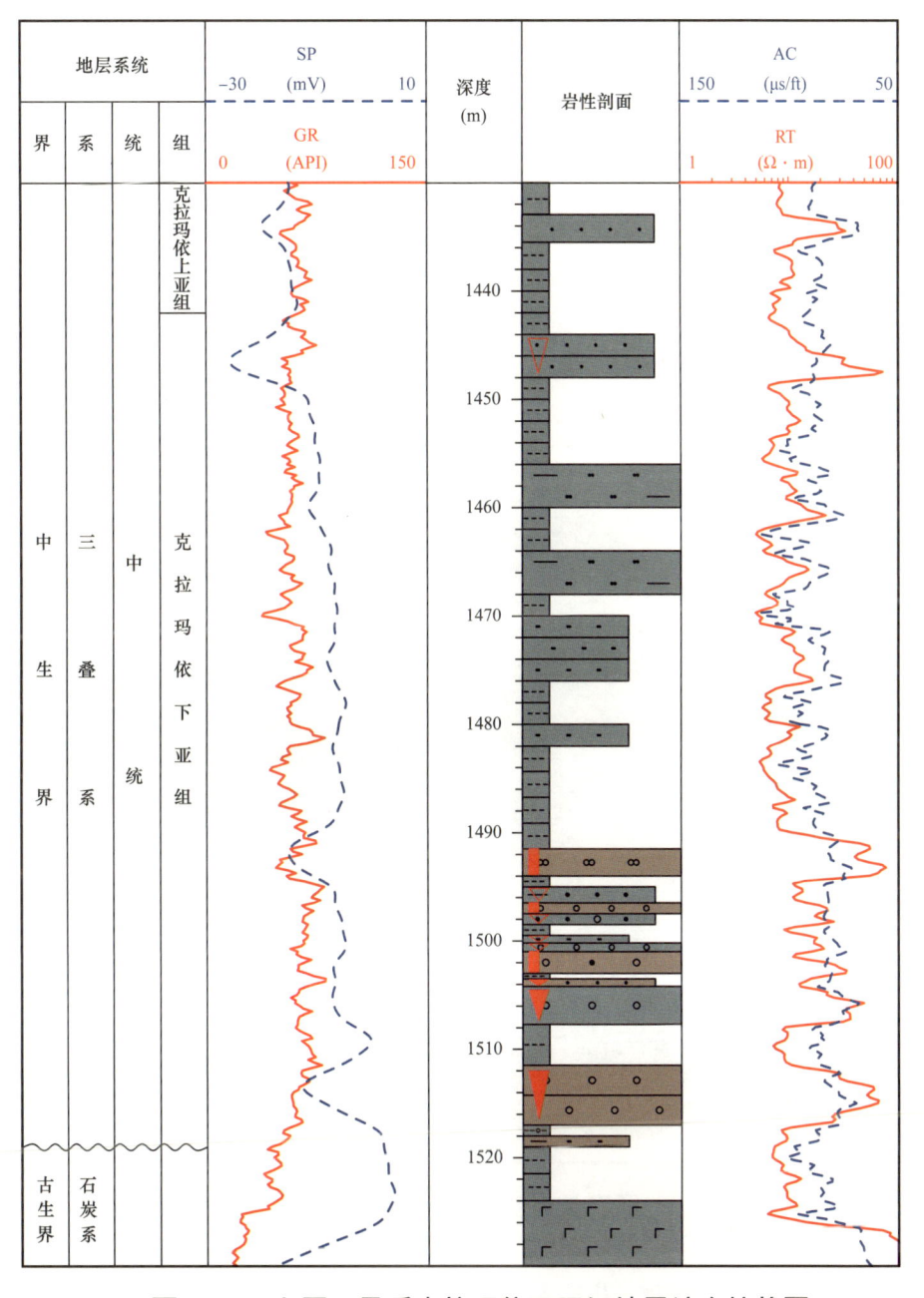

图 3-78　七区三叠系克拉玛依下亚组地层综合柱状图

表 3-21　七区重点井钻揭地层厚度统计表

井号	完钻层位	底深(m) 白垩系 吐谷鲁群 K₁tg	地层厚度(m) 侏罗系 齐古组 J₃q	头屯河组 J₂t	西山窑组 J₂x	三工河组 J₁s	八道湾组 J₁b	三叠系 白碱滩组 T₃b	克拉玛依上亚组 T₂k₂	克拉玛依下亚组 T₂k₁	石炭系 C
检8	C	144	297	63	135	124	137	134	83	94	21（未穿）
白17	C	304	332	118	122	120	128	206	136	110	350（未穿）
古33	C	266	376	98	136	141	136	223	157	103	215（未穿）
白704	C	218	366	88	202	86	120	206	134	106	27（未穿）

图表注 ① 钻遇的地层分别为白垩系吐谷鲁群（K₁tg，底深140~310m），侏罗系齐古组（J₃q，290~380m）、头屯河组（J₂t，60~120m）、西山窑组（J₂x，120~210m）、三工河组（J₁s，120~150m）、八道湾组（J₁b，120~140m），三叠系白碱滩组（T₃b，130~230m）、克拉玛依上亚组（T₂k₂，80~160m）、克拉玛依下亚组（T₂k₁，90~120m），石炭系（C，20~350m，未穿）；② 主要目的层为克拉玛依下亚组。

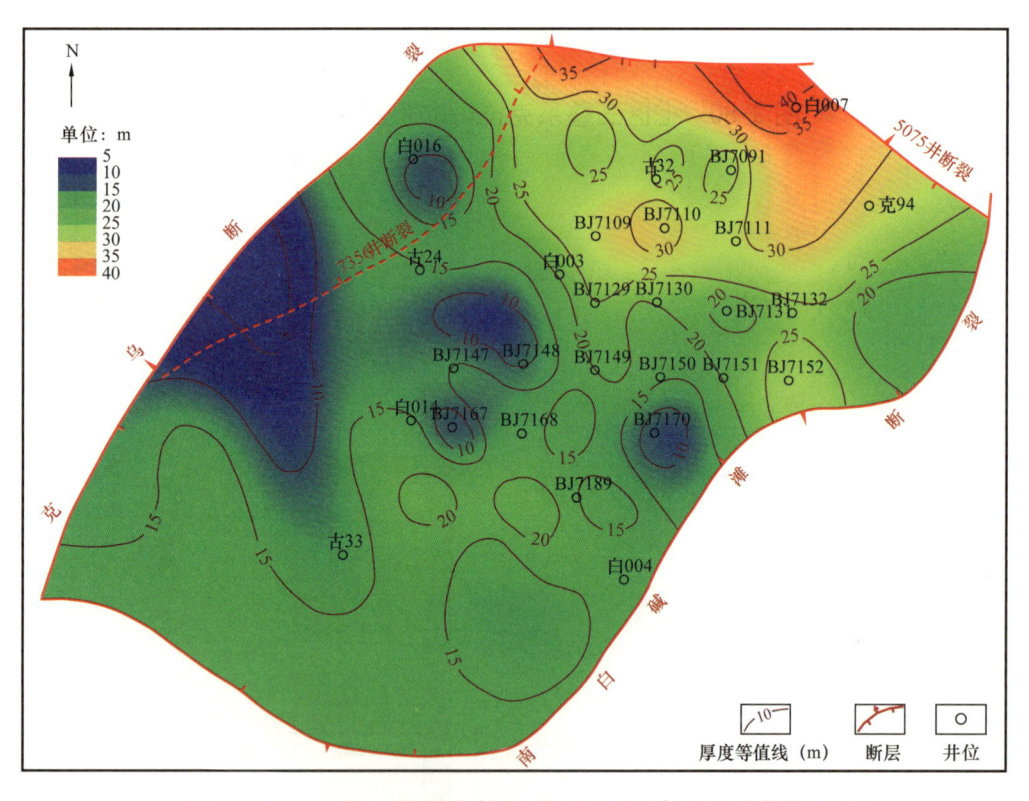

● 图 3-79　七区三叠系克拉玛依下亚组砂层厚度等值线图

图注 ① 七区克拉玛依下亚组砂层厚度4.9~41.7m，平均18.8m。砂体在平面上发育稳定，且连片分布，总体上由东北向西南逐渐减小；② 主力层$T_2k_1^{2-3}$、$T_2k_1^{2-4}$层砂层发育，沉积稳定；次要层$T_2k_1^{2-2}$层砂层主要发育在北部。

（二）构造特征

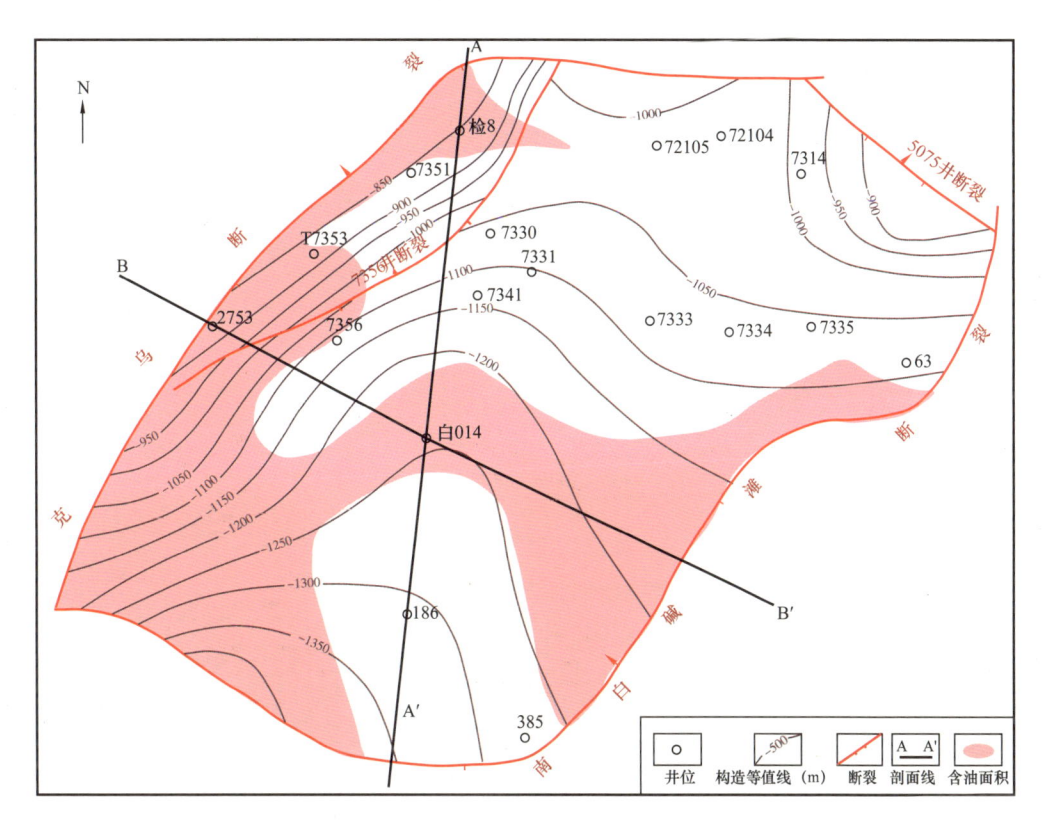

● 图 3-80　七区三叠系克拉玛依下亚组顶界构造图

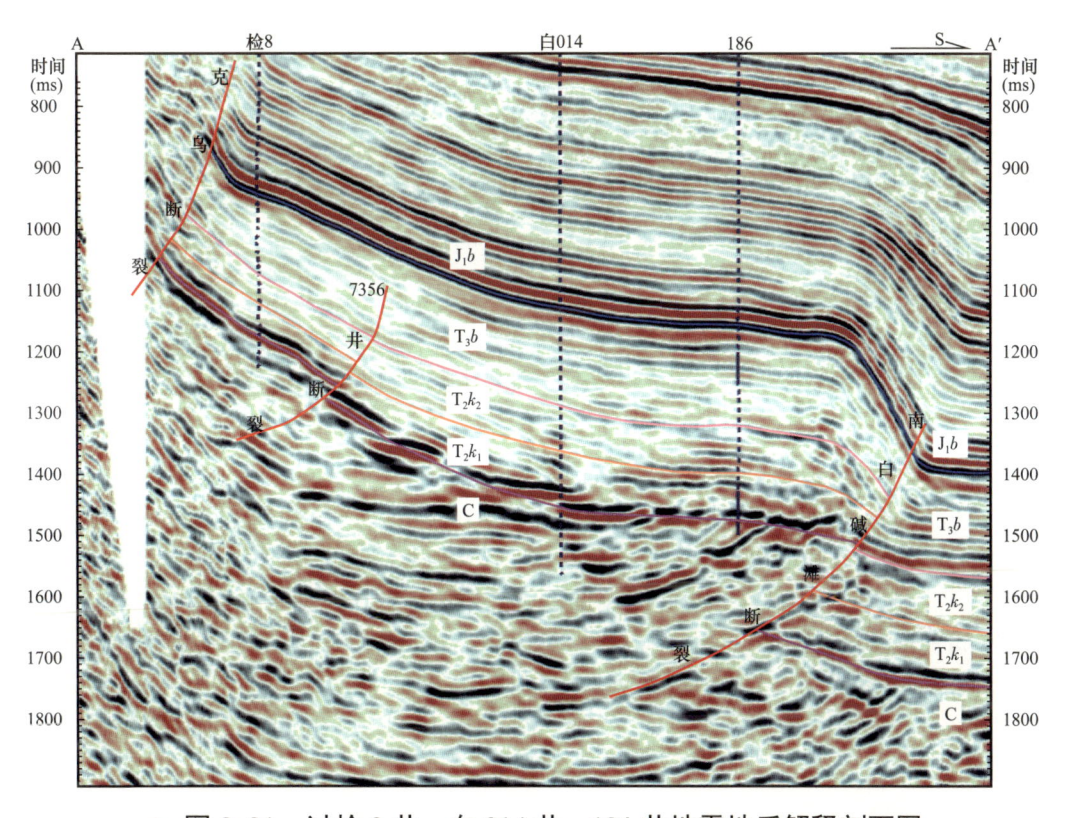

● 图 3-81　过检 8 井—白 014 井—186 井地震地质解释剖面图

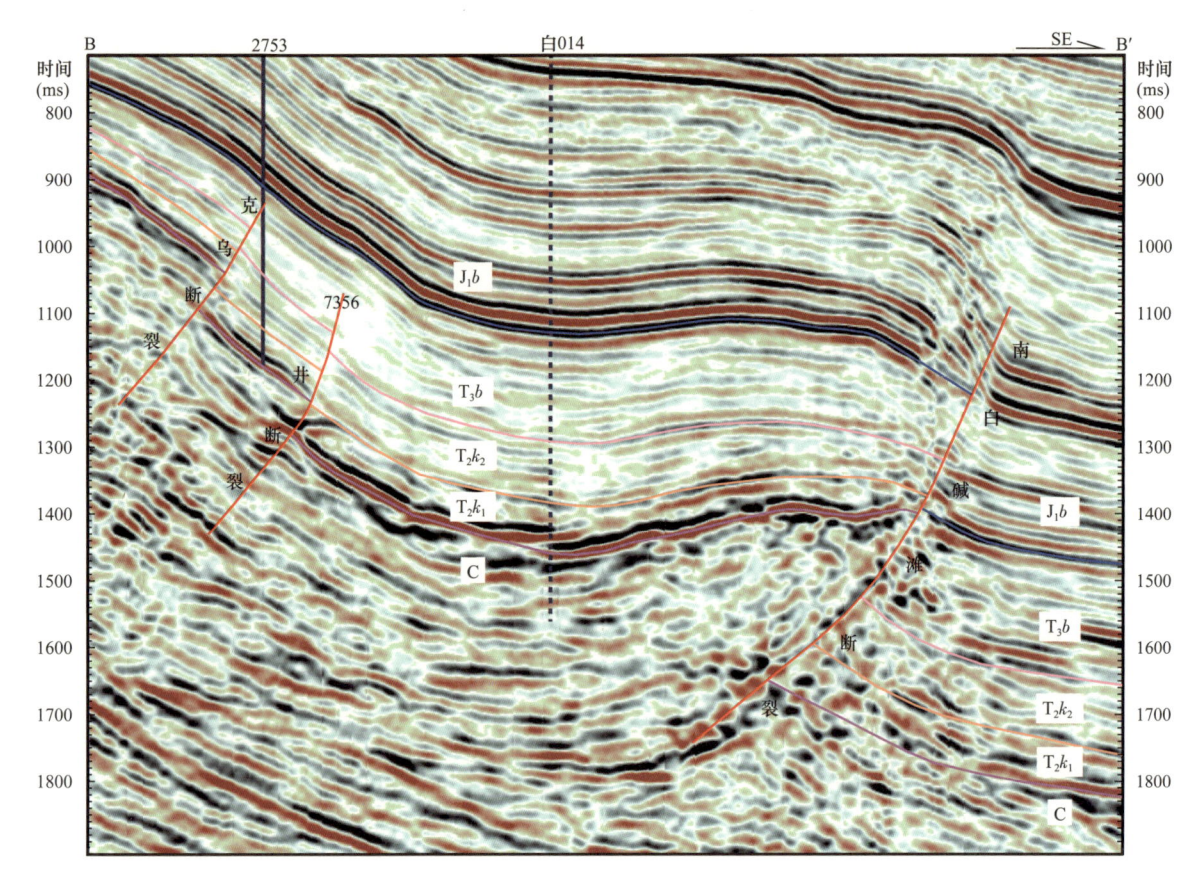

图 3-82　过 2253 井—白 014 井地震地质解释剖面图

表 3-22　七区主要断裂要素表

序号	断裂名称	断裂性质	断开层位	断距（m）	断裂产状 走向	断裂产状 倾向	断裂产状 倾角
1	克乌断裂	逆断层	J、T、C	50～100	NE—SW	NW、NE	20°～70°
2	白碱滩南断裂	逆断层	J、T、C	90～200	NE—SW	NW	30°～75°
3	5075 井断裂	逆断层	J、T、C	25～90	NE—SW	SE	45°～70°
4	7356 井断裂	逆断层	T、C	15～30	EW	NE	0°～70°

图表注　①油藏为克乌断裂、白碱滩南断裂和 5075 井断裂夹持的断块，内部还发育有 7356 井逆断层；②克乌断裂断距 50～100m，其走向为北东—南西向逆断裂，倾向北西。倾角上陡下缓，上部 50°～70°，下部 20°～40°；③白碱滩南断裂在 385 井以东走向为北东—南西向，倾向北西；在 385 井以西，走向变为北西—南东向，倾向北东。断面倾角上部 55°～75°，下部 50°～30°，断距 90～200m；④5075 井断裂为北东—南西向逆断层，倾向北东，断面倾角上陡下缓，上部倾角 70°，下部减小为 45°，断距为 25～90m；⑤7356 井断裂是东西走向逆断层，倾向西北，断距 15～30m。

（三）油藏剖面

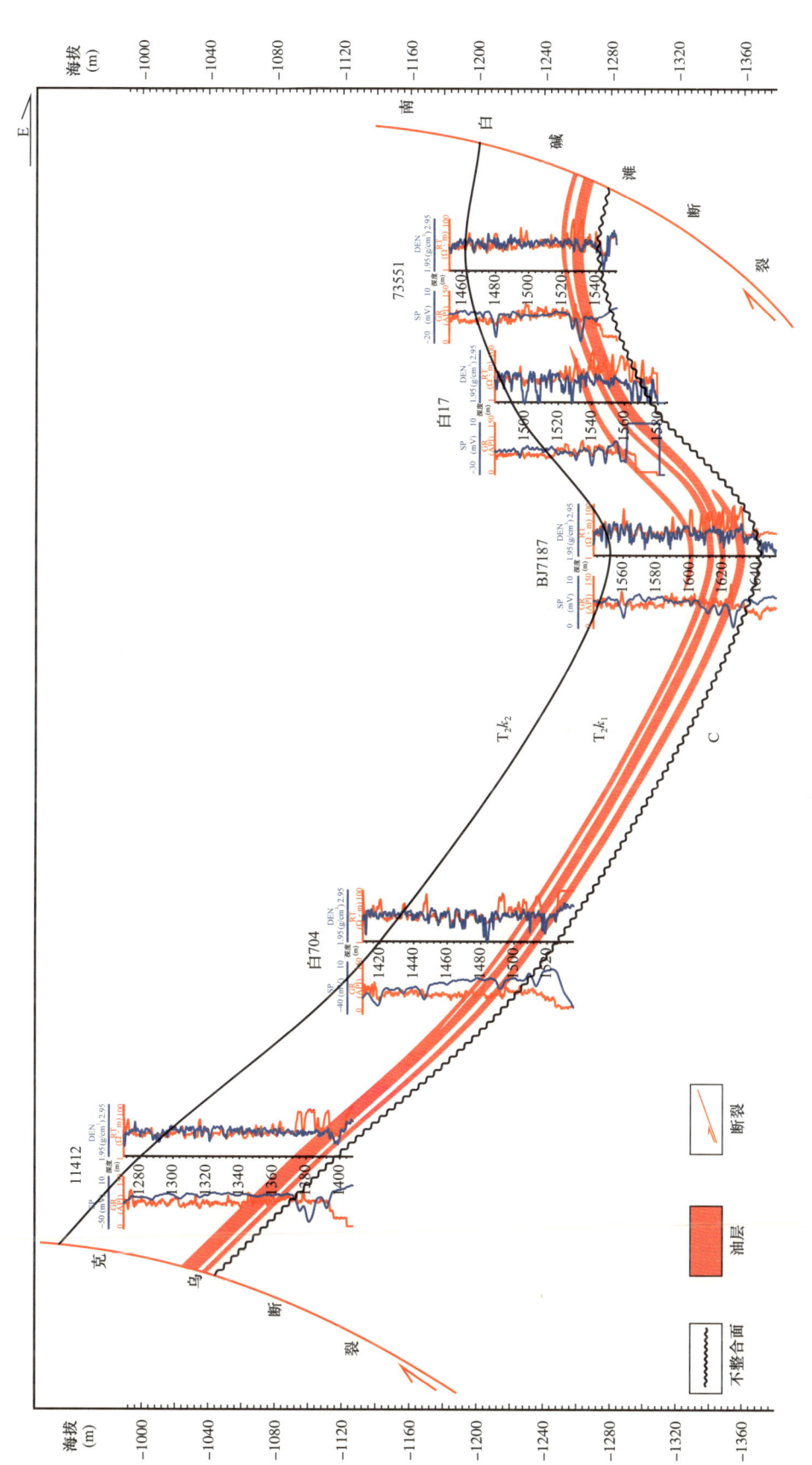

图 3-83 过 11412 井—73551 井三叠系克拉玛依下亚组油藏剖面图

图注 ①七区克下组为不带底水的构造油藏，该油藏被克乌断裂、白碱滩南断裂及 5075 井断裂所夹持，克下组主力油层全部充满断块；
②油层有效厚度 3~18m，平均 7.92m。

（四）沉积特征

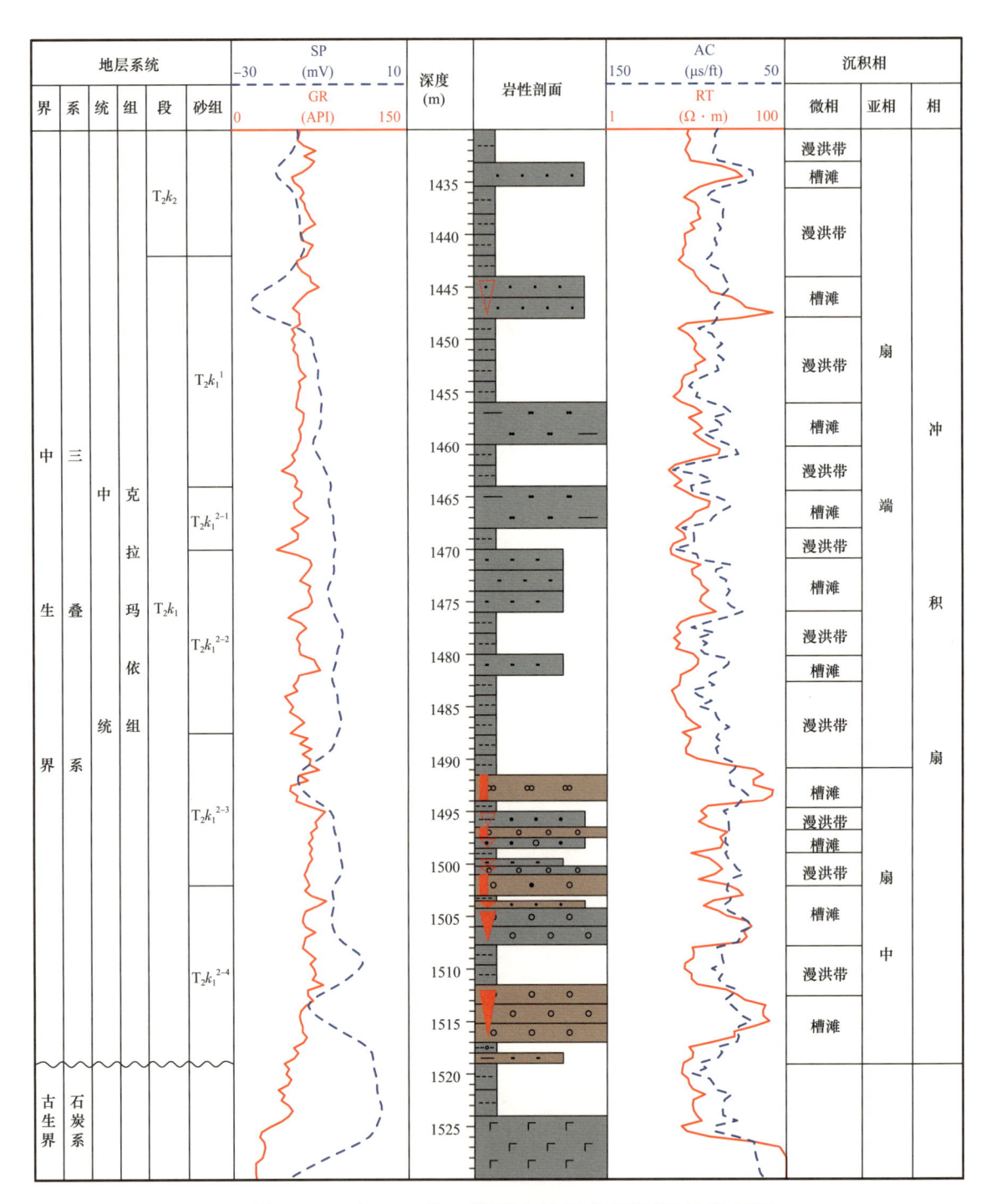

图 3-84　白 704 井三叠系克拉玛依下亚组单井相图

图注　① 主要发育冲积扇相的扇端和扇中亚相；② 垂向上槽滩与漫洪带两种微相相互叠置；③ 主力储层为槽滩微相，电阻率曲线呈箱形，$40 \leqslant RT < 90 \Omega \cdot m$，伽马曲线呈齿化箱形，$50 \leqslant GR < 80 API$，自然电位呈钟形、漏斗形，$-10 \leqslant SP < 0 mV$。

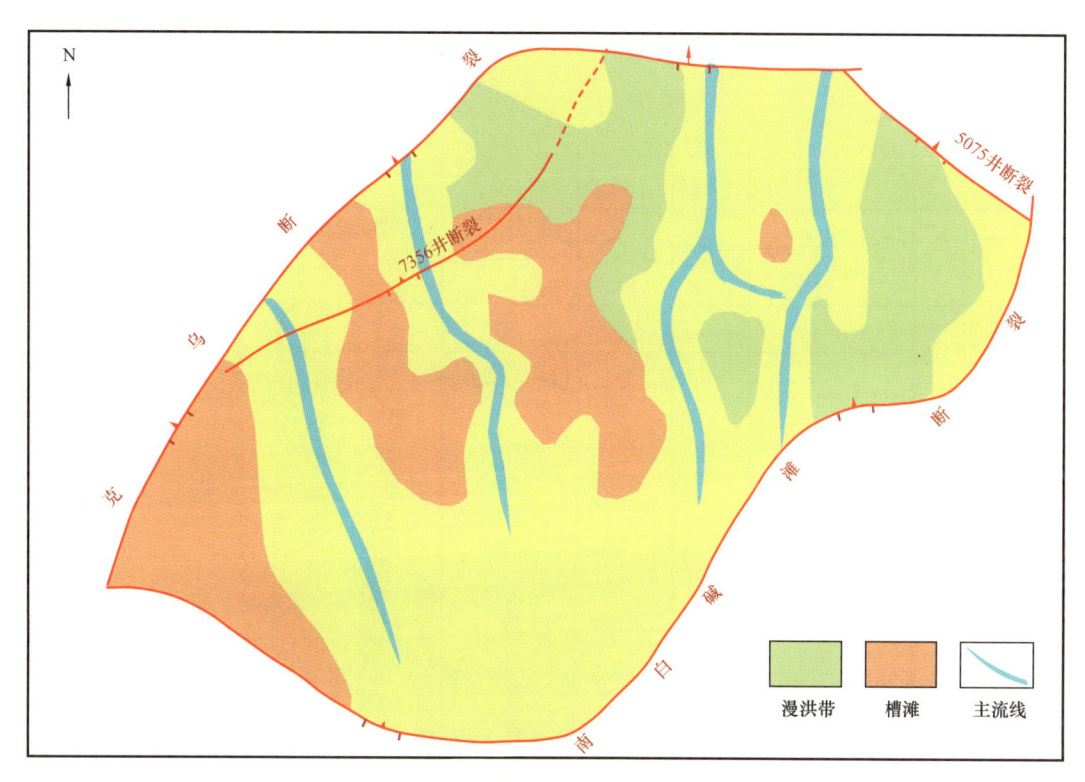

● 图3-85 七区三叠系克拉玛依下亚组 $T_2k_1^{2-3}$ 沉积相分布图

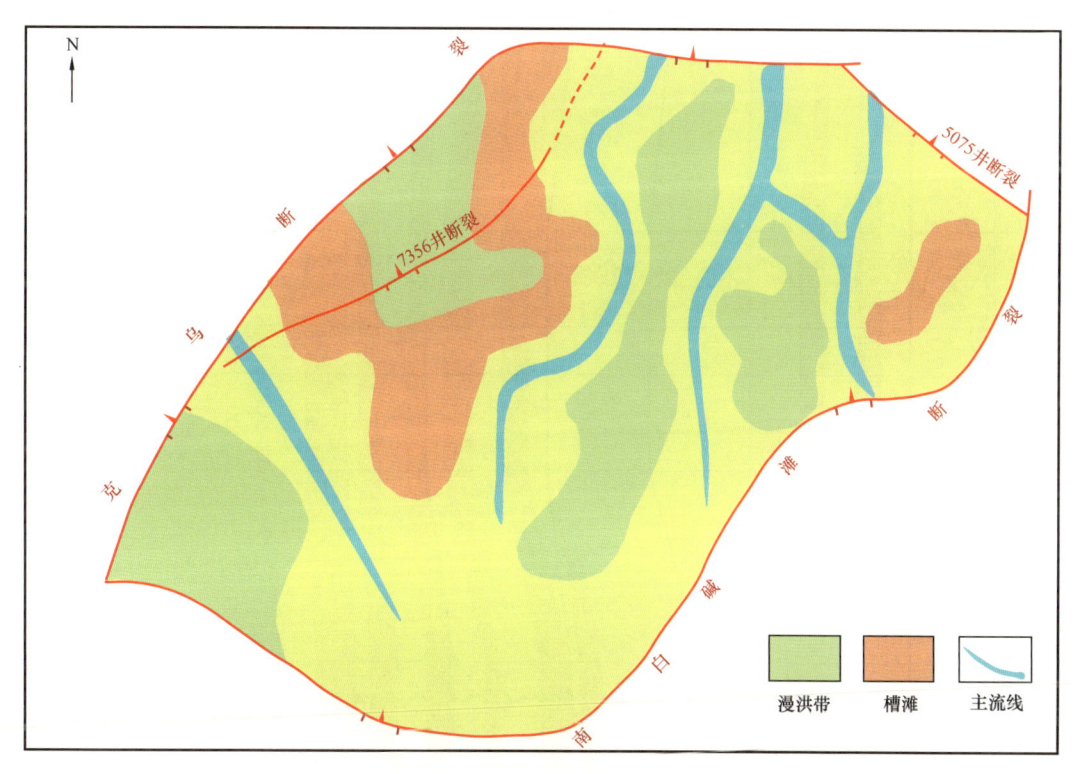

● 图3-86 七区三叠系克拉玛依下亚组 $T_2k_1^{2-4}$ 沉积相分布图

图注 ① 为一套洪积相沉积，由一套灰色的砂砾岩与泥岩交互的正旋回沉积组成，主要发育主槽、槽滩及漫洪带微相；② 物源方向主要来自北部。

（五）储层特征

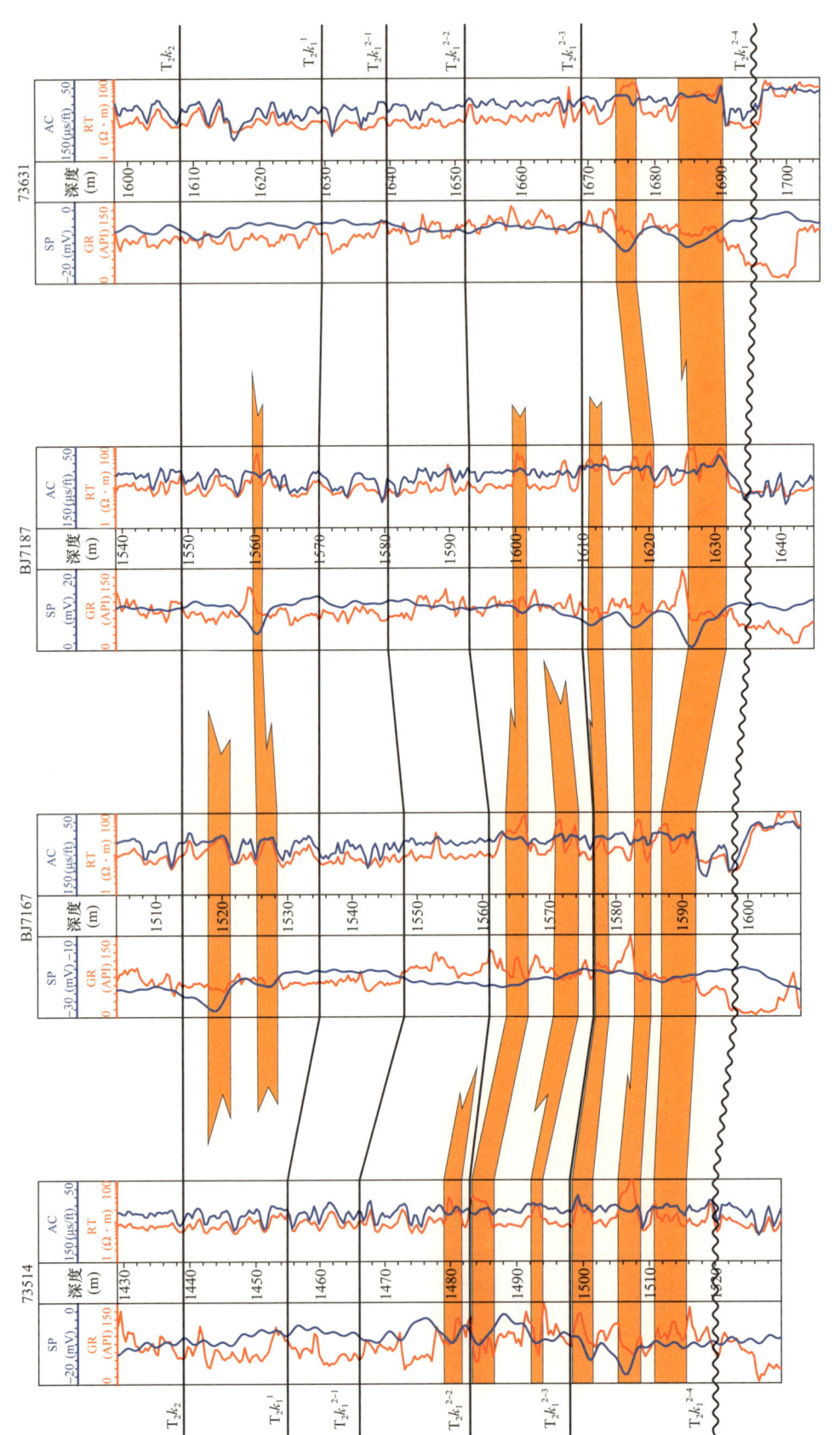

图 3-87　过 73514 井—73631 井三叠系克拉玛依下亚组砂层对比图

图注　① 七区克拉玛依下亚组沉积分布稳定，沉积厚度 70~105m，平均 83m；② 由一套灰色的砂砾岩与泥岩交互的正旋回沉积组成。

表 3-23 七区三叠系克拉玛依下亚组储层物性特征统计表

层位	类别	孔隙度(%)			渗透率(mD)		
		样品数	范围	平均值	样品数	范围	平均值
T_2k_1	储层	65	4.4~18.2	11.2	65	0.03~143.0	14.5
	油层	45	9.6~18.2	13.3	39	1.6~143.0	23.8

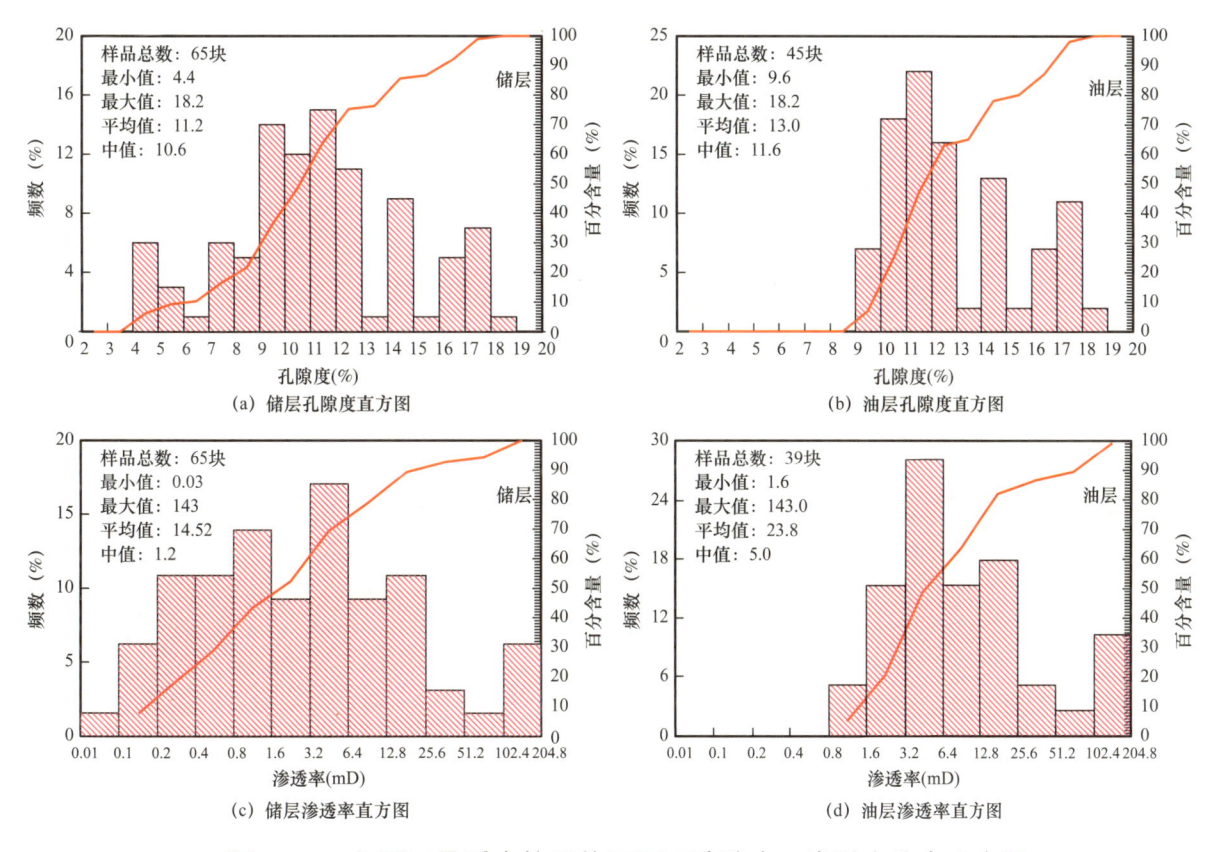

(a) 储层孔隙度直方图

(b) 油层孔隙度直方图

(c) 储层渗透率直方图

(d) 油层渗透率直方图

图 3-88 七区三叠系克拉玛依下亚组孔隙度、渗透率分布直方图

图表注 ① 储层孔隙度4.4%~18.2%，平均11.2%；渗透率0.03~143.0mD，平均14.5mD；② 油层孔隙度9.6%~18.2%，平均13.3%；渗透率1.6~143.0mD，平均23.8mD。

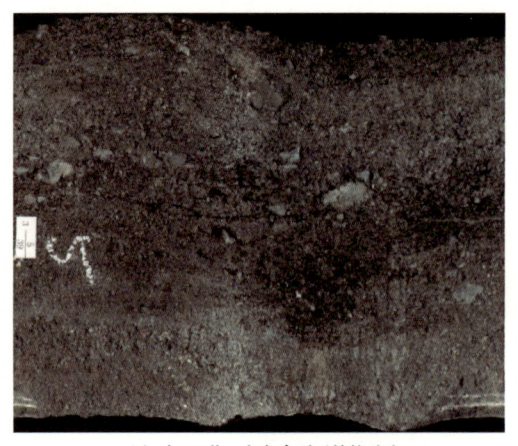

(a) 白704井，灰色含砾不等粒砂岩  　　　　　　　(b) 白704井，含泥质含砾不等粒砂岩

● 图3-89　七区三叠系克拉玛依下亚组岩心照片

图注　① 七区克拉玛依下亚组岩性为不等粒砂岩、含泥质含砾不等粒砂岩、含灰质砂质砾岩及砾岩；② 沉积构造观察统计反映七区克拉玛依下亚组较强的水动力条件，沉积环境为洪积沉积。

(a) 白704井，1501.99m，剩余粒间孔80%、收缩孔20% 　　　(b) 白704井，1513.32m，剩余粒间孔95%、收缩孔5%

(c) 白704井，1497.54m，剩余粒间孔65%、原生粒间孔5%、收缩孔30% 　　　(d) 白704井，1497.03m，收缩孔50%、微裂缝50%

● 图3-90　七区三叠系克拉玛依下亚组岩石铸体薄片照片

图注　① 储层储集空间类型主要以剩余粒间孔为主（54.3%），其次为粒内溶孔（25.7%），还有少量收缩孔（10.7%）、微裂缝（8.9%）等；② 颗粒磨圆度为圆状—次圆状和圆状—次棱角状，分选差；③ 胶结类型多为孔隙型，其次为孔隙—压嵌型。

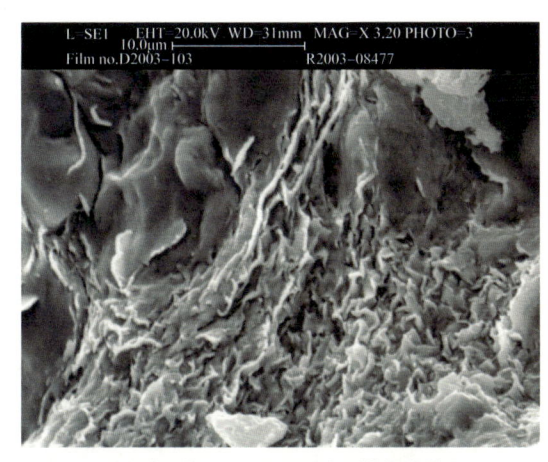

(a) 克88井，2935.42m，不规则状伊/蒙混层

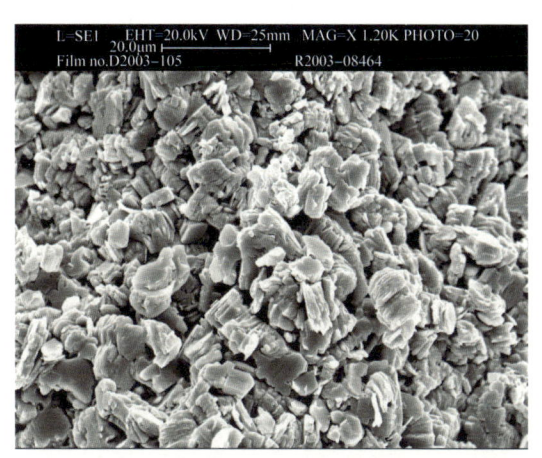

(b) 克88井，2930.40m，粒间充填的高岭石

(c) 克88井，2924.14m，弯曲片状伊利石

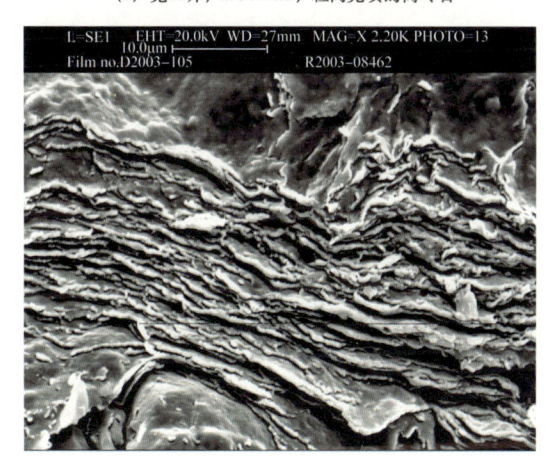

(d) 克88井，2929.81m，定向片状伊利石

● 图 3-91　七区三叠系克拉玛依下亚组扫描电镜照片

图注　① 克下组主要黏土矿物成分为伊/蒙混层（51.4%）、高岭石（23.0%）、伊利石（15.7%）、绿泥石（10.0%）；② 黏土矿物形态为定向片状、弯曲片状、不规则状等。

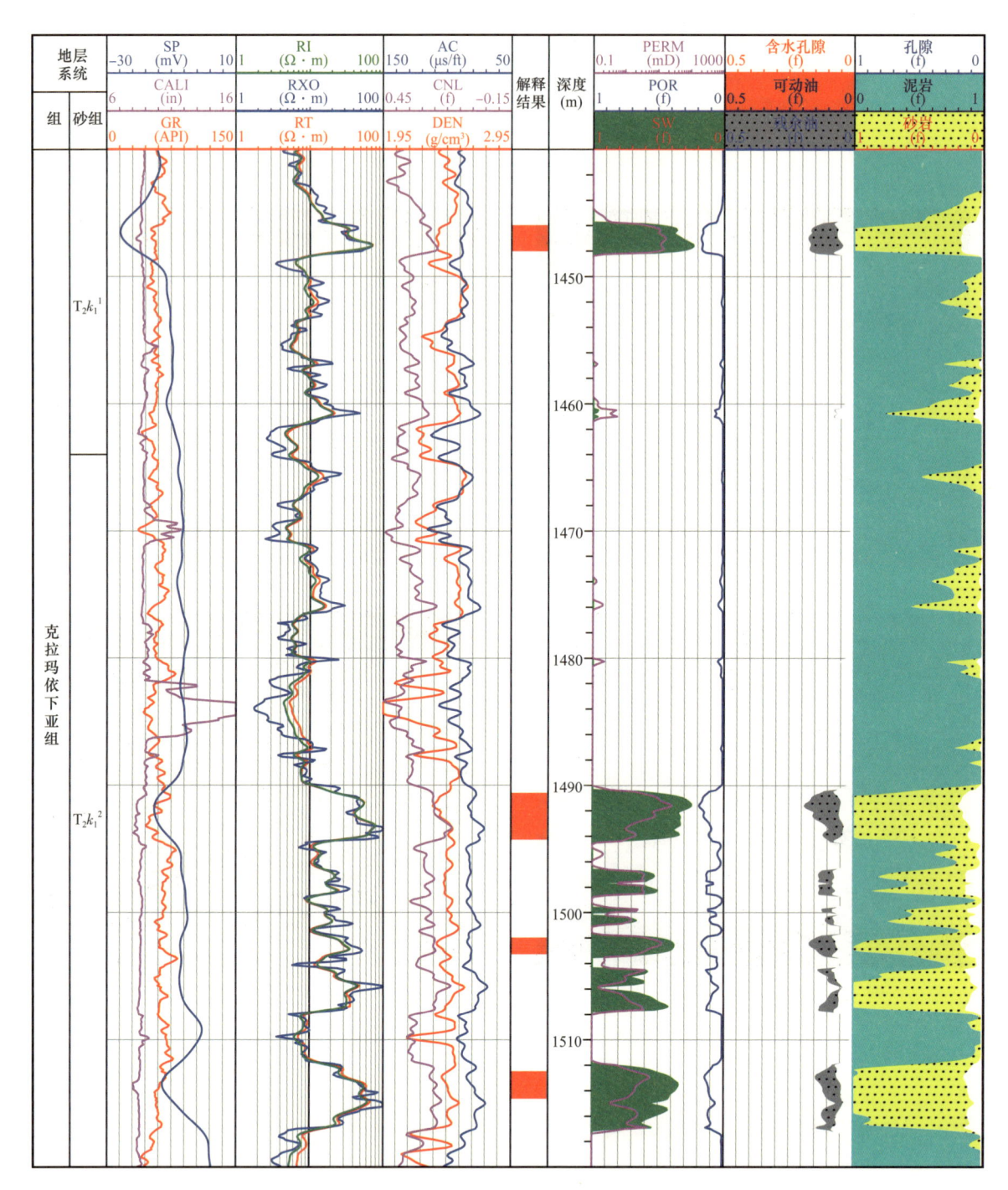

图 3-92　白 704 井三叠系克拉玛依下亚组测井解释成果图

图注　① 七区三叠系克拉玛依下亚组油层解释下限标准为：$RT > 20\Omega \cdot m$，$\phi > 9.4\%$，$S_o > 50\%$；
② 白 704 井三叠系克拉玛依下亚组共解释油层 8.8m/4 层。

（六）流体性质与压力系统

表 3-24　七区三叠系克拉玛依下亚组油藏地面原油性质参数表

层位	密度（g/cm³）	50℃黏度（mPa·s）	含蜡（%）	凝固点（℃）
T_2k_1	0.893	1183.53	3.8	−28～−11

表注　地面原油密度平均为 0.893 g/cm³，50℃原油黏度 1183.53mPa·s，含蜡量 3.8%，凝固点为 −28～−11℃。

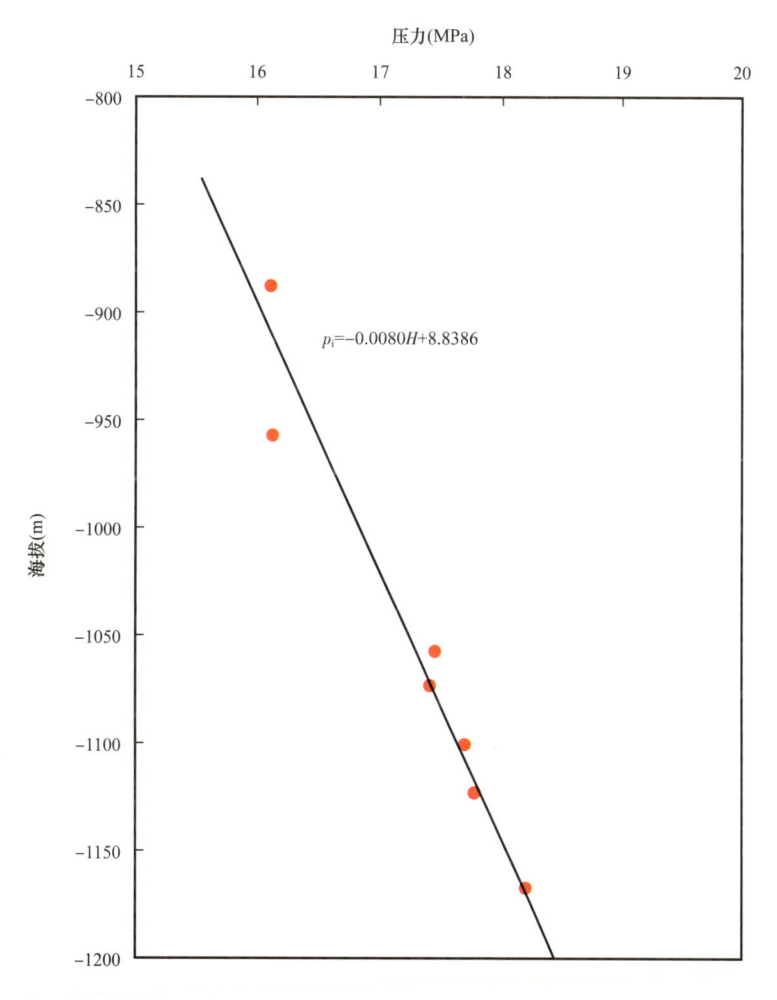

图 3-93　七区三叠系克拉玛依下亚组油藏压力梯度图

拟合公式：$p_i = -0.0080H + 8.8386$

图注　七区克拉玛依下亚组原始地层压力为 18.2MPa，压力系数 1.26，属于异常高压油藏。

二、开发特征

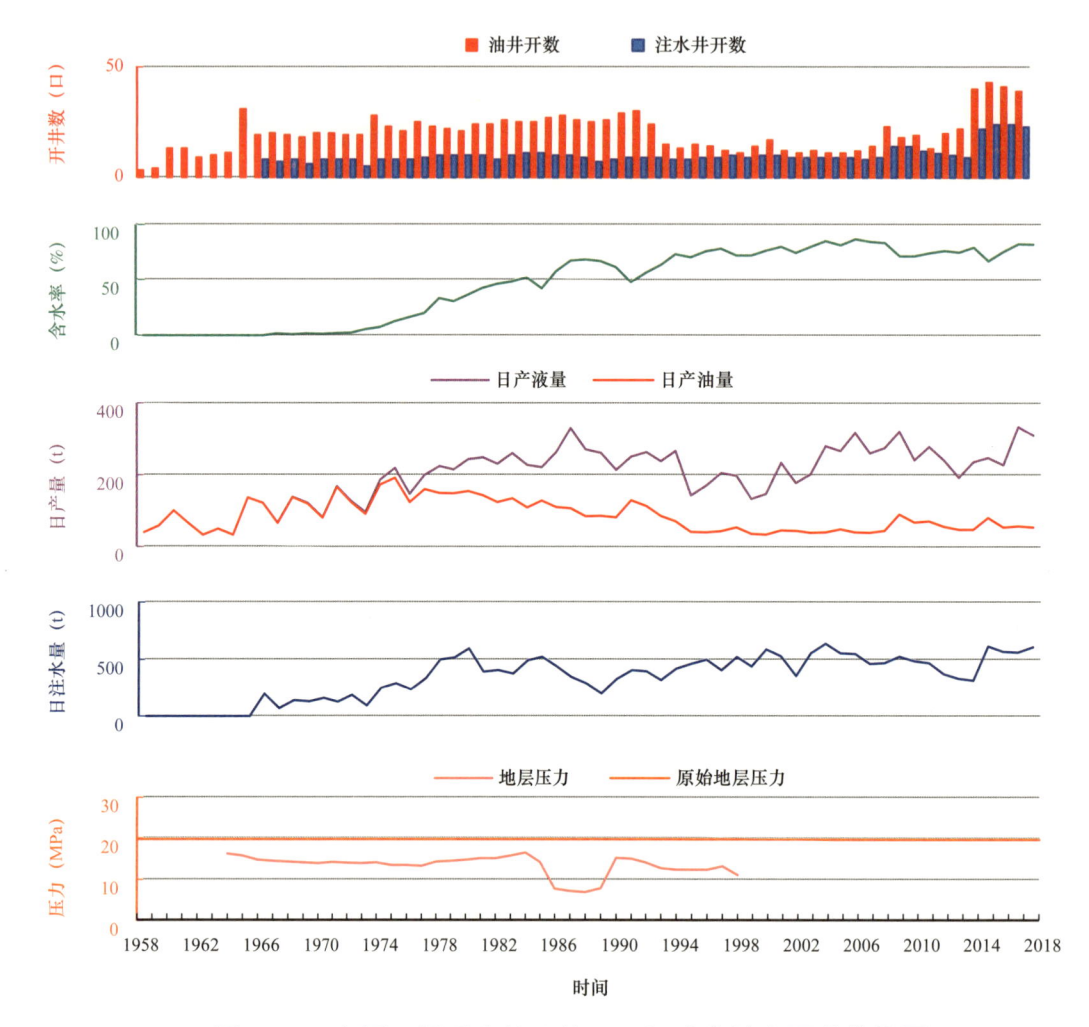

图 3-94 七区三叠系克拉玛依下亚组油藏综合开发曲线图

图注 ① 1958年投入开发,最高开井数油井43口、注水井24口,1975年产油量最高达3.41×10⁴t；② 1966年开始注水,1974年后含水率上升较快,产出水类型为注入水和地层水；③ 2018年12月,油井开井数39口,日产液310t,日产油55t,日注水608m³,含水率82.3%,采油速度0.1%；累计产油204.49×10⁴t,采出程度19.76%。

第七节　七中东区侏罗系三工河组油藏

一、石油地质特征

（一）地层分布

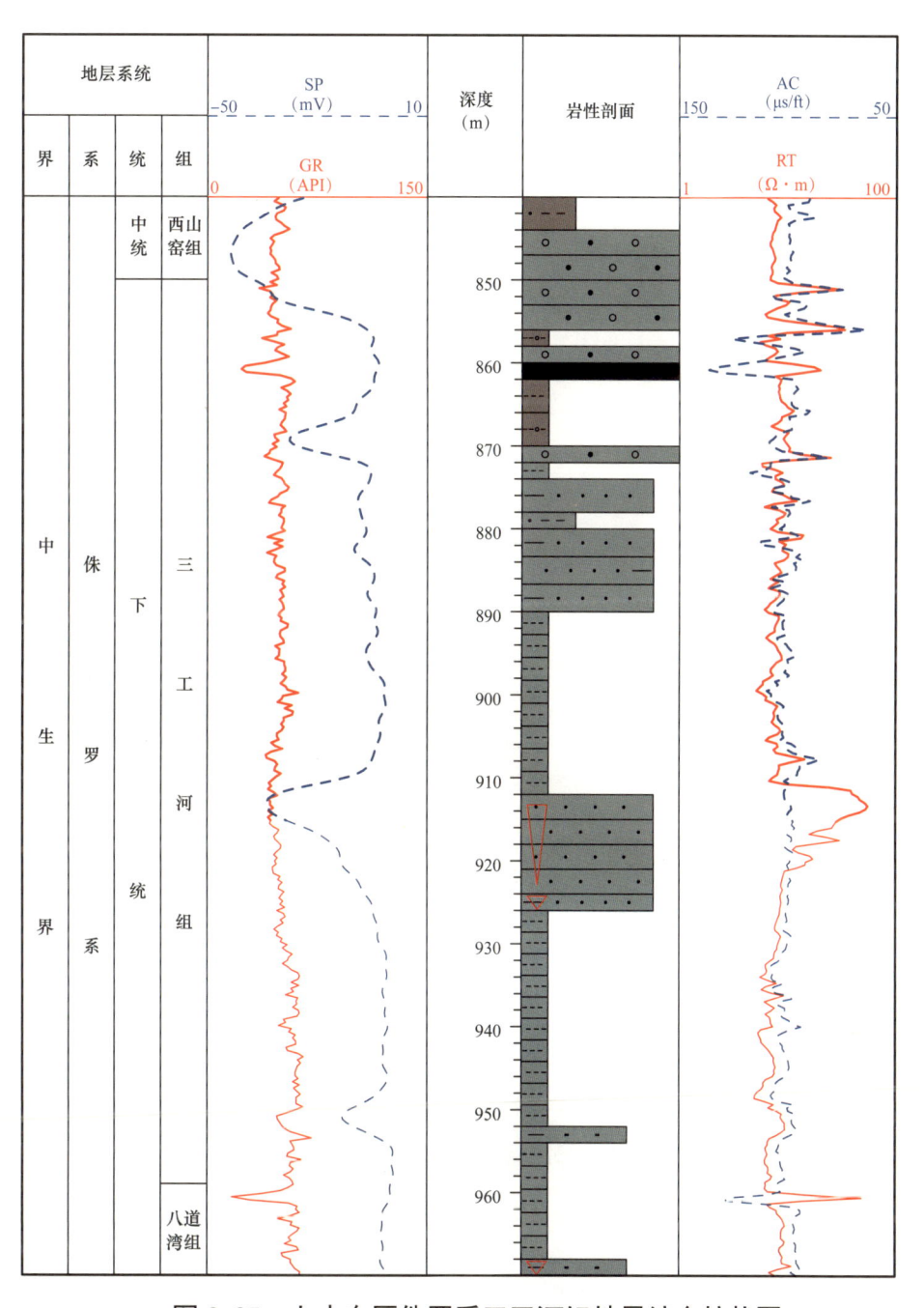

图 3-95　七中东区侏罗系三工河组地层综合柱状图

表 3-25 七中东区重点井钻揭地层厚度统计表

井号	完钻层位	底深(m) 白垩系 吐谷鲁群 K_1tg	地层厚度(m) 侏罗系 齐古组 J_3q	西山窑组 J_2x	三工河组 J_1s	八道湾组 J_1b	三叠系 白碱滩组 T_3b	克拉玛依组 T_2k_2	T_2k_1	石炭系 C
702	J_1s	362	210	70	92（未穿）					
703	J_1s	380	207.5	71.5	93（未穿）					
克94	C	289	271.5	146.5	100	85	171	79	113.5	294.5（未穿）
7884	J_1b	370	232.5	66	85	66（未穿）				

表注 ① 钻揭的地层分别为白垩系吐谷鲁群（K_1tg，280～380m）、侏罗系齐古组（J_3q，200～275m）、西山窑组（J_2x，65～150m）、三工河组（J_1s，85～100m）、八道湾组（J_1b，85m）、三叠系白碱滩组（T_3b，171m）、克拉玛依上亚组（T_2k_2，79m）、克拉玛依下亚组（T_2k_1，113.5m）及石炭系（C，未穿）；② 目的层为侏罗系三工河组，与上覆西山窑组和下伏八道湾组均为整合接触。

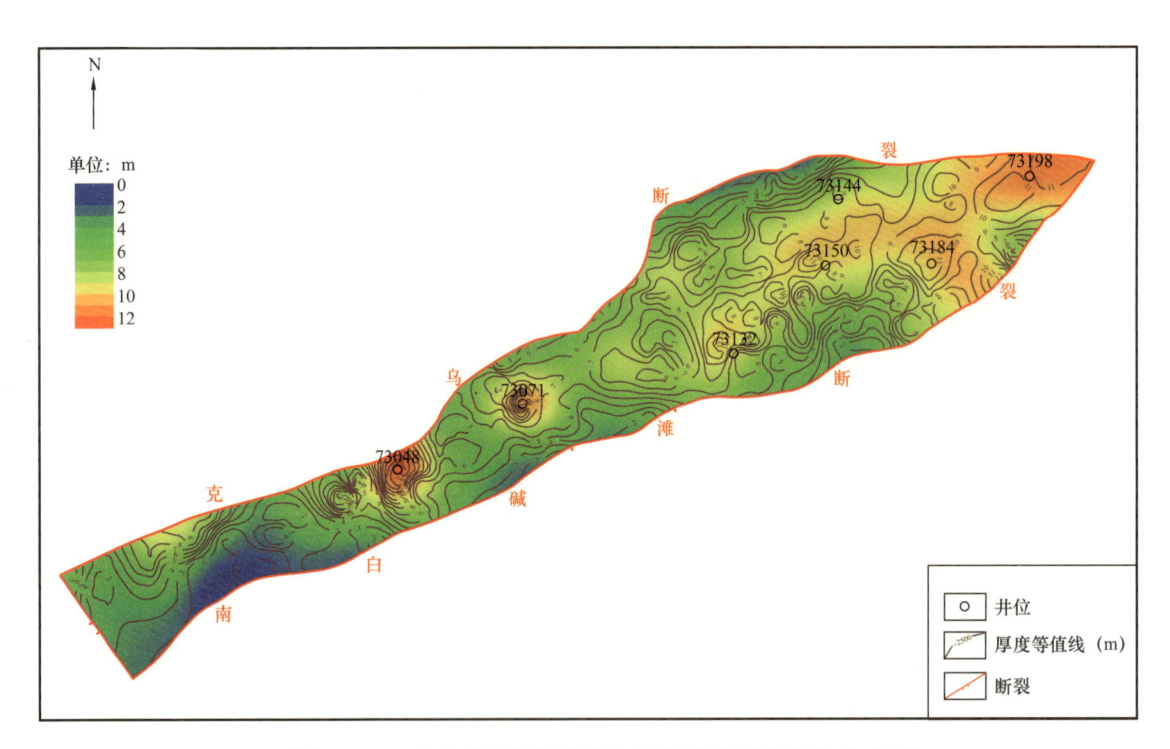

● 图 3-96 七中东区侏罗系三工河组沉积厚度分布图

图注 ① 七中东区侏罗系三工河组砂层厚度0.3～26.0m，平均6.9m；② 中部地区砂体欠发育，向南、向西砂体减薄至尖灭，在东区沿7901井—白701井一线为砂层发育区，向南、向北砂体逐渐减薄至尖灭。

（二）构造特征

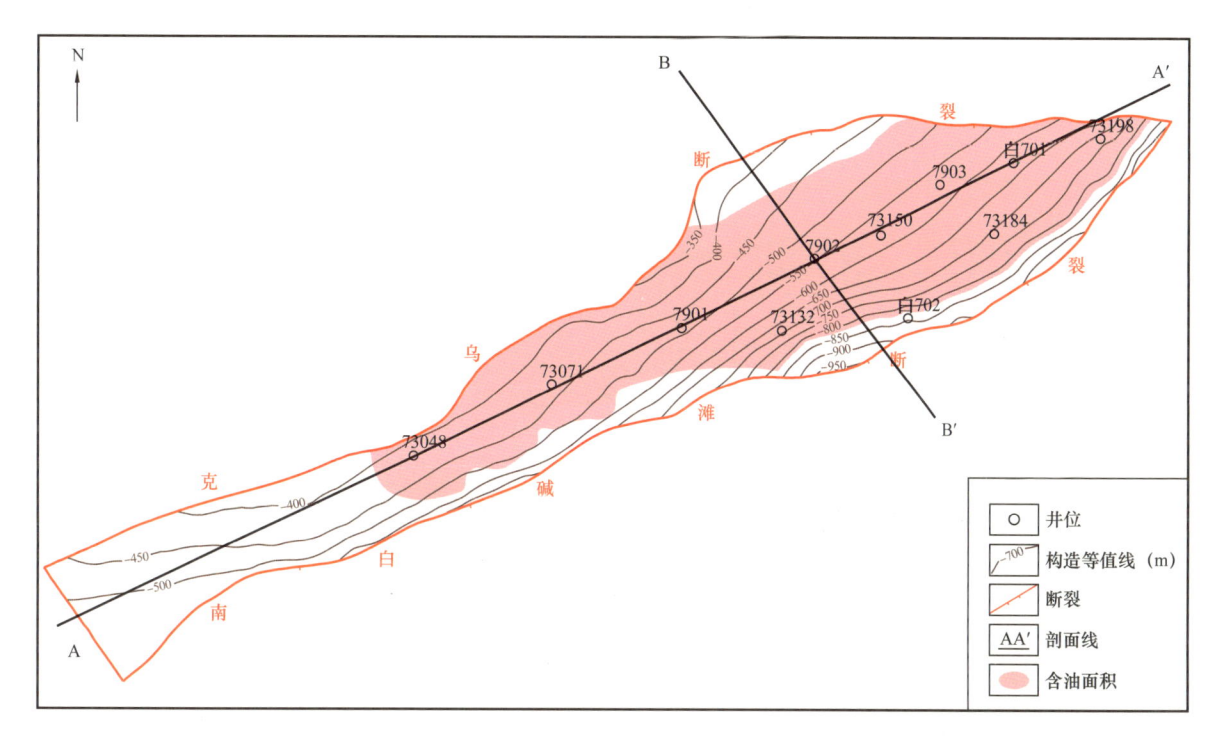

图 3-97 七中东区侏罗系三工河组油藏 J_1s_2 顶界构造图

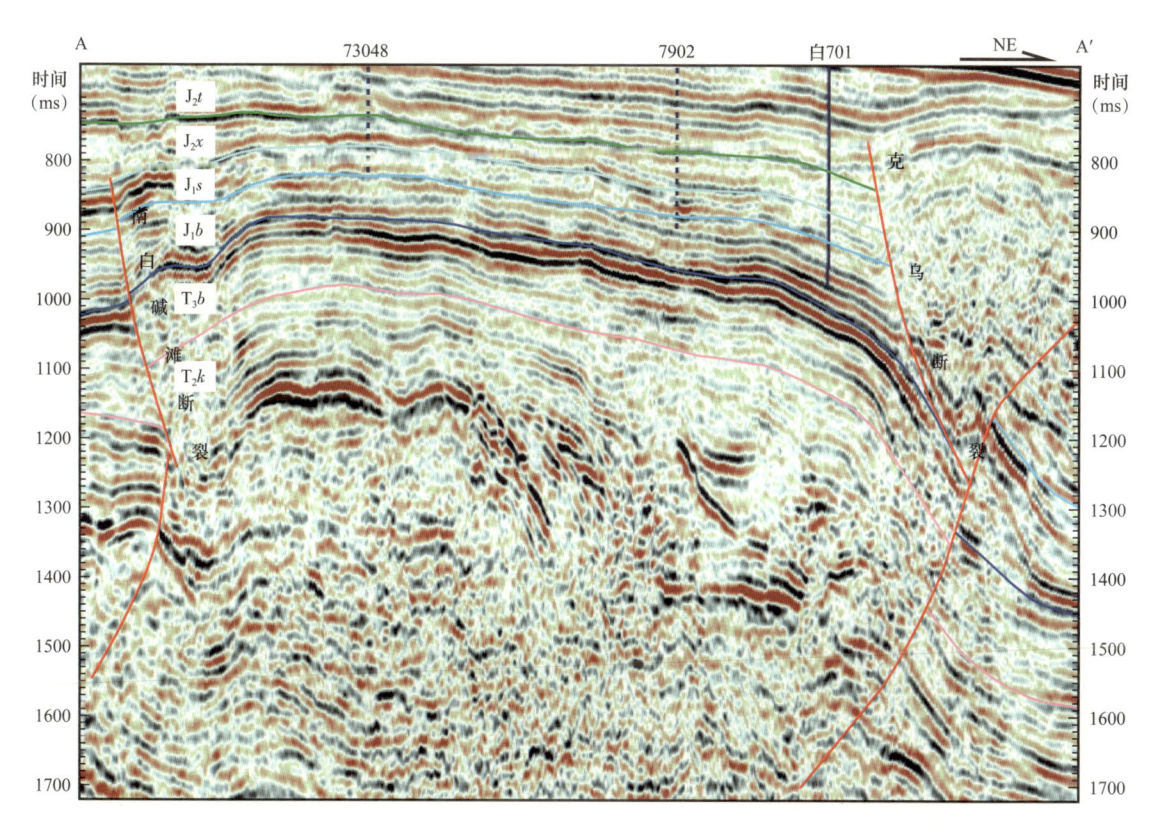

图 3-98 过 73048 井—7902 井—白 701 井地震地质解释剖面图

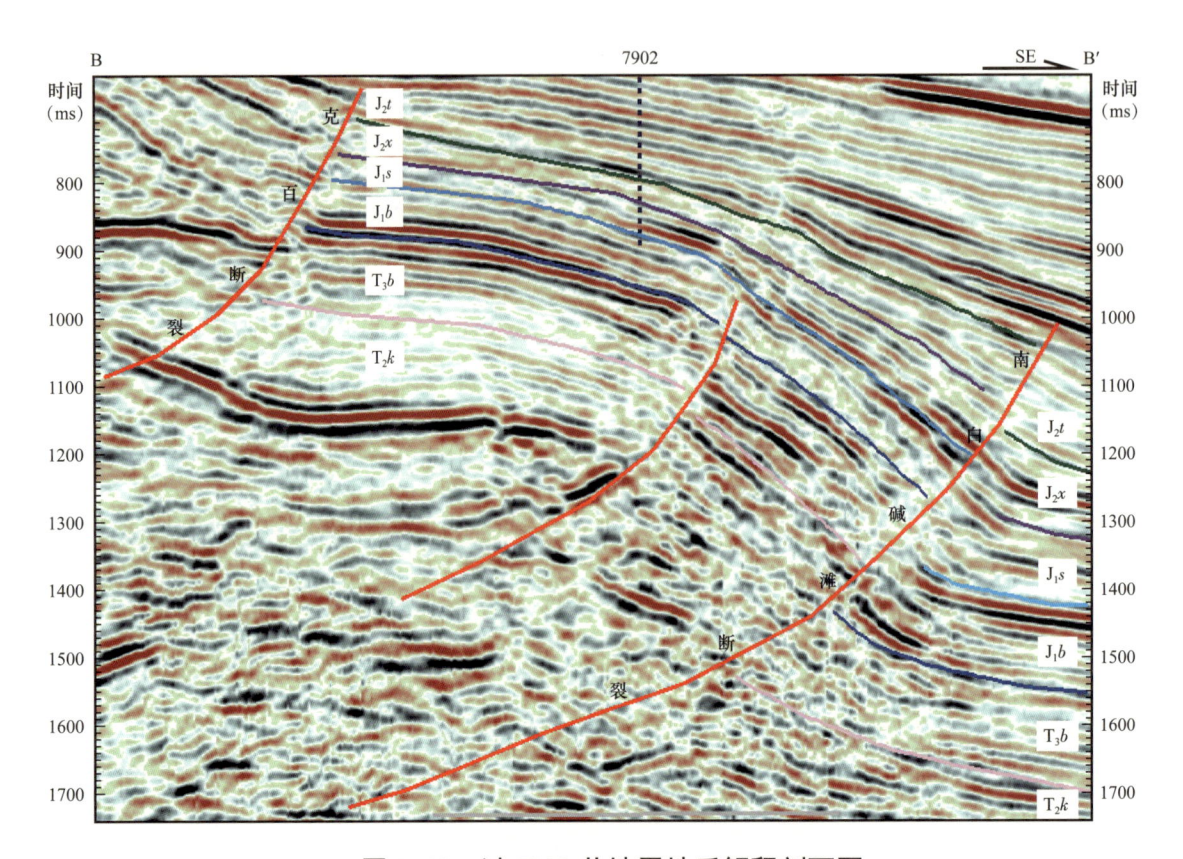

图 3-99　过 7902 井地震地质解释剖面图

表 3-26　七中东区主要断裂要素表

序号	断裂名称	断裂性质	断开层位	目的层断距（m）	断裂产状 走向	断裂产状 倾向	断裂产状 倾角
1	克乌断裂	逆	C—J$_2$t	13～230	NE	WN—NE	40°～70°
2	南白碱滩断裂	逆	C—J$_2$t	20～260	NE—NNE	WN—NWW	60°～80°

图表注　① 七中东区侏罗系三工河组顶部构造形态为西北向东南倾单斜构造，西北部倾角 6°～8°，东南部构造因继承了八道湾组挠曲的沉积，地层倾角达 26°；② 区内发育克乌断裂和南白碱滩断裂两条逆断层，形成七中东区断块构造。

（三）油藏剖面

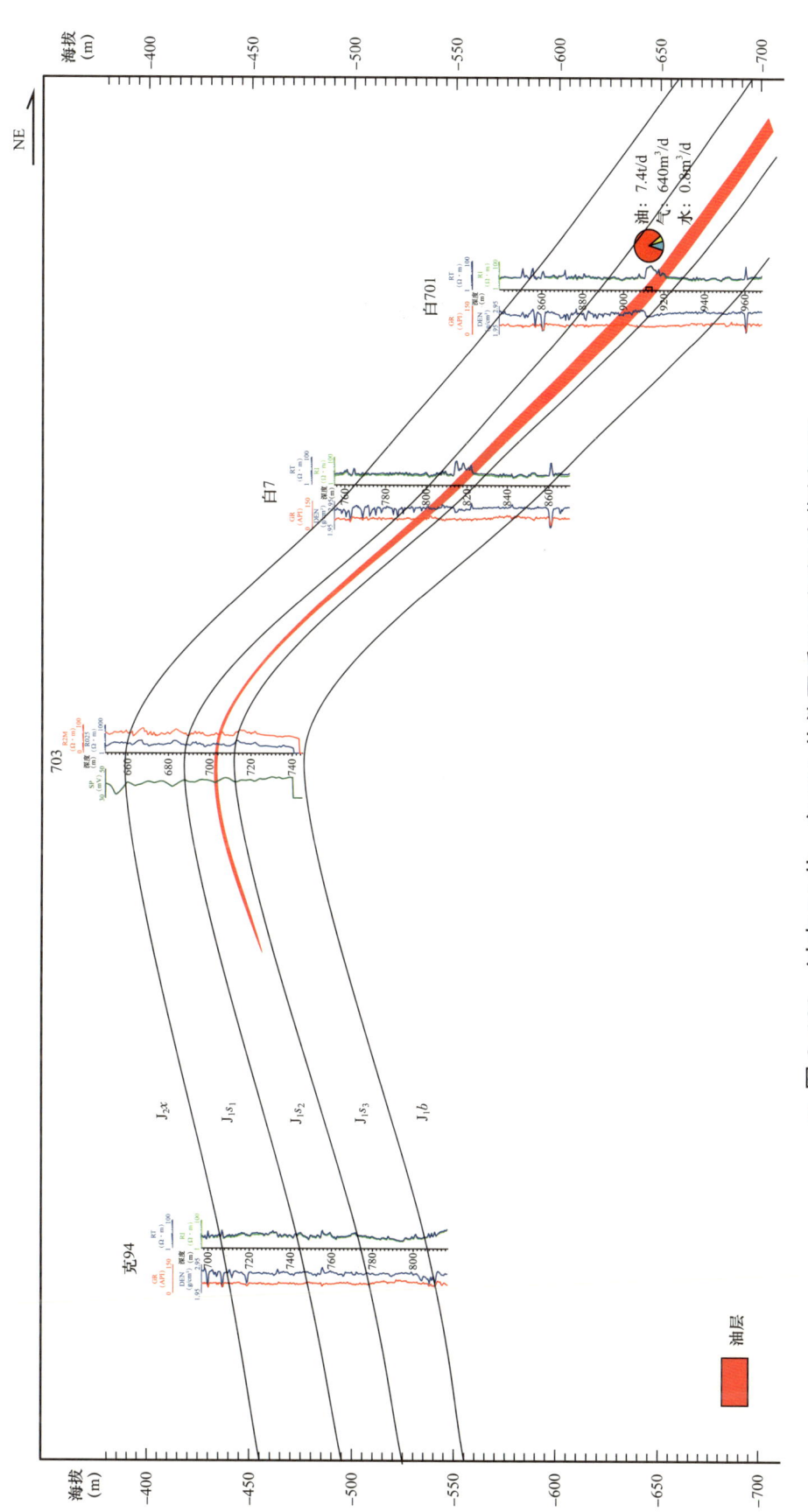

图 3-100　过克 94 井—白 701 井侏罗系三工河组油藏剖面图

图注　七中东区侏罗系三工河组油藏类型属构造岩性油藏，主要油层为 J_1s_2 砂层组。

（四）沉积特征

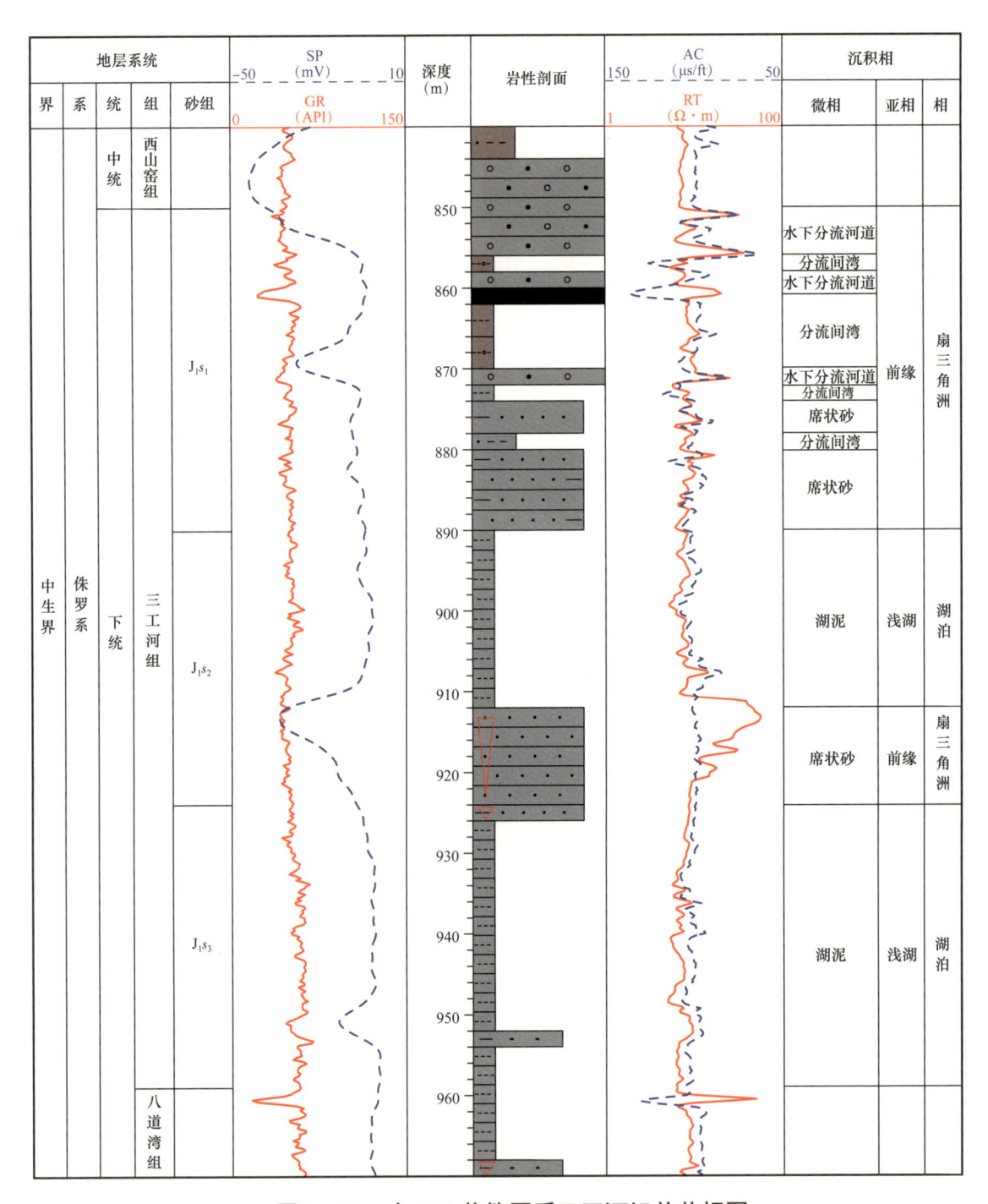

图 3-101　白 701 井侏罗系三工河组单井相图

图注　① 七中东区三工河组储层主要为一套扇三角洲沉积；② 垂向上分为水下分流河道、水下分流河道间、湖泥、席状砂微相相互叠置；③ 主力储层水下分流河道微相。

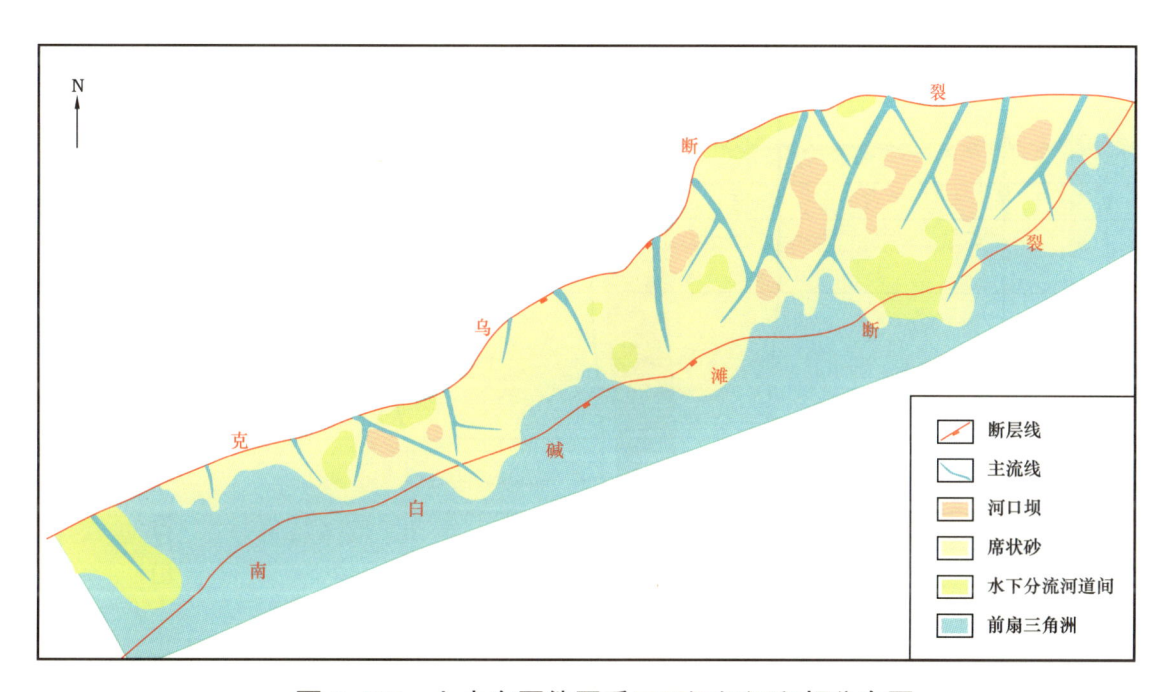

● 图3-102 七中东区侏罗系三工河组沉积相分布图

图注 ① 七中东区三工河组储层主要为一套扇三角洲沉积；② J_1s_2 砂层组沉积厚度平均28.7m，砂层厚度0.3~26.0m，平均6.9m；该砂体在平面上变化较大，在东区沿7901井—白701井一线为砂层发育区，向南向北砂体逐渐减薄至尖灭；在中区，砂体发育较差，向南、向西砂体减薄至尖灭。主要为分支河口沙坝和席状砂沉积，局部发育水下分流河道间沉积。

（五）储层特征

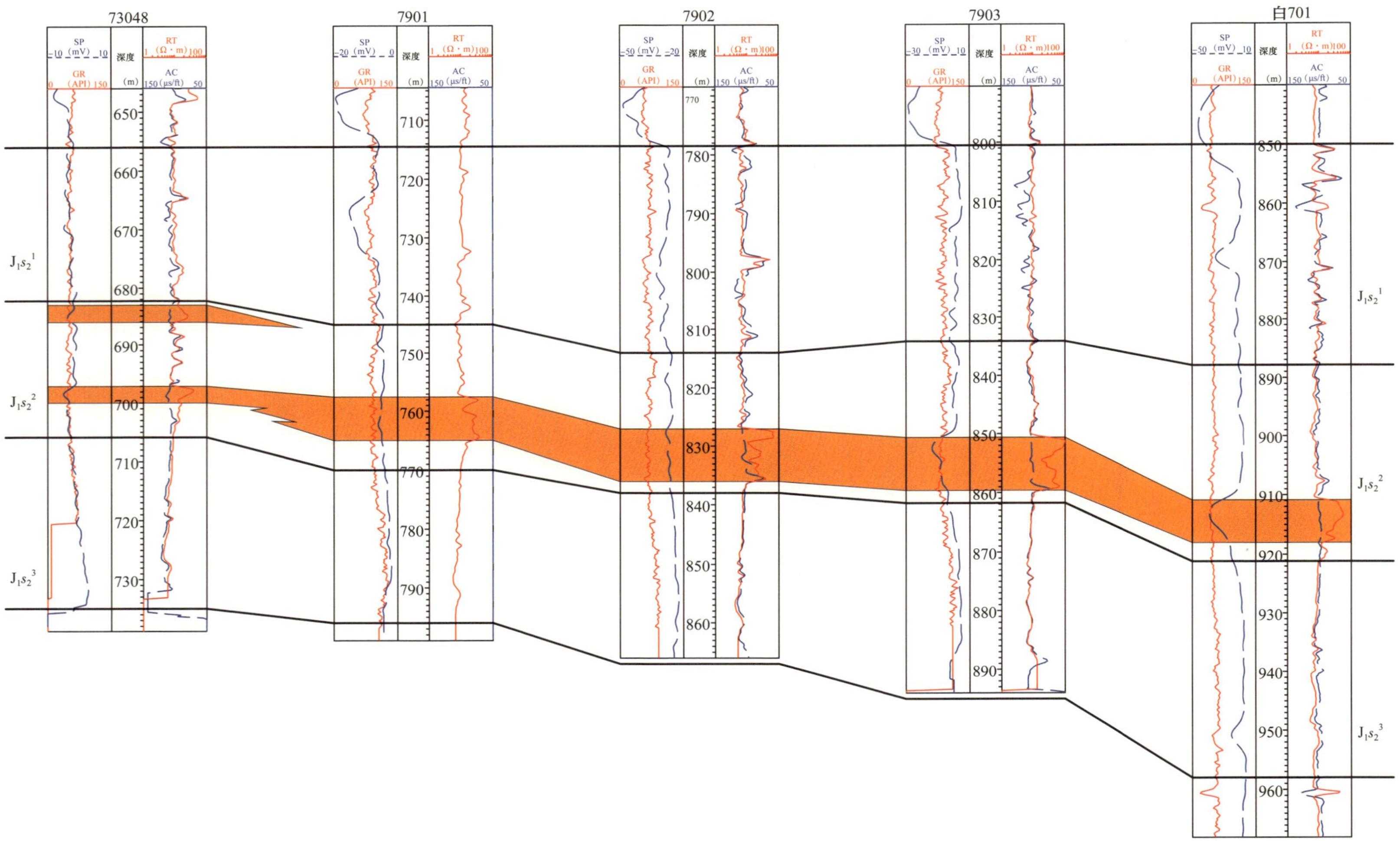

图 3-103　过 73048 井—白 701 井侏罗系三工河组砂层对比图

图注　① 七中东区侏罗系三工河组自上而下划分为 $J_1s_2^1$、$J_1s_2^2$、$J_1s_2^3$ 三个砂层组；② 储层主要为一套扇三角洲沉积；③ 储层岩性主要以灰色、褐灰色细粒岩屑砂岩为主，少数为灰色中粗或含砾不等粒岩屑砂岩。

表 3-27　七中东区侏罗系三工河组储层物性特征统计表

层位	类别	孔隙度(%)			渗透率(mD)		
		样品数	范围	平均值	样品数	范围	平均值
J_3q	储层	142	11.9～29.8	22.5	108	0.19～503.00	40.0
	油层	43	21.5～29.8	25.1	31	3.93～503.00	106.7

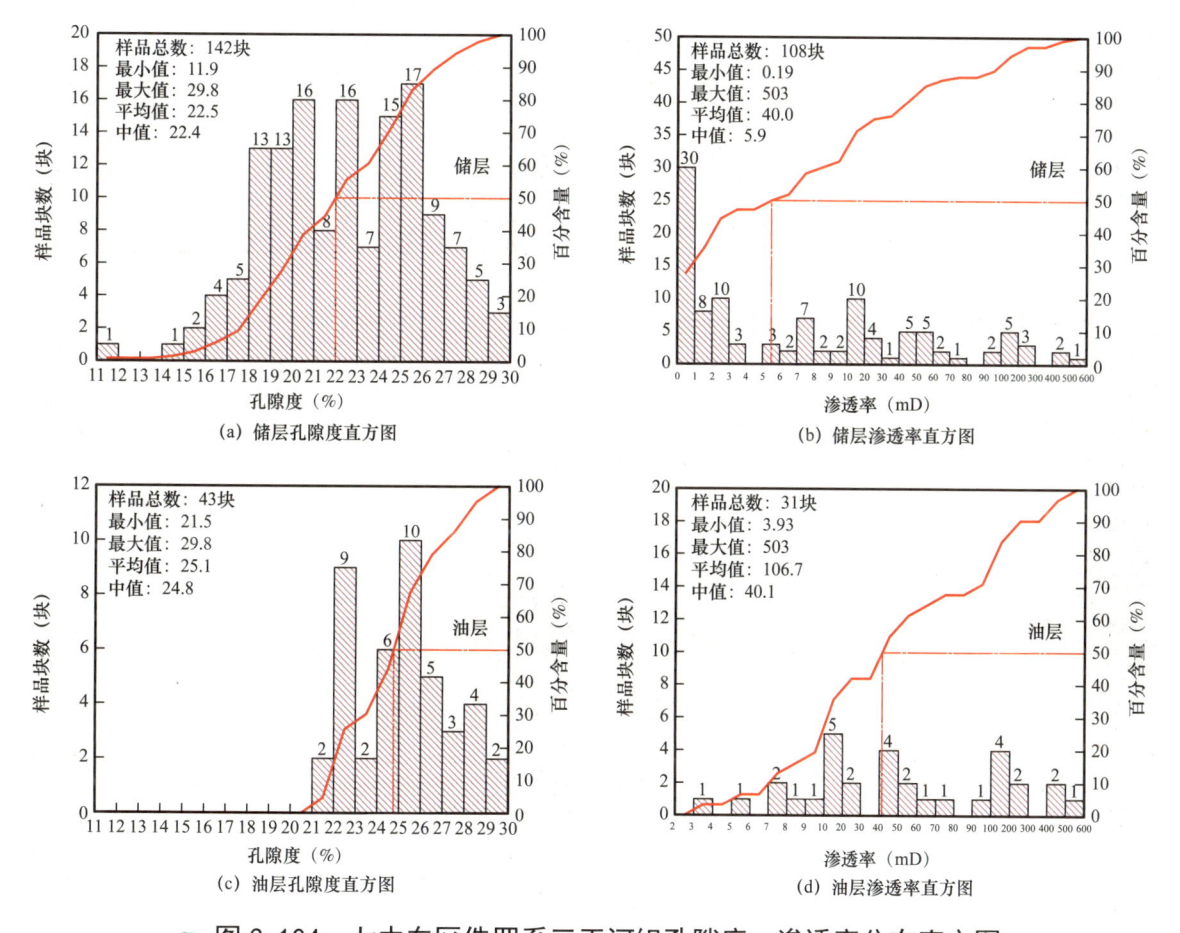

(a) 储层孔隙度直方图

(b) 储层渗透率直方图

(c) 油层孔隙度直方图

(d) 油层渗透率直方图

图 3-104　七中东区侏罗系三工河组孔隙度、渗透率分布直方图

图表注　① 七中东区三工河组储层孔隙度分布在 11.9%～29.8%，平均值为 22.5%；渗透率范围在 0.19～503.00mD，平均 40.0mD；② 油层孔隙度分布在 21.5%～29.8%，平均为 25.1%；渗透率范围在 3.93～503.00mD，平均为 106.7mD。

(a) 703井，641.34～641.89m，褐灰色细粒砂岩

(b) 703井，666.25～666.32m，灰色含砾不等粒砂岩

(c) 703井，672.2～672.57m，灰色细粒砂岩

(d) 703井，713.38～713.95m，褐灰色细粒砂岩

● 图3-105 七中东区侏罗系三工河组岩心照片

图注 ①七中东区侏罗系三工河组储层岩性主要以灰色、褐灰色细粒砂岩为主，少数为灰色中粒或含砾不等粒砂岩；②发育块状层理、水平层理、平行层理、波状层理。

(a) 原生粒间孔，剩余粒间孔，粒间溶孔　　　　　(b) 原生粒间孔，剩余粒间孔，粒间溶孔

● 图 3-106　七中东区侏罗系三工河组岩石铸体薄片照片

图注　① 根据岩石铸体薄片鉴定分析，三工河组储层孔隙类型以剩余粒间孔为主，占总孔隙的 75.9%，其次是粒间溶孔占总孔隙的 21.5%，微裂缝占总孔隙的 2.6%；② 碎屑颗粒主要呈次棱角状，其次为次圆状；分选以中等为主；③ 碎屑颗粒接触方式以点—线为主，其次为线—凸凹接触；胶结类型以孔隙—压嵌型为主，其次为压嵌型。

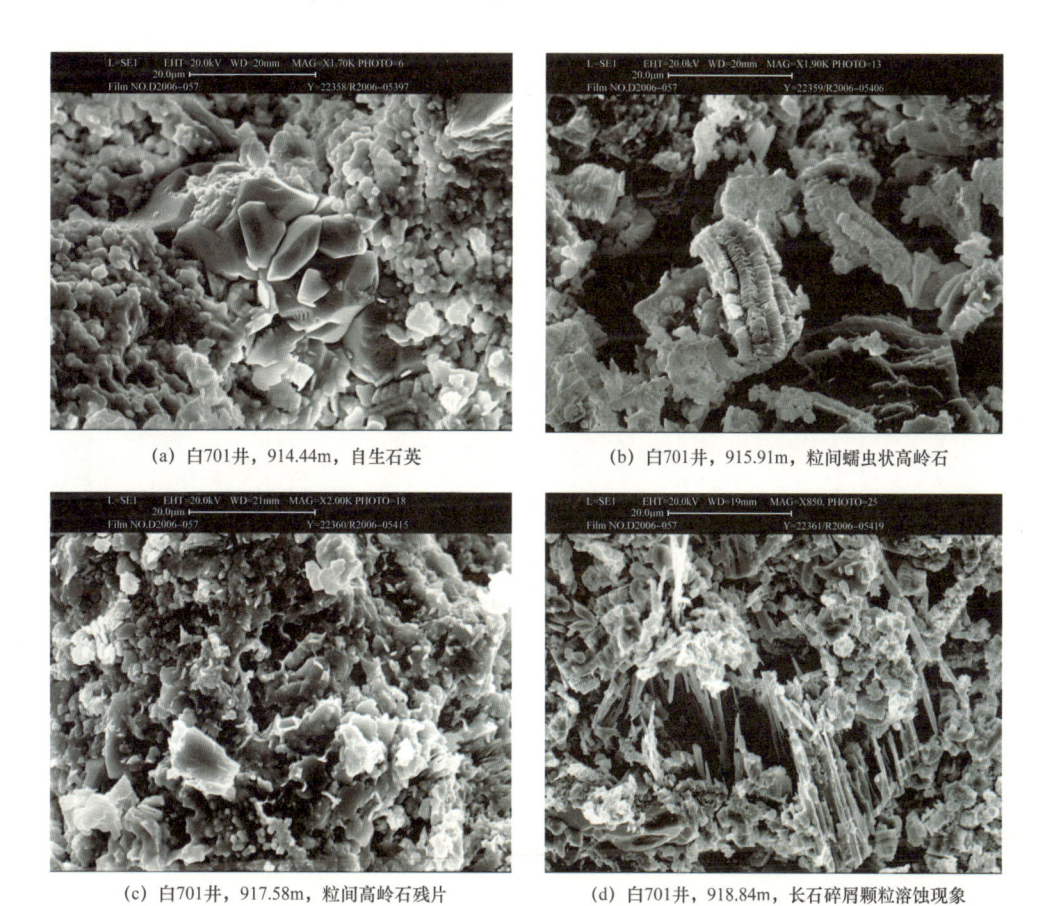

(a) 白701井，914.44m，自生石英　　　　　(b) 白701井，915.91m，粒间蠕虫状高岭石

(c) 白701井，917.58m，粒间高岭石残片　　　　　(d) 白701井，918.84m，长石碎屑颗粒溶蚀现象

● 图 3-107　七中东区侏罗系三工河组扫描电镜照片

图注　① 七中东区侏罗系三工河组黏土矿物中以高岭石（42.9%）为主，其次为伊/蒙混层（36.1%）、少量的绿泥石（11.9%）和伊利石（9.1%）；② 黏土矿物形态主要为散片状、定向片状和叶片状等。

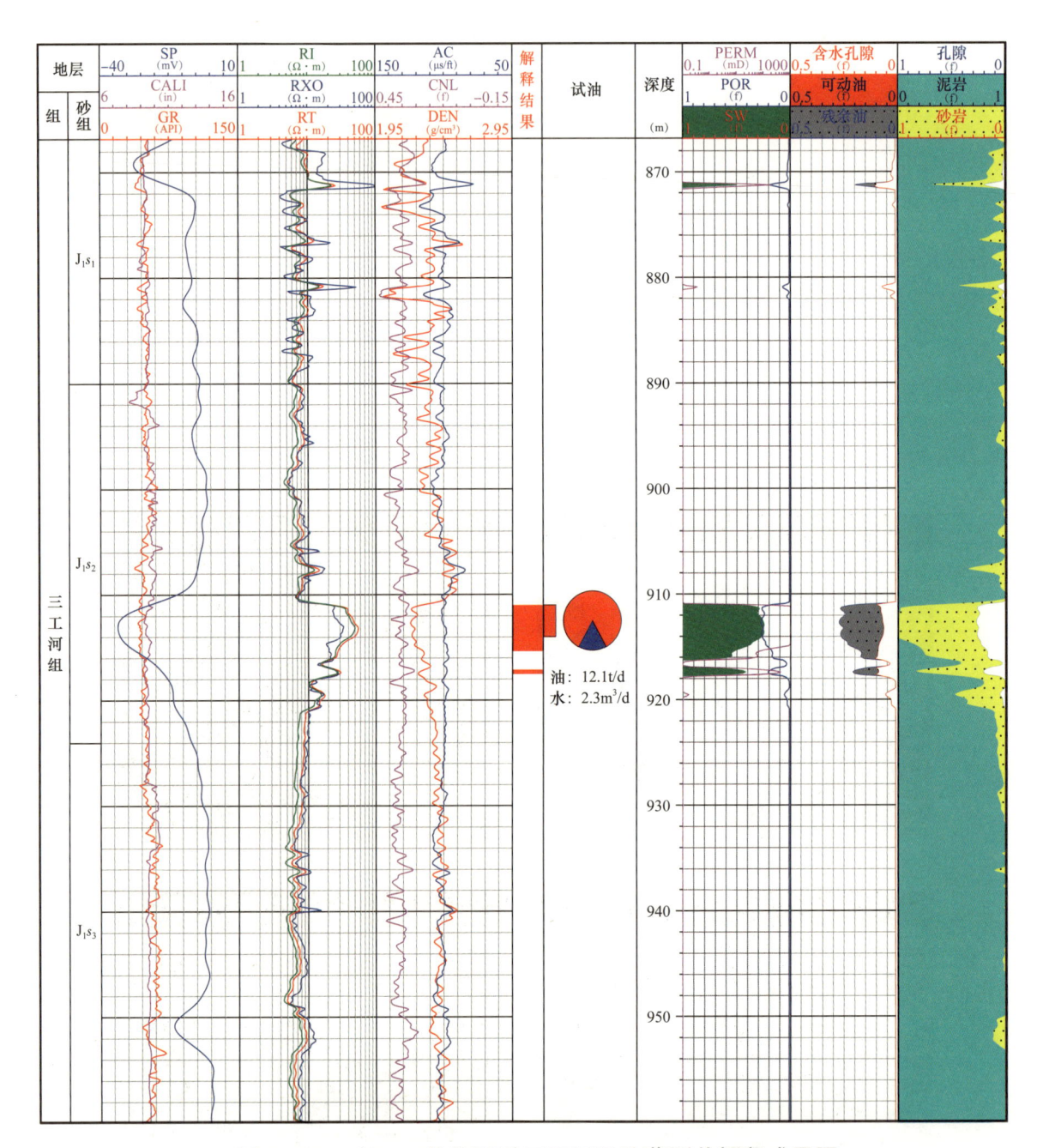

图 3-108 白 701 井侏罗系三工河组油藏测井解释成果图

图注 ① 七中东区侏罗系三工河组油层解释下限标准为：RT>25Ω·m，ϕ>18%，S_o>50%；② 共解释油层 4.7m/2 层。

（六）流体性质与压力系统

表 3-28　七中东区侏罗系三工河组油藏地面原油性质参数表

层位	密度（g/cm³）	50℃黏度（mPa·s）	含蜡（%）	凝固点（℃）
J₁s	0.903	237.8	2.6	−25

表注　七中东区块侏罗系三工河组原油密度 0.903g/cm³，50℃黏度平均 237.8mPa·s，含蜡量 2.6%，凝固点 −25℃。

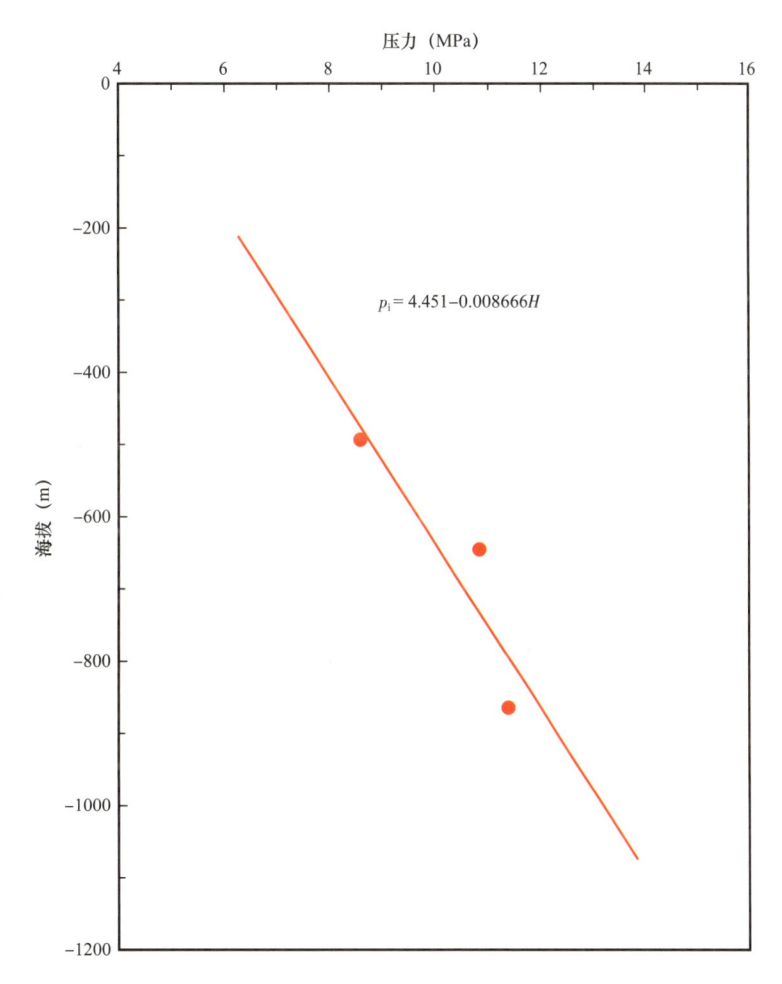

$$p_i = 4.451 - 0.008666H$$

● 图 3-109　七中东区侏罗系三工河组油藏中部地层压力梯度图

图注　七中东区侏罗系三工河组油藏折算至油藏中部原始地层压力为 9.68MPa，压力系数为 1.11。

二、开发特征

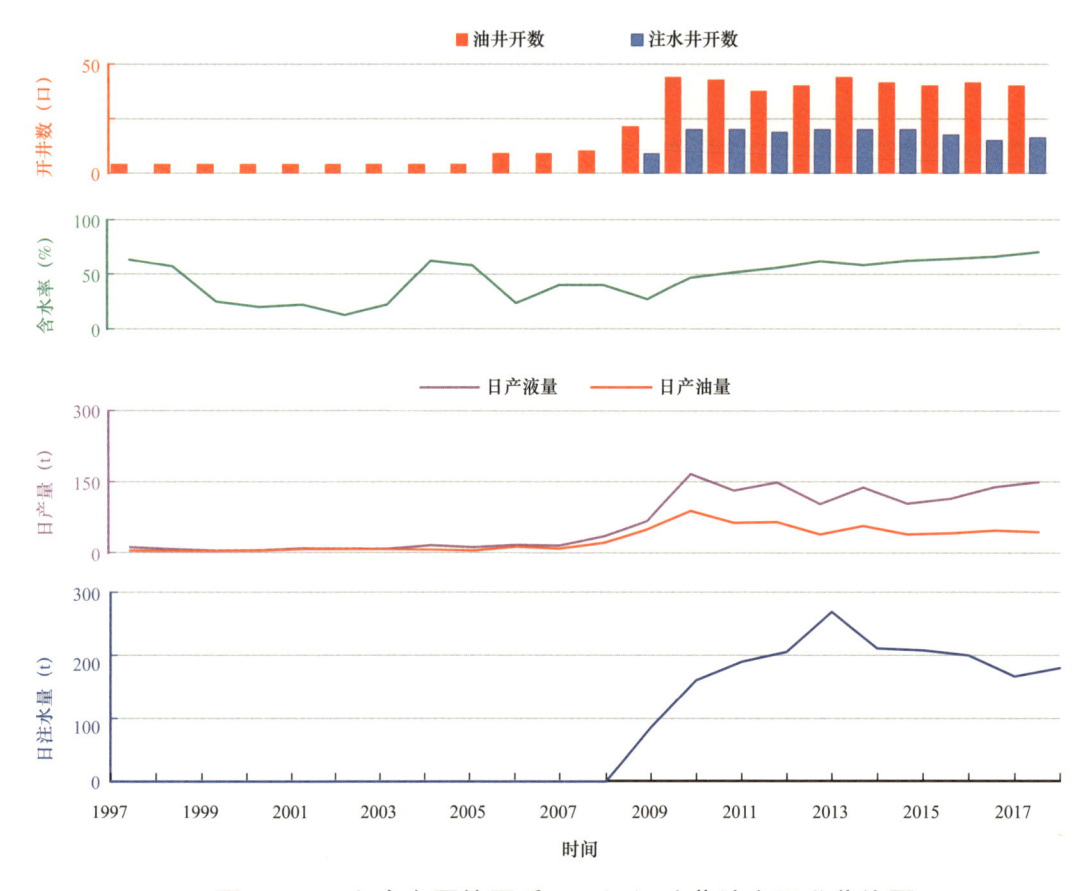

图 3-110　七中东区侏罗系三工河组油藏综合开发曲线图

图注　① 1997年投入开发，最高开井数油井35口、注水井16口，2011年产油量最高达2.75×10⁴t；② 2009年开始注水，之后含水率逐渐上升，产出水类型主要为地层水；③ 2018年12月，油井开井数32口，日产液149t，日产油44t，日注水180m³，含水率70.47%，采油速度1.05%；累计产油22.31×10⁴t，采出程度14.68%。

第八节　八区二叠系佳木河组油藏

一、石油地质特征

（一）地层分布

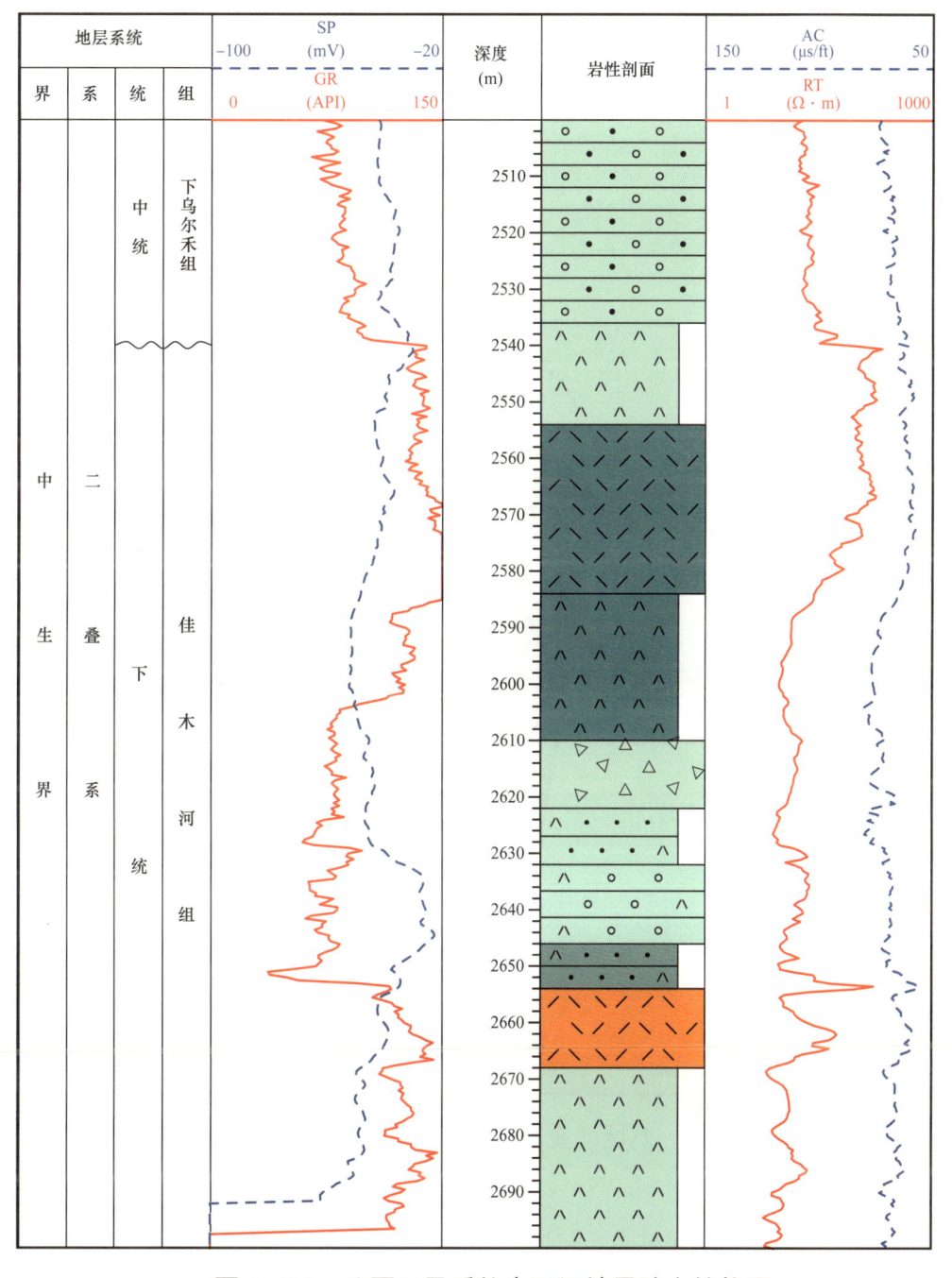

● 图3-111　八区二叠系佳木河组地层综合柱状图

表 3-29　八区重点井钻揭地层厚度统计表

井号	完钻层位	底深（m）		地层厚度（m）	
		二叠系 佳木河组			
		$P_1j_2^1$	$P_1j_2^2$	$P_1j_2^3$	$P_1j_2^4$
82030	$P_1j_2^4$	19.4	75.3	40	64（未穿）
481	$P_1j_2^4$	44.5	46.5	21.5	57.5（未穿）
8635	$P_1j_2^4$	42.5	27.9	68.1	58.7（未穿）
8670	$P_1j_2^4$	33	41.5	61.5	74（未穿）

图表注　①主要钻遇地层为二叠系佳木河组（P_1j、160~330m）；自上而下又分为四个岩性段，即上高阻段（$P_1j_2^1$，30~50m）、中低阻段（$P_1j_2^2$，20~80m）、中高阻段（$P_1j_2^3$，20~70m）、下高阻段（$P_1j_2^4$，未穿）；②油层主要集中在上高阻段、中高阻段和下高阻段。

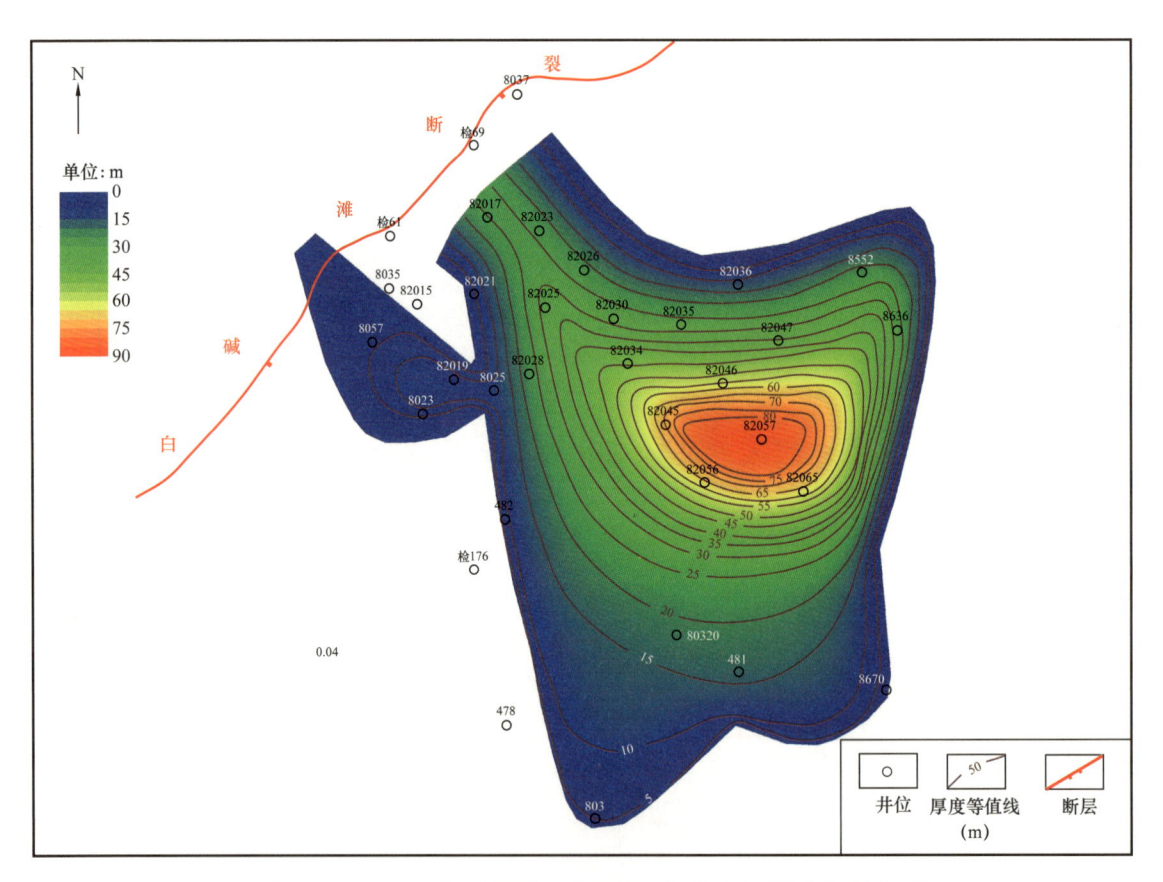

● 图 3-112　八区二叠系佳木河组油层有效厚度等值线图

图注　克拉玛依油田八区佳木河组油层呈阶梯状由西向东平面展布，因此全区佳木河组有效厚度值经反推平均值为 15.2m。

（二）构造特征

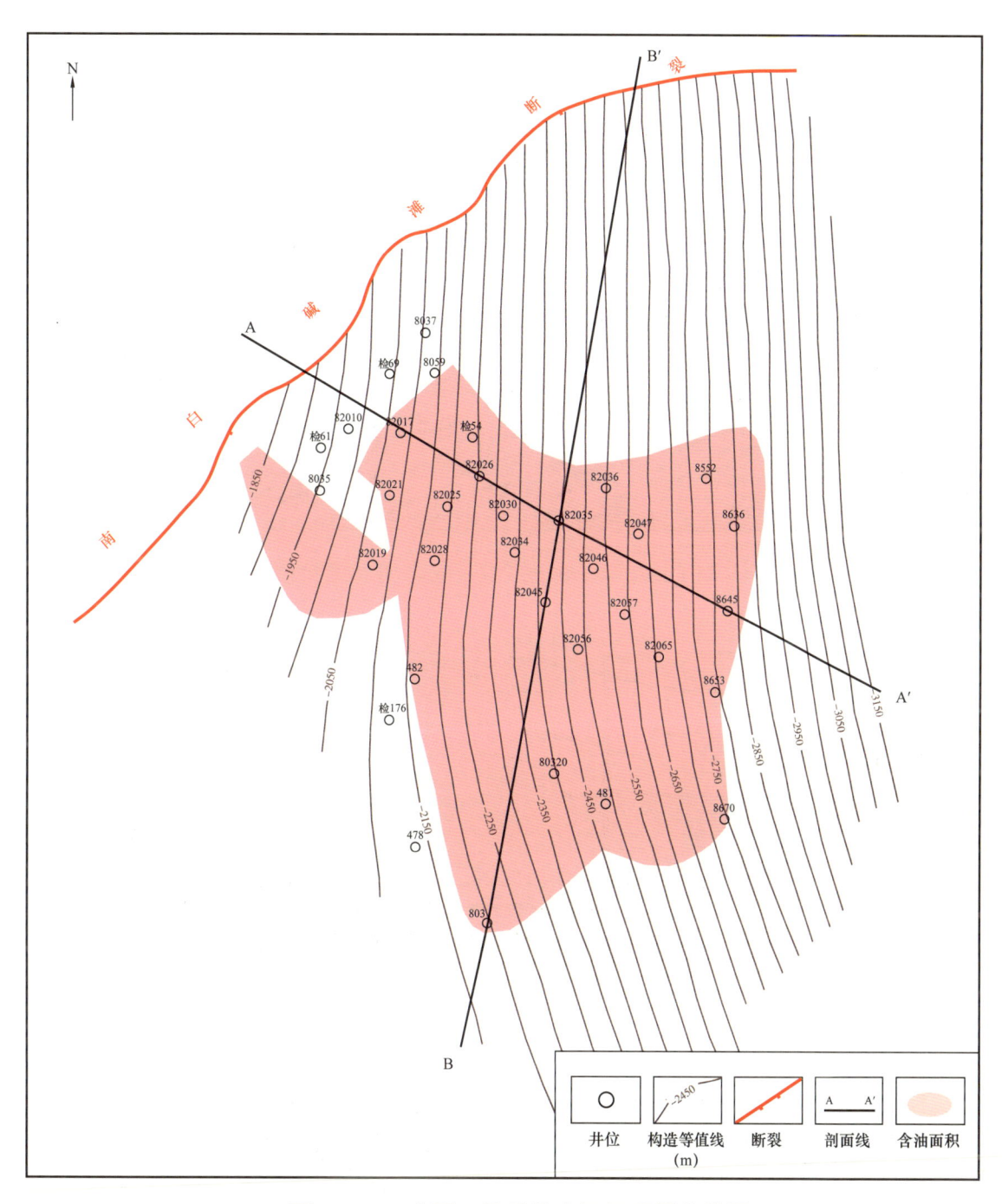

图 3-113　八区二叠系佳木河组顶界构造图

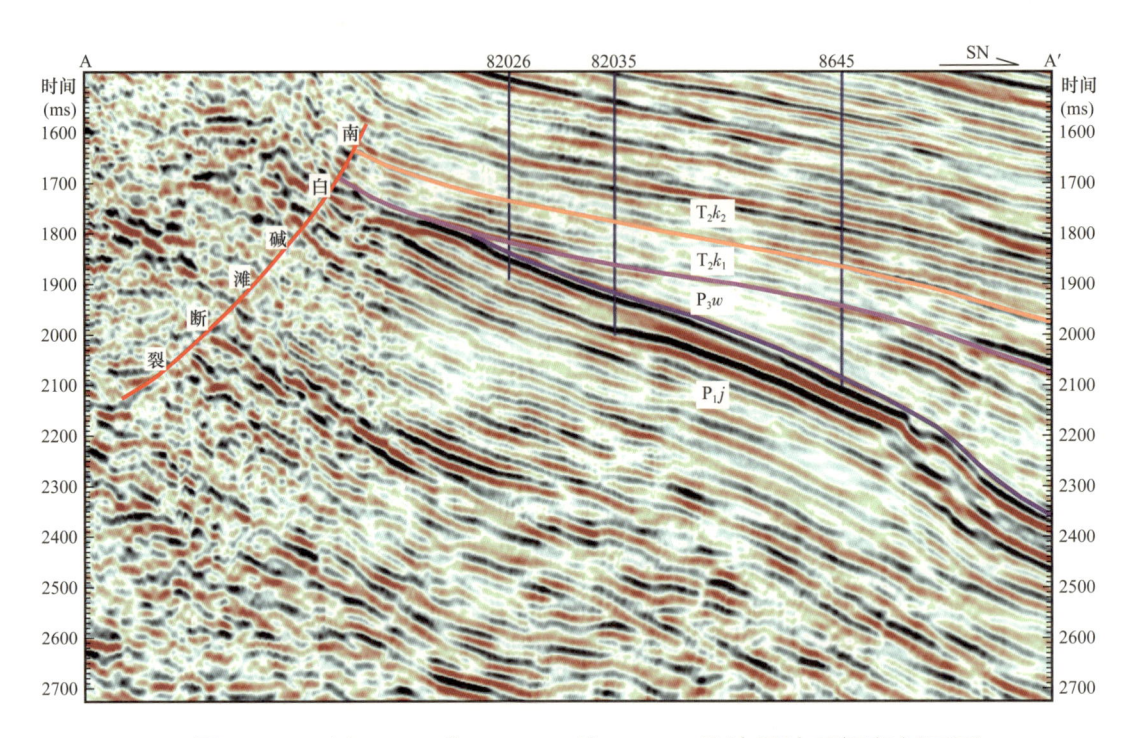

图 3-114 过 82026 井—82035 井—8645 井地震地质解释剖面图

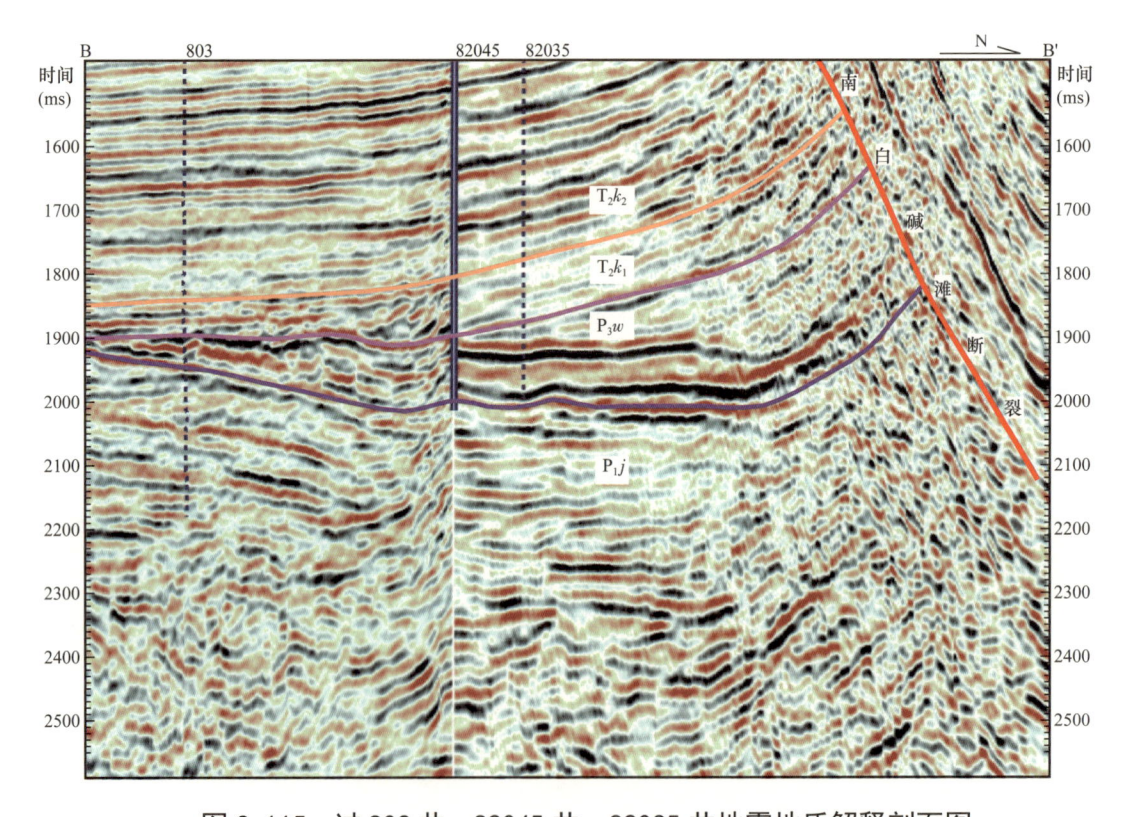

图 3-115 过 803 井—82045 井—82035 井地震地质解释剖面图

表 3-30　八区主要断裂要素表

序号	断裂名称	性质	断开层位	断距(m)	断裂产状 走向	断裂产状 倾向	断裂产状 倾角
1	南白碱滩断裂	逆	C—J	450～1250	SW—NE	WN	20°～70°

图表注　① 八区二叠系佳木河组构造形态为一向东倾的单斜，倾角 8°～15°，与上覆地层呈角度不整合接触，与下伏地层之间呈假整合接触；② 南白碱滩断裂断层性质为逆掩断裂，走向南西—北东，倾向西北。断面倾角上陡下缓，倾角 20°～70°；③ 断开最高层位为上侏罗统齐古组，佳木河组垂直断距 450～1250m。

（三）油藏剖面

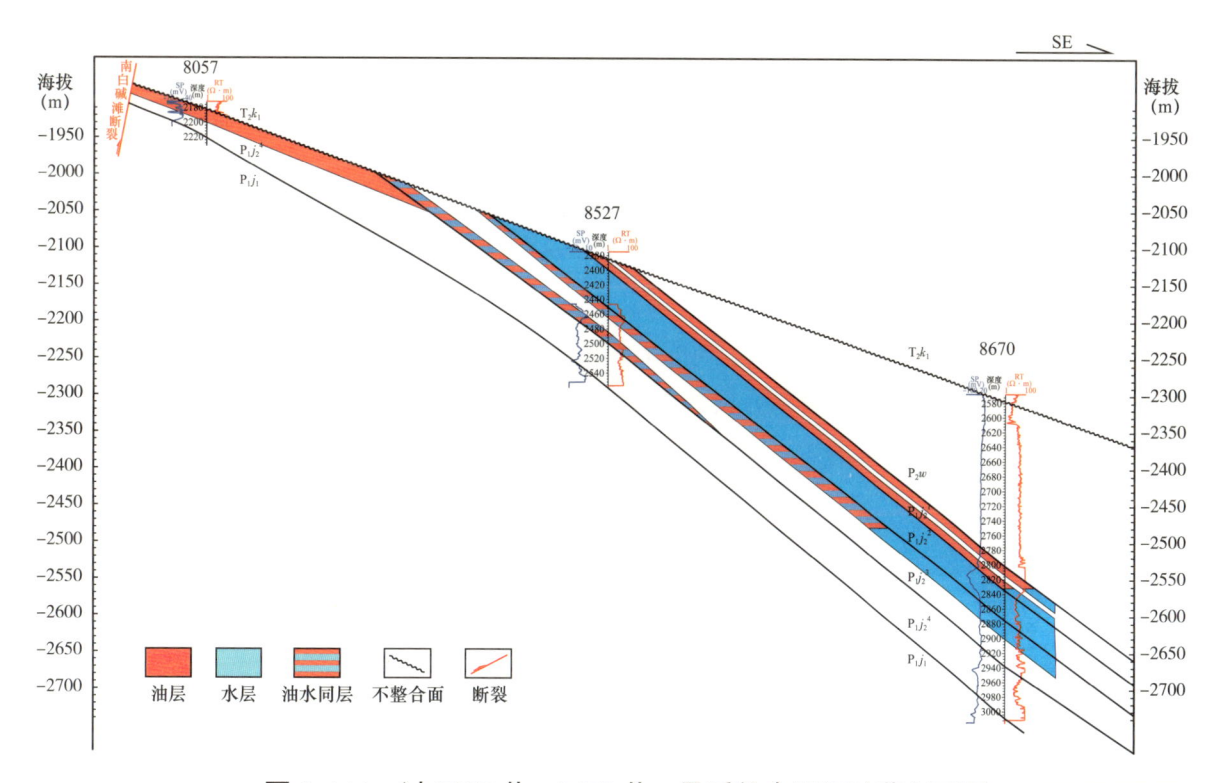

● 图 3-116　过 8057 井—8670 井二叠系佳木河组油藏剖面图

图注　八区佳木河组油藏类型为断层遮挡和岩性剥蚀线夹持控制的块状边底水岩性油藏，油藏中部海拔深度为 2235m。

（四）沉积特征

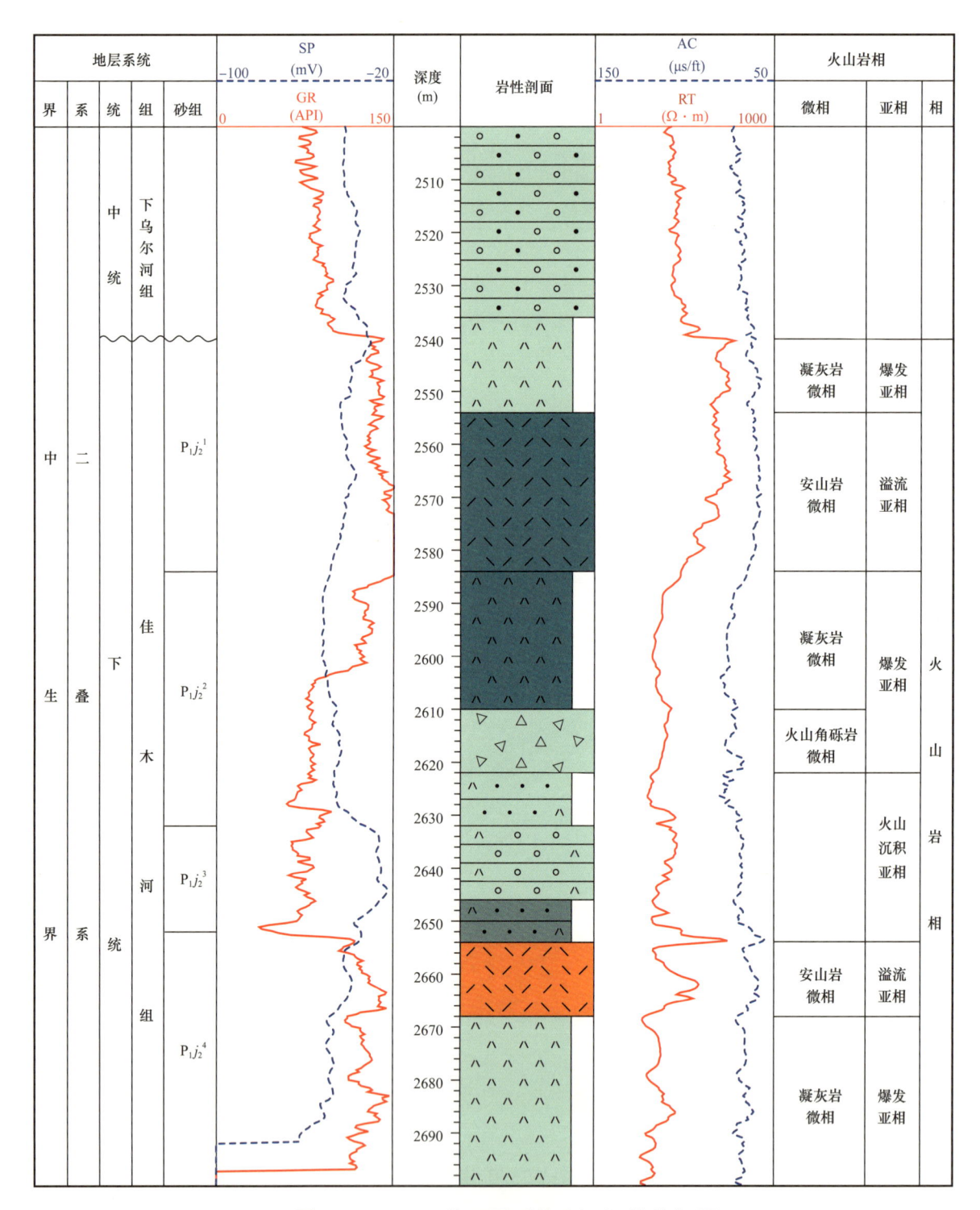

图 3-117　481 井二叠系佳木河组单井相图

图注　① 八区佳木河组储层主要为一套火山岩相沉积；② 垂向上分为凝灰岩、安山岩、火山角砾岩微相相互叠置。

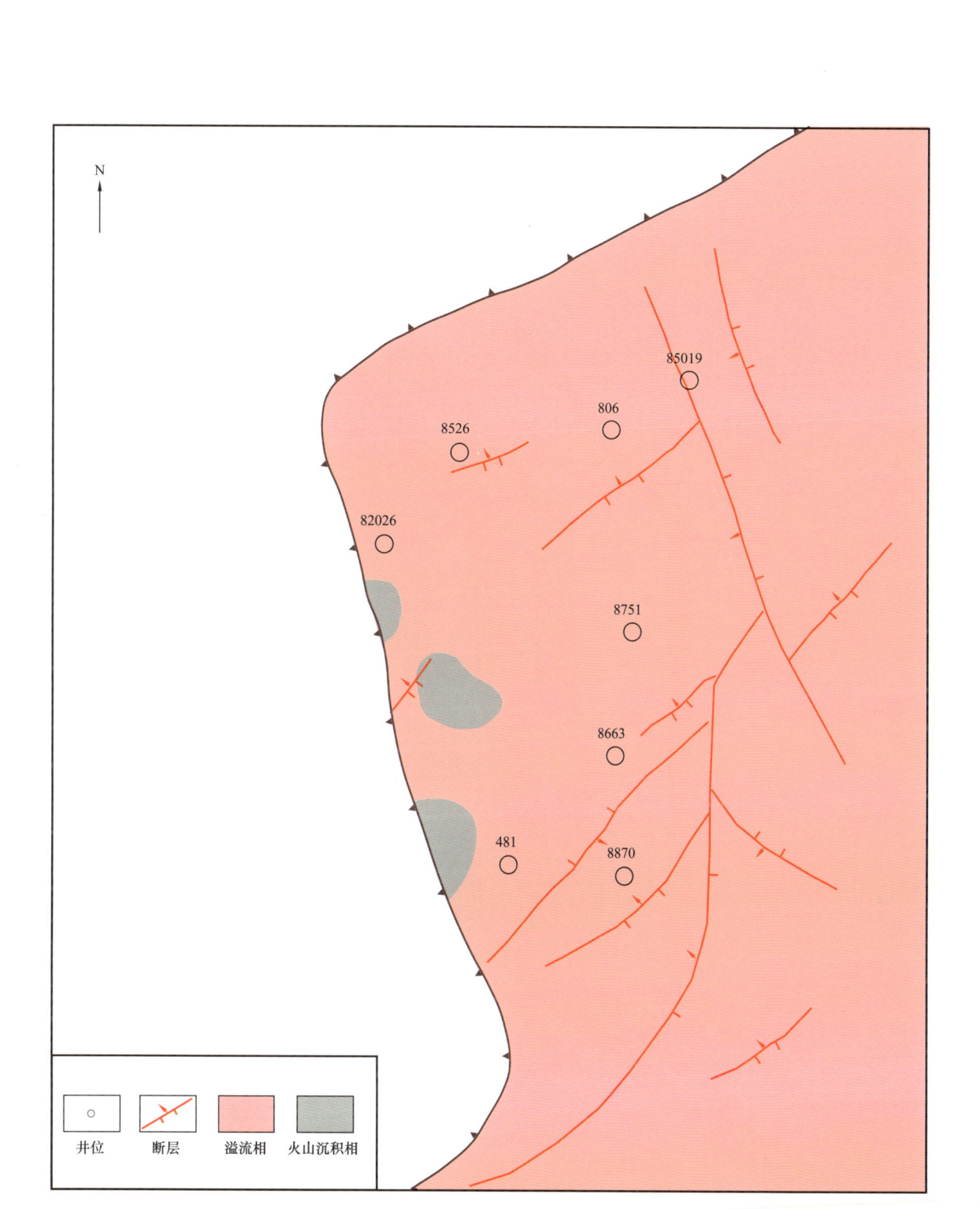

图 3-118 八区 481 井佳木河组火山岩相分布图

图注 八区佳木河组为一套火山岩相沉积，沉积亚相以溢流相为主。

（五）储层特征

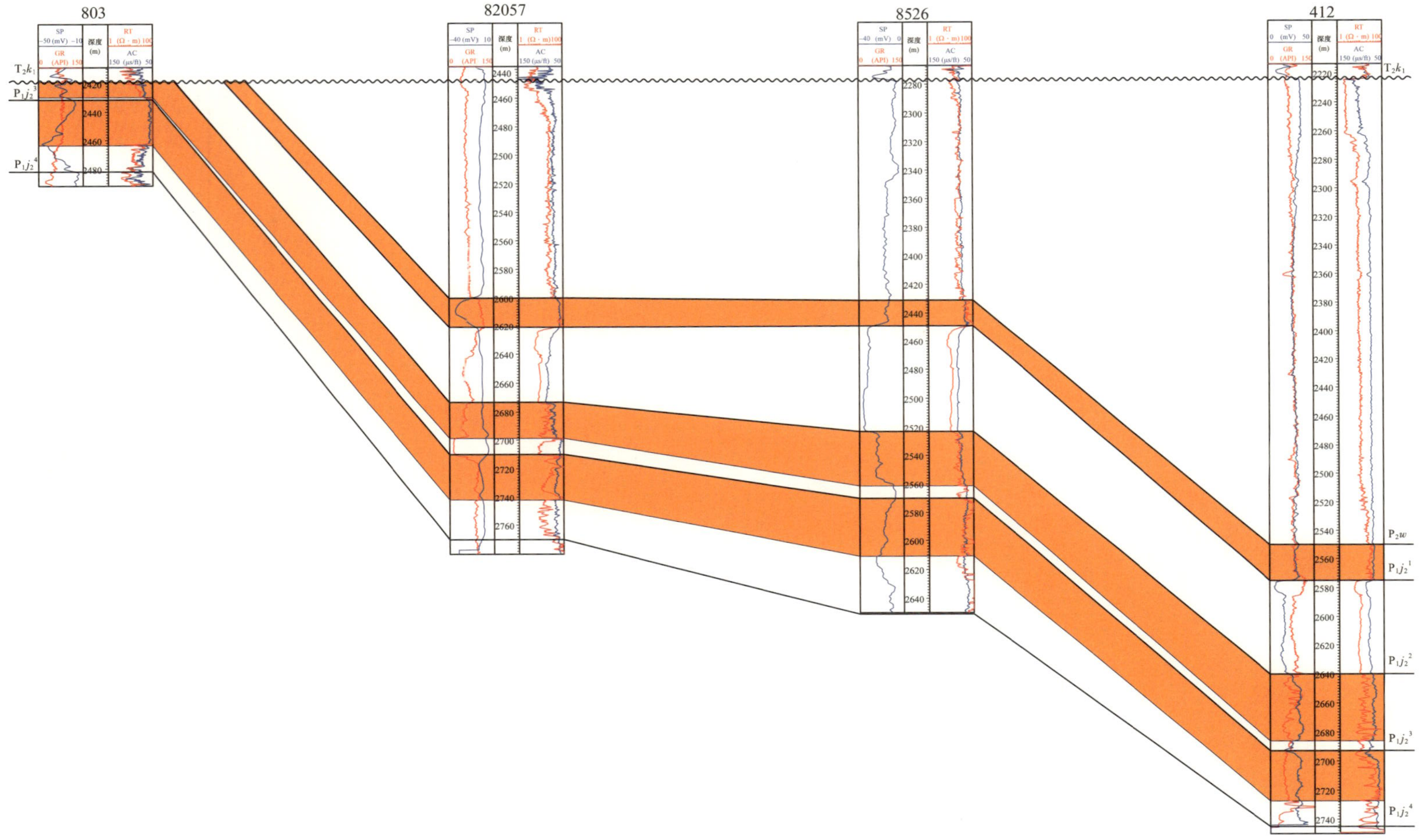

图 3-119　过 803 井—412 井二叠系佳木河组上亚组储层对比图

图注 ①八区佳木河组油藏沉积厚度 40~150m，岩性主要有流纹岩、火山角砾凝灰岩、火山角砾岩、玄武岩；②依据电性及岩性特征，自上而下可划分为四个岩性段，即上高阻段（$P_1j_2^1$）、中低阻段（$P_1j_2^2$）、中高阻段（$P_1j_2^3$）、下高阻段（$P_1j_2^4$）。油层主要集中在上高阻段、中高阻段、下高阻段。

表 3-31　八区二叠系佳木河组中亚组储层物性特征统计表

层位	类别	孔隙度(%)			渗透率(mD)		
		样品数	范围	平均值	样品数	范围	平均值
P_1j	储层	117	8.0~21.8	13.9	104	0.18~4.95	0.92

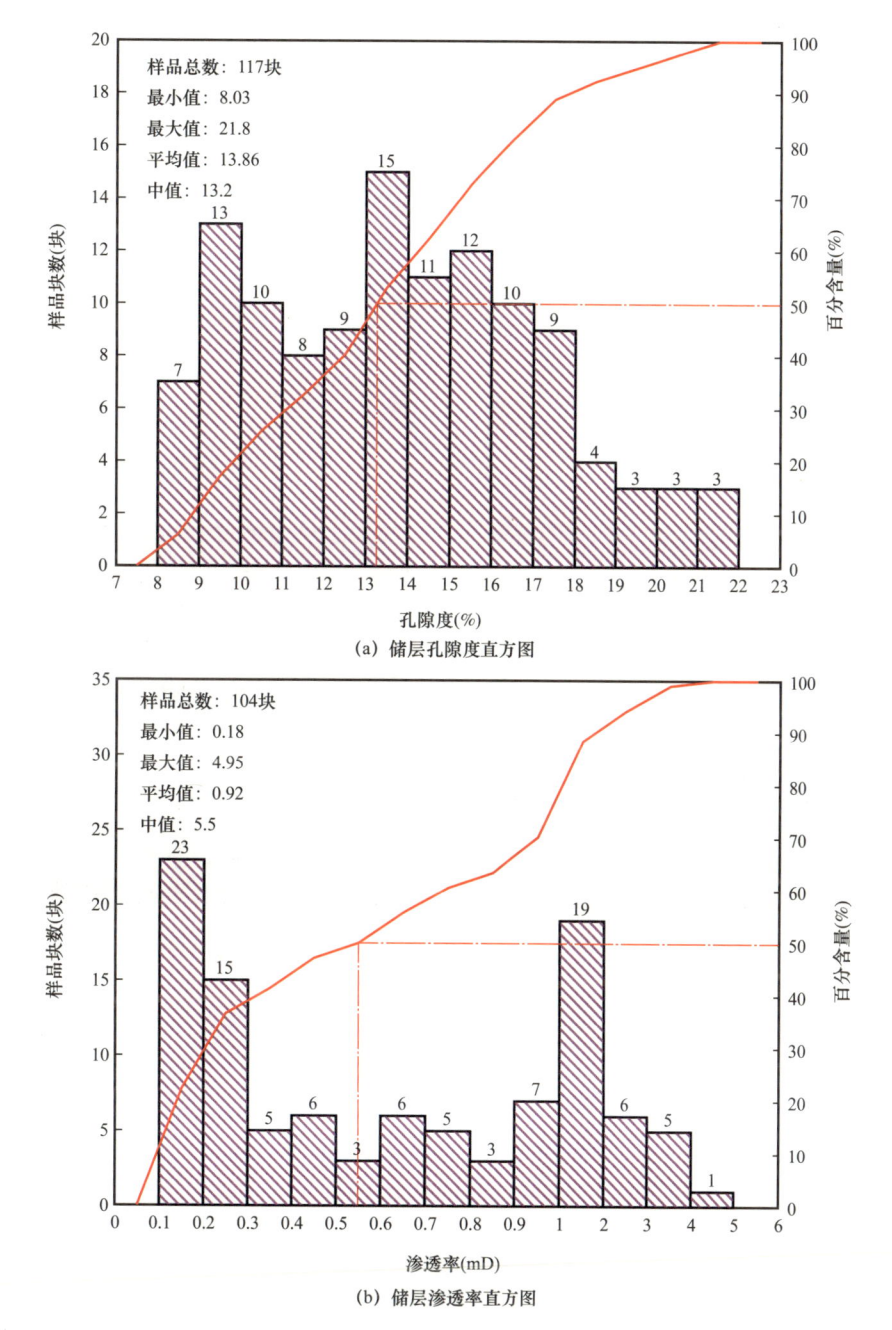

(a) 储层孔隙度直方图

(b) 储层渗透率直方图

图 3-120　八区二叠系佳木河组孔隙度、渗透率分布直方图

图表注　八区佳木河组储层孔隙度分布在 8.03%~21.8%，平均为 13.86%；渗透率范围在 0.18~4.95mD，平均为 0.92mD。

(a) 481井，2561m，流纹岩

(b) 481井，2592m，凝灰岩

(c) 482井，2333m，碎裂熔岩

(d) 482井，2459m，玄武岩

● 图 3-121　八区二叠系佳木河组岩心照片

图注　八区佳木河组上亚组储集岩为中基性火山喷发岩和火山碎屑岩。上高阻段：岩性为含角砾流纹岩及流纹质熔结凝灰岩，角砾成分主要为流纹岩、凝灰岩；中低阻段：岩性为流纹质含火山角砾岩凝灰岩，角砾成分以流纹岩为主，凝灰岩次之；中高阻段：岩性为凝灰质火山角砾岩，砾岩成分为安山岩、流纹岩、凝灰岩；下高阻段：岩性为安山玄武岩和流纹质熔结凝灰岩，岩石成分主要为玻屑、晶屑、火山灰。

(a) 478井，2378m，长石晶内溶孔

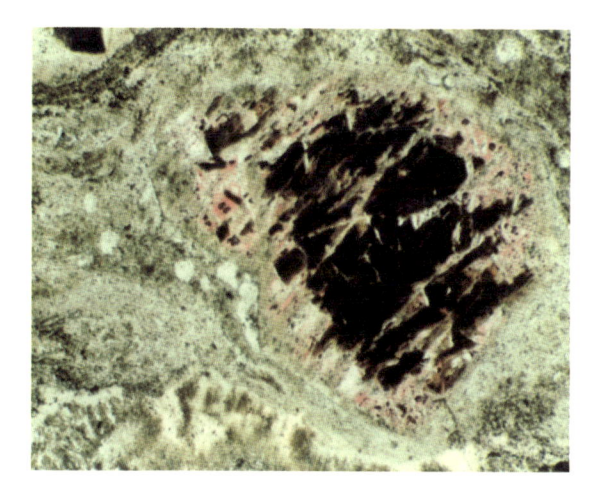

(b) 805井，2914m，长石斑晶内细小溶孔

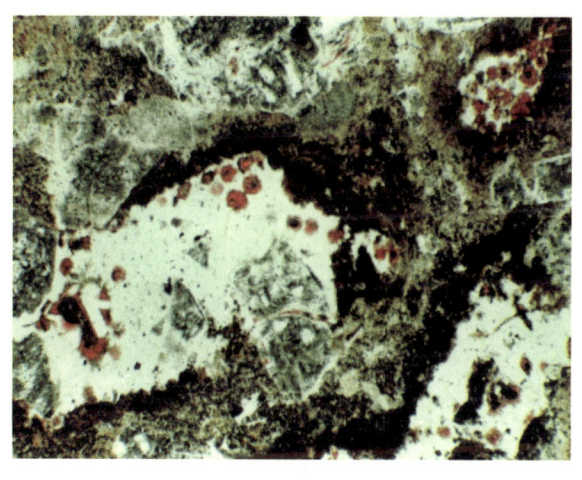

(c) 806井，3106m，基质团块中溶孔、长石中溶孔

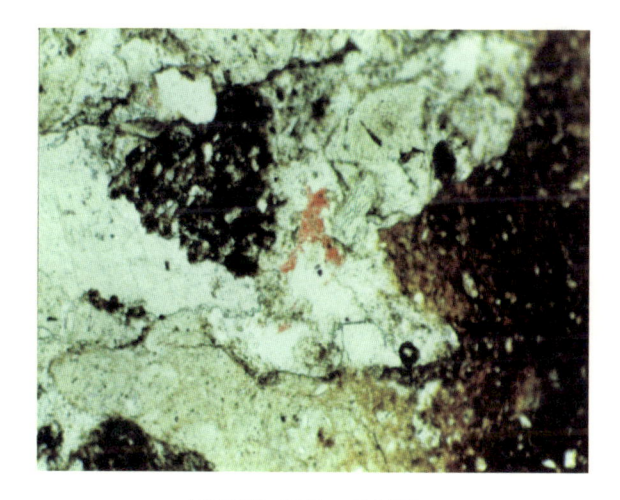

(d) 807井，2339m，粒内溶孔

● 图 3-122　八区二叠系佳木河组岩石铸体薄片照片

图注　本区佳木河组上亚组油藏主要储集空间为粒内溶孔，次为基质溶孔，同时还有斑晶溶孔和微裂缝，孔隙直径 58～135μm，目估面孔率 0.2%～2.5%，孔喉配位数 0～2。

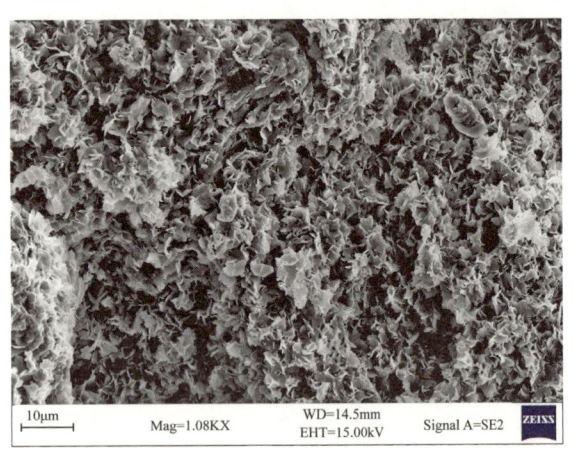

(a) 金龙31井，3155.36m，粒表不规则状绿/蒙混层矿物

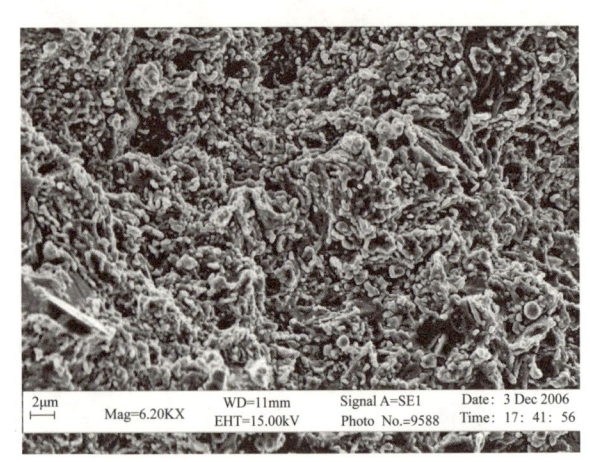

(b) 金龙2井，4456.45m，粒表不规则状伊/蒙混层矿物

(c) 金龙31井，3150.76m，粒内溶孔中的沸石类

(d) 金龙2井，4608.68m，气孔内充填的片状绿泥石与长石晶体

● 图3-123　金龙31井、金龙2井二叠系佳木河组扫描电镜照片

图注　①佳木河组主要黏土矿物成分为伊/蒙混层、绿泥石、绿/蒙混层、伊利石；②黏土矿物形态为定向片状、不规则状等。

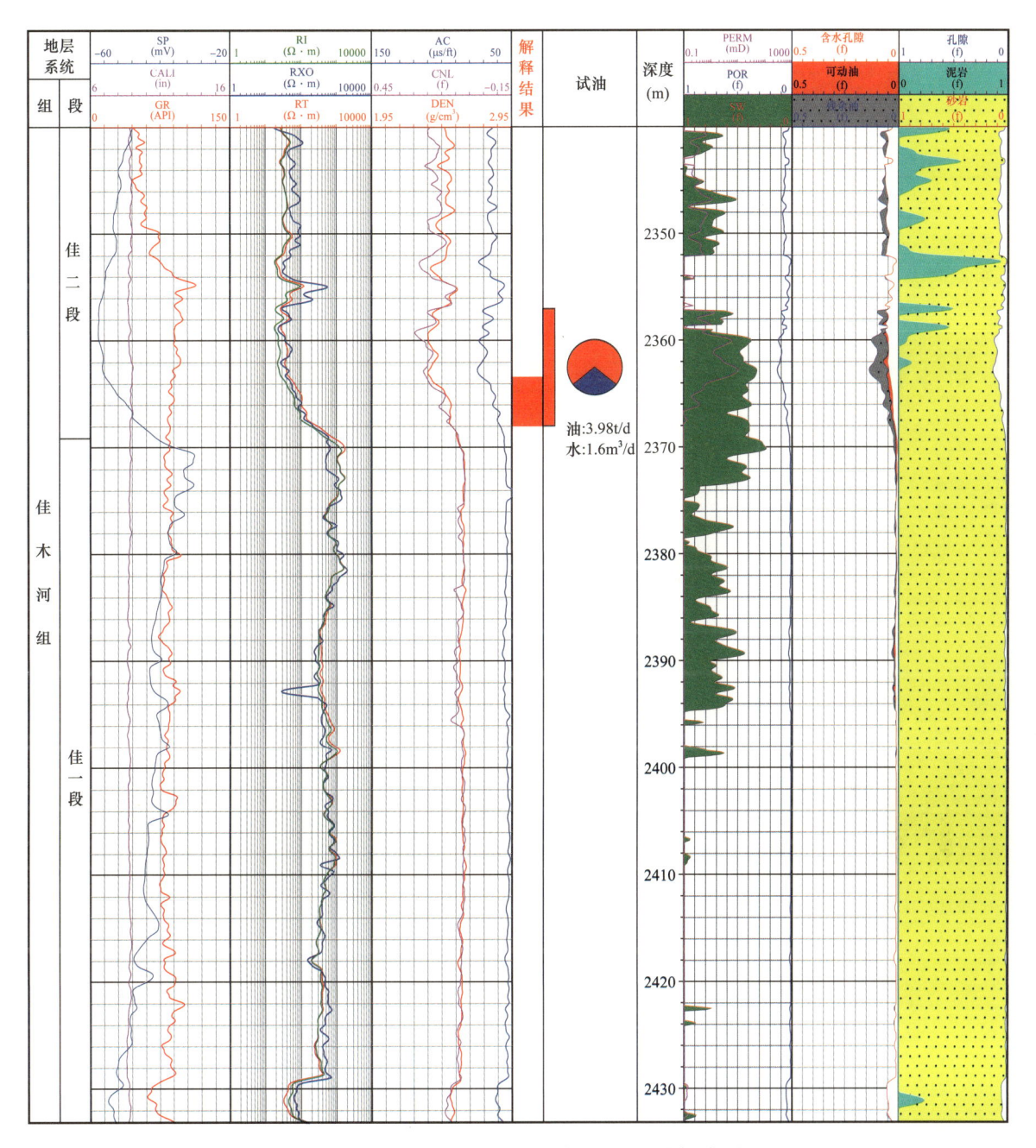

图 3-124 482 井二叠系佳木河组测井解释成果图

图注 ① 八区佳木河组油层解释下限标准为：RT＞50Ω·m，ϕ＞3.7%，S_o＞35%；② 共解释油层 4.6m/1 层。

（六）流体性质与压力系统

表 3-32　八区二叠系佳木河组油藏地面原油性质参数表

层位	密度（g/cm³）	50℃黏度（mPa·s）	含蜡量（%）	凝固点（℃）
P₁j	0.875	36.0	3.5	2.0

表注　八区二叠系佳木河组地面原油密度 0.875g/cm³，50℃时地面原油黏度为 36.0mPa·s，含蜡量为 3.5%，凝固点 2.0℃。

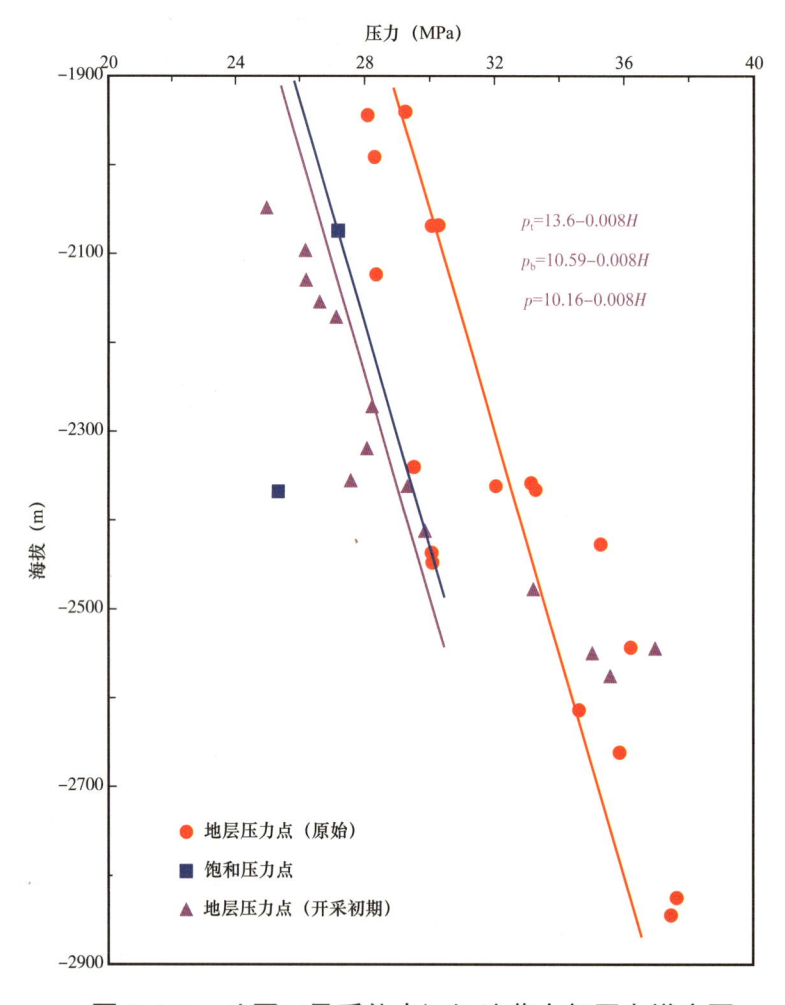

$p_t=13.6-0.008H$

$p_b=10.59-0.008H$

$p=10.16-0.008H$

图 3-125　八区二叠系佳木河组油藏中部压力梯度图

图注　油藏原始地层压力 32MPa，油藏饱和压力 28.5MPa，地饱压差 3.5MPa，压力系数 1.28，饱和程度为 89%。

二、开发特征

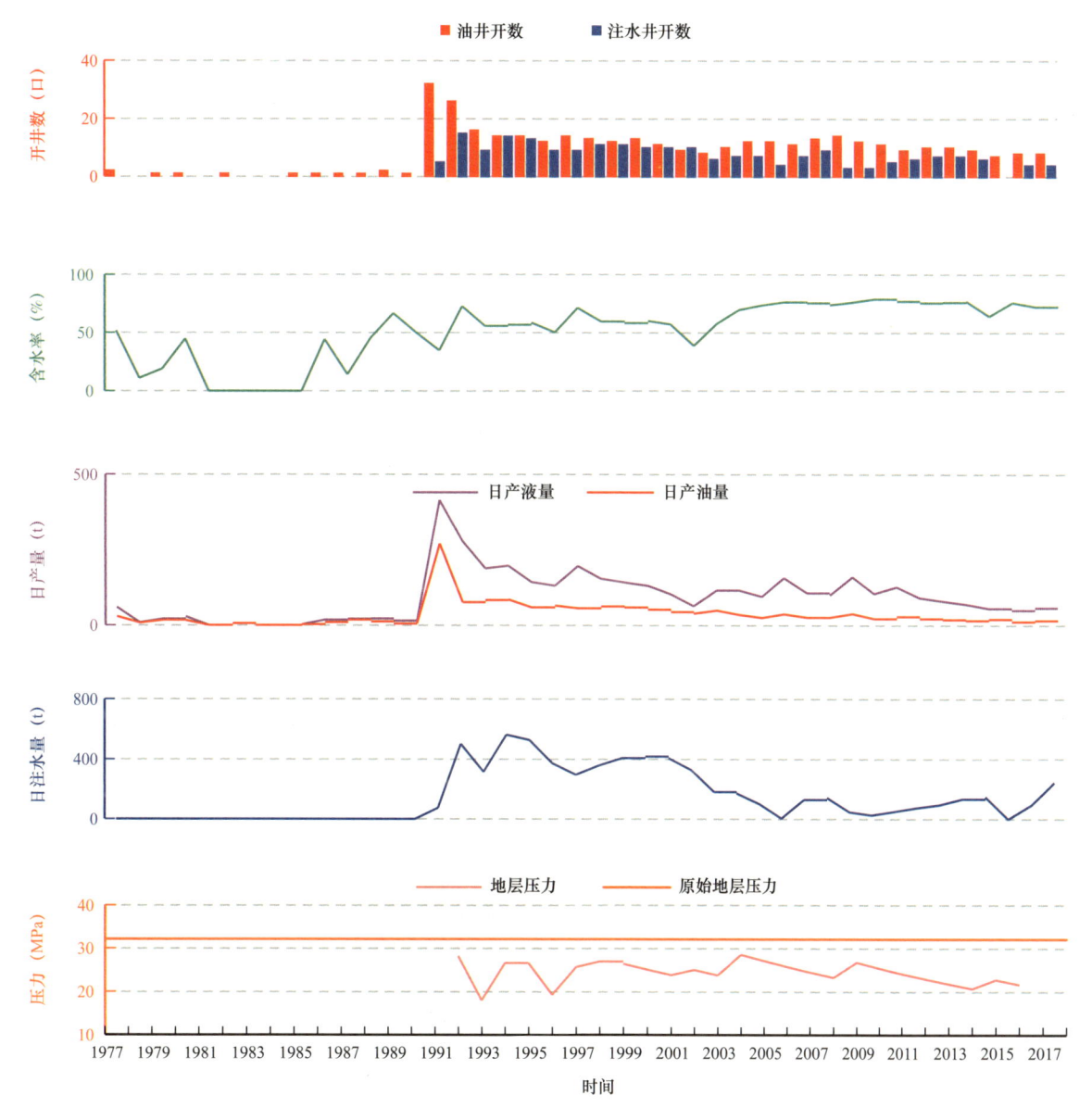

图 3-126　八区二叠系佳木河组上亚组油藏综合开发曲线图

图注　①1978年投入开发，最高开井数油井32口、注水井15口，1992年产油量最高达 5.80×10⁴t；②1991年开始注水，之后含水率逐渐上升，产出水类型为注入水和地层水；③2018年12月，油井开井数8口，日产液53t，日产油14t，日注水244m³，含水率73.58%，采油速度0.1%；累计产油56.67×10⁴t，采出程度11.43%。

第九节　八区二叠系下乌尔禾组油藏

一、石油地质特征

（一）地层分布

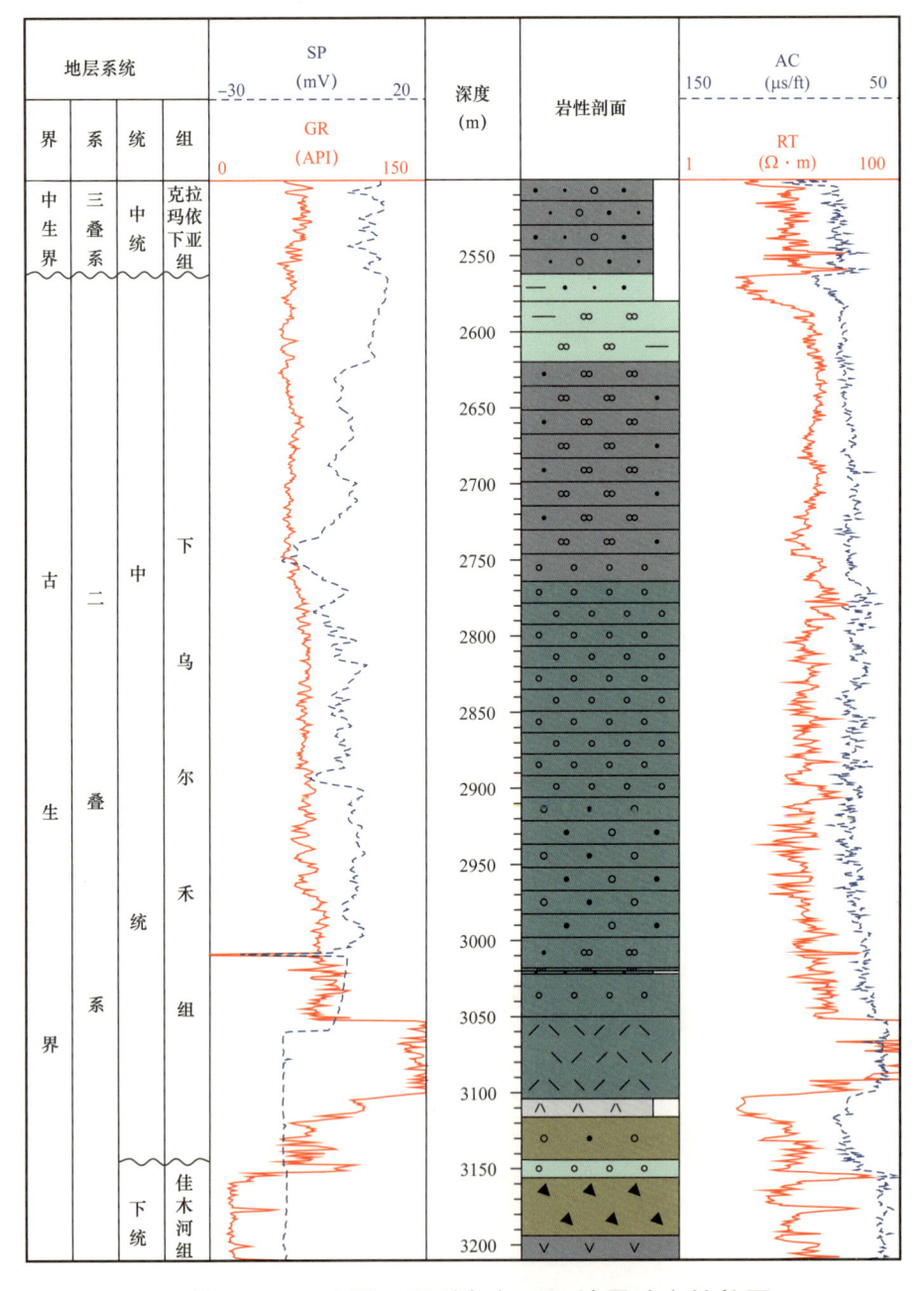

图 3-127　八区二叠系乌尔禾组地层综合柱状图

表 3-33　八区重点井钻揭地层厚度统计表

井号	完钻层位	底深(m) 白垩系 吐谷鲁群 K₁tg	地层厚度(m) 侏罗系 齐古组 J₃q	头屯河组 J₂t	西山窑组 J₂x	三工河组 J₁s	八道湾组 J₁b	三叠系 白碱滩组 T₃b	克拉玛依组 T₂k	二叠系 乌尔禾组 P₂w	佳木河组 P₁j
白802	P₂w	480	56	0	0	38	76	58	593	563（未穿）	
检乌51	P₂w	374	61	0	0	16	47	12	0	1068	（未穿）
8581	P₁j	511	468	256	198.5	170.5	181	262	323	440	（未穿）
T85157	P₂w	470.5	490.5	173	246	183	176	263	355	608（未穿）	

图表注　① 钻遇地层分别为白垩系（K，底深370～520m），侏罗系齐古组（J₃q，50～500m）、头屯河组（J₂t，0～260m）、西山窑组（J₂x，0～250m）、三工河组（J₁s，10～190m）、八道湾组（J₁b，40～190m），三叠系白碱滩组（T₃b，10～270m）、克拉玛依组（T₂k，0～600m），二叠系乌尔禾组（P₂w，440～1070m）、佳木河组（P₁j，未穿）；② 目的层为下乌尔禾组。

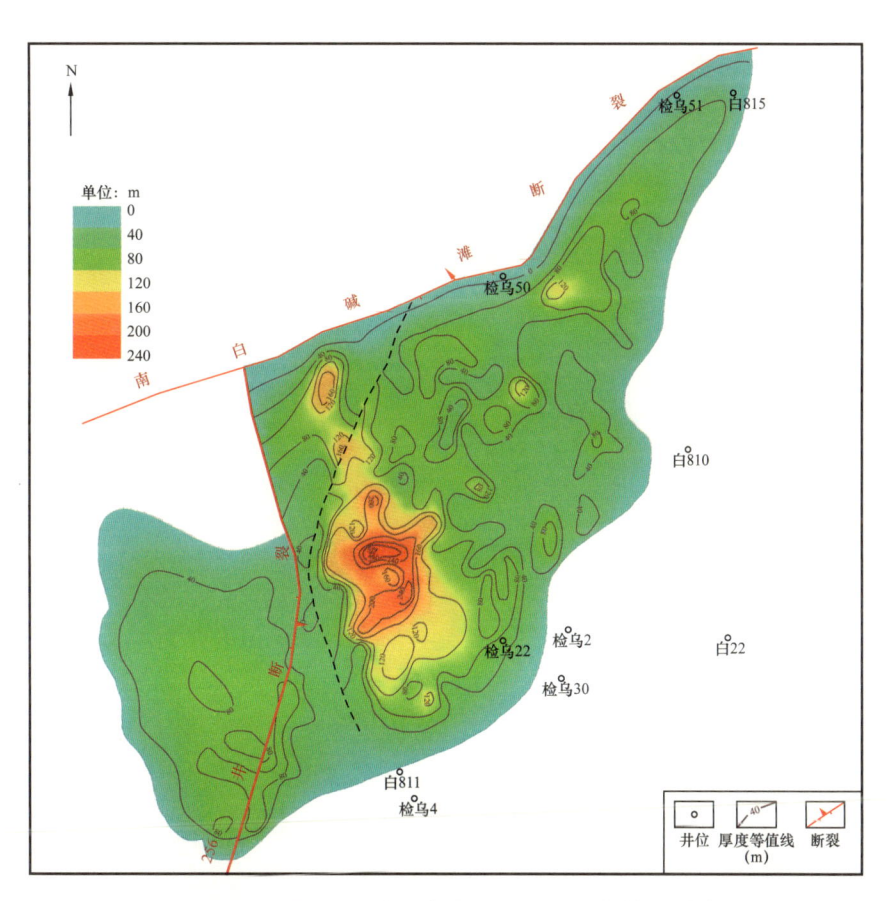

● 图 3-128　八区二叠系下乌尔禾组油层有效厚度等值线图

图注　八区下乌尔禾组油藏有效厚度分布在0～300m，总体上看，有效厚度全区分布不均匀，在8554井—8638井—85105井—8501井一带有效厚度最厚，向边缘逐渐减薄。

（二）构造特征

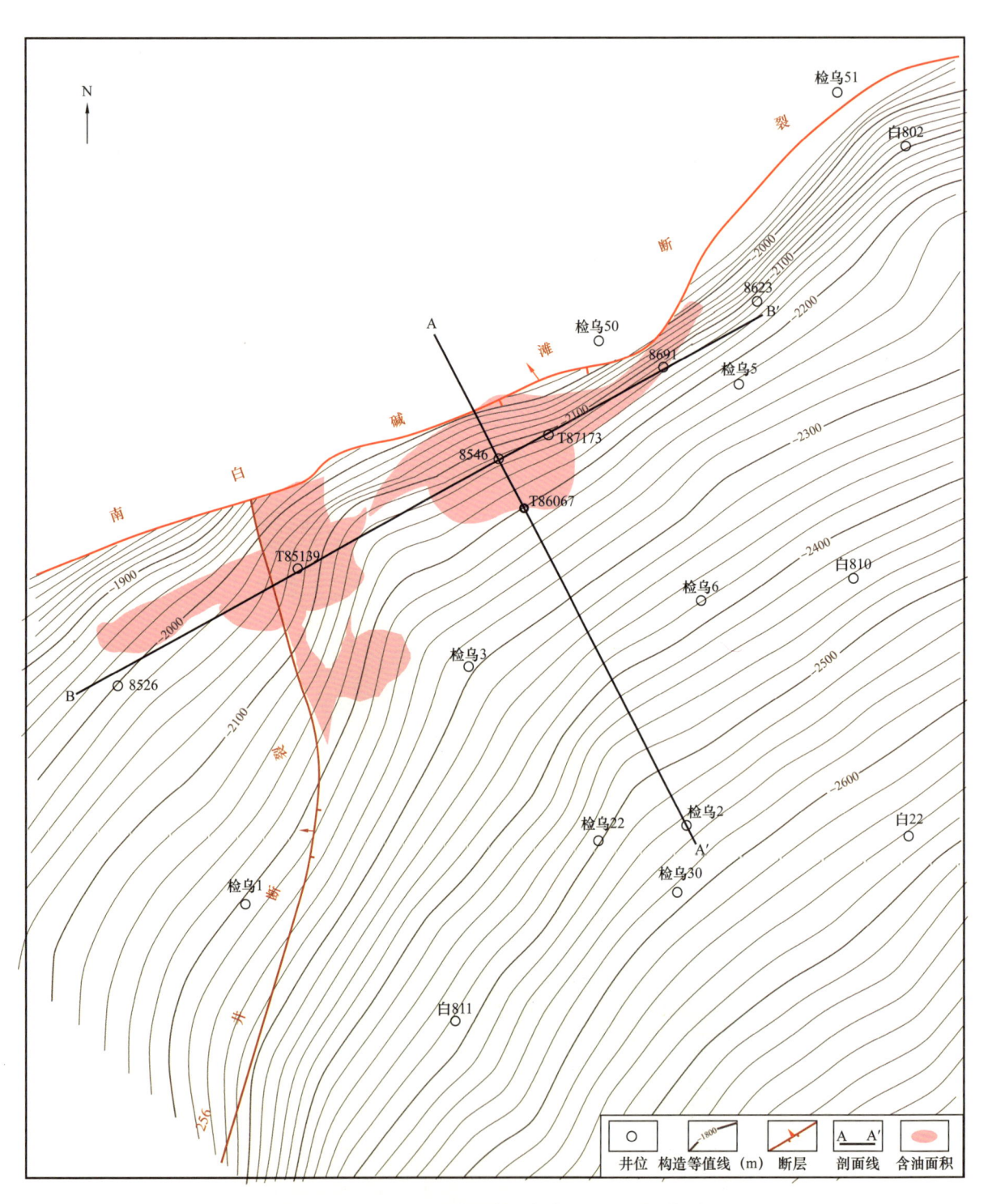

图 3-129　八区二叠系下乌尔禾组顶界构造图

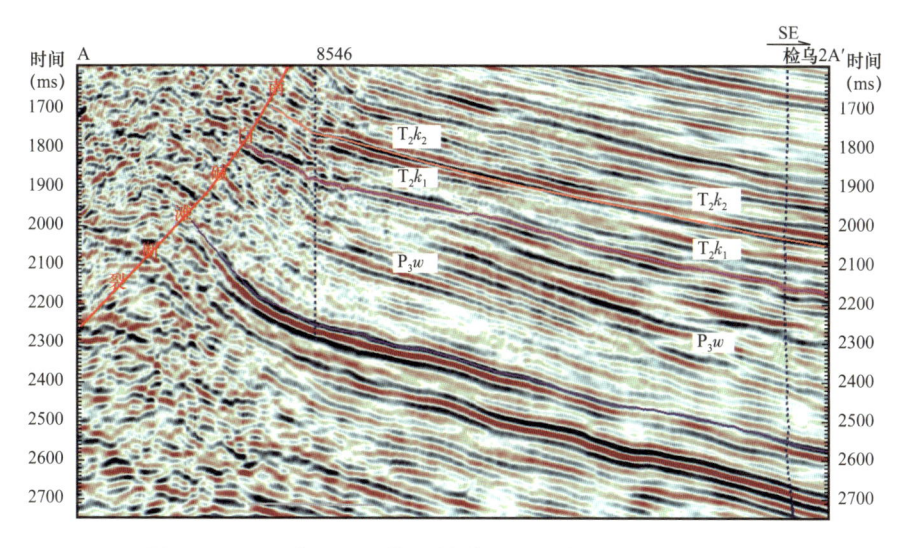

● 图3-130　过8546井—检乌2井地震地质解释剖面图

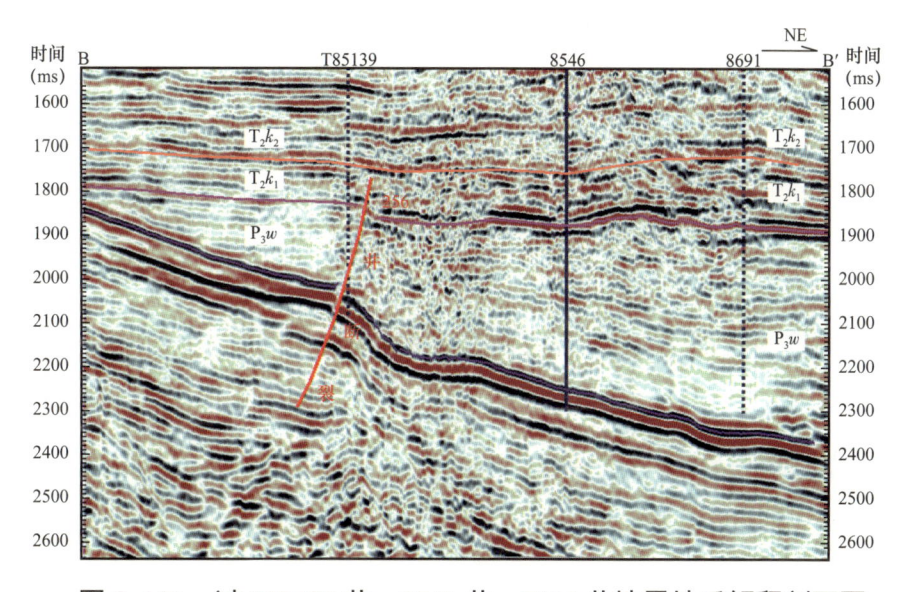

● 图3-131　过T85139井—8546井—8691井地震地质解释剖面图

表3-34　八区主要断裂要素表

断裂名称	断裂性质	断开层位	断距（m）	断裂产状 走向	断裂产状 倾向	断裂产状 倾角
南白碱滩断裂	逆	J、T、P、C	200~1000	NE—NW	NW	30°~75°
256井断裂	走滑	P	20~40	SN	SW	70°~80°

图表注　① 八区下乌尔禾组顶部构造形态为向东南倾的单斜，地层倾角6.5°~13°，区内发育南白碱滩断裂和256井断裂两条控藏断裂；② 南白碱滩断裂为一弧形逆掩断裂，在区内长约15.0km。走向北东—南西向，倾向北西向，倾角上陡下缓状，倾角30°~75°，断距200~1000m；③ 256井断裂是发育在油藏中部的一条走滑断层，在区内长约7.3km，走向南北向，倾向南西向，倾角70°~80°，断距20~40m。

(三) 油藏剖面

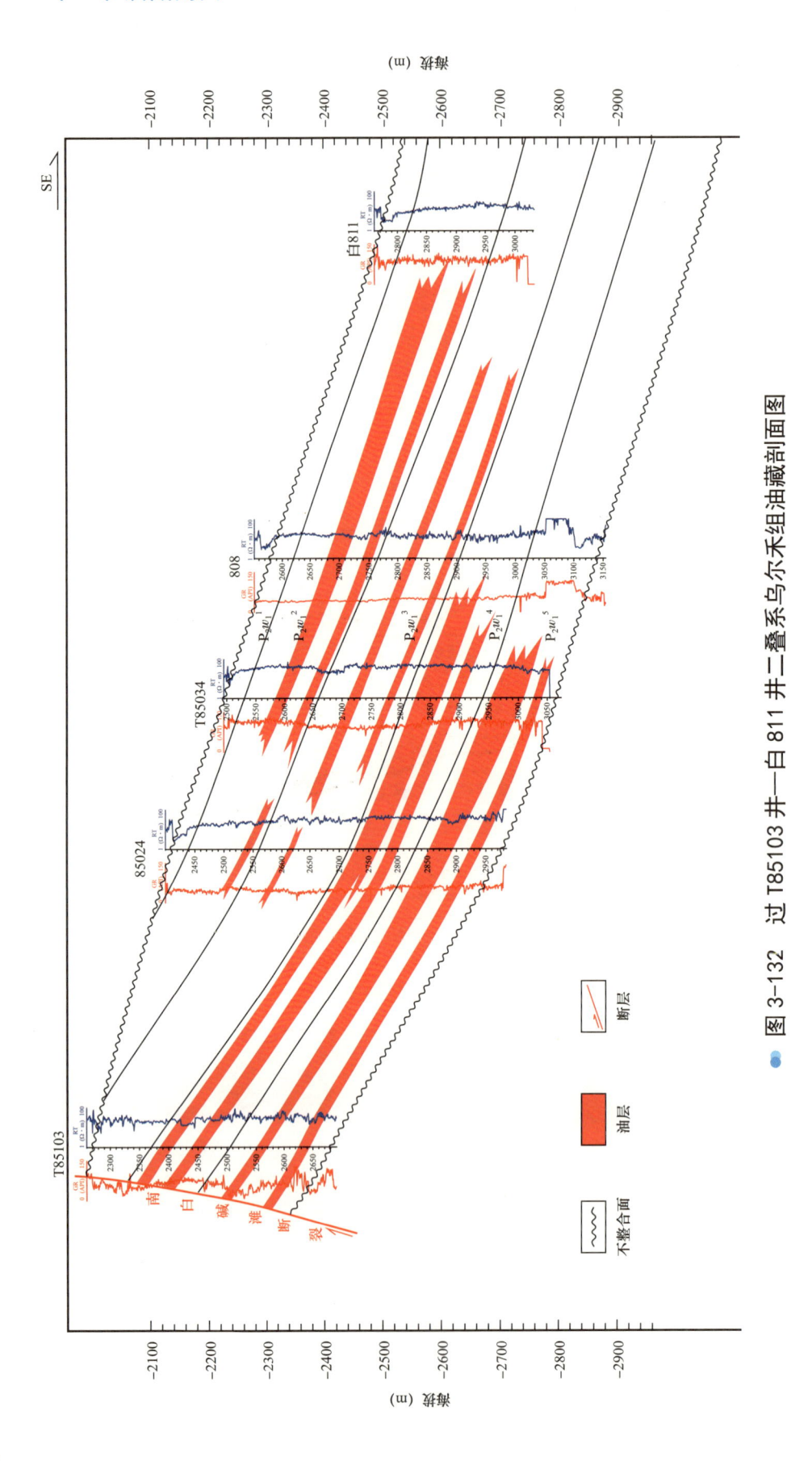

图 3-132 过 T85103 井—白 811 井二叠系乌尔禾组油藏剖面图

图注 ①八区下乌尔禾组油藏类型为单斜构造、岩性和沉积环境控制的巨厚油藏；②油藏上倾部位为纯油区，下倾部位为油水同出，边部为水区；③油藏由北向南由连片较厚的油层向逐渐变薄且岩性较好的部位呈指状延伸，表现出受岩性和沉积环境控制的特点。

148

（四）沉积特征

图 3-133　808 井二叠系下乌尔禾组单井相图

图注　① 主要发育扇三角洲相的扇三角洲前缘和扇三角洲平原亚相；② 垂向上分流间湾、水下分流河道、辫状河道三种微相相互叠置；③ 主力储层为辫状河道微相，电阻率曲线呈齿化箱形，$10 \leq RT < 30 \Omega \cdot m$，伽马曲线呈齿化箱形，$50 \leq GR < 80 API$，自然电位呈钟形、箱形，$-10 \leq SP < 0 mV$。

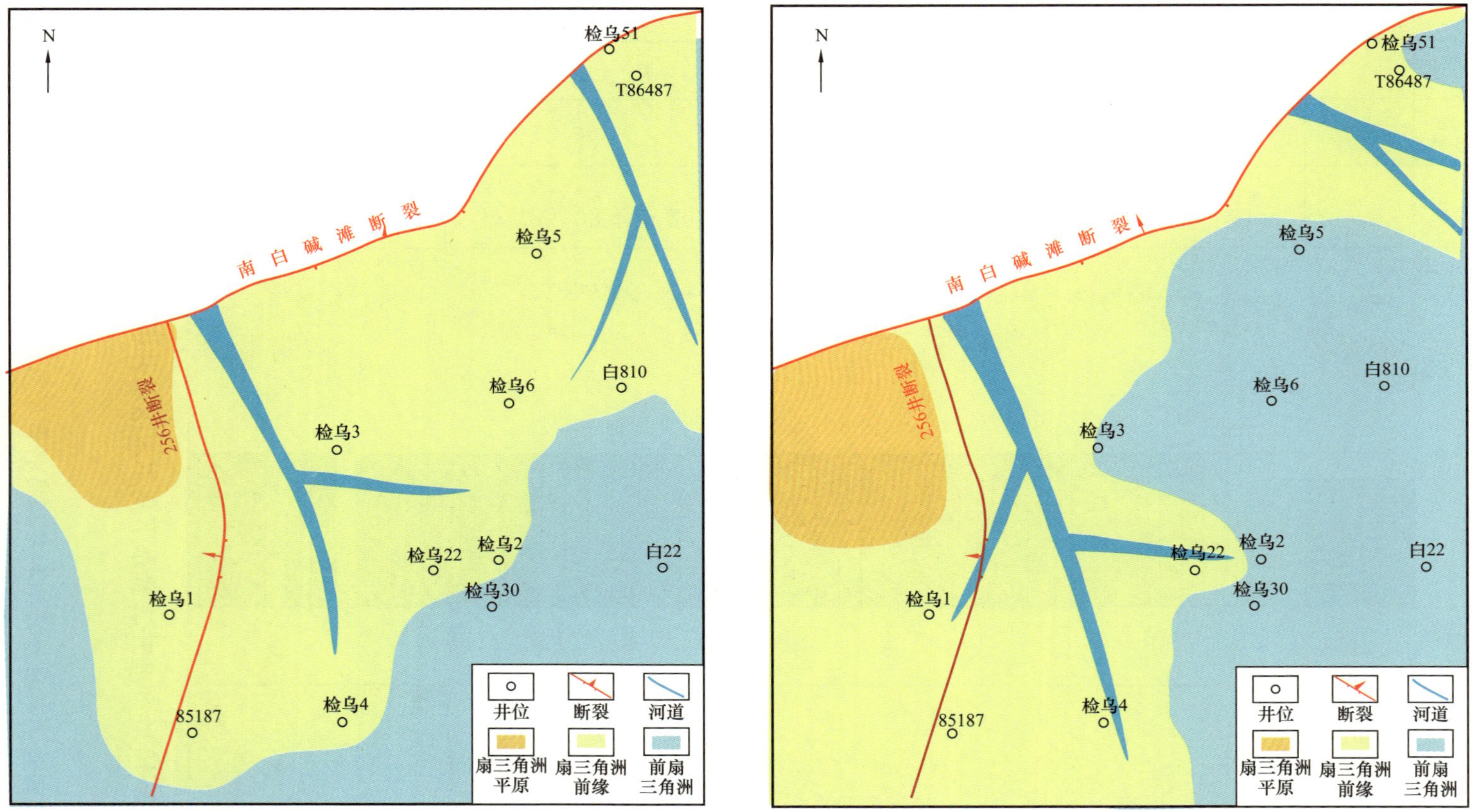

(a) $P_2w_1^4$ 沉积相分布图

(b) $P_2w_1^5$ 沉积相分布图

图 3-134 八区二叠系下乌尔禾组 $P_2w_1^4$、$P_2w_1^5$ 沉积相分布图

图注 ①八区二叠系乌尔禾组是一套近物源区的厚度巨大的复杂杂砾岩组成的沉积复合体，自下而上可分为三个大的主要沉积相组合：早期下乌五段（$P_2w_1^5$）、下乌四段（$P_2w_1^4$）为水下扇三角洲相，主要发育三角洲前缘亚相，最有利的储层发育在水下分流河道中；中期下乌三段（$P_2w_1^3$）、下乌二段（$P_2w_1^2$）为冲积—洪积扇沉积复合体，主要发育扇三角洲平原—扇顶亚相，有利储层发育在分流河道和主槽中；晚期下乌一段（$P_2w_1^1$）为山麓洪积相，主要发育扇中亚相。其沉积环境经历了由水上向水下的变化，$P_2w_1^2$ 段和 $P_2w_1^3$ 段的沉积中心在油藏的东北部，$P_2w_1^1$ 段的沉积中心迁移到油藏的东南部。八区下乌尔禾组沉积厚度为 85~815m，平均为 450m；②物源来自西北方向。

（五）储层特征

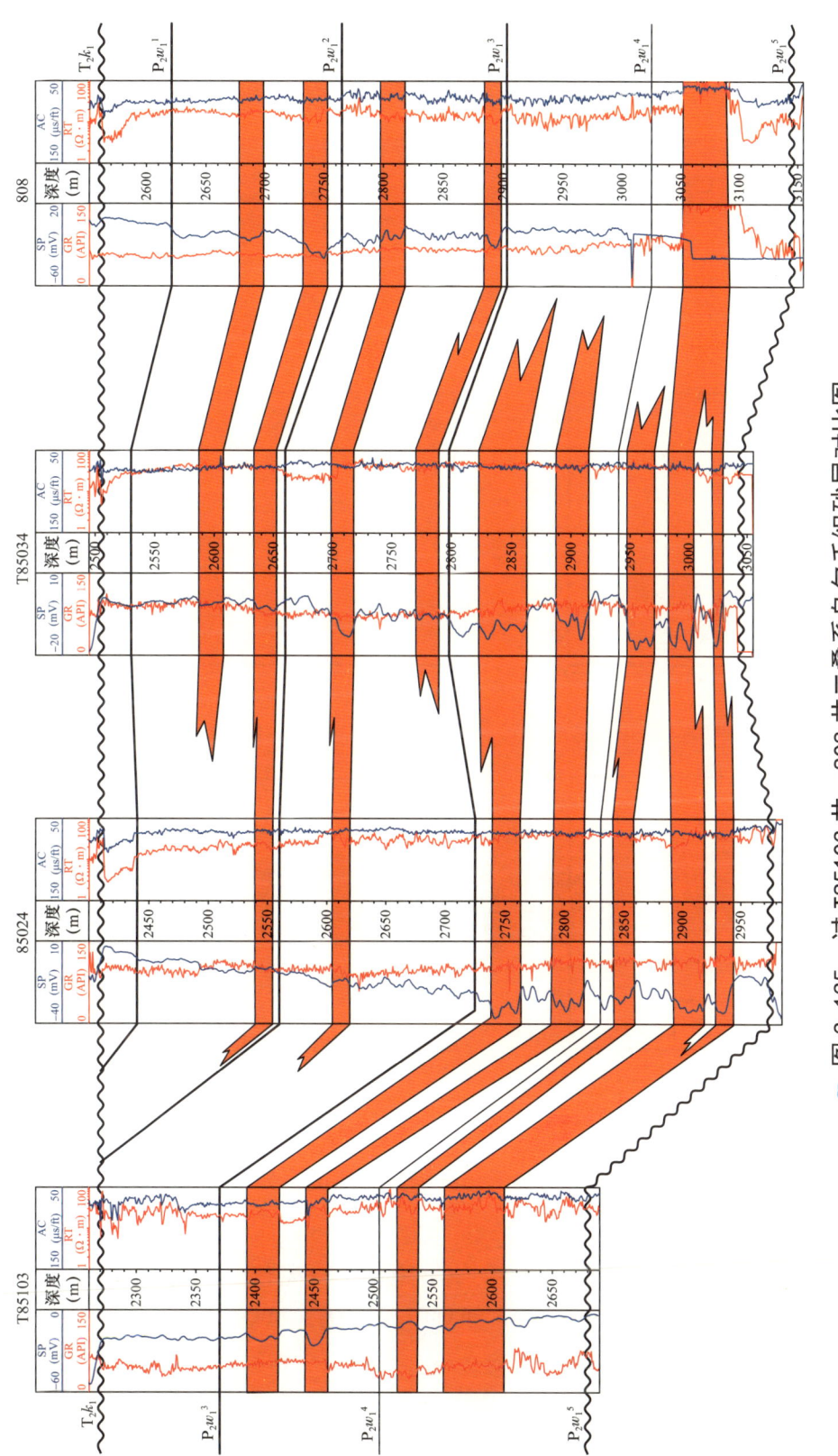

图3-135 过T85103井—808井二叠系乌尔禾组砂层对比图

图注 八区下乌尔禾组自上而下分为 $P_2w_1^1$、$P_2w_1^2$、$P_2w_1^3$、$P_2w_1^4$、$P_2w_1^5$ 五个砂层组，砂层横向延伸广，连通较为稳定，其中 $P_2w_1^1$ 为盖层，$P_2w_1^2$—$P_2w_1^5$ 为储油层；② 岩性主要为灰色、灰绿色、灰黑色细小砾岩、不等粒小砾岩、不等粒砾岩及不等粒砂岩组成。

表 3-35　八区二叠系下乌尔禾组储层物性特征统计表

层位	类别	孔隙度(%)			渗透率(mD)		
		样品数	变化范围	平均	样品数	变化范围	平均
P_2w	储层	1040	2.8~21.6	9.0	864	0.05~6.0	0.5
	油层	724	8.2~21.6	10.0	721	0.3~6.0	1.1

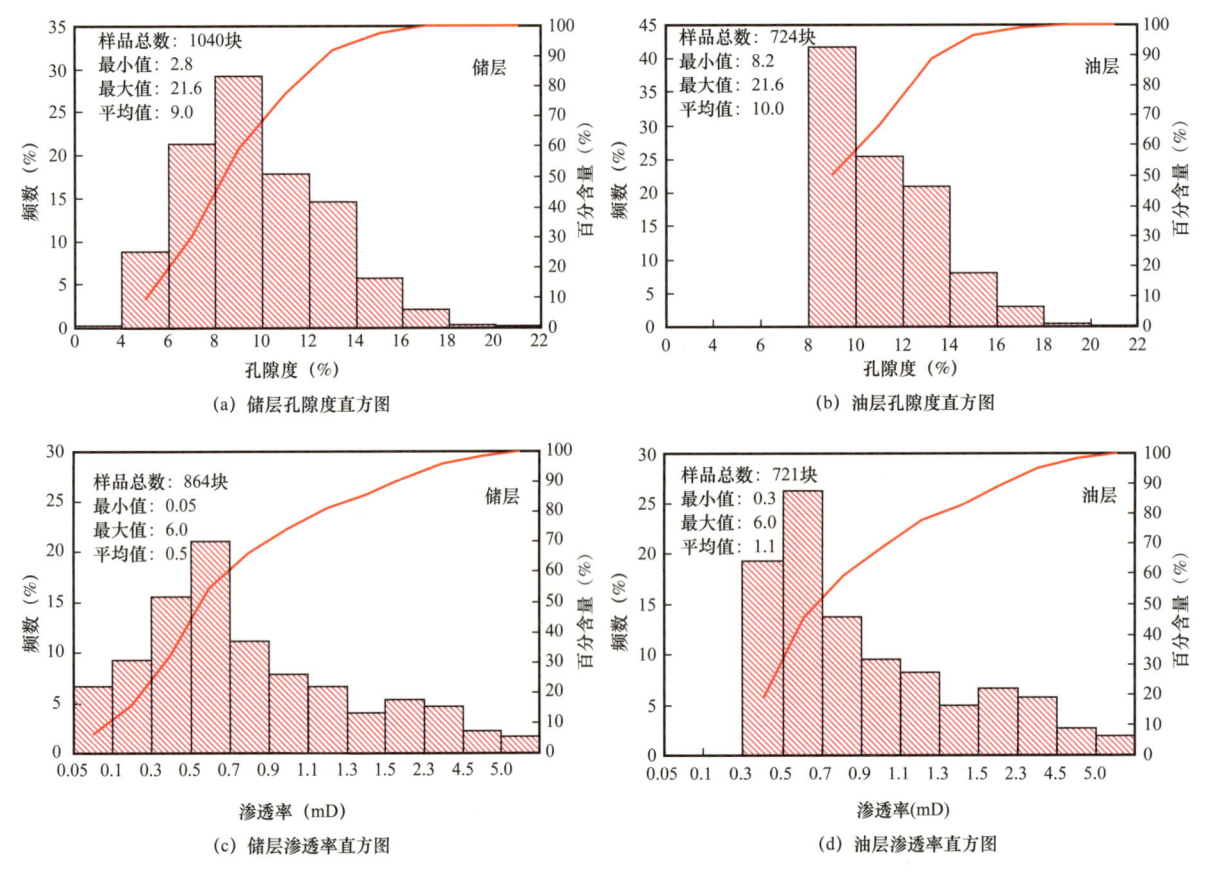

图 3-136　八区二叠系下乌尔禾组孔隙度、渗透率分布直方图

图表注　① 储层孔隙度 2.8%~21.6%，平均为 9.0%，渗透率 0.05~6.0mD，平均为 0.5mD；② 油层孔隙度 8.2%~21.6%，平均为 10.0%，渗透率 0.3~6.0mD，平均为 1.1mD。

(a) 85095井，灰色不等粒小砾岩  (b) 85095井，灰色砂质砾岩

图 3-137　八区二叠系下乌尔禾组岩心照片

图注　① 八区下乌尔禾组岩石类型以灰色细小砾岩、不等粒小砾岩、粗砾岩及不等粒砾岩组成；② 沉积构造观察统计反映八区下乌尔禾组储层是一套近物源区的厚度巨大的复杂砾岩组成的沉积复合体。

(a) T85722井，2532.20m，砾岩，剩余粒间孔65%、方沸石晶内溶孔30%、粒内溶孔5%

(b) T85722井，2533.79m，砂质砾岩，剩余粒间孔80%、方沸石晶内溶孔18%、粒内溶孔2%

(c) T85722井，2616.78m，砂砾岩，剩余粒间孔90%、粒内溶孔5%、方沸石晶内溶孔5%

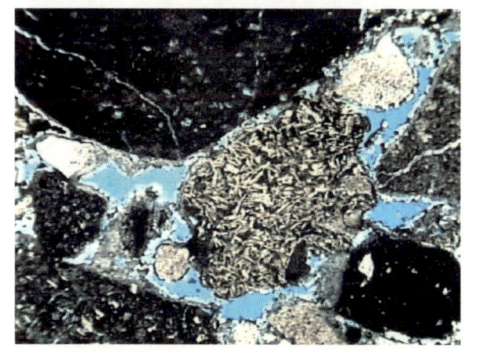

(d) T85722井，2608.17m，砾岩，剩余粒间孔85%、方沸石晶内溶孔10%、粒内溶孔5%

图 3-138　八区二叠系下乌尔禾组岩石铸体薄片照片

图注　① 储层孔隙类型有粒间孔、晶间孔、界面孔、粒内孔等，原生孔与次生孔并存，以次生溶孔为主，并发育裂缝；② 颗粒磨圆度主要为棱角状—次棱角状，颗粒大小混杂，分选差；③ 胶结方式多为孔隙式胶结和基底式胶结。

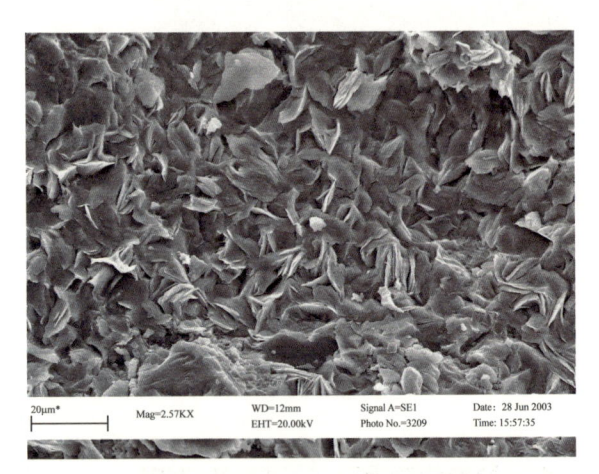

(a) T85722井，2581.95m，片状绿泥石

(b) T85722井，2533.79m，弯曲片状伊利石

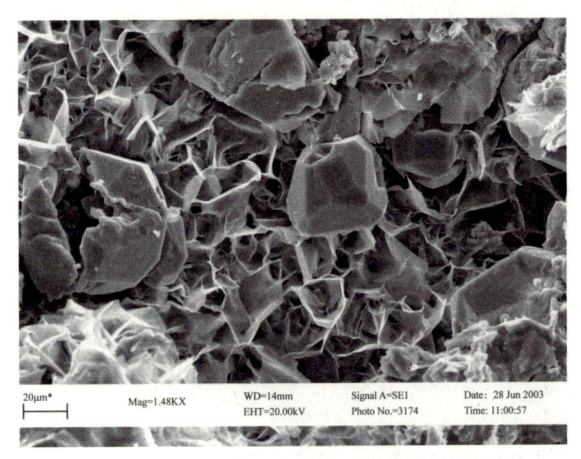

(c) T85722井，2547.25m，似蜂巢状伊/蒙混层矿物与方沸石晶体

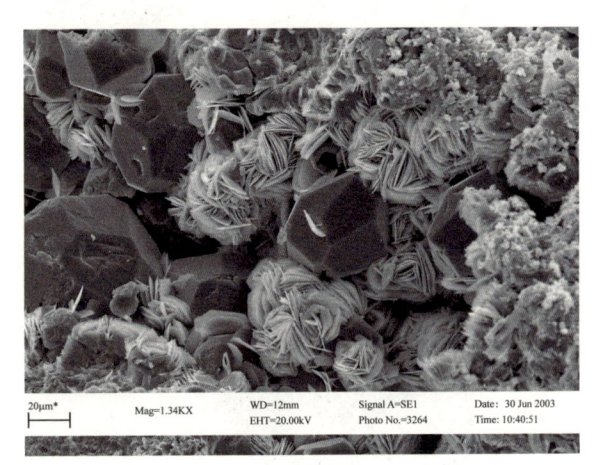

(d) T85722井，2605.34m，石英晶体与绒球状绿泥石

● 图3-139　八区二叠系下乌尔禾组扫描电镜照片

图注　①黏土矿物中以绿/蒙混层矿物为主（42.4%），其次为绿泥石为29.9%，伊/蒙混层15.9%，伊利石11.7%；②黏土矿物形态为呈衬垫式产出的似蜂巢状、不规则状、叶片状和绒球状等。

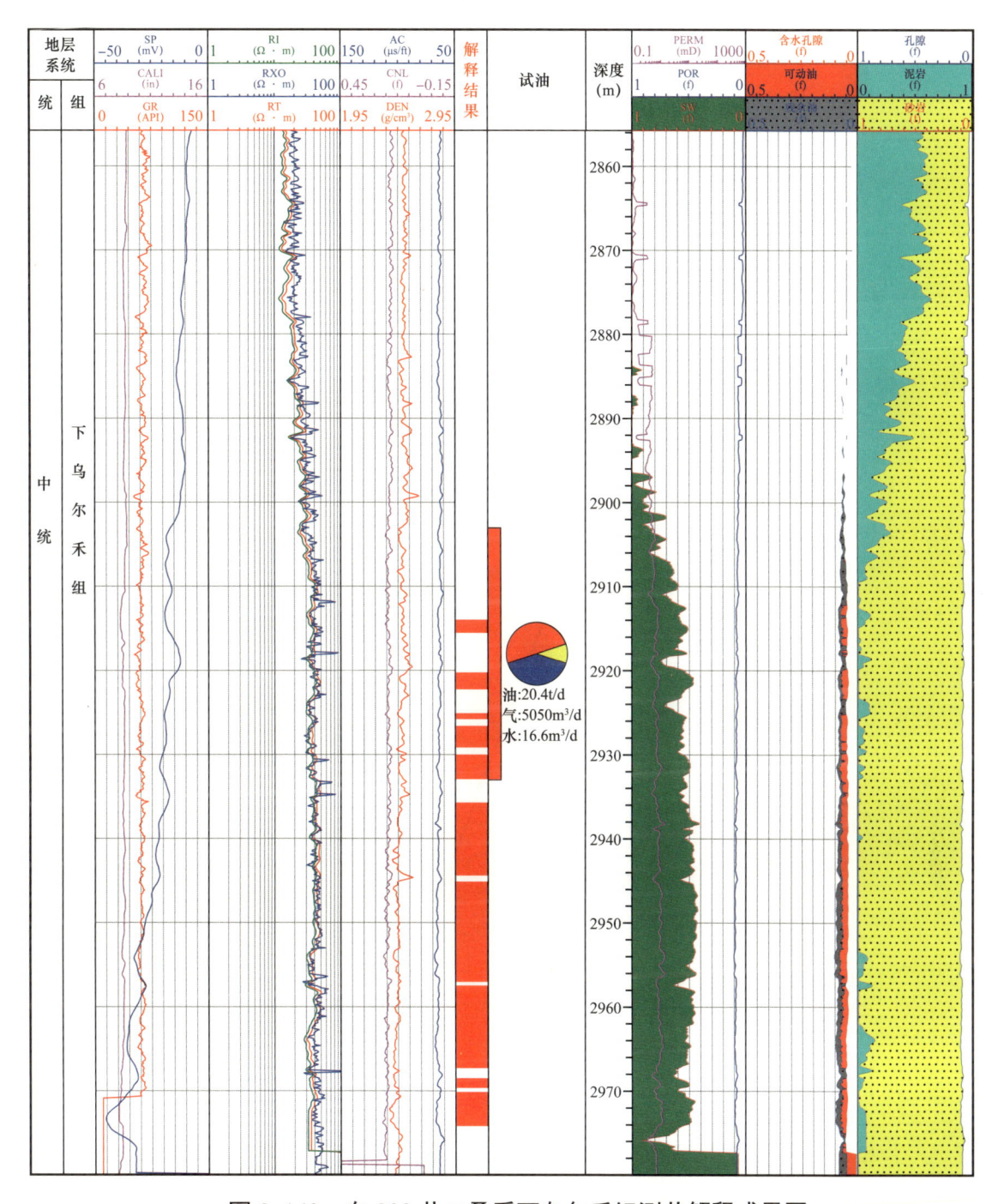

图 3-140 白 802 井二叠系下乌尔禾组测井解释成果图

图注 ① 八区下乌尔禾组油层解释下限标准为：RT>27Ω·m，ϕ>8.2%，S_o>42%；② 白802井下乌尔禾组共解释油层44.5m/10层。

（六）流体性质与压力系统

表 3-36　八区二叠系下乌尔禾组油藏地面原油性质参数表

层位	密度（g/cm³）	50℃黏度（mPa·s）	含蜡（%）	凝固点（℃）
P_2w	0.848	10.8	5.1	15.6

表注　油藏原油密度平均为 0.848g/cm³，50℃时平均黏度为 10.8mPa·s，平均含蜡量为 5.1%，凝固点平均为 15.6℃。

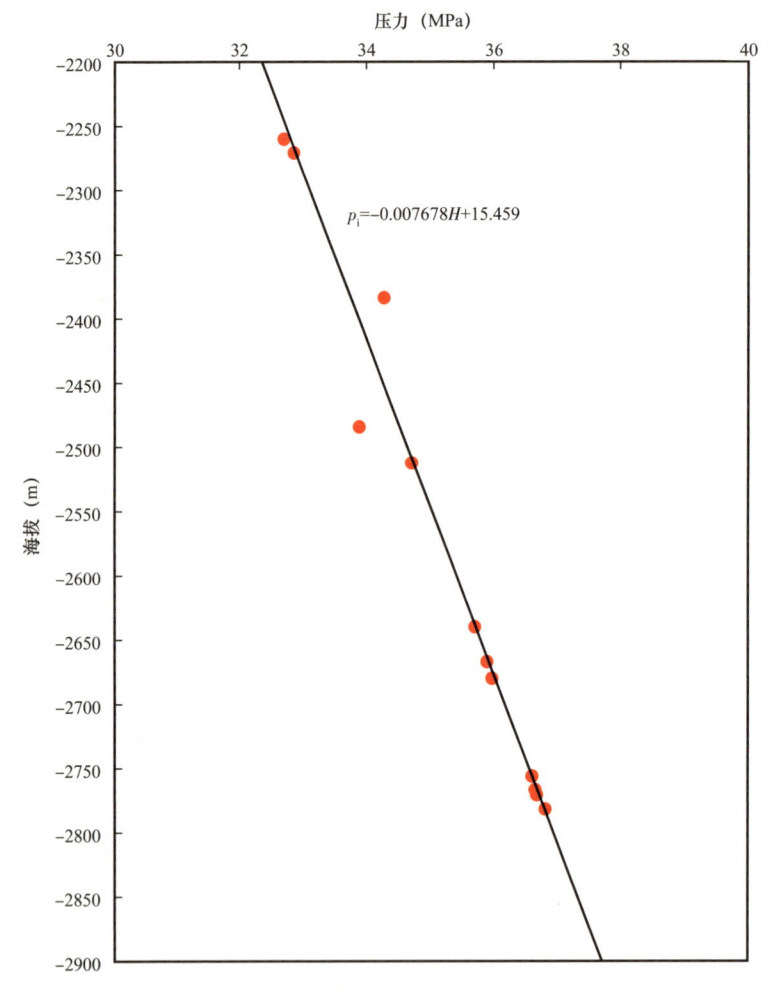

图 3-141　八区二叠系下乌尔禾组油藏压力梯度图

$$p_i = -0.007678H + 15.459$$

图注　八区下乌尔禾组油藏中部地层压力为 35.70MPa，压力系数为 1.23，为异常高压油藏。

二、开发特征

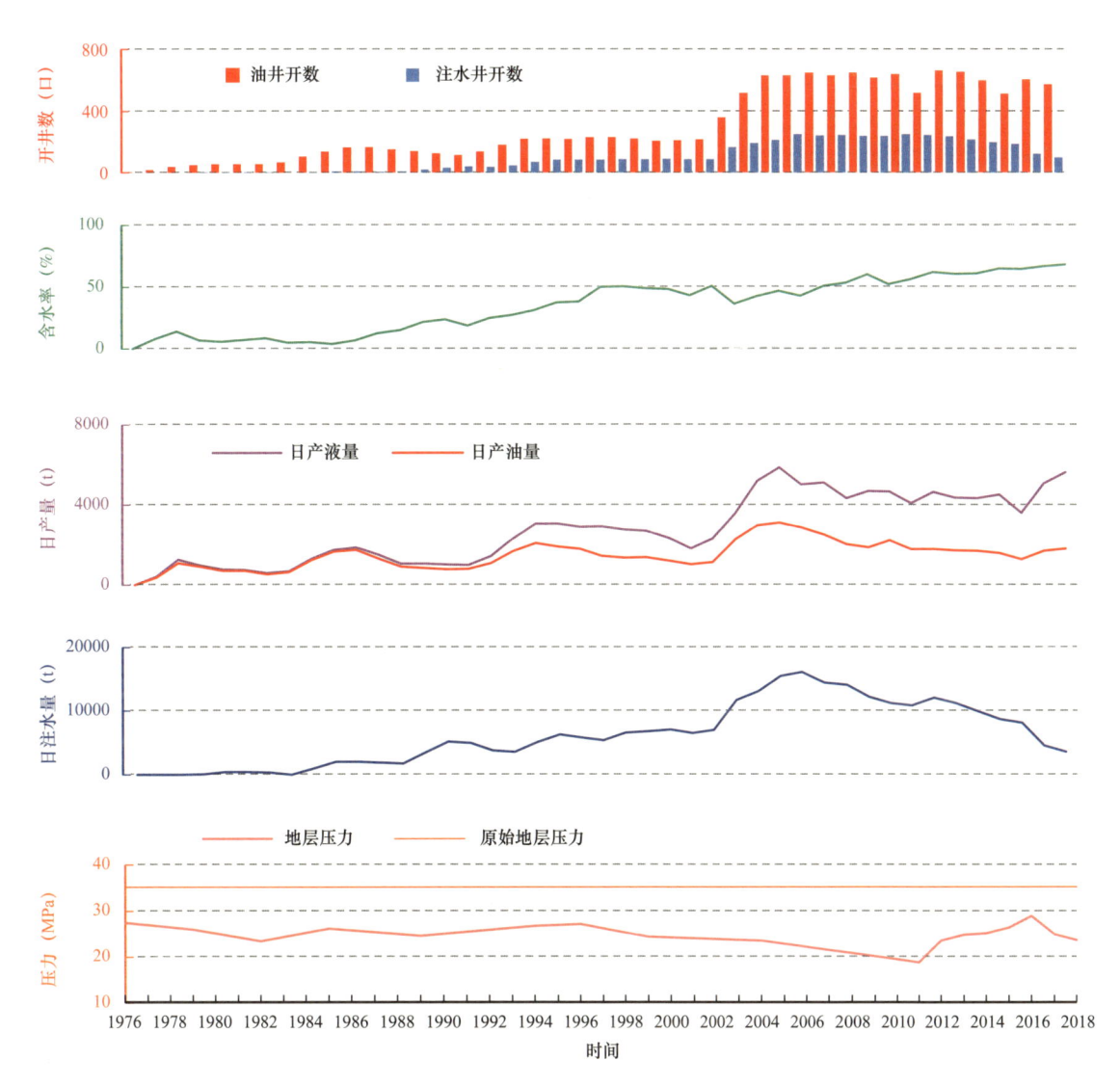

图 3-142　八区二叠系下乌尔禾组油藏综合开发曲线

图注　① 1976 年投入开发，最高开井数油井 663 口、注水井 247 口，2005 年产油量最高达 107.05×10⁴t；② 1979 年开始注水，1991 年后含水率上升较快，产出水类型为注入水和地层水；③ 2018 年 12 月，油井开井数 571 口，日产液 5616t，日产油 1799t，日注水 3614m³，含水率 67.97%，采油速度 0.47%；累计产油 2082.72×10⁴t，采出程度 17.33%。

第十节　八区 446 井区三叠系白碱滩组油藏

一、石油地质特征

（一）地层分布

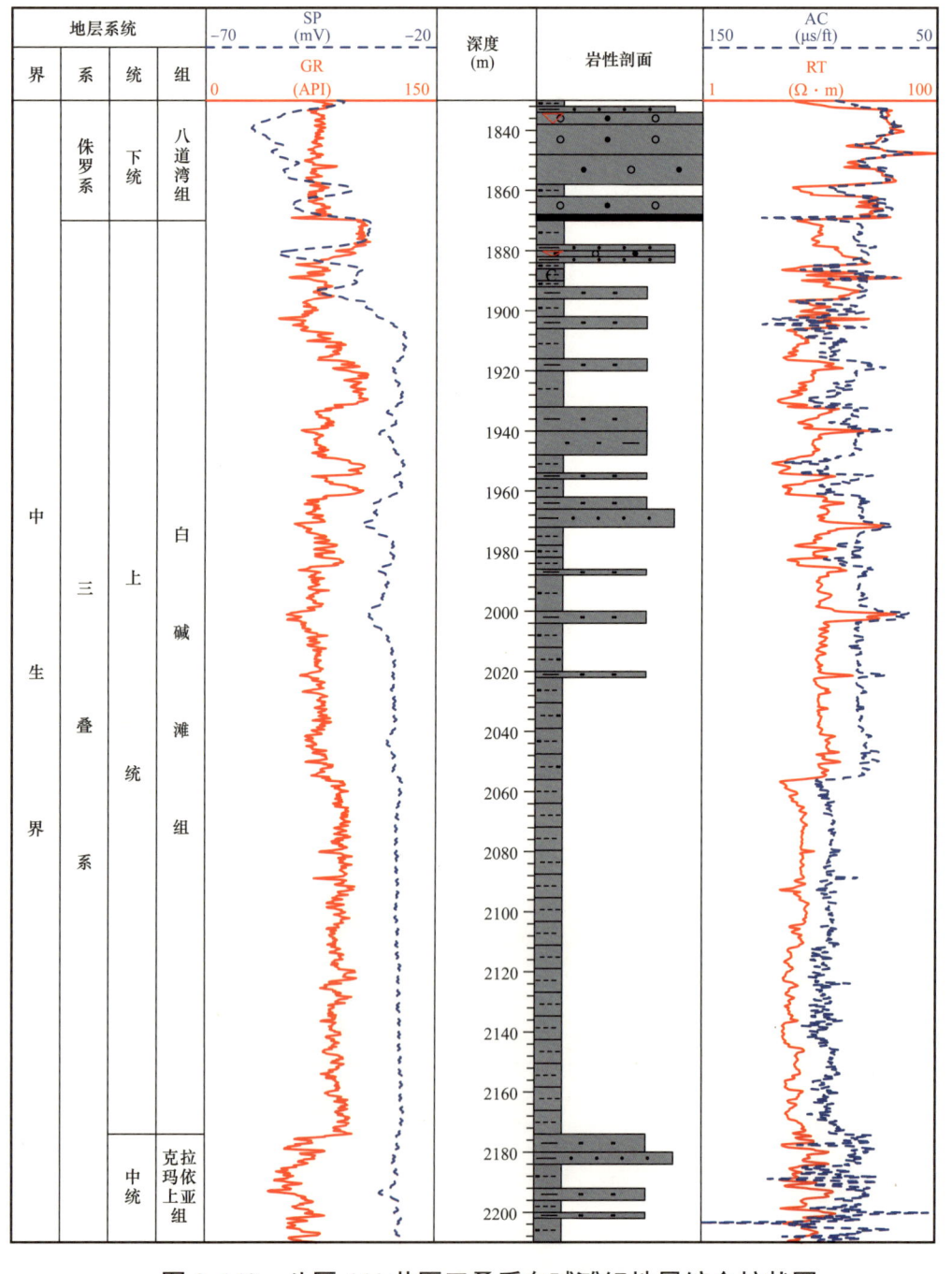

● 图 3-143　八区 446 井区三叠系白碱滩组地层综合柱状图

表 3-37　八区 446 井区重点井钻揭地层厚度统计表

井号	完钻层位	底深(m)	地层厚度表(m)								
		白垩系	侏罗系					三叠系			二叠系
		吐谷鲁群	齐古组	头屯河组	西山窑组	三工河组	八道湾组	白碱滩组	克拉玛依上亚组	克拉玛依下亚组	下乌尔禾组
		K_1tg	J_3q	J_2t	J_2x	J_1s	J_1b	T_3b	T_2k_2	T_2k_1	P_2w
检315	T_2k_1	584	378.5	242.5	175.5	172.5	177	321	272.5	19.5（未穿）	
白806	P_2w	724	284	238	262	156	206	304	256	170	33（未穿）
白818	T_3b	608	338	264	174	178	180	58（未穿）			

图表注　① 钻揭地层自上而下分别为白垩系吐谷鲁群（K_1tg，底深 580~730m），侏罗系齐古组（J_3q，280~380m）、头屯河组（J_2t，230~270m）、西山窑组（J_2x，170~270m）、三工河组（J_1s，150~180m）、八道湾组（J_1b，175~210m）和三叠系白碱滩组（T_3b，300~330m）、克拉玛依上亚组（T_2k_2，250~280m）、克拉玛依下亚组（T_2k_1，未穿）及二叠系下乌尔禾组（P_2w，未穿）；② 目的层白碱滩组与上覆地层为不整合接触，与下伏地层为整合接触。

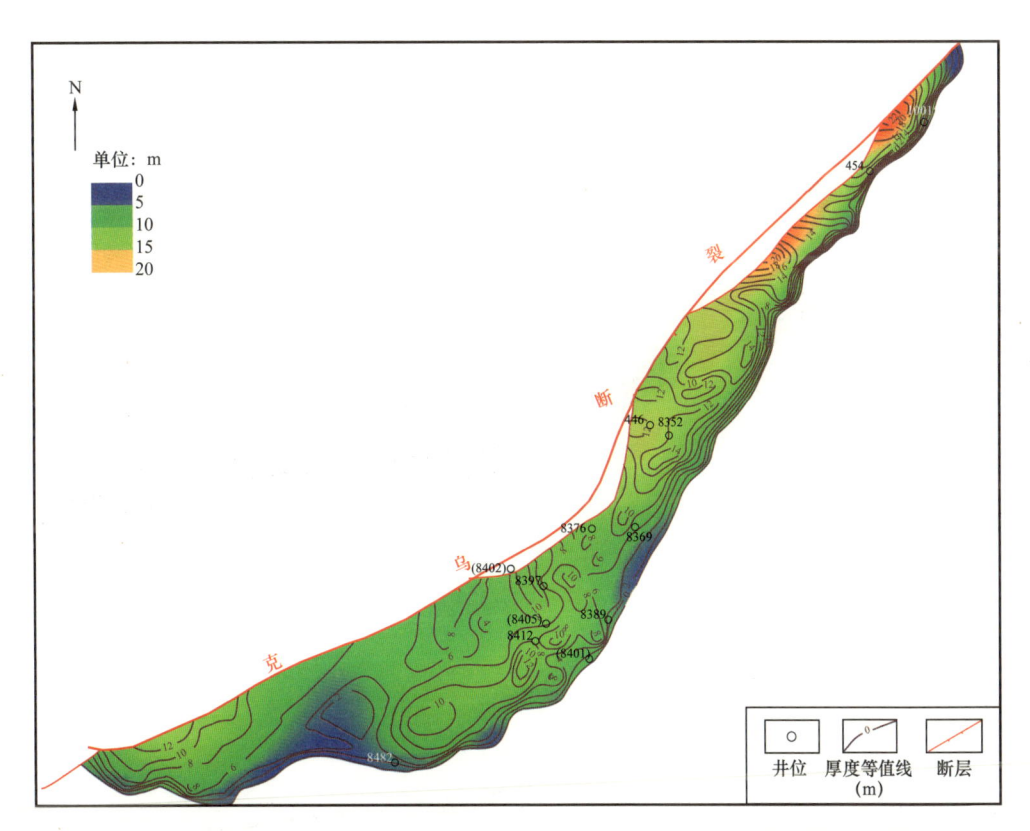

图 3-144　八区 446 井区三叠系白碱滩组一段一砂组厚度等值线图

图注　446 井区白碱滩组油藏目的层自下而上分为三个段（T_3b_1、T_3b_2、T_3b_3），T_3b_1 进一步划分为四个砂层，分别为 $T_3b_1^1$、$T_3b_1^2$、$T_3b_1^3$、$T_3b_1^4$；其中主力层为 $T_3b_1^1$，$T_3b_1^1$ 层全区均有发育，砂层沉积厚度在 0~23.0m。

（二）构造特征

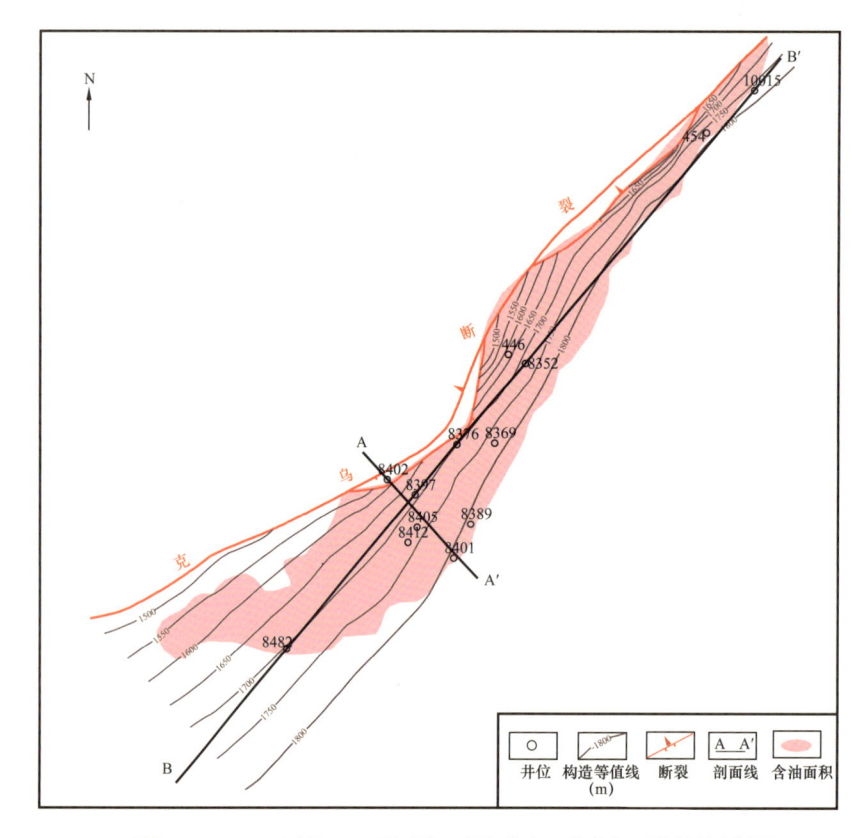

图 3-145　八区 446 井区三叠系白碱滩组顶界构造图

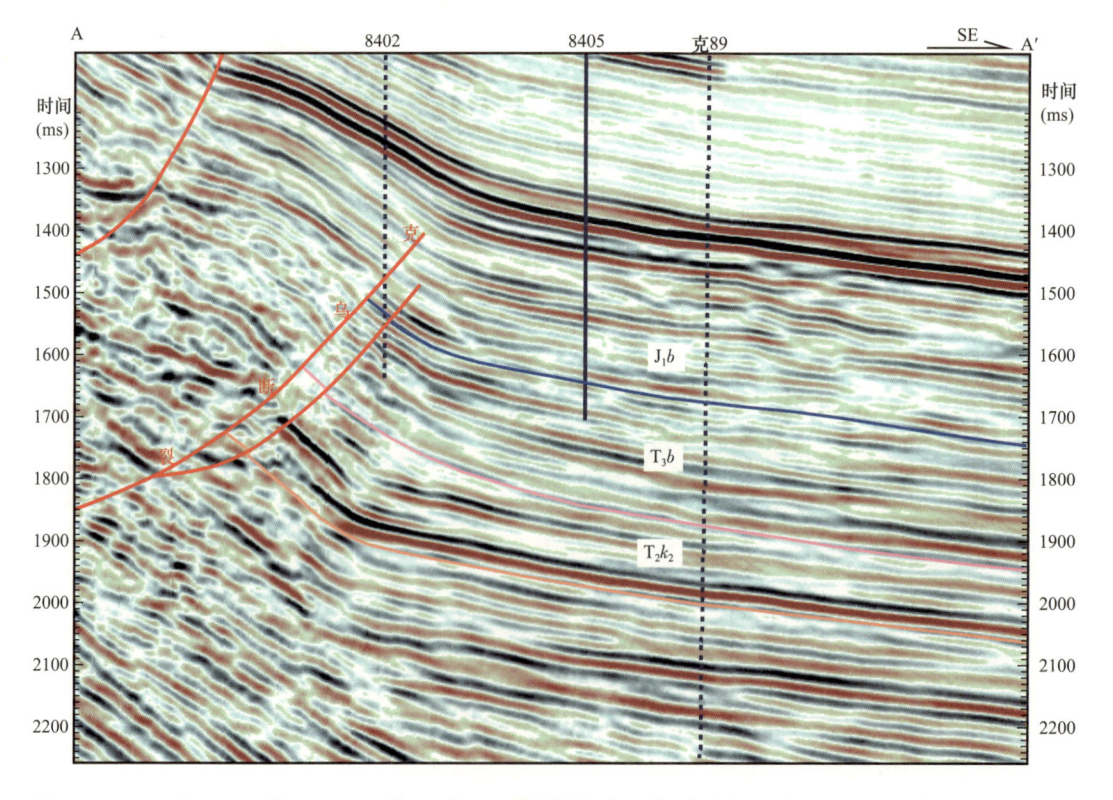

图 3-146　过 8402 井—8405 井—克 89 井地震地质解释剖面图（平面构造图无克 89 井）

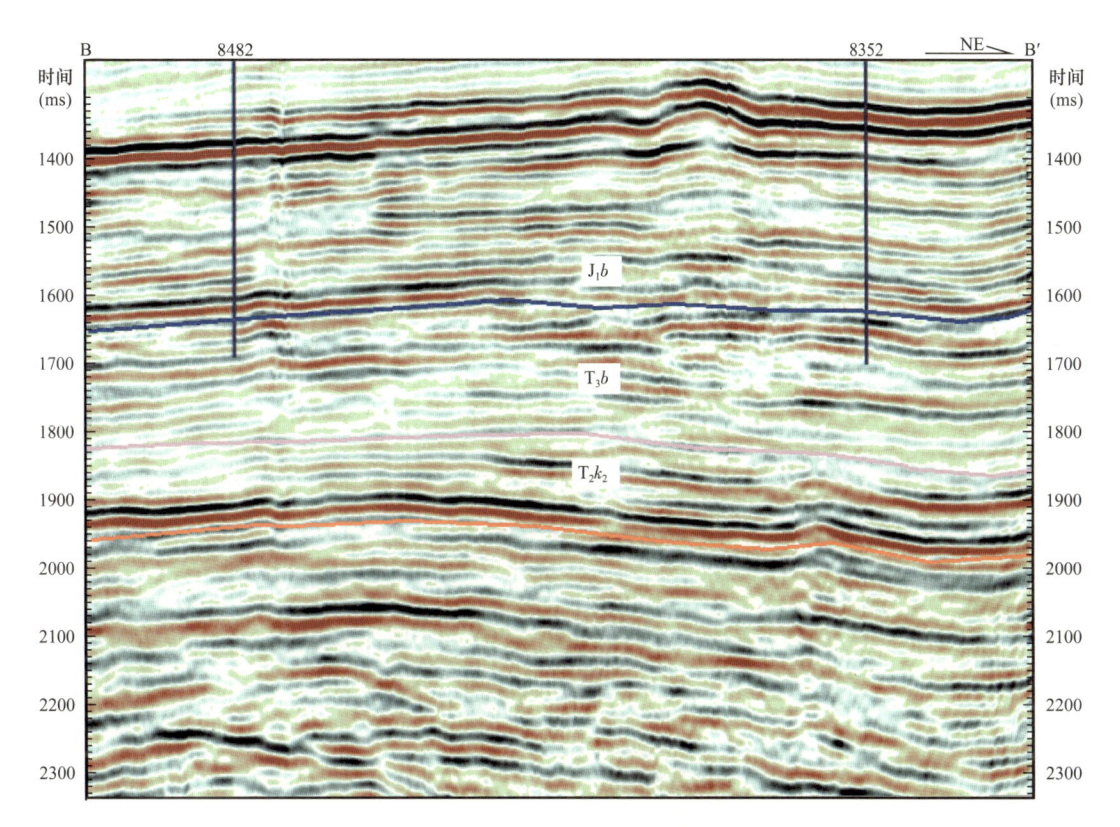

● 图 3-147 过 8482 井—8352 井地震地质解释剖面图
（剖面图范围没有构造图上画的长，缩短平面构造图上 BB′ 线）

表 3-38 八区 446 井区主要断裂要素表

序号	断裂名称	断裂性质	断开层位	目的层断距（m）	断裂产状 走向	断裂产状 倾向	断裂产状 倾角
1	南白碱滩断裂	逆	J_3q—P_2w	100~450	NE—SW	NW	20°~85°
2	克乌断裂	逆	J_3q—P_2w	60~630	NE—SW	NE	30°~70°

图表注 ① 白碱滩组顶部构造形态为一向东南倾的单斜构造，受南白碱滩断裂和克乌断裂影响；② 南白碱滩断裂属逆断层，断裂走向为北东—南西向，倾向北西，倾角上陡下缓，上部约 85° 左右，下部约 20°，断距 100~450m。已有 6 口井钻遇；③ 克乌断裂是在基底断裂基础上发育起来的同生断层，走向南西—北东向，断面倾向北东，倾角上陡下缓，上部约 70° 左右，下部约 30°，断距 60~630m。

（三）油藏剖面

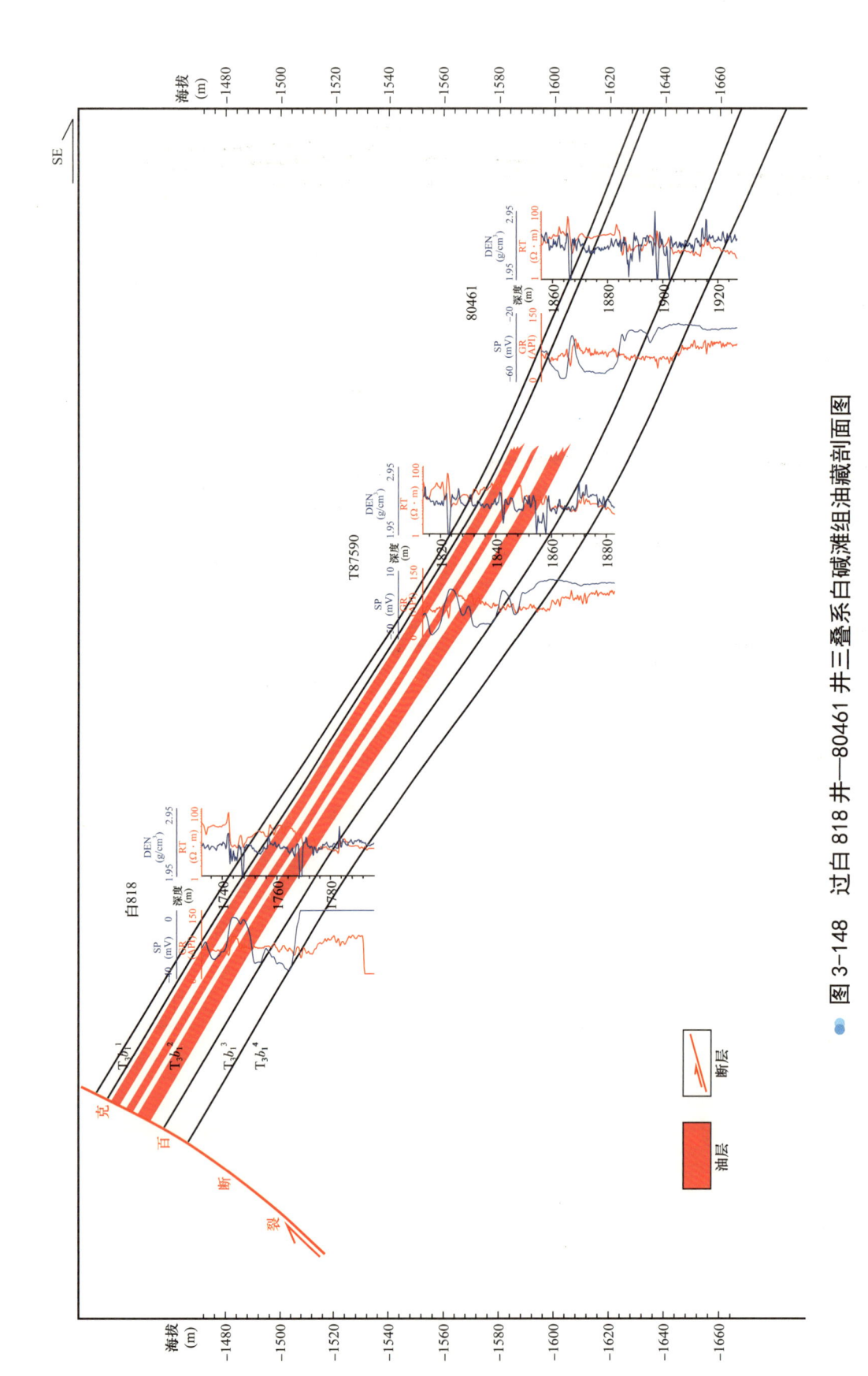

图 3-148　过白 818 井—80461 井三叠系白碱滩组油藏剖面图

图注　446 井区白碱滩组为构造—岩性油藏，北部受克乌断裂以及南白碱断裂遮挡，其他方向主要受岩性和物性控制。

（四）沉积特征

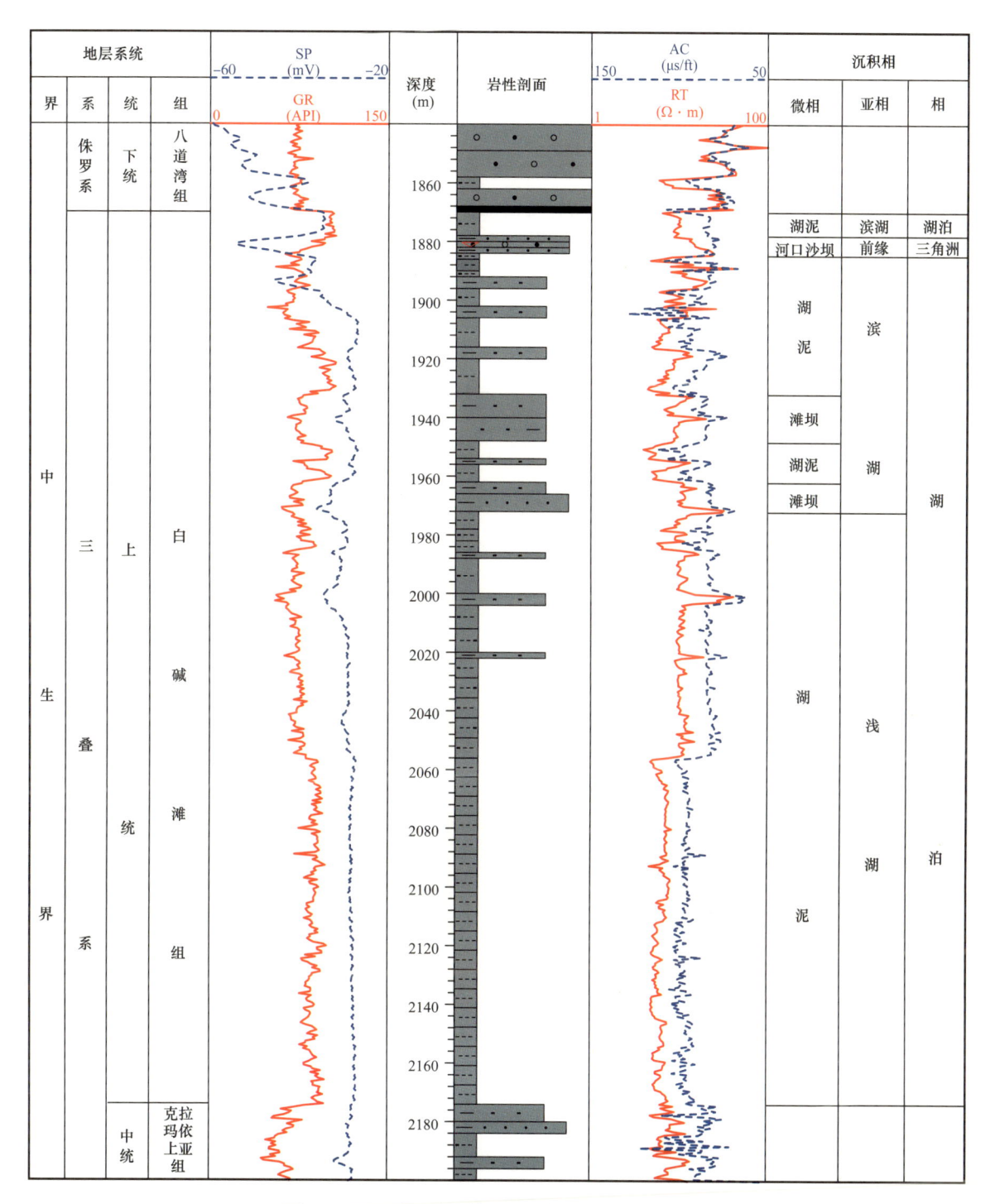

● 图 3-149　白 806 井三叠系白碱滩组单井相图

图注　① 主要发育湖泊、三角洲相沉积；② 垂向上湖泥、河口沙坝、滩坝三种微相相互叠置；③ 主力储层为河口沙坝微相，电阻率曲线呈箱形，10≤RT＜20Ω·m，伽马曲线呈箱形，80≤GR＜105API，自然电位呈箱形，-40≤SP＜-5mV。

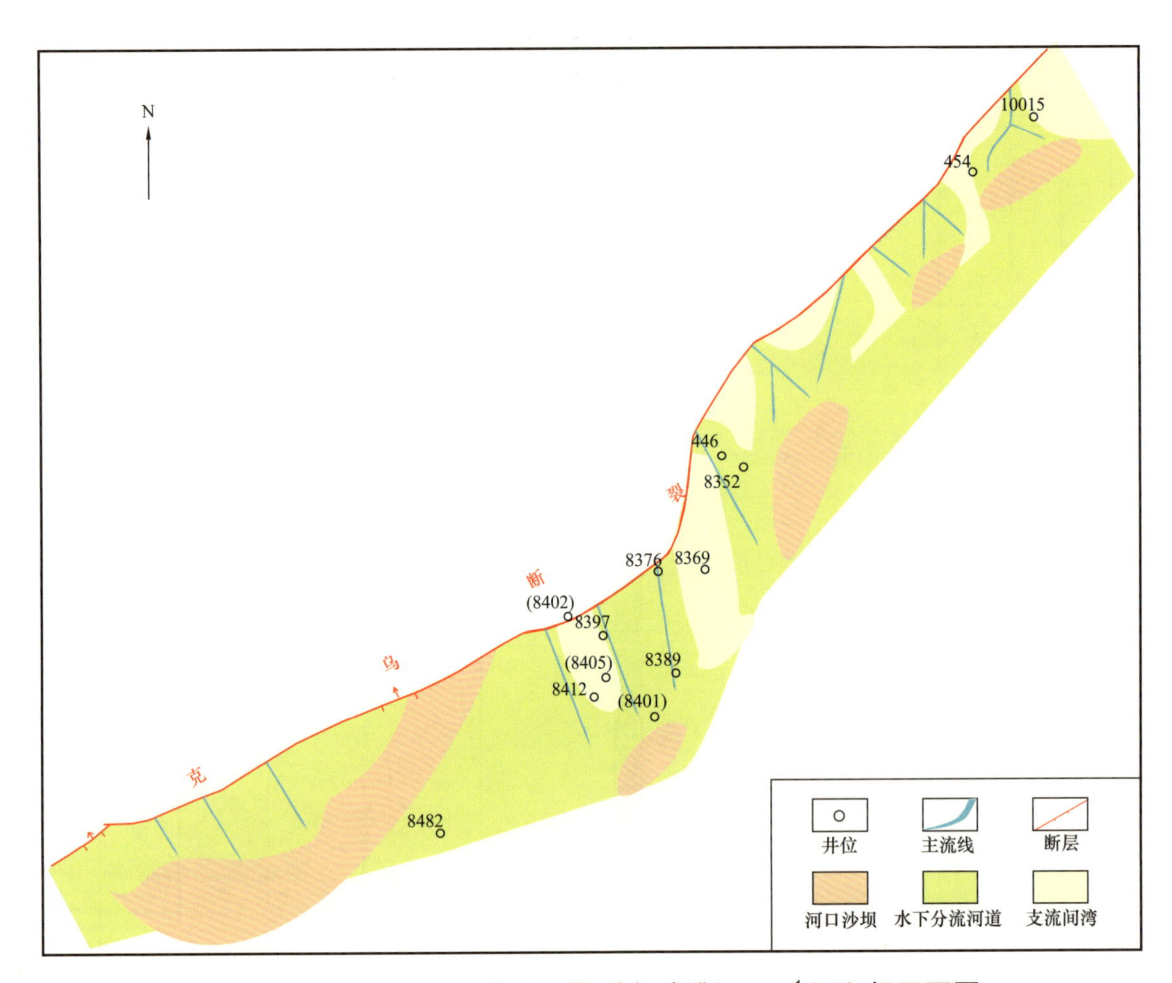

● 图 3-150　八区 446 井区三叠系白碱滩组 $T_3b_1^1$ 沉积相平面图

图注　八区 446 井区白碱滩组地层为三角洲相沉积。$T_3b_1^1$ 层以扇三角洲前缘亚相沉积为主，北部主要发育水下分流河道微相，南部以河口沙坝沉积为主。砾岩厚度 4～25m，是本区主力油层。顶部为一套灰黑、深灰色泥岩、碳质泥岩夹煤层的盖层。厚度 5～15m，分布广泛，呈连片状分布。

（五）储层特征

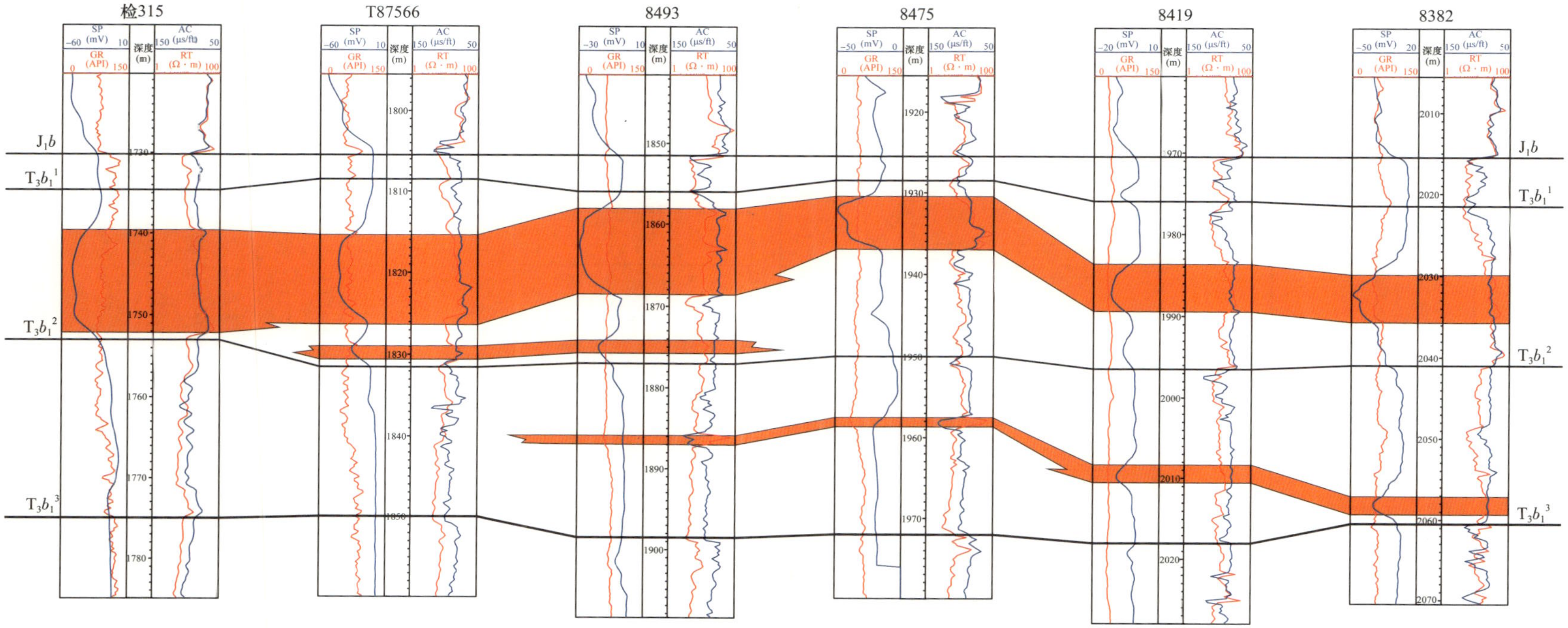

图 3-151 过检 315 井—8382 井三叠系白碱滩组砂层对比图

图注 白碱滩组目的层由下而上分为三个段，分别为 T_3b_1、T_3b_2、T_3b_3，其中油层 T_3b_1 进一步可分为 $T_3b_1^1$、$T_3b_1^2$、$T_3b_1^3$、$T_3b_1^4$；主力油层 $T_3b_1^1$ 是一个单砂层，以灰色粗砂岩岩为主，底部多含砂砾岩等；砂层 $T_3b_1^2$ 为三角洲前缘亚相的水下分流河道和支流间微相沉积，岩性主要为一套浅灰灰色的中—细粒砂岩与灰黑色泥岩、岩互层。

表 3-39　八区 446 井区三叠系白碱滩组储层物性特征统计表

层位	类别	孔隙度(%)			渗透率(mD)		
		样品数	变化范围	平均	样品数	变化范围	平均
T_3b	储层	277	4.43～21.41	13.26	263	0.01～182.50	12.57
	油层	162	13.04～21.41	15.76	82	0.40～182.50	15.47

(a) 储层孔隙度直方图

(b) 油层孔隙度直方图

(c) 储层渗透率直方图

(d) 油层渗透率直方图

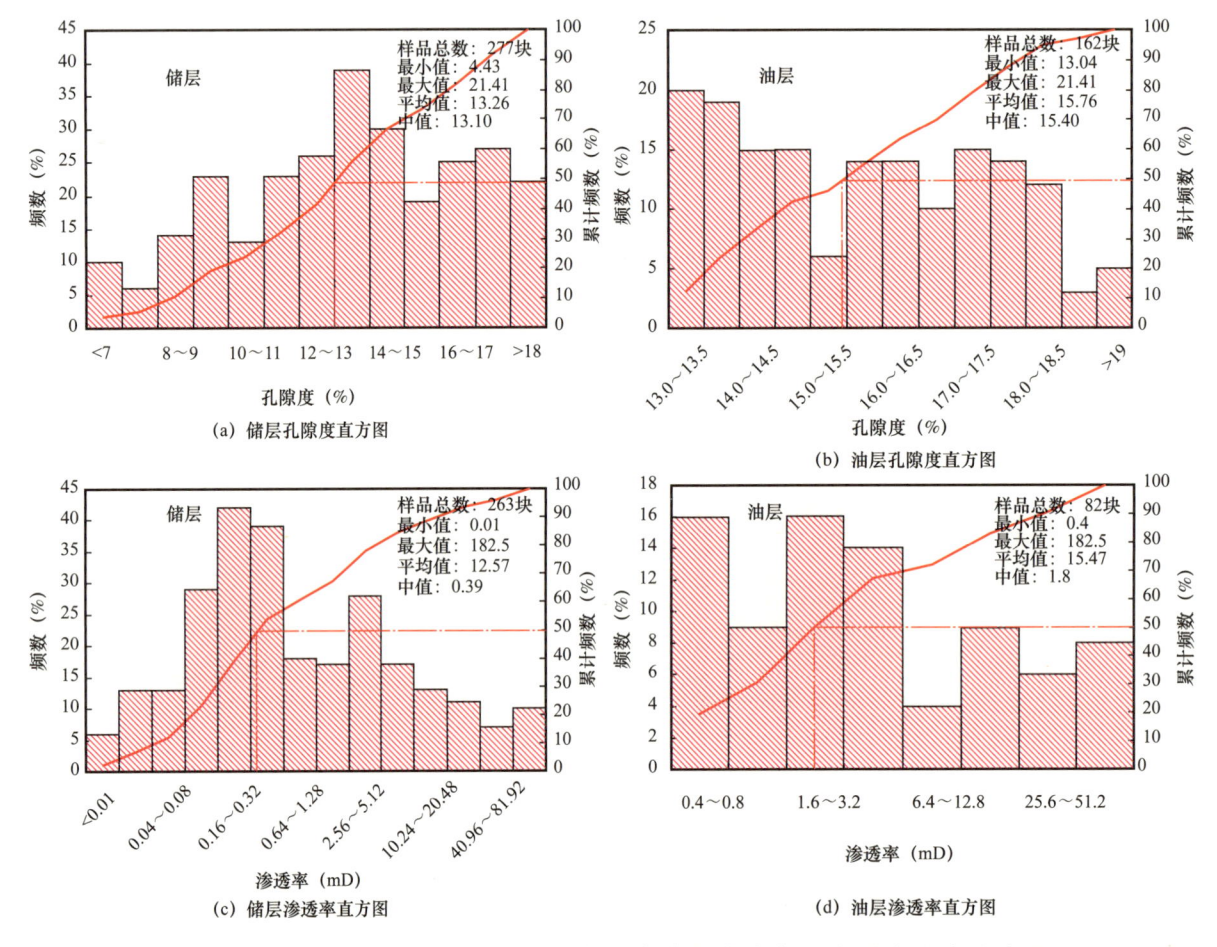

● 图 3-152　八区 446 井区三叠系白碱滩组孔隙度、渗透率分布直方图

图表注　据本区三叠系白碱滩组岩心资料分析，白碱滩组储层孔隙度主要分布在 4.43%～21.41%，平均为 13.26%，油层孔隙度 13.04%～21.41%，平均为 15.76%；储层渗透率 0.01～182.50mD，平均为 12.57mD，油层渗透率 0.40～182.50mD，平均为 15.47mD。

(a) 450井，2010m，灰色细砂岩，微细层理

(b) 450井，2019.64m，灰色中砂岩，斜层理

(c) 450井，2042m，灰色细砂岩，波状层理

(d) 450井，2169.2m，灰色泥质粉砂岩，交错层理

● 图 3-153　八区 446 井区三叠系白碱滩组岩心照片

图注　① 446 井区白碱滩组储层岩性主要为灰色细砂岩、中砂岩及不等粒砂岩。颗粒主要成分为凝灰岩、石英、长石，次为千枚岩、泥岩；② 碎屑颗粒分选好—差，磨圆度以次棱角—次圆状为主；③ 沉积构造观察反映沉积环境为三角洲环境。

(a) 白818井，1751.37m，细砂岩，剩余粒间孔、晶间孔

(b) 白818井，1754.63m，含砾粗砂岩，剩余粒间孔、晶间孔

(c) 白818井，1747.92m，细砂岩，粒内溶孔

(d) 白818井，1762.94m，砂砾岩，剩余粒间孔隙

● 图 3-154　八区 446 井区三叠系白碱滩组岩石铸体薄片照片

图注　① 白碱滩组储集空间孔隙不发育，孔隙类型有粒间孔隙、粒内孔隙等；② 孔隙类型主要为剩余粒间孔，占 88%，次为粒内溶孔，占 11%；孔隙直径 6.78～118.06μm，平均为 51.30μm，面孔率平均 0.75%，孔喉配位数 0～1。孔隙发育差，连通性差。

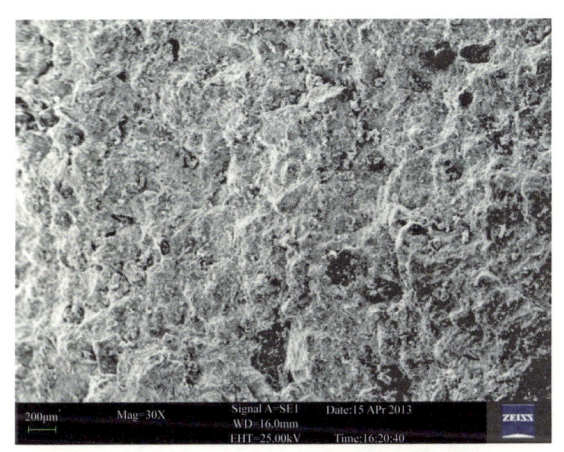

(a) 白818井，1747.92m，粒间填充的散片状高岭石

(b) 白818井，1750.52m，粒间填充的蠕状高岭石

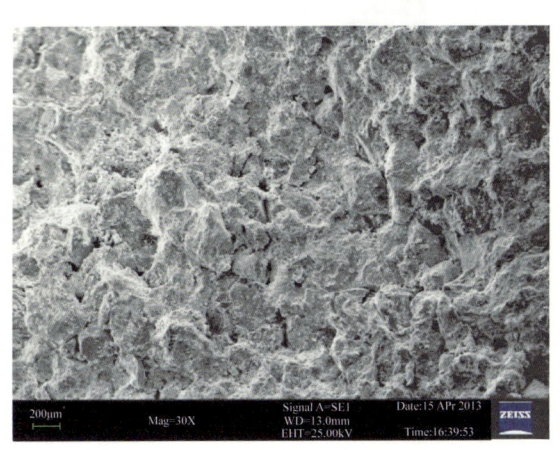

(c) 白818井，1752.18m，粒间填充的散片状高岭石

(d) 白818井，1756.51m，片状伊利石，不规则片状绿泥石

● 图 3-155　八区 446 井区三叠系白碱滩组扫描电镜照片

图注　白碱滩组黏土矿物中以高岭石为主，占 66.7%；其次为伊/蒙混层，占 13.7%，绿泥石占 10.7%，伊利石占 8.8%；黏土矿物形态有散片状、蠕虫状、不规则状等。

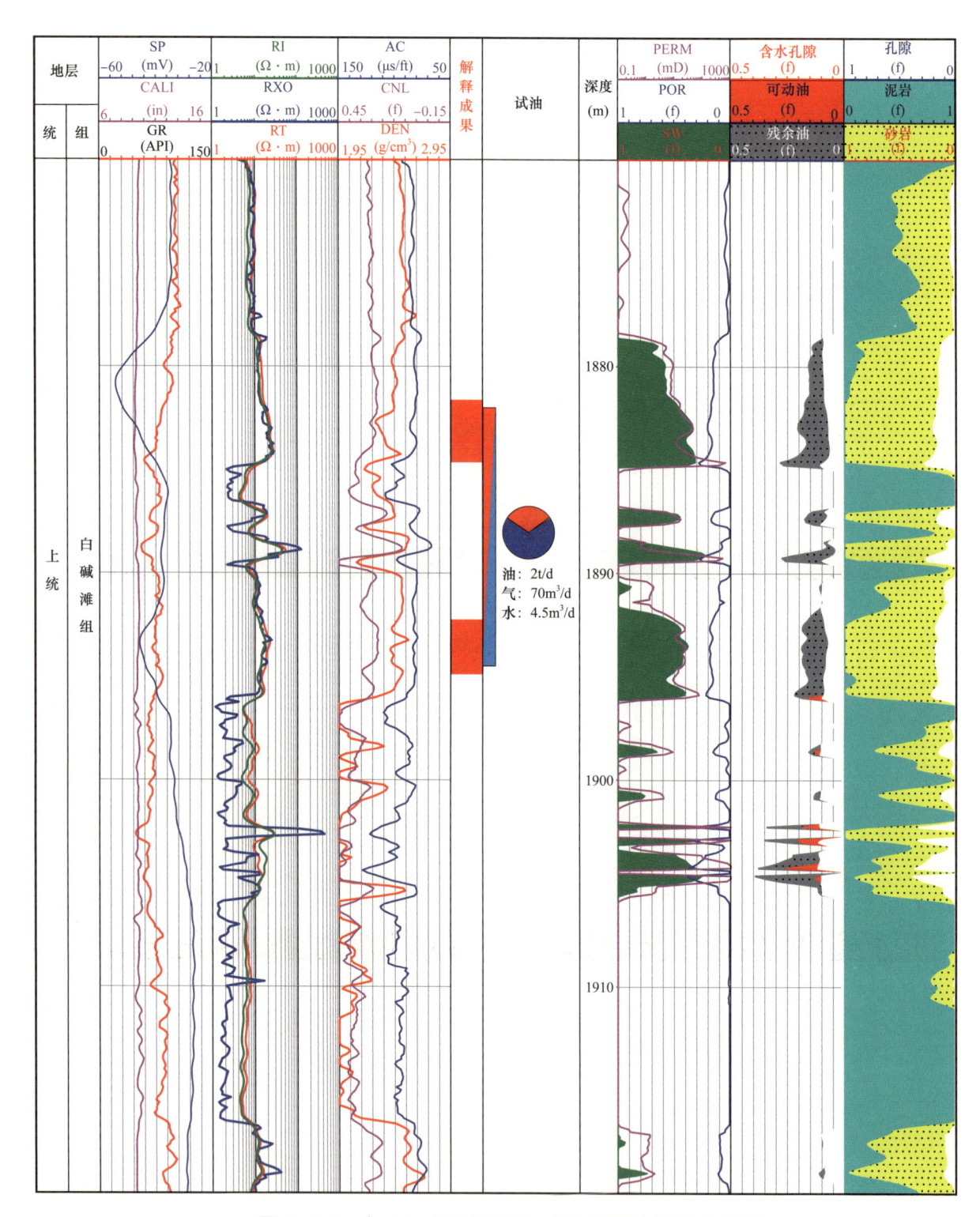

● 图 3-156　白 806 井三叠系白碱滩组测井解释成果图

图注　① 八区 446 井区白碱滩组油层解释下限标准为：$RT>14.5\Omega\cdot m$，$\phi>13\%$，$S_o>48\%$；② 白 806 井三叠系白碱滩组共解释油层 5.6m/2 层。

（六）流体性质与压力系统

表 3-40　八区 446 井区三叠系白碱滩组油藏地面原油性质参数表

层位	分区	密度（g/cm³）	50℃黏度（mPa·s）	含蜡（%）	凝固点（℃）
T₃b	已探明区	0.846	14.76	9.73	21
	扩边区	0.856	18.20	8.90	19

表注　地面原油密度变化范围 0.846～0.856g/cm³，平均 0.851g/cm³，50℃黏度变化范围 14.76～18.2mPa·s，平均 16.48mPa·s。凝固点平均 20℃，含蜡量平均为 9.3%。

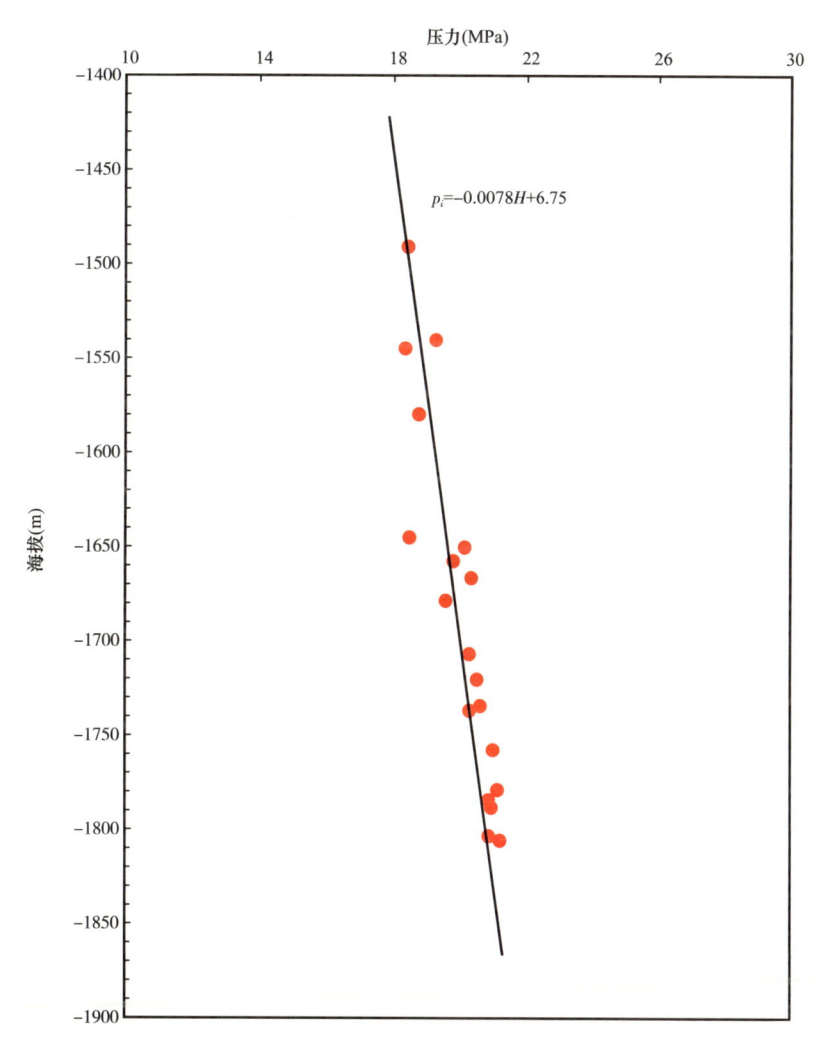

$p_i = -0.0078H + 6.75$

● 图 3-157　八区 446 井区三叠系白碱滩组油藏压力梯度图

图注　八区 446 井区白碱滩组油藏原始地层压力 18.66MPa，压力系数 1.04，折算至油藏中部饱和压力为 15.35MPa，油藏中部温度为 53℃。

二、开发特征

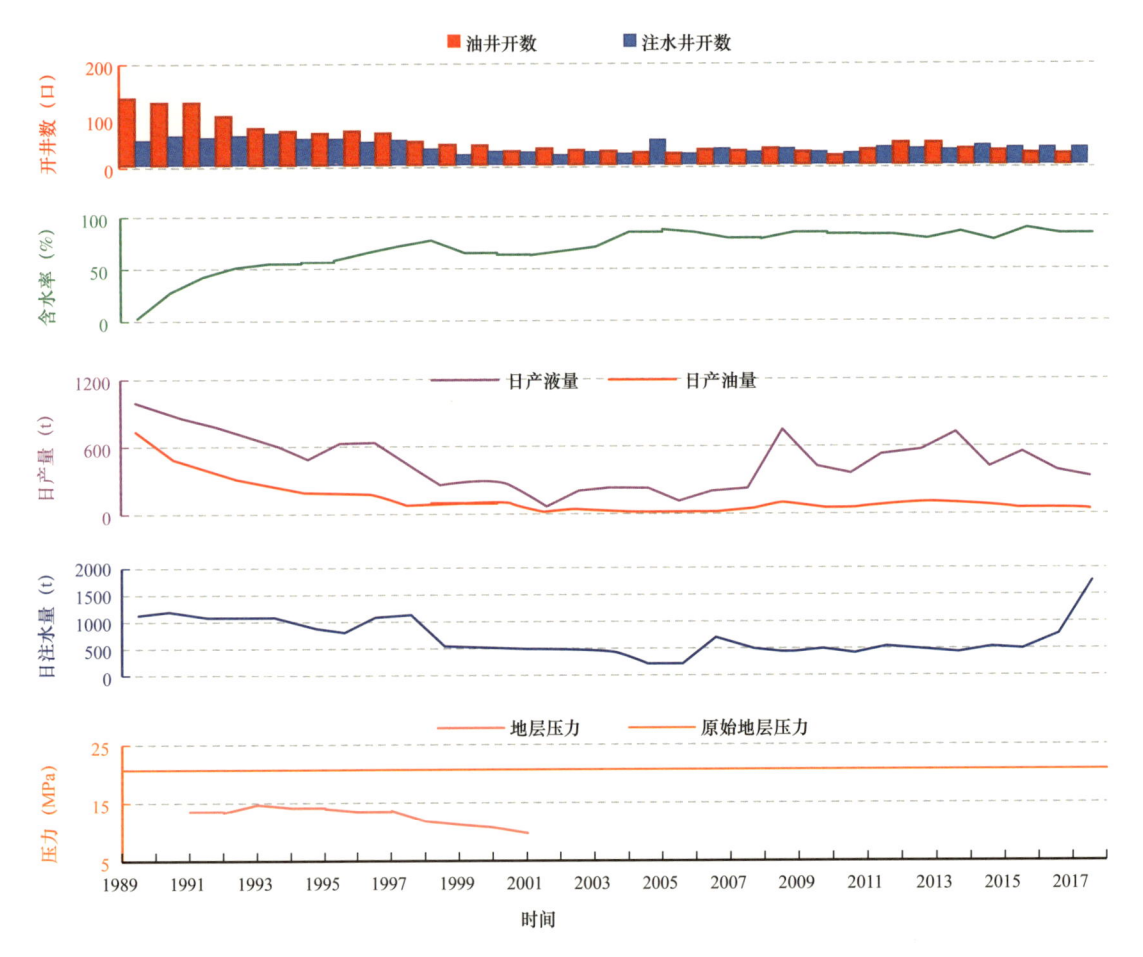

图 3-158　八区 446 井区三叠系白碱滩组油藏综合开发曲线图

图注　① 1990 年投入开发，最高开井数油井 125 口、注水井 56 口，1990 年产油量最高达 23.50×10⁴t；② 1990 年开始注水，之后含水率上升较快，产出水类型为注入水和地层水；③ 2018 年 12 月，油井开井数 19 口，日产液 333t，日产油 47t，日注水 1749m³，含水率 85.89%，采油速度 0.19%；累计产油 168.54×10⁴t，采出程度 14.55%。

第十一节 八区 552 井区侏罗系八道湾组油藏

一、石油地质特征

（一）地层分布

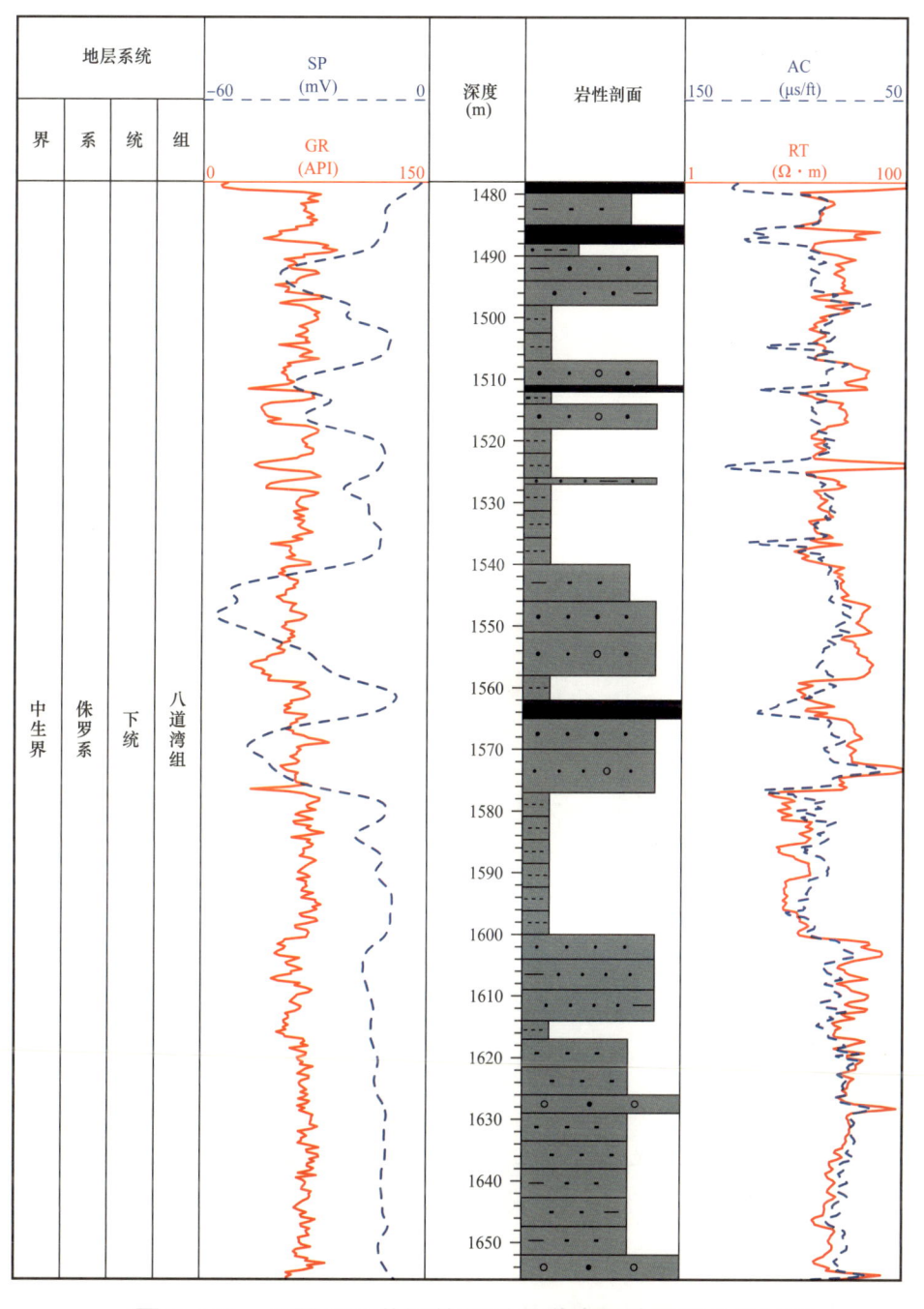

● 图 3-159 八区 552 井区侏罗系八道湾组地层综合柱状图

表 3-41　八区 552 井区重点井钻揭地层厚度统计表

井号	完钻层位	底深(m) 白垩系 吐谷鲁群 K₁tg	地层厚度(m) 侏罗系 齐古组 J₃q	头屯河组 J₂t	西山窑组 J₂x	三工河组 J₁s	八道湾组 J₁b	三叠系 白碱滩组 T₃b
535	T₃b	375.5	336.5	188	245	222.5	250	未穿
8876	T₃b	476	404.5	179	245	249.5	180.5	未穿
8874	T₃b	451.5	441.5	226	206.5	217	193.5	未穿
89200	T₃b	387	324.5	200.5	385	180	179.5	未穿

表注　① 钻揭地层自上而下分别为白垩系吐谷鲁群（K₁tg，370～480m），侏罗系齐古组（J₃q，320～450m）、头屯河组（J₂t，170～230m）、西山窑组（J₂x，200～390m）、三工河组（J₁s，180～250m）、八道湾组（J₁b，180～250m），三叠系白碱滩组（T₃b，未穿）；② 目的层为侏罗系八道湾组。

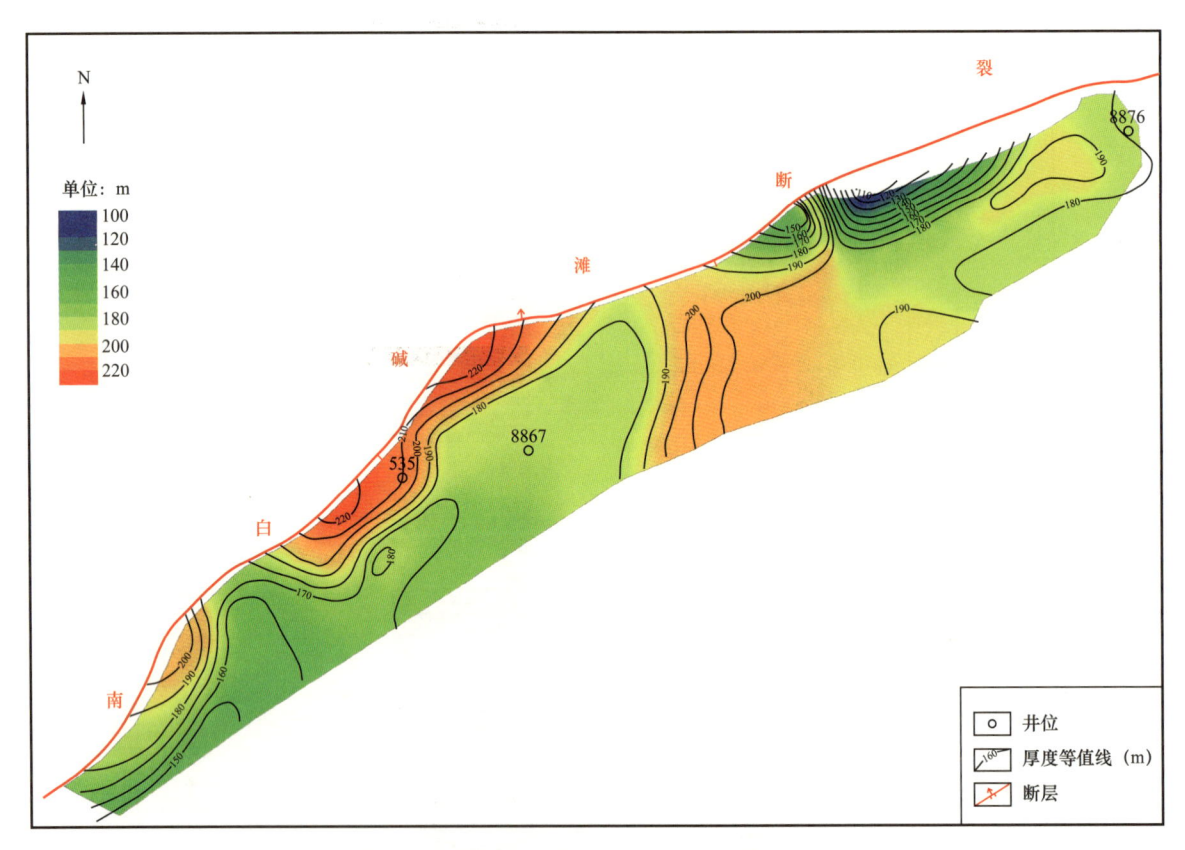

● 图 3-160　八区 552 井区侏罗系八道湾组厚度等值线图

图注　八区 552 井区八道湾组沉积厚度约 100～230m。

(二)构造特征

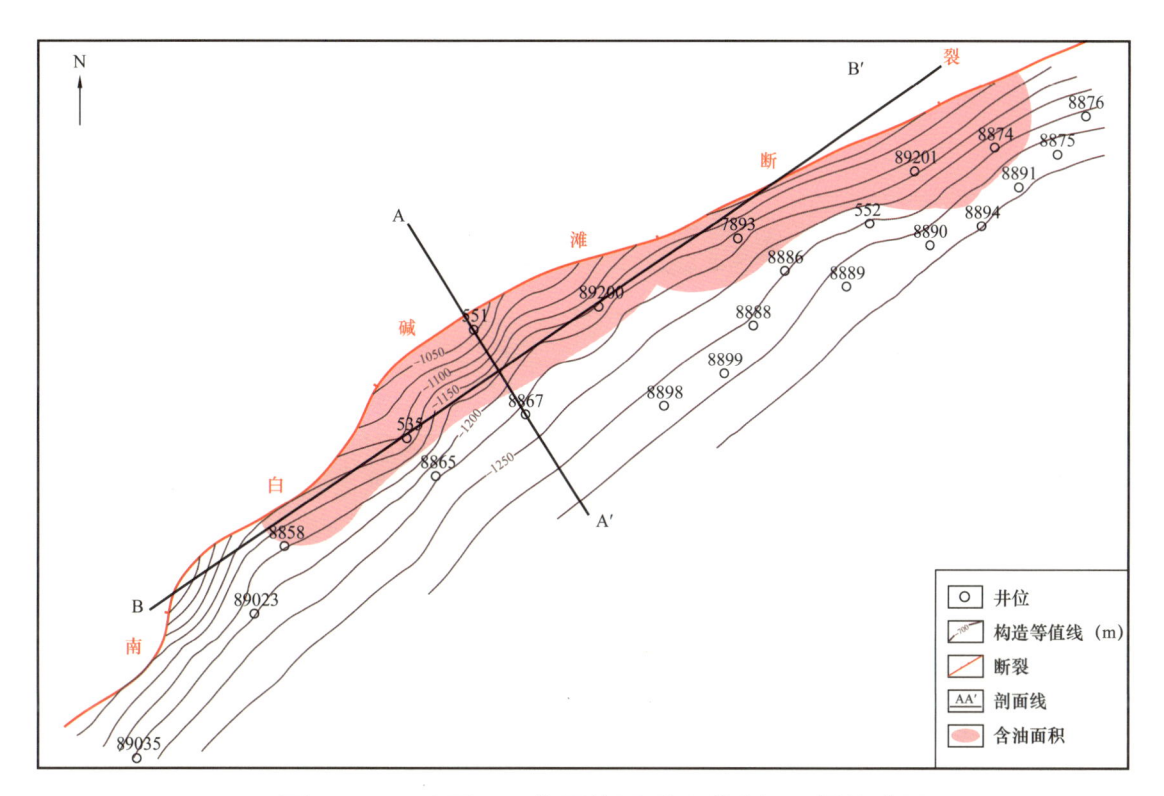

图 3-161 八区 552 井区侏罗系八道湾组顶界构造图

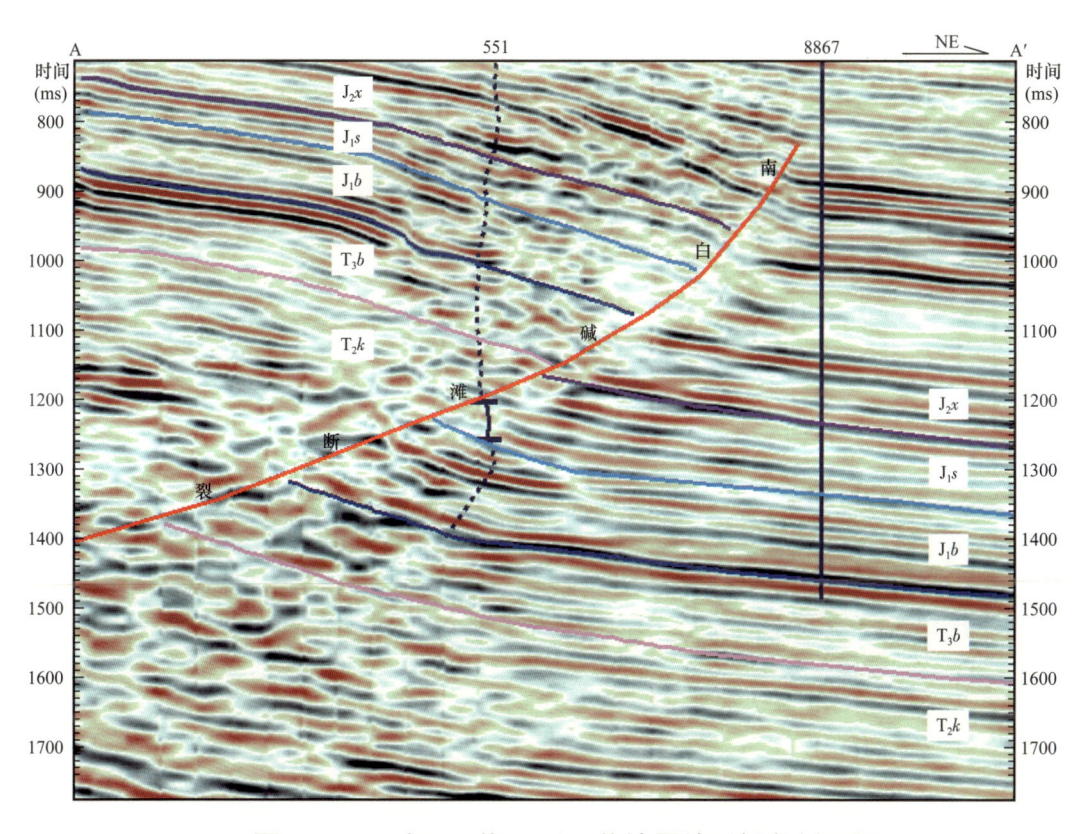

图 3-162 过 551 井—8867 井地震地质解释剖面图

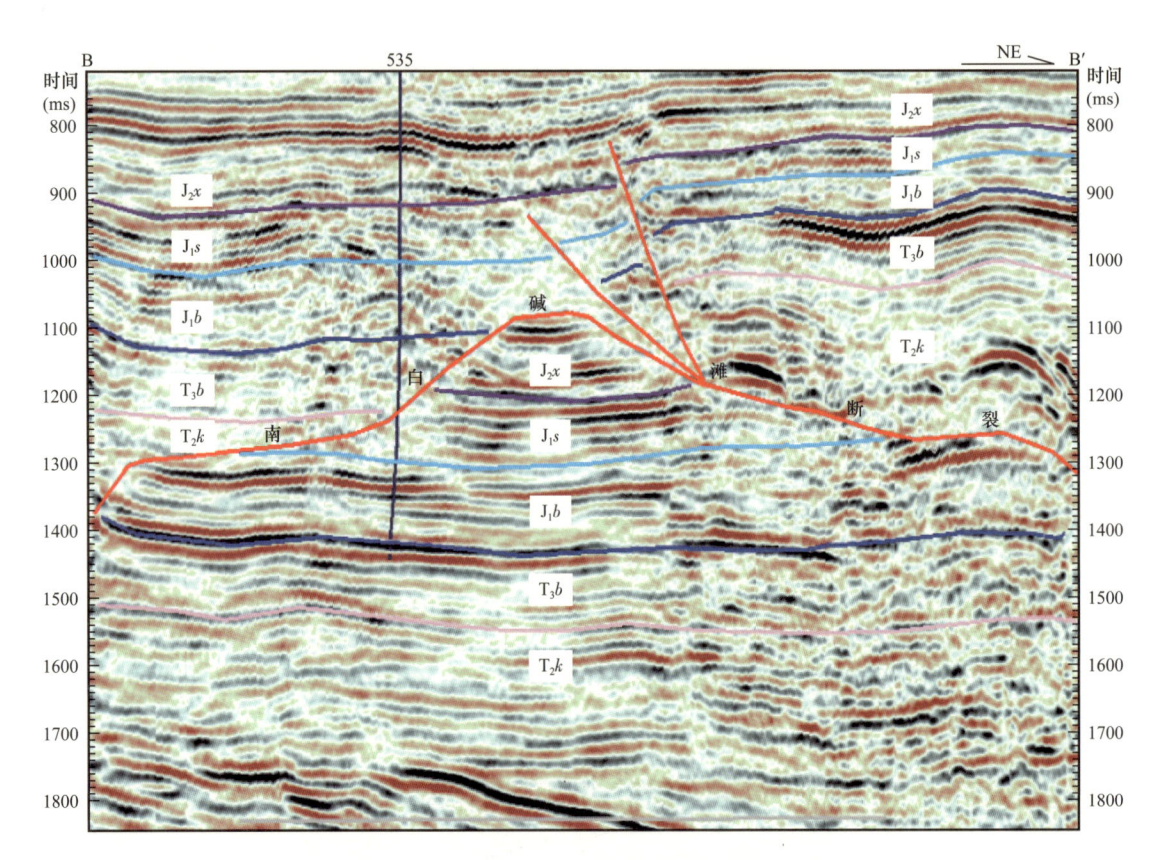

● 图 3-163　过 535 井地震地质解释剖面图

表 3-42　八区 552 井区主要断裂要素表

区块	断裂名称	断裂性质	断开层位	目的层断距（m）	断裂产状 走向	断裂产状 倾向	断裂产状 倾角
八区	南白碱滩断裂	逆	C—J	80～400	NE—SW	WN	30°～70°

图表注　① 八区 552 井区侏罗系八道湾组顶面构造形态为一向东南倾的单斜构造，地层倾角一般为 3°～5°，油藏北部紧靠南白碱滩断裂，倾角变大，一般为 20°～30°，构造特征相对简单；② 南白碱滩断裂为本区控制油藏的主要断裂，为同沉积逆断层，断面倾向西北，倾角上陡下缓，走向大致北东—南西向，八道湾组最大断距达 400m，向东向西断距逐渐减小。

(三) 油藏剖面

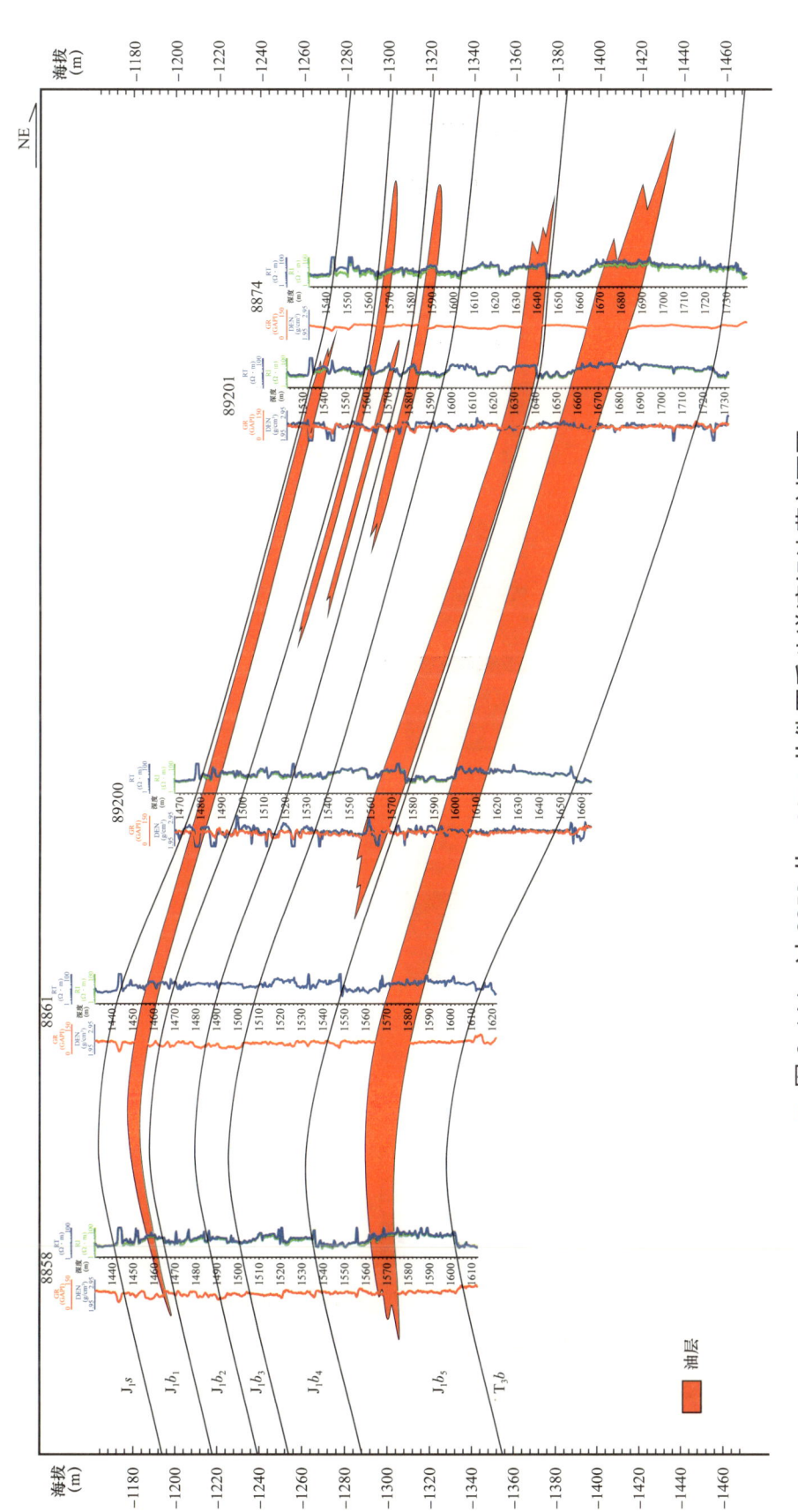

图 3-164 过 8858 井—8874 井侏罗系八道湾组油藏剖面图

图注 ①入区 552 井区八道湾组油藏是受南白碱滩断裂遮挡、受沉积环境和储层岩性物性控制的构造—岩性油藏，J_1b_1、J_1b_5 为主力油层。

（四）沉积特征

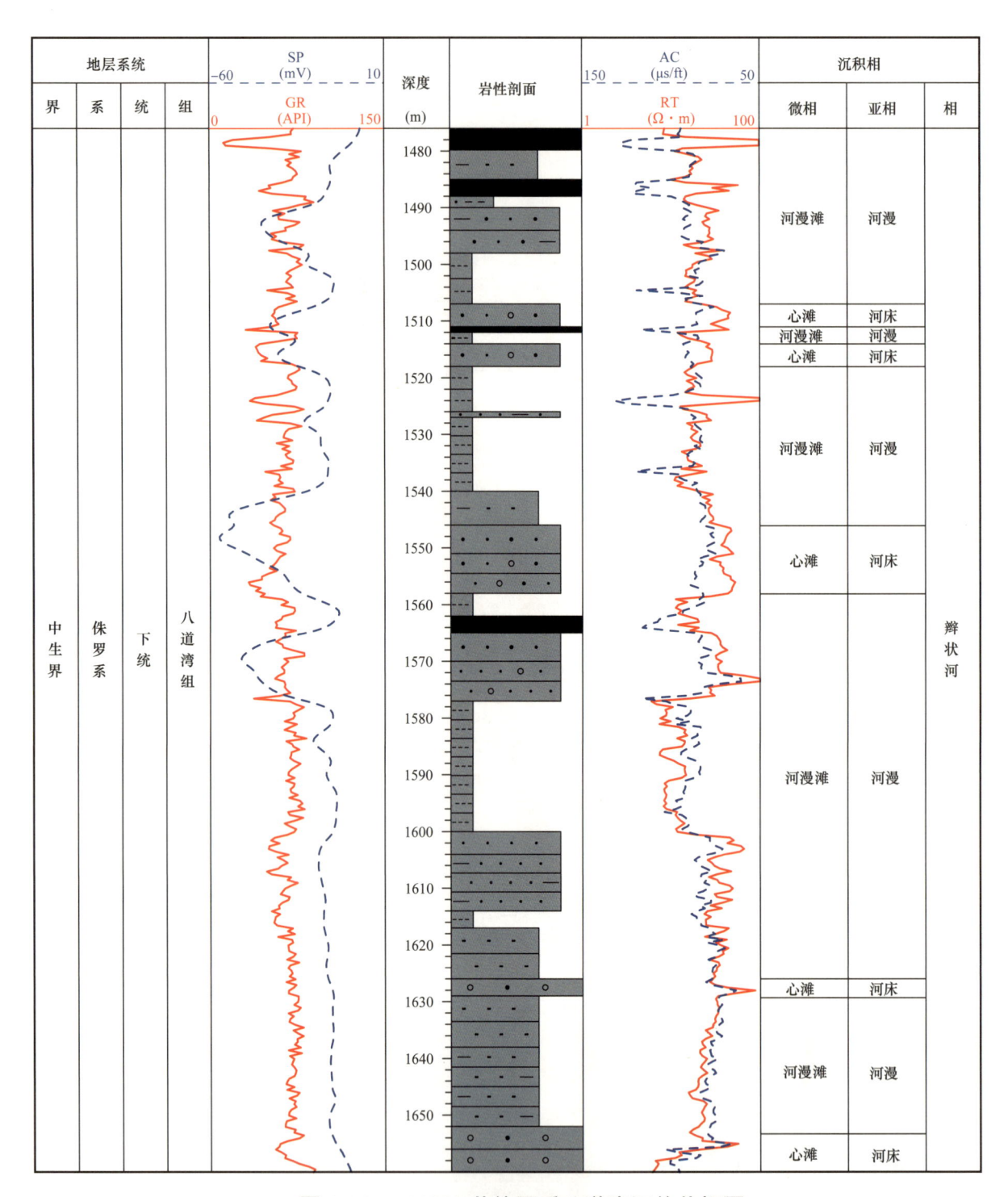

图 3-165　89200 井侏罗系八道湾组单井相图

图注　①整体为一套辫状河流相沉积；②发育心滩和河漫滩微相。

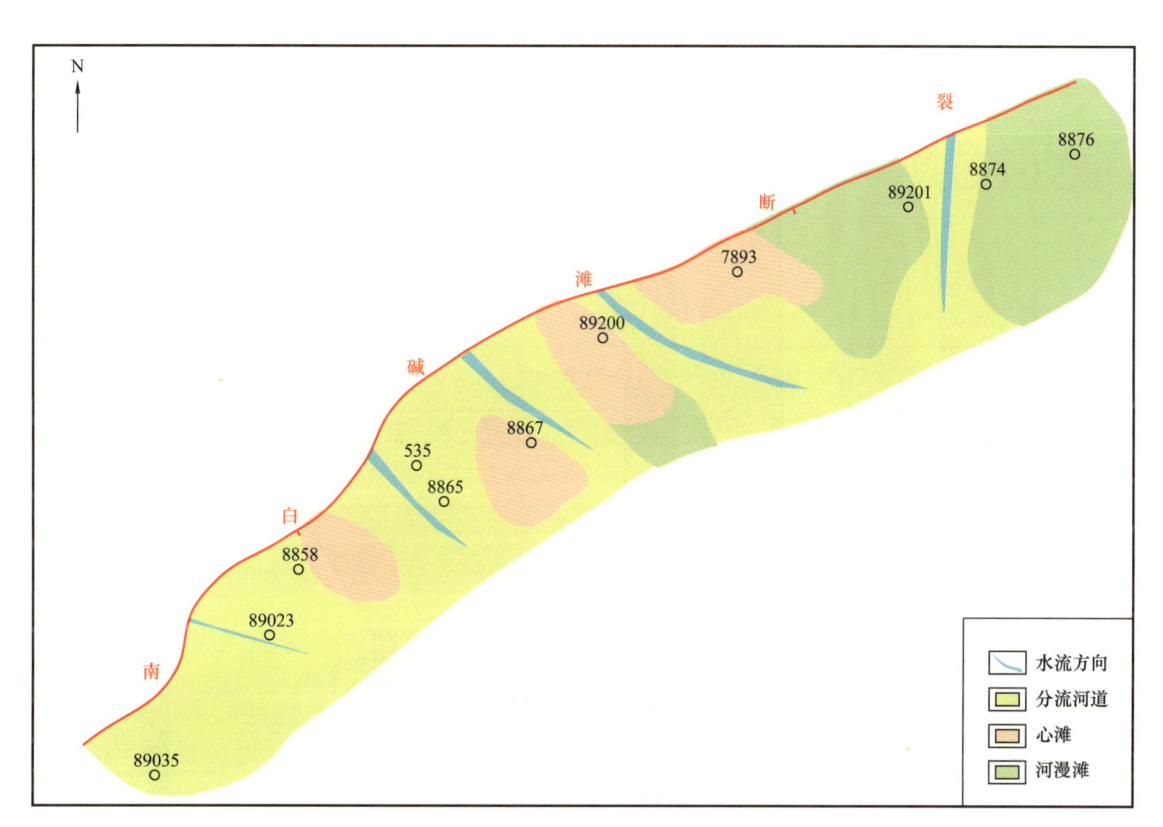

● 图 3-166　八区 552 井区侏罗系八道湾组沉积相分布图

图注　① 552 井区八道湾组属河流相沉积，发育心滩和河漫滩；② 物源来自断裂上盘扎伊尔山，沉积分两股水流，其西部水流大于东部。

（五）储层特征

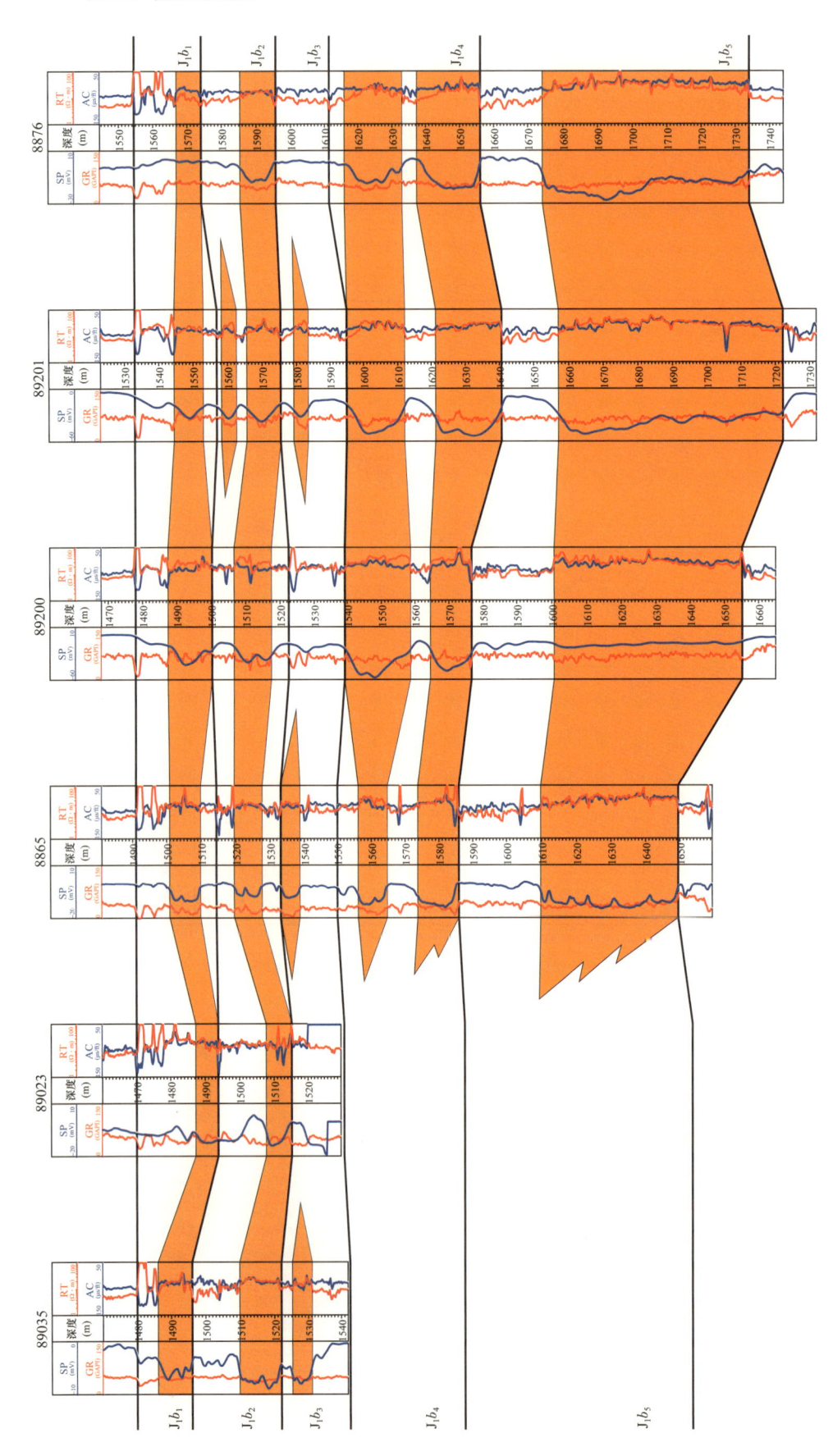

图 3-167 过 89035 井—8876 井侏罗系八道湾组砂层对比图

图注 ① 八区 552 井区侏罗系八道湾组沉积厚度 180~250m，平均为 215m；② 储层岩性主要为不等粒砂岩、砂质小砾岩等。自上到下分为 J_1b_1、J_1b_2、J_1b_3、J_1b_4、J_1b_5 五个砂层组。

表 3-43　八区 552 井区侏罗系八道湾组储层物性特征统计表

层位	油层储层	孔隙度(%) 样品数	孔隙度(%) 变化范围	孔隙度(%) 平均	渗透率(mD) 样品数	渗透率(mD) 变化范围	渗透率(mD) 平均
J_1b	储层	143	5.6~22.58	17.16	122	0.03~480.23	65.66
	油层	86	14.5~22.58	19.25	76	0.19~480.23	97.47

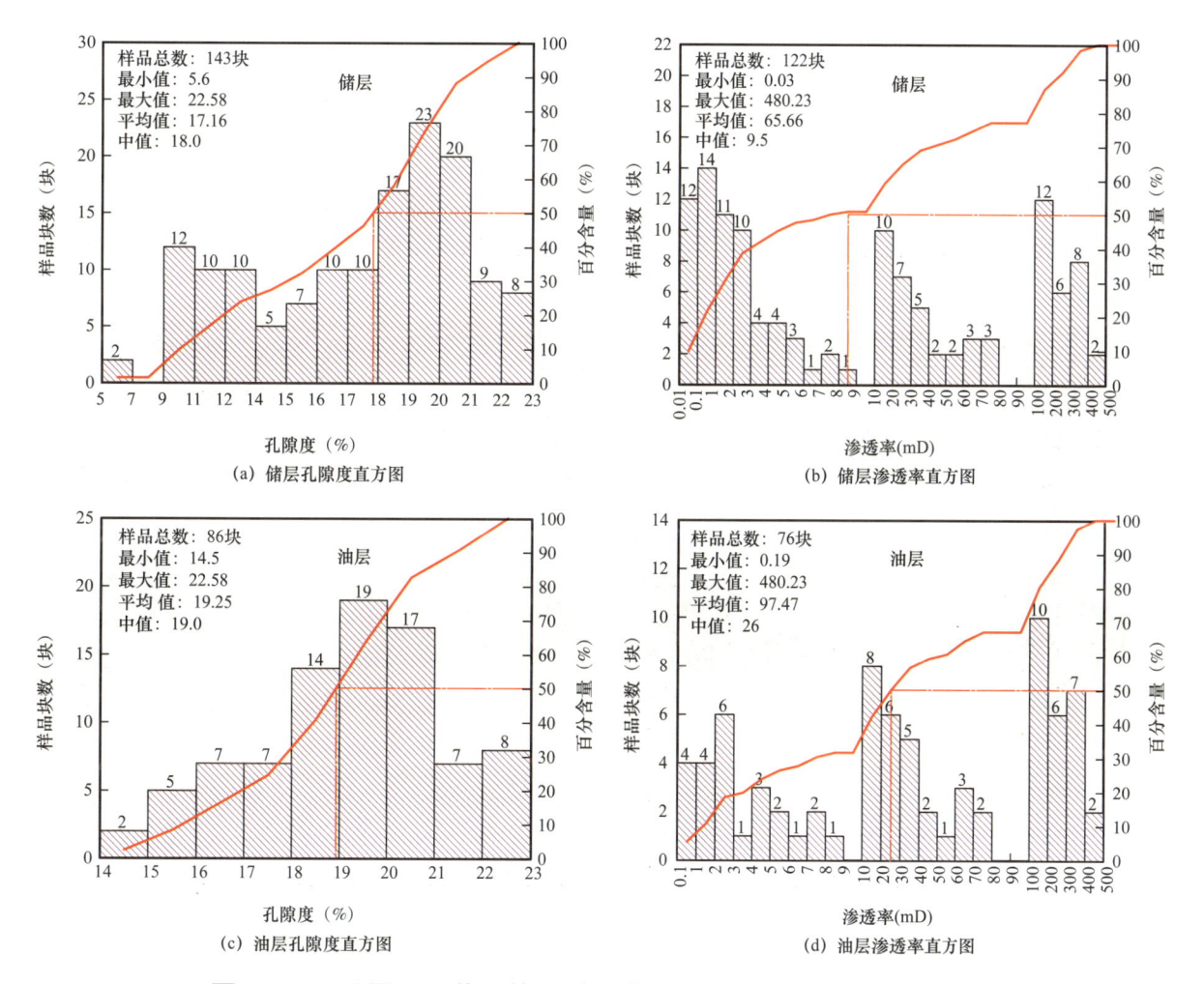

(a) 储层孔隙度直方图
(b) 储层渗透率直方图
(c) 油层孔隙度直方图
(d) 油层渗透率直方图

● 图 3-168　八区 552 井区侏罗系八道湾组孔隙度、渗透率分布直方图

图表注　① J_1b 储层孔隙度分布在 5.6%~22.58%，平均为 17.16%；渗透率分布在 0.03~480.23mD，平均为 65.66mD；② 油层孔隙度分布在 14.5%~22.58%，平均为 19.25%；渗透率分布在 0.19~480.23mD，平均为 97.47mD。

(a) 551井，1489.98~1490.24m，灰色不等粒砂岩

(b) 551井，1495.59~1495.86m，灰色不等粒砂岩

(c) 552井，1693.63~1693.72m，灰褐色砂质小砾岩

(d) 552井，1711.25~1711.49m，灰色砂质小砾岩

● 图 3-169　八区 552 井区侏罗系八道湾组岩心照片

图注　①八区 552 井区侏罗系八道湾组储层岩性主要为不等粒砂岩、砂质小砾岩；②发育块状层理、水平层理、平行层理、交错层理和斜层理。

(a) 552井，4754m，J₁b，剩余粒间孔、原生粒间孔、粒内溶孔

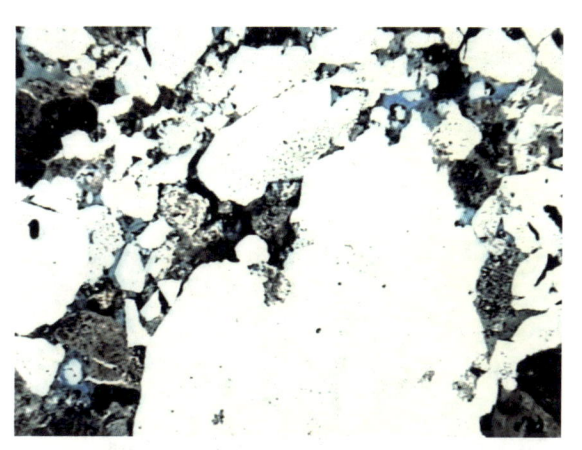

(b) 552井，4764m，J₁b，剩余粒间孔、粒内溶孔、收缩孔

(c) 552井，4772m，J₁b，剩余粒间孔、原生粒间孔、粒内溶孔

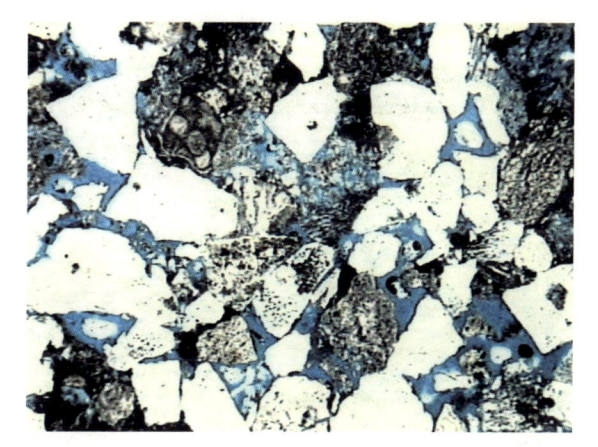

(d) 552井，4777m，J₁b，剩余粒间孔、原生粒间孔、粒内溶孔

● 图3-170　八区552井区侏罗系八道湾组岩石铸体薄片照片

图注　① 八区552井区侏罗系八道湾组储层孔隙类型以剩余粒间孔（45%～75%）为主，其次为原生粒间孔（10%～40%）、粒内溶孔（10%～25%）、微裂缝、基质溶孔等；孔隙直径平均为99.57μm，喉道宽度平均8.80μm，面孔率平均2.54%，孔喉配位数0～1.35；② 碎屑颗粒磨圆度中等，分选中等—差，岩石胶结类型为压嵌型。

(a) 89200井，1490.15m，粒间书页状高岭石

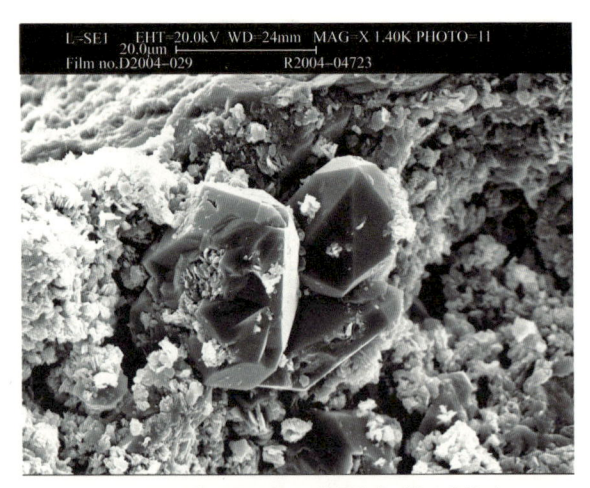

(b) 89200井，1490.15m，粒间自生石英及高岭石

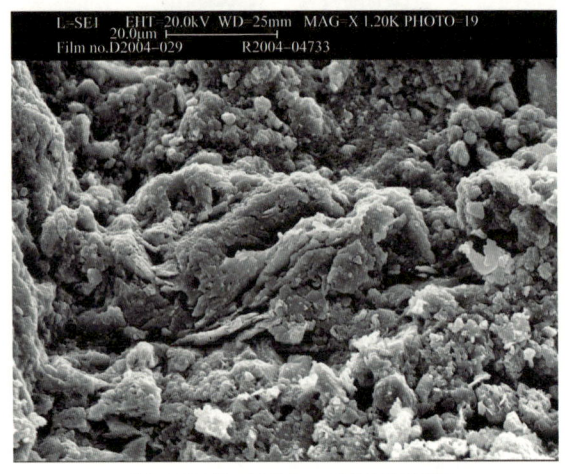

(c) 89200井，1492.5m，弯曲片状伊利石

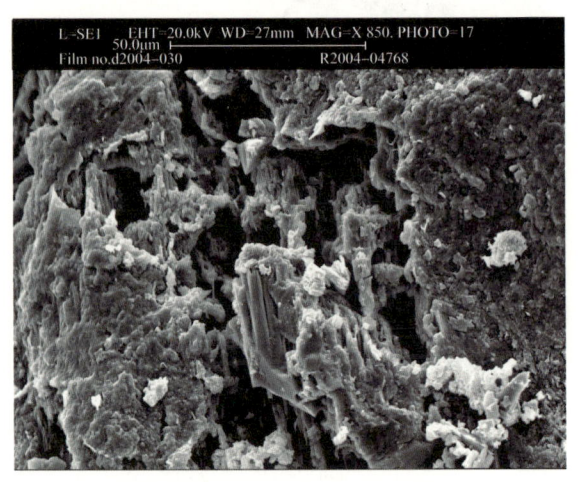

(d) 89200井，1509.58m，长石粒内溶孔

图 3-171　八区 552 井区侏罗系八道湾组扫描电镜照片

图注　① 黏土矿物中高岭石占 37.3%，伊/蒙混层 31.7%，伊利石 17.3%，绿泥石 13.7%；② 黏土矿物形态为不规则状、弯曲片状及片状等。

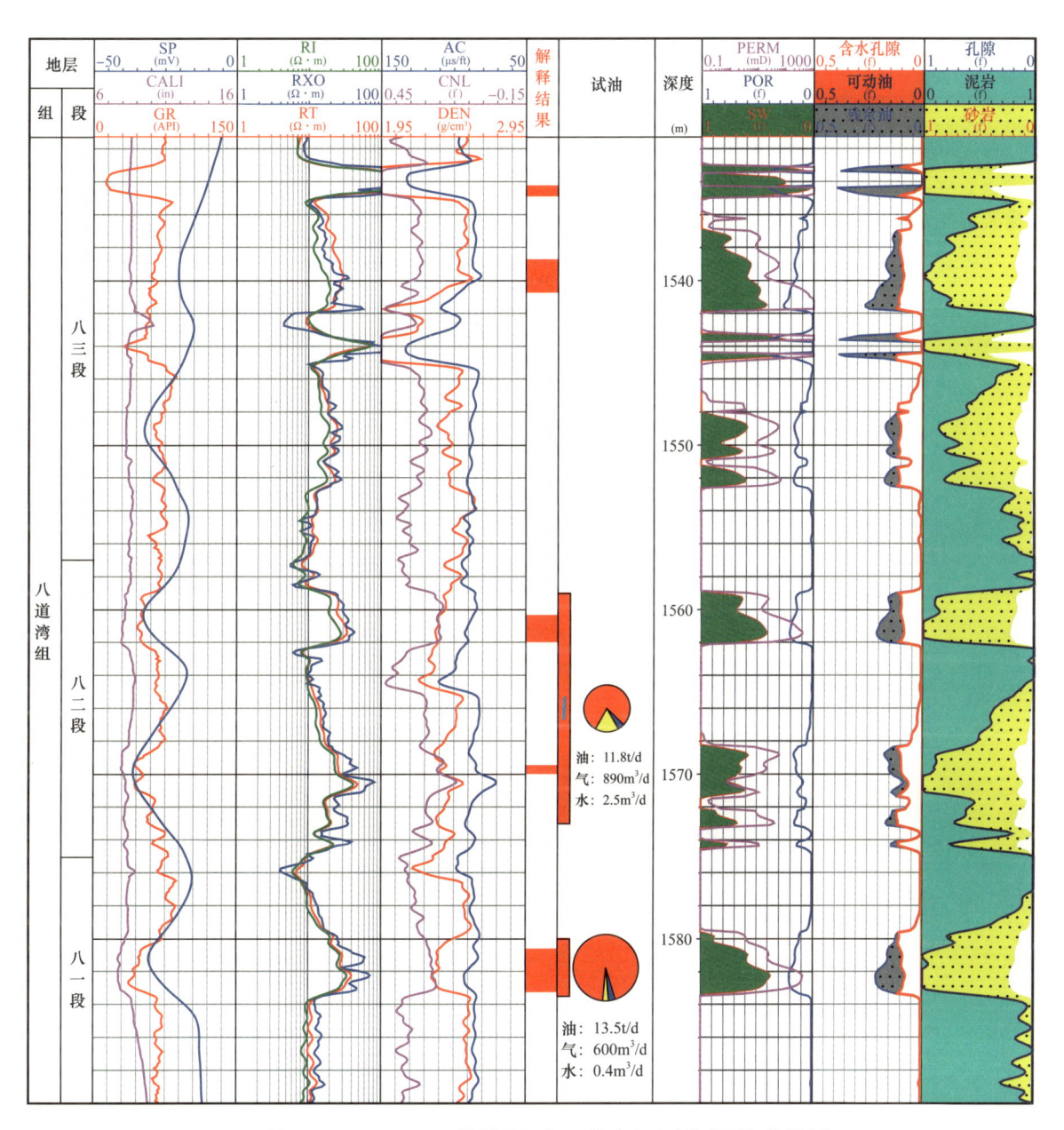

● 图3-172　89201井侏罗系八道湾组测井解释成果图

图注　① 八区552井区侏罗系八道湾组油层解释下限标准为：RT>26Ω·m，ϕ>14.5%，S_o>40%；
② 共解释油层7.18m/5层。

（六）流体性质与压力系统

表 3-44　八区 552 井区八道湾组油藏地面原油性质参数表

层位	密度（g/cm³）	50℃黏度（mPa·s）	含蜡（%）	凝固点（℃）
J_1b	0.884	41.63	3.78	−23～20

表注　八区 552 井区八道湾组油藏从下往上地面原油密度和黏度变高，含蜡量和凝固点变低；地面原油密度 0.884g/cm³，50℃时地面原油黏度为 41.63mPa·s，凝固点 −23～20℃，含蜡量为 3.78%。

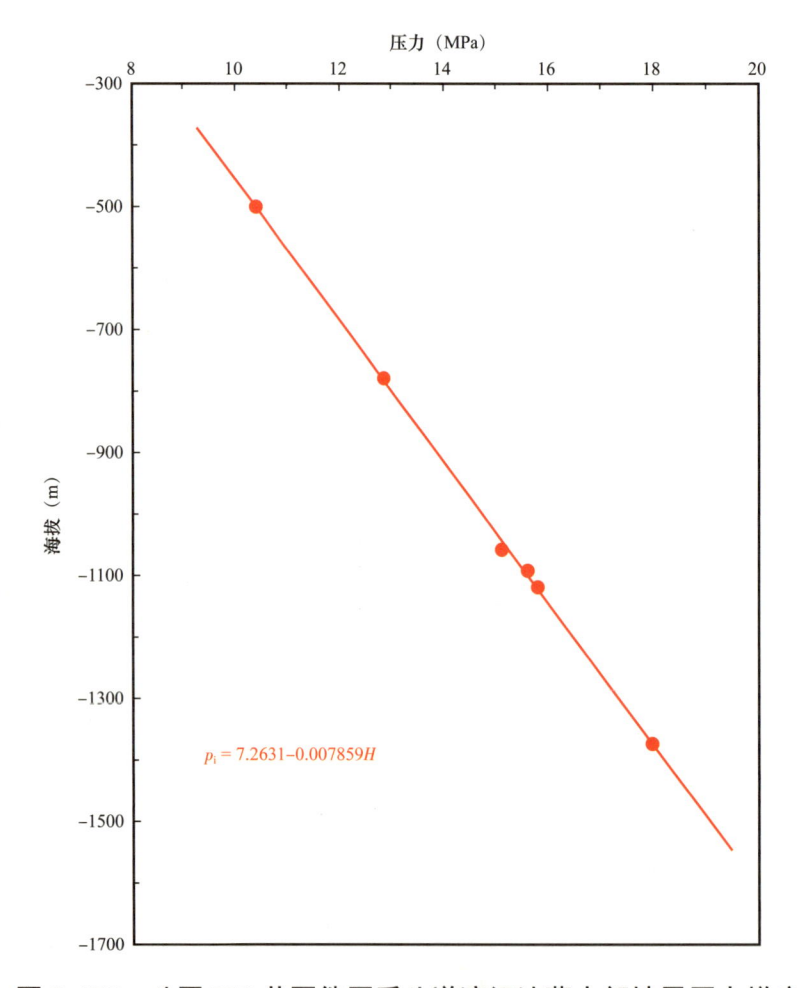

$p_i = 7.2631 - 0.007859H$

● 图 3-173　八区 552 井区侏罗系八道湾组油藏中部地层压力梯度图

图注　八区 552 井区侏罗系八道湾组原始地层压力 17.04MPa，压力系数 1.13。

二、开发特征

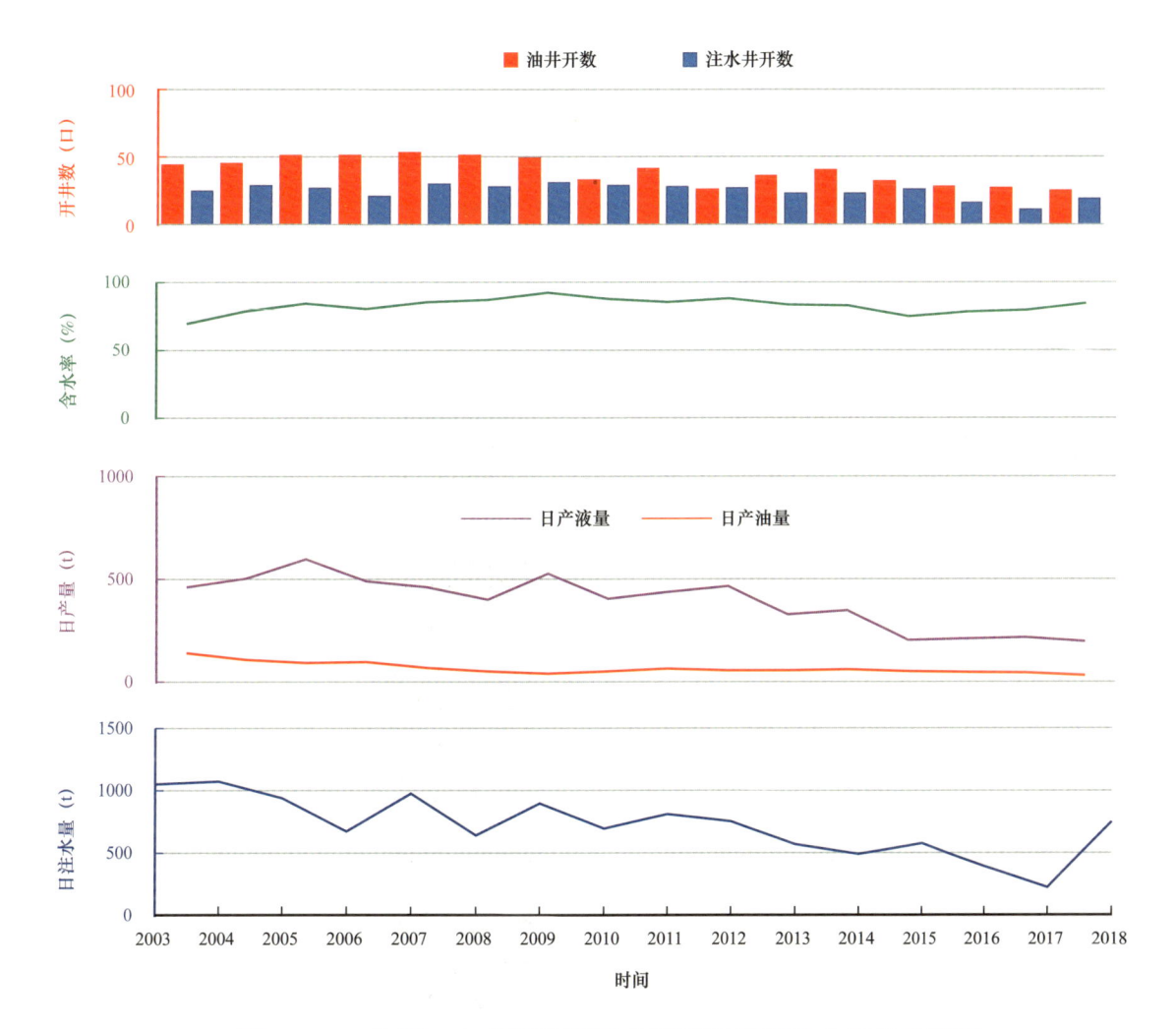

● 图 3-174　八区 552 井区侏罗系八道湾组油藏综合开发曲线图

图注　① 2003 年投入开发，最高开井数油井 53 口、注水井 31 口，2004 年产油量最高达 5.60×10⁴t；② 1990 年开始注水，之后含水率上升较快，产出水类型为注入水和地层水；③ 2018 年 12 月，油井开井数 25 口，日产液 197t，日产油 31t，日注水 750m³，含水率 84.26%，采油速度 0.14%；累计产油 58.83×10⁴t，采出程度 6.43%。

第十二节　九区石炭系油藏

一、石油地质特征

（一）地层分布

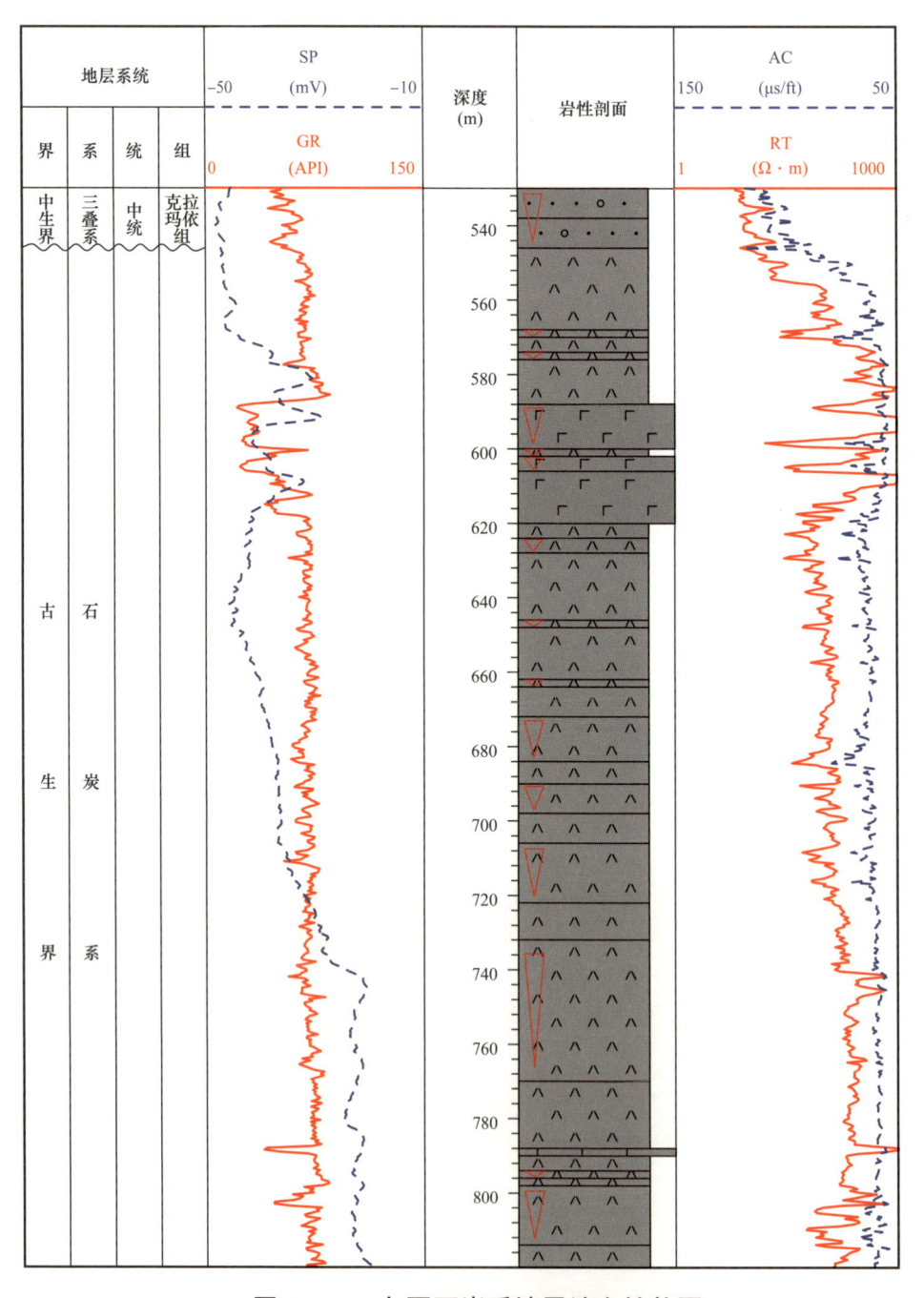

● 图 3-175　九区石炭系地层综合柱状图

表 3-45　九区重点井钻揭地层厚度统计表

井号	完钻层位	底深（m）		地层厚度（m）	
		白垩系 K	侏罗系 J	三叠系 T	石炭系 C
检 215	C	667.5	702.5	260	1070
白 909	C	208.0	307.0	31	294
古 40	C	324.0	281.0	29	866.16
古 42	C	548.0	420.0	65	968

图表注　①钻揭地层自上而下分别为白垩系（K，200~700m）、侏罗系（J，250~750m）、三叠系（T，20~300m）、石炭系（C，200~1100m）；②主要目的层为石炭系。

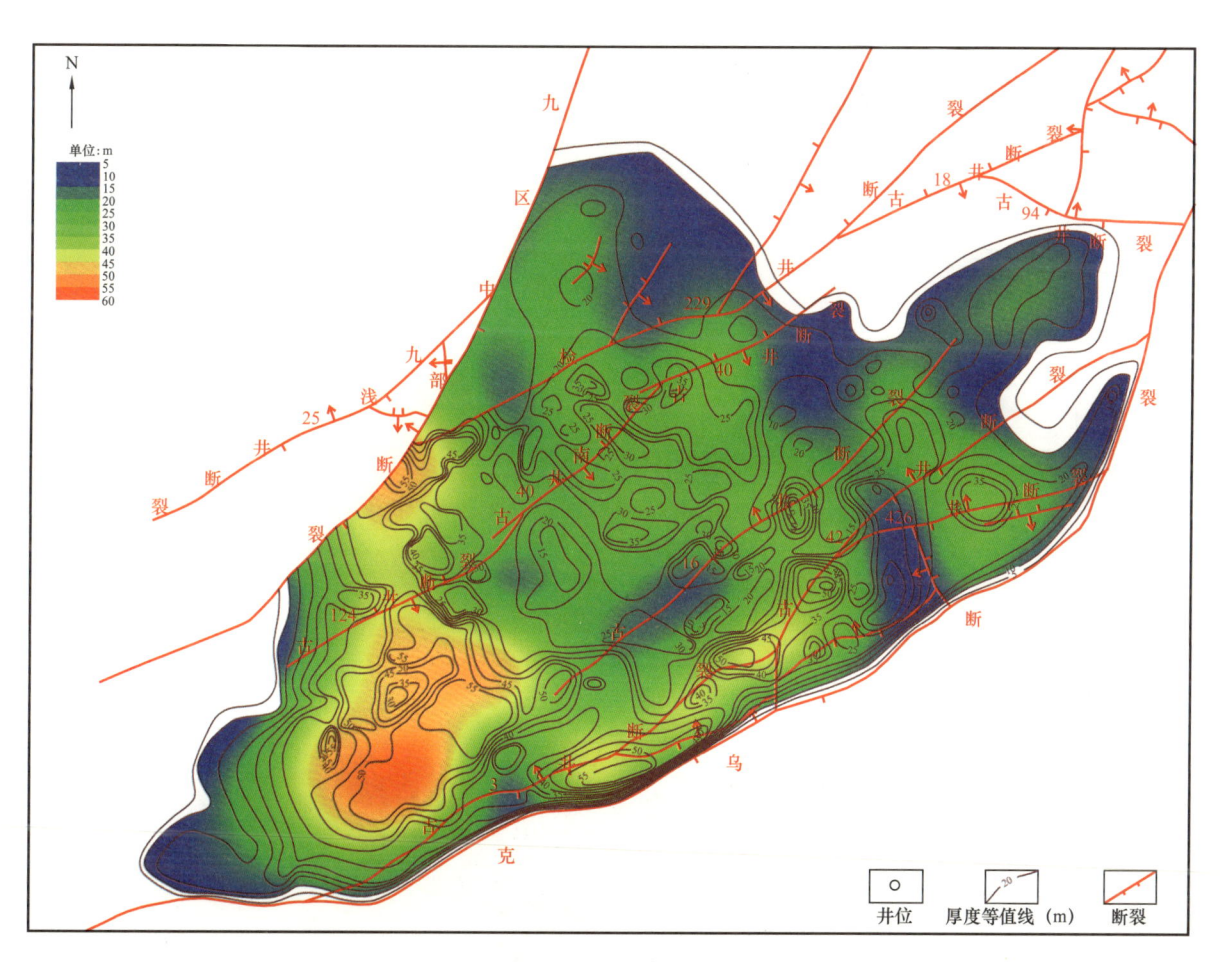

图 3-176　九区石炭系有效厚度等值线图（基质）

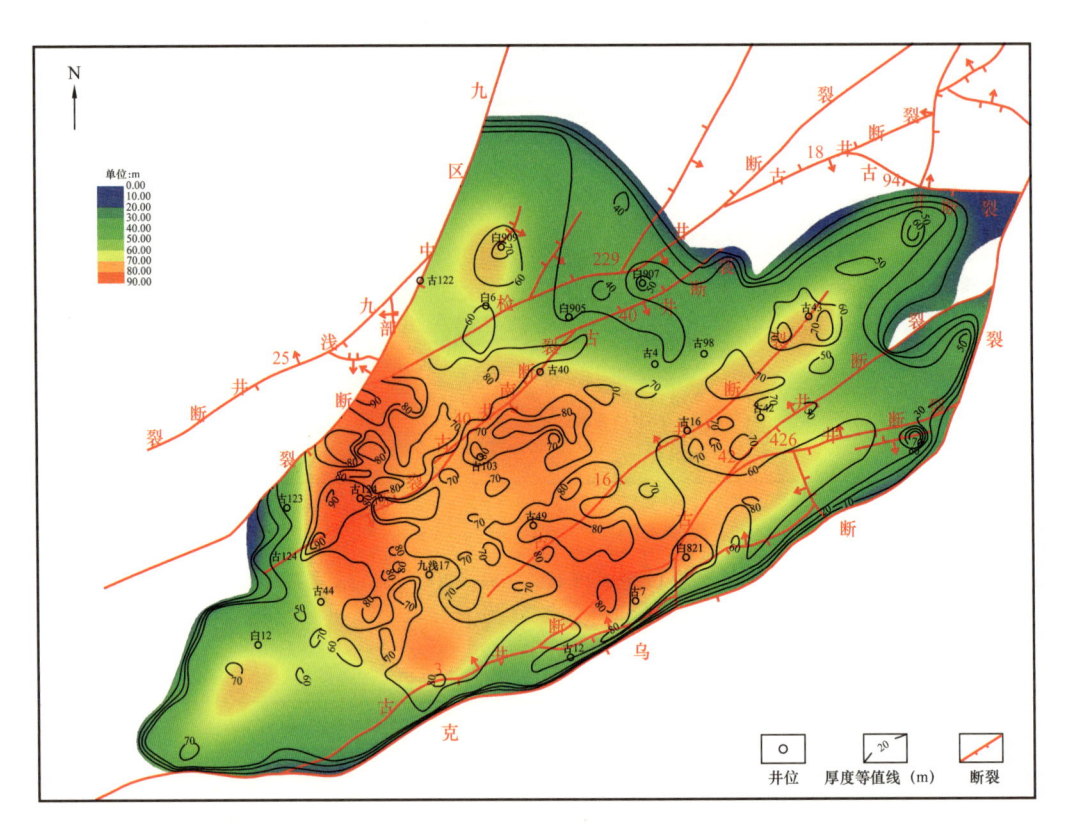

图 3-177　九区石炭系有效厚度等值线图（裂缝）

（二）构造特征

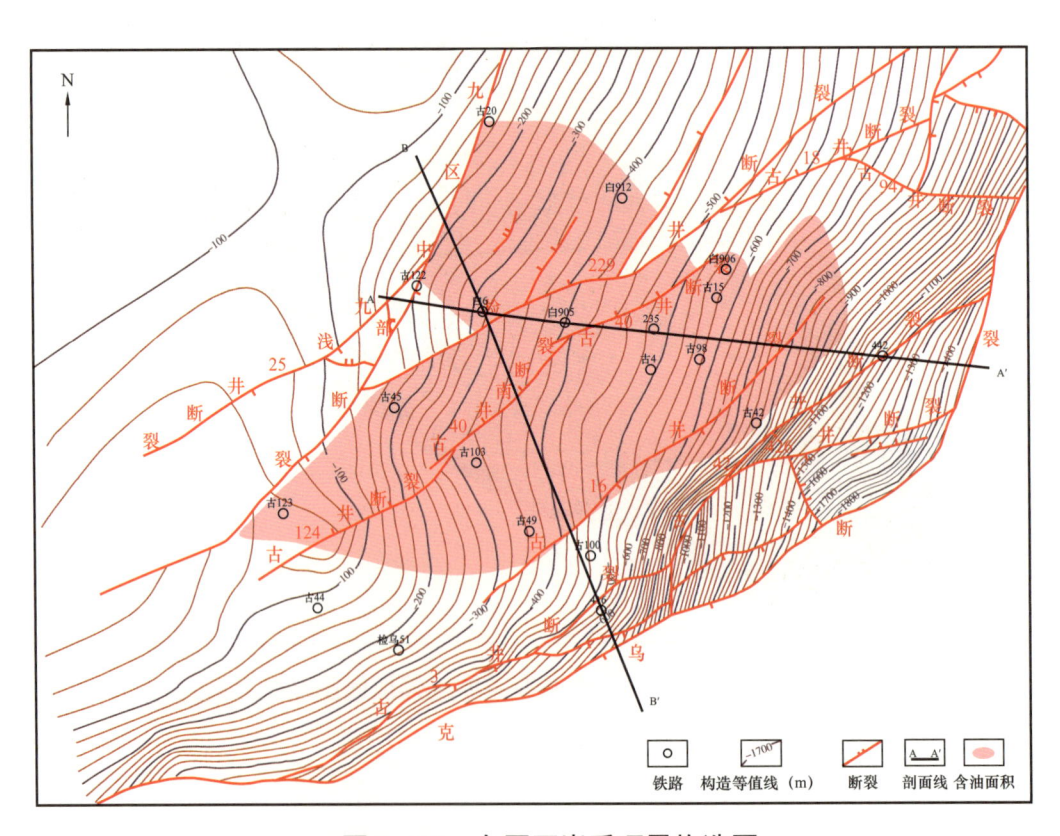

图 3-178　九区石炭系顶界构造图

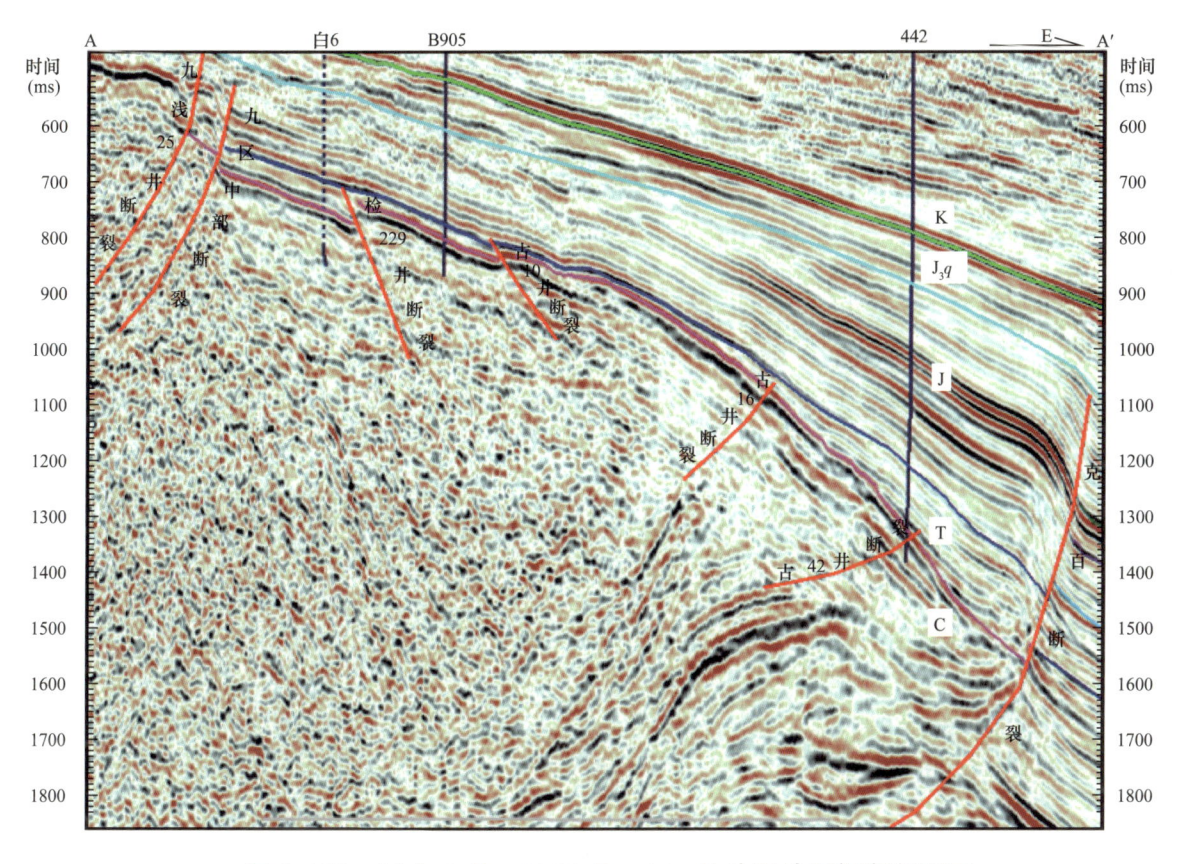

图 3-179　过白 6 井—B905 井—442 井地震地质解释剖面图

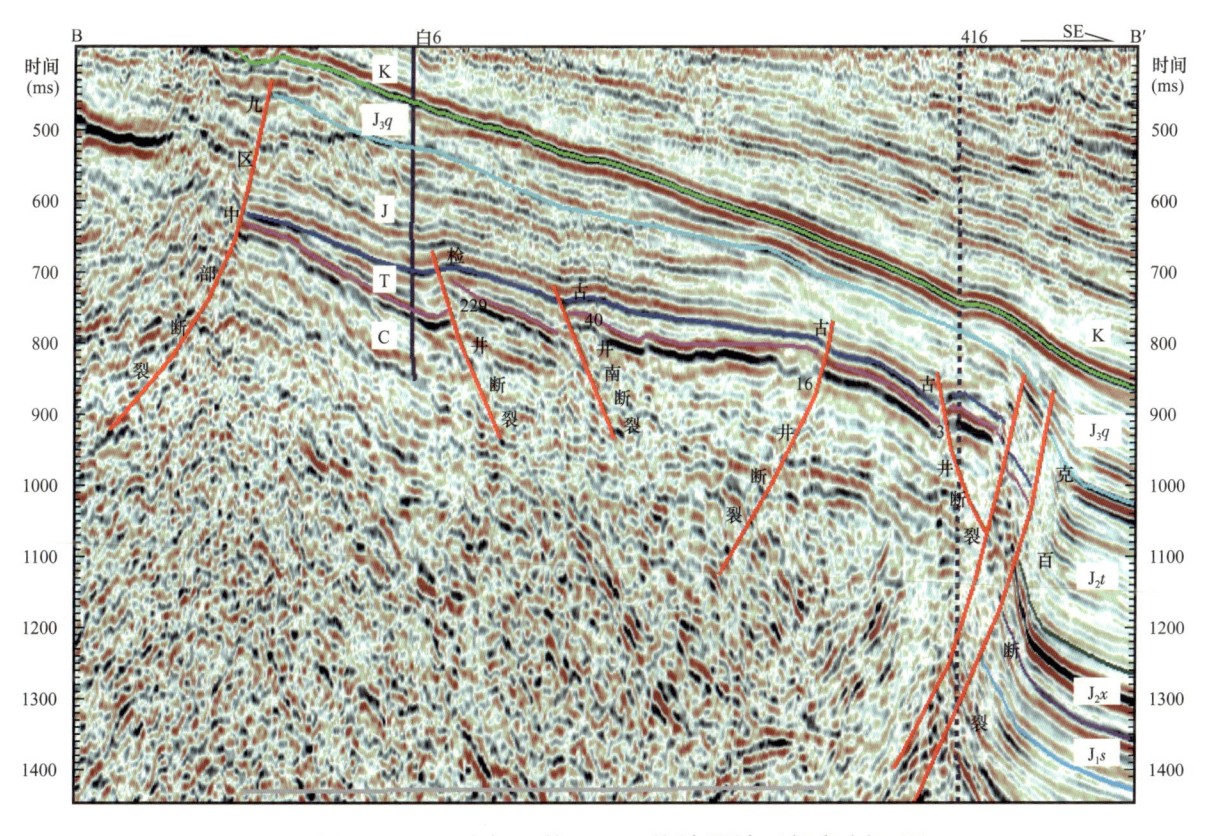

图 3-180　过白 6 井—416 井地震地质解释剖面图

表 3-46 九区主要断裂要素表

序号	断裂名称	断裂性质	断开层位	目的层断距（m）	断裂产状 走向	断裂产状 倾向	断裂产状 倾角
1	九区中部断裂	逆	J—C	30～110	NE	NE	65°
2	检229井断裂	逆	J—C	5～35	近EW	SE	55°
3	古124井断裂	逆	J—C	10～25	近EW	SE	50°
4	古16井断裂	逆	J—C	5～35	NEE	NNW	60°
5	古40井断裂	逆	J—C	5～15	NEE	SSE	55°
6	古42井断裂	逆	J—C	5～15	EW	NW	45°
7	古3井断裂	逆	J—C	5～25	NEE	SSE	30°
8	克百断裂	逆	J—C	400～1000	EW	NW	45°
9	426井断裂	逆	J—C	10～55	EW	NW	35°
10	古40井南断裂	逆	J—C	5～15	NE	SE	50°

图表注 检451井区附近为小幅度断鼻构造，断鼻构造轴部被古124井断裂、古40井南断裂和古40井断裂所形成的断裂带由西南向东北断开，北翼被九区中部断裂、检229井断裂分割，古16井区及其东北区域在断鼻北翼倾没位置附近，石炭系顶面形态受断鼻影响较小。石炭系顶面构造呈由西北向东南倾的单斜，西北高、东南低。

（三）油藏剖面

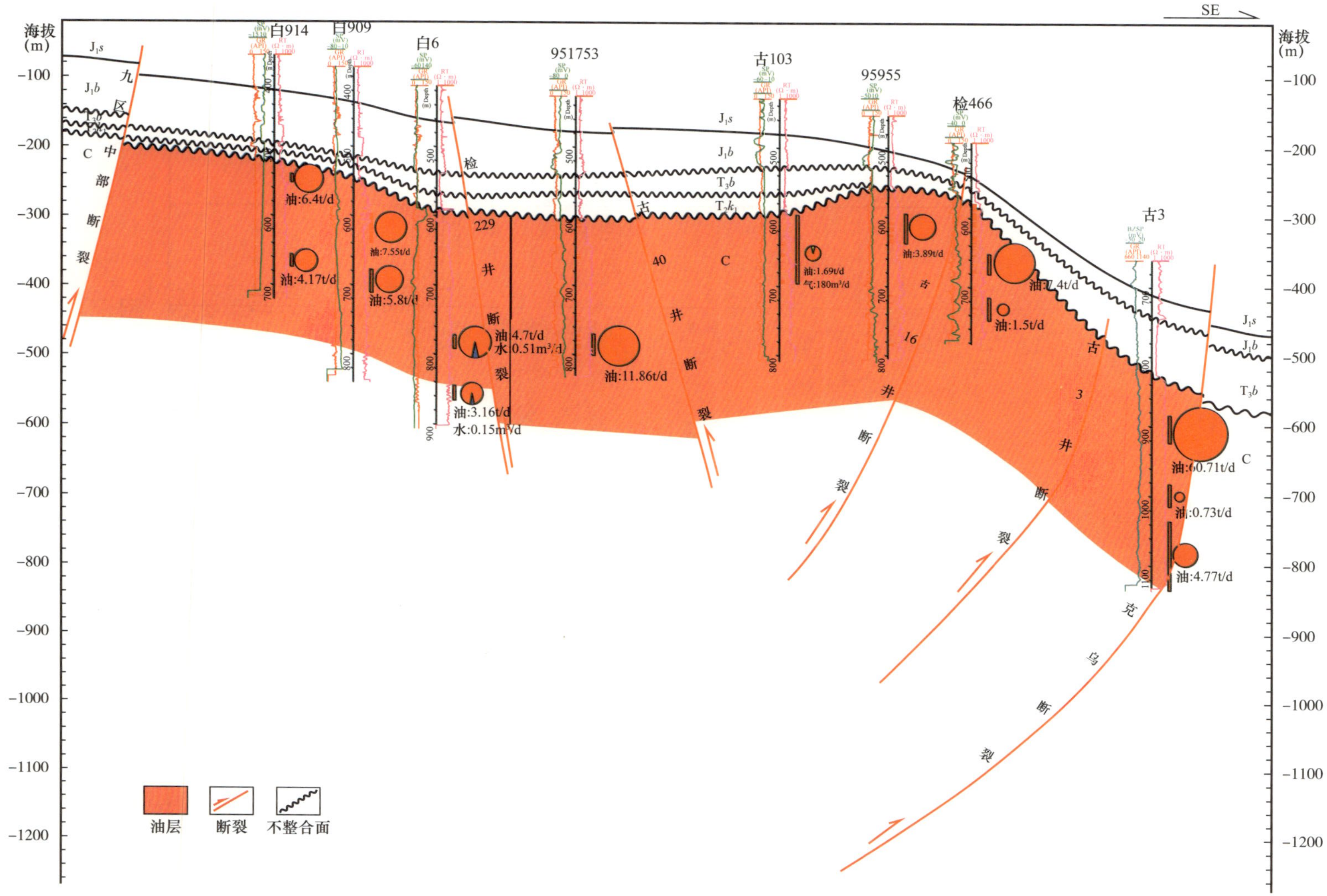

图 3-181 过白 914 井—古 3 井石炭系油藏剖面图

图注 石炭系油藏属裂缝—孔隙双重介质型，非均质性较强。古 16 井区和古 3 井区石炭系油藏为受风化壳、断层控制的块状构造油藏，局部受岩性控制。油藏边底水不活跃，溶解气含量低，油藏驱动类型主要为弹性驱动和溶解气驱。

（四）沉积特征

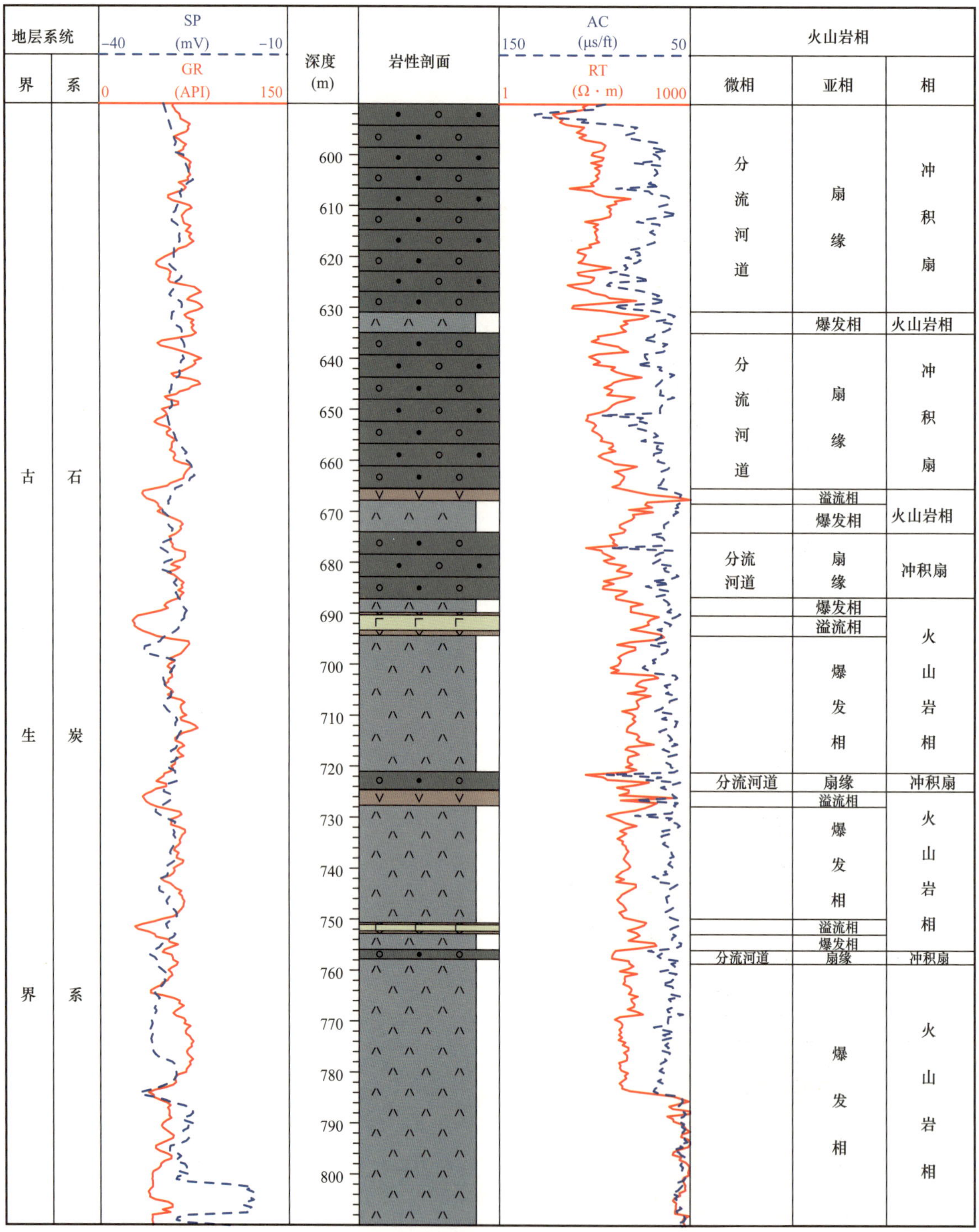

图 3-182　古 103 井石炭系单井相图

图注　主要属于冲积扇扇缘亚相内的分流河道微相；古 103 井下部以凝灰岩、沉凝灰岩火山作用叠加水动力等沉积作用共同形成的，属于火山沉积亚相。

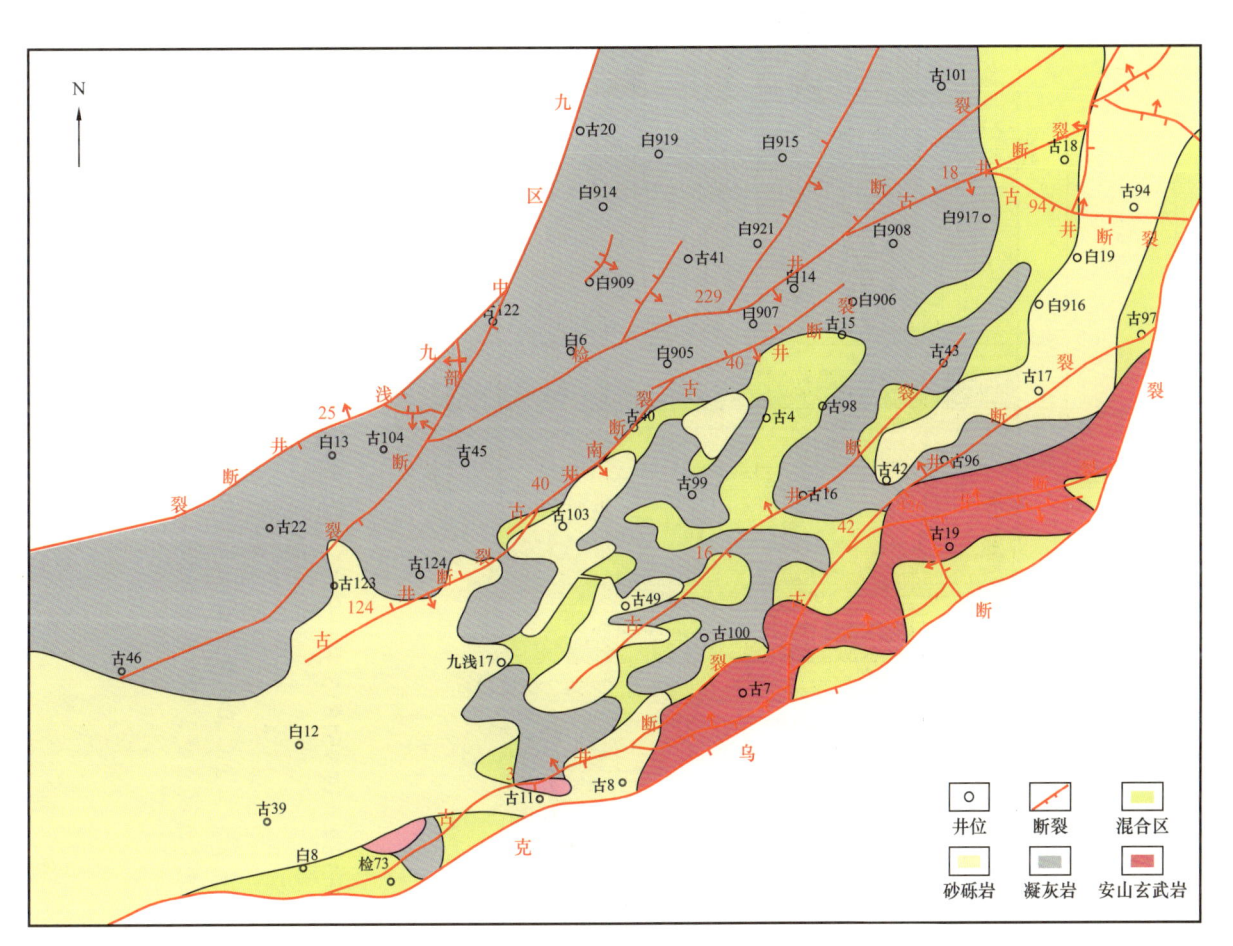

图 3-183 九区石炭系火山岩相平面分布图

图注 九区石炭系火山岩相发育凝灰岩和安山玄武岩，即爆发相和溢流相。

（五）储层特征

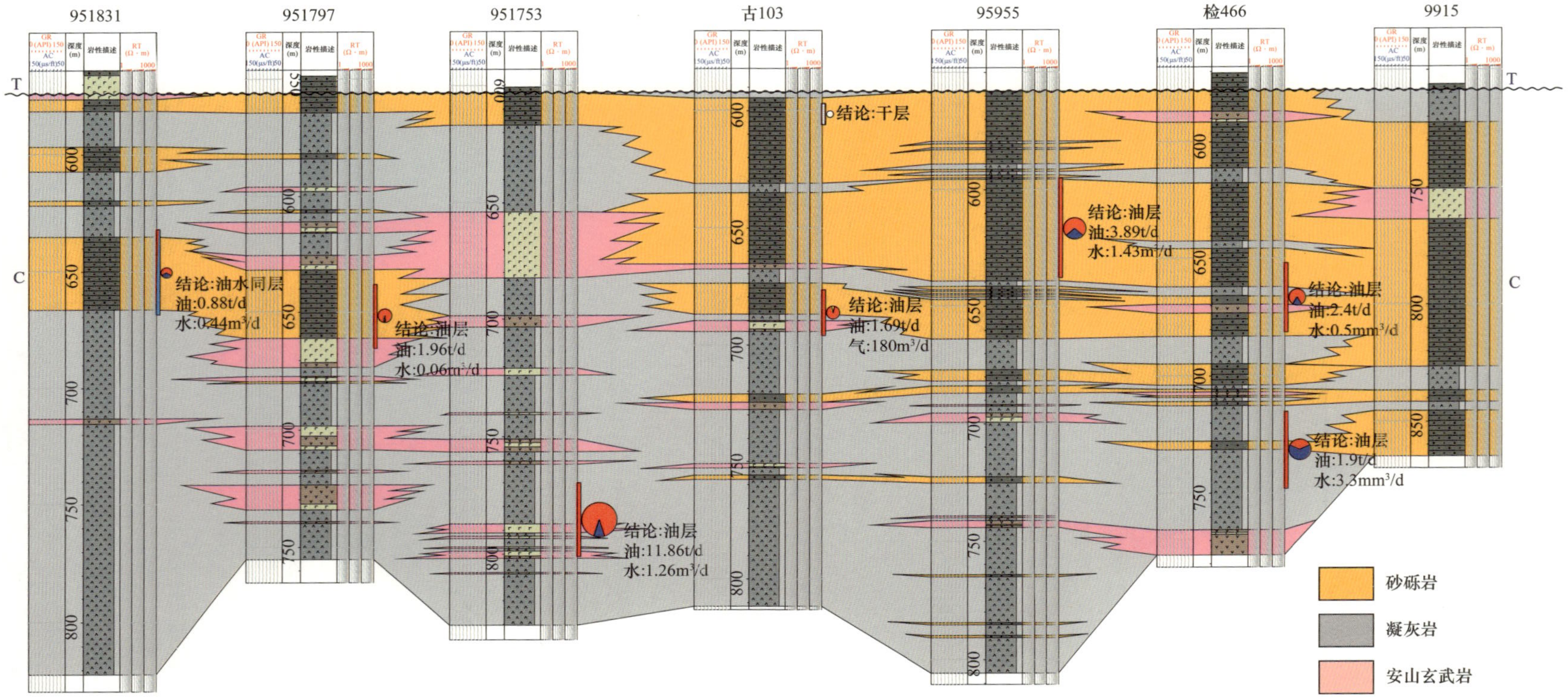

图3-184 过951813井—9915井石炭系岩性对比图

图注：石炭系顶界向西、向西北不断抬高，侏罗系、三叠系沉积厚度减薄，西部、西北部部分区域缺失三叠系，侏罗系直接覆盖在石炭系之上；九区区西部侏罗系齐古组、三工河组、八道湾组也遭受剥蚀，甚至剥蚀殆尽。

表 3-47　九区石炭系储层物性特征统计表

层位	油层储层	孔隙度(%)			渗透率(mD)		
		样品数	变化范围	平均	样品数	变化范围	平均
C	储层	348	0.15~20.98	4.47	157	0.008~256	0.8
	油层	126	5.01~20.99	7.89	55	0.02~200.41	1.57

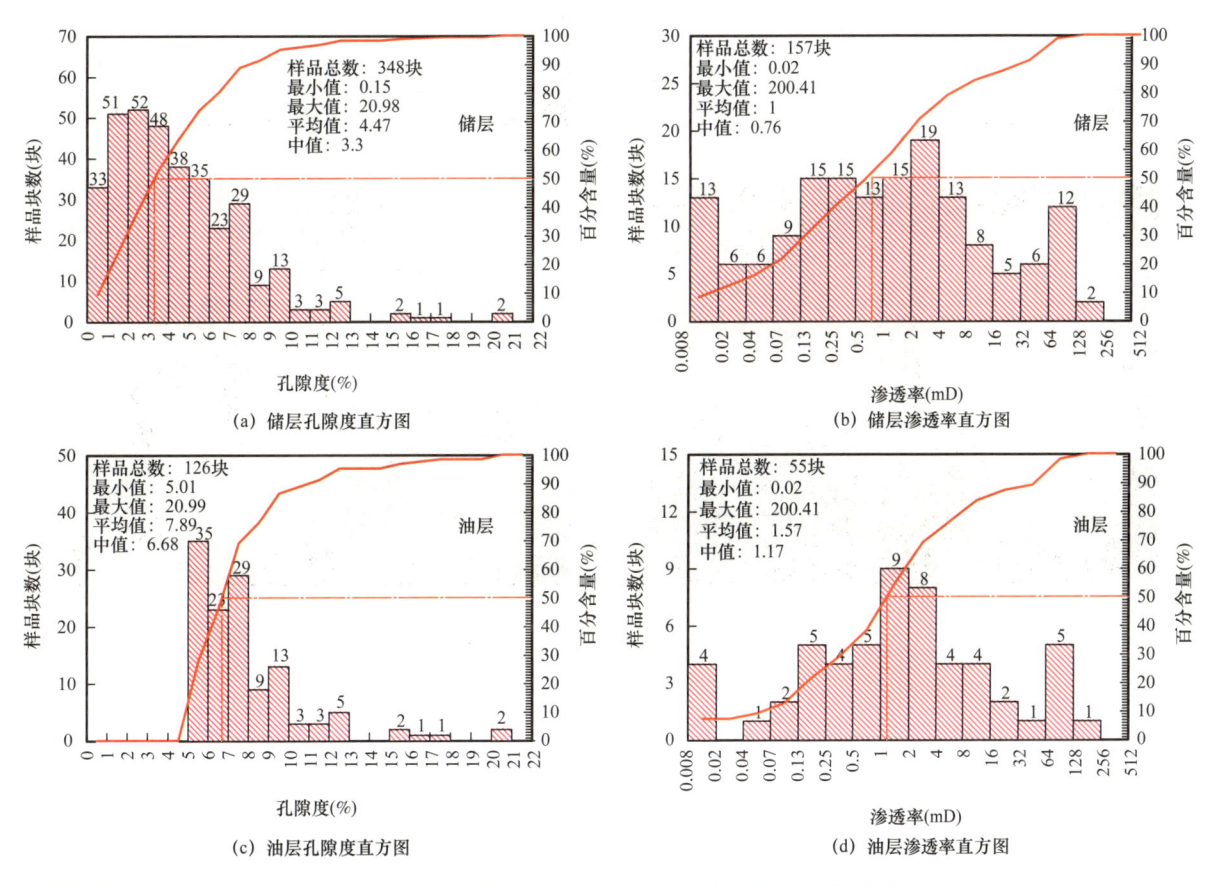

(a) 储层孔隙度直方图
(b) 储层渗透率直方图
(c) 油层孔隙度直方图
(d) 油层渗透率直方图

● 图 3-185　九区石炭系孔隙度、渗透率分布直方图

图表注　① 九区石炭系砂砾岩类：油层岩心分析孔隙度 5.01%~20.99%，平均值 7.89%，渗透率 0.02~200.41mD，平均值 1.57mD；② 凝灰岩类：油层岩心分析孔隙度 0.15%~20.98%，平均值 4.47%，渗透率 0.008~256mD，平均值 0.8mD；③ 均属于低孔隙度、特低渗透率储层。

(a) 白14井，990.54～990.77m，安山岩

(b) 白017井，540.94～541.12m，玄武岩

(c) 白14井，988.3～988.6m，砂砾岩

(d) 白14井，764.00～764.30m，凝灰岩

图 3-186 九区石炭系岩心照片

图注 ① 安山岩：安山岩多呈灰色和深灰色，岩石主要结构为斑状结构、基质玻晶交织结构，主要构造类型是块状构造和杏仁构造；② 玄武岩：玄武岩多呈褐灰色和深灰色，岩石主要结构类型为斑状结构，基质具间粒间隐结构，主要构造类型是杏仁构造和块状构造；③ 凝灰岩：凝灰岩多呈灰褐色和深灰色，岩石具凝灰结构、角砾凝灰结构和火山尘凝灰结构、块状构造；④ 砂砾岩：砂砾岩多呈杂色和褐灰色，岩石主要发育粒序递变层理和块状层理。

(a) 95403井，399.28m，粒模孔、粒内溶孔、基质溶孔

(b) 检351井，425.14m，微裂缝

(c) 克95井，485.36m，半充填缝粒、内溶孔

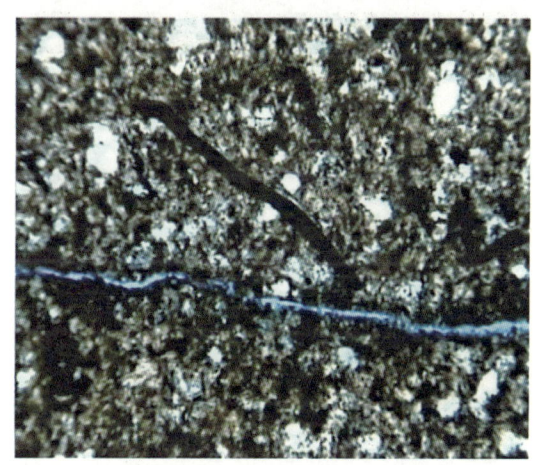

(d) 检512井，503.23m，微裂缝、粒内溶孔

图 3-187　九区石炭系岩石铸体薄片照片

图注　储集空间主要为原生气孔、晶间孔和次生溶孔、粒模孔、溶蚀缝。晶间孔样品出现的概率为 36.4%，单块样品面孔率不足 0.04%。粒模孔样品出现概率为 10.5%，单块样品面孔率 0.01%～0.16%，平均 0.04%。微裂缝为熔浆冷凝、结晶过程中形成。铸体薄片资料统计裂缝平均宽度最大 19.74μm，最小 1.27μm，平均 4.64μm；裂缝密度平均 2.64mm/cm^2；裂隙率平均 0.02%。次生孔隙主要以粒内溶孔和基质溶孔为主，其次为浊沸石和斑晶溶孔。溶蚀缝是在原有裂缝基础上发育而成的，裂缝宽 0.1～17mm，部分裂缝的边缘有溶蚀扩大现象，裂缝密度 3～30 条 /10cm。

(a) 417井，基质中的长石晶体

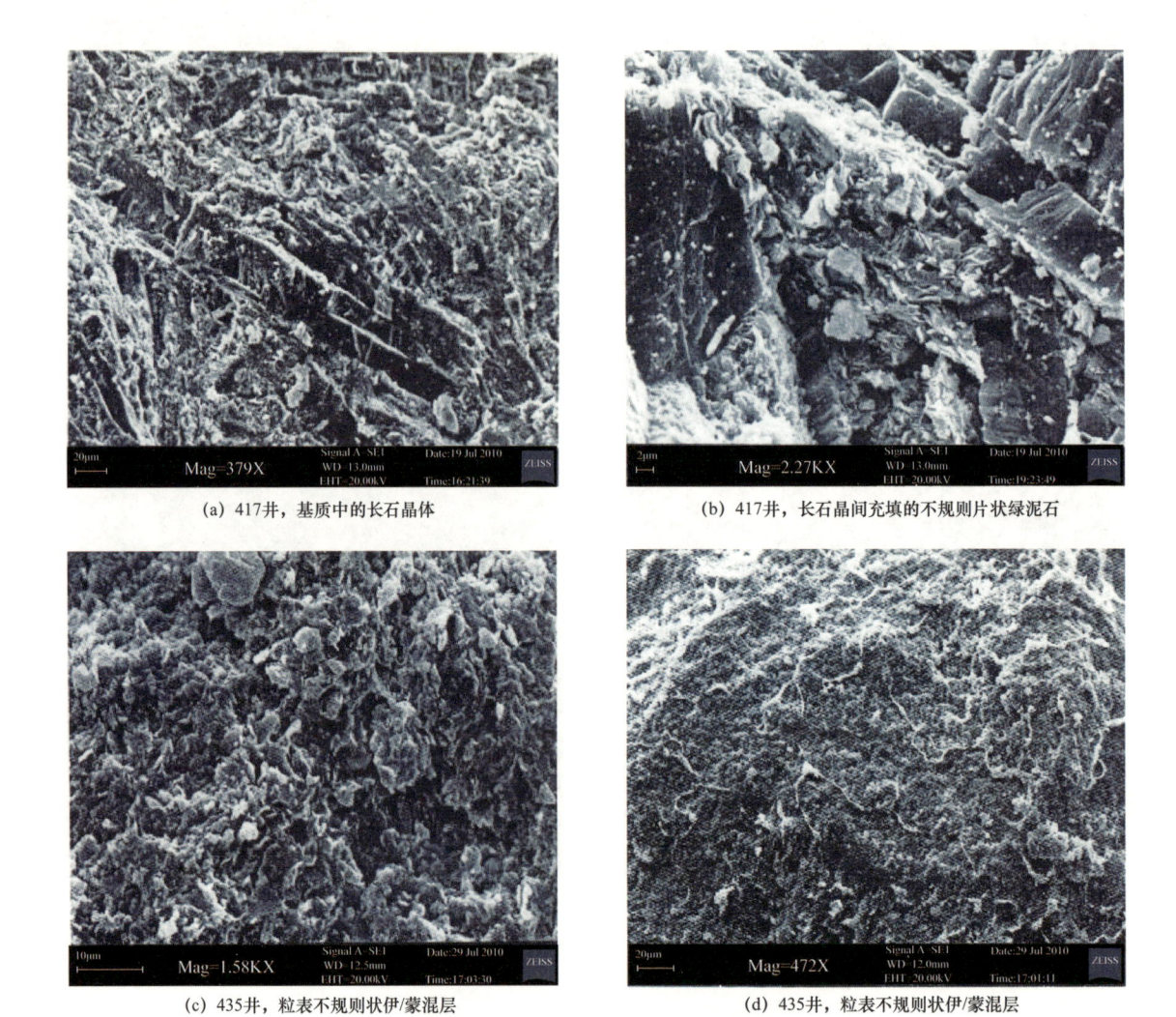

(b) 417井，长石晶间充填的不规则片状绿泥石

(c) 435井，粒表不规则状伊/蒙混层

(d) 435井，粒表不规则状伊/蒙混层

图 3-188　九区石炭系扫描电镜照片

图注　九区石炭系黏土矿物中以伊/蒙混层为主，含少量绿泥石。

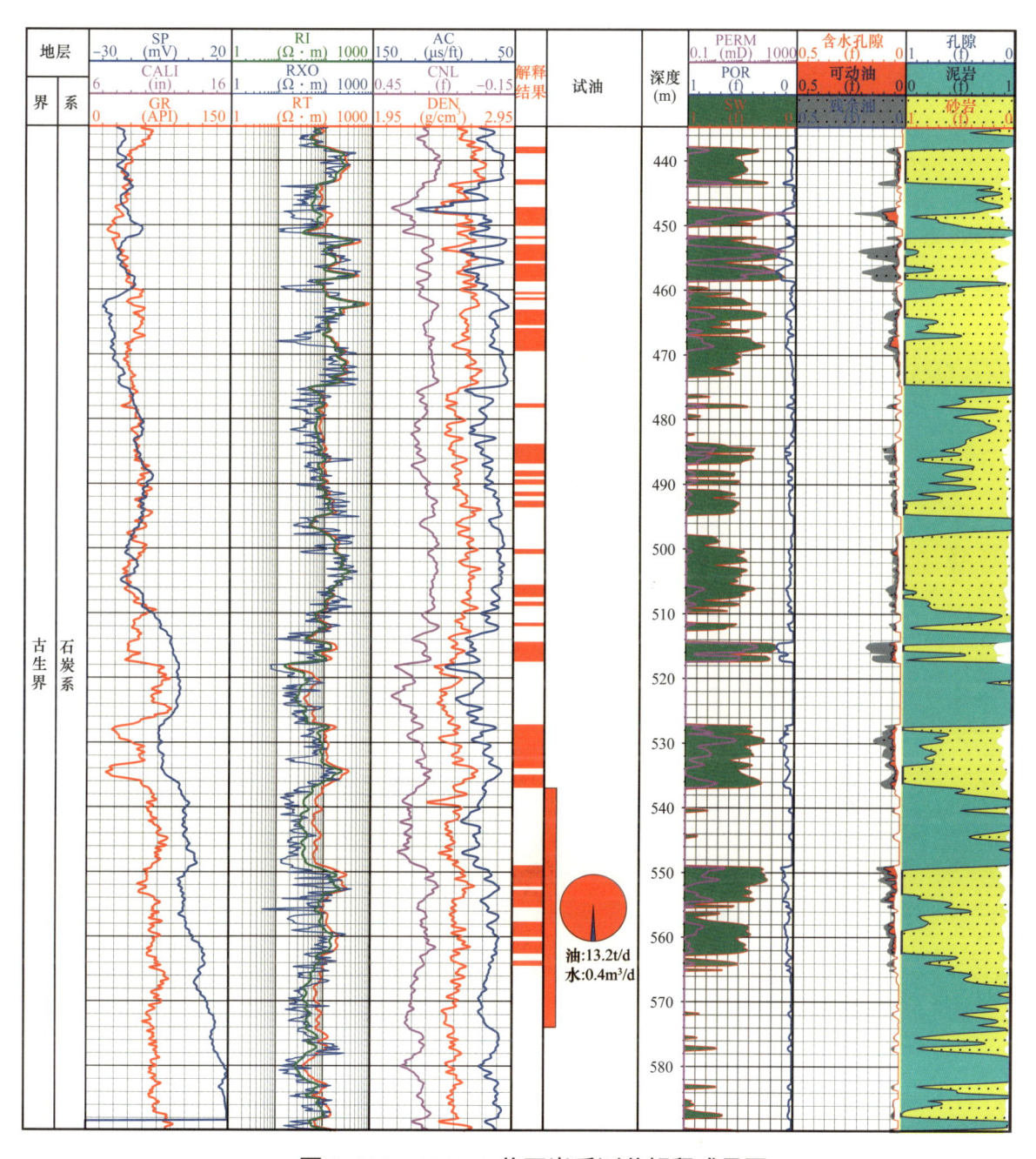

图 3-189 951772 井石炭系测井解释成果图

图注 ① 九区石炭系安山玄武岩有效厚度电性下限为：RT＞40Ω·m，ϕ＞5.0%，S_o＞40%；凝灰岩下限为：RT＞80Ω·m，ϕ＞5.0%，S_o＞40%；安山玄武岩有效厚度电性下限为：RT＞27Ω·m，ϕ＞6.0%，S_o＞40%；② 951772 井石炭系共解释油层 52.94m/30 层。

（六）流体性质与压力系统

表 3-48　九区石炭系油藏地面原油性质参数表

层位	密度（g/cm³）	50℃黏度（mPa·s）	含蜡（%）	凝固点（℃）
C	0.878	44.32	4.79	−20.68

表注　油藏原油密度平均为 0.878g/cm³，原油黏度平均为 44.32mPa·s，含蜡量平均 4.79%，凝固点平均 −20.68℃；不含硫，属于轻质常规油。

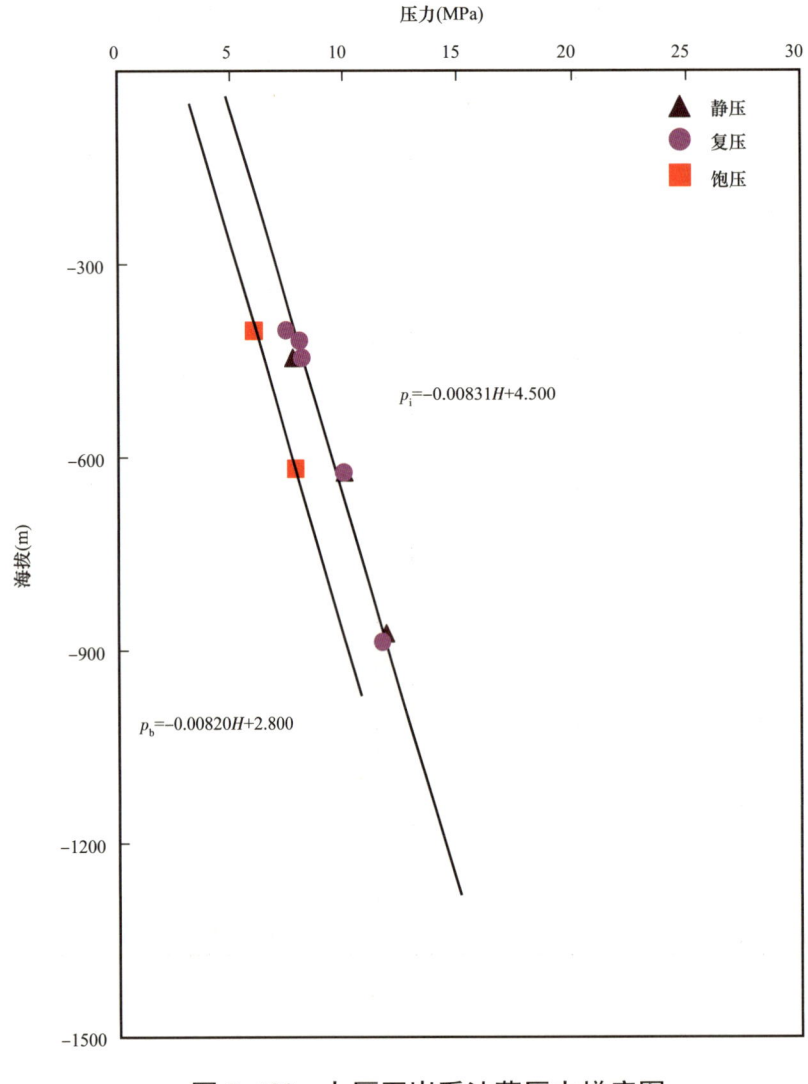

$p_i = -0.00831H + 4.500$

$p_b = -0.00820H + 2.800$

图 3-190　九区石炭系油藏压力梯度图

图注　九区石炭系油藏地层压力 4.916～12.395MPa，压力系数 1.12，饱和程度 79.72%，为未饱和油藏。

二、开发特征

图 3-191　九区石炭系油藏综合开发曲线图

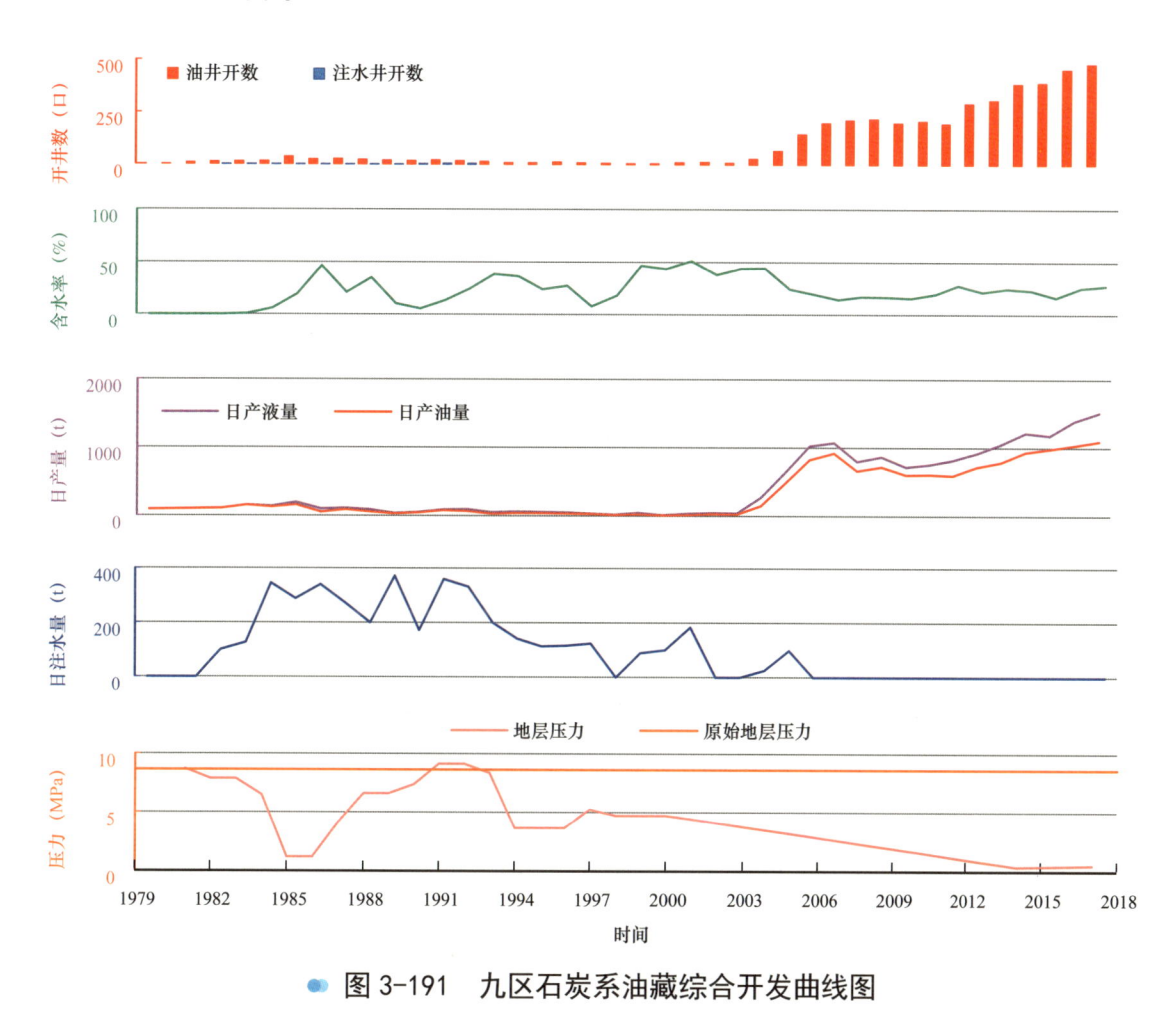

图注　① 1978年投入开发，最高开井数油井481口、注水井6口，2015年产油量最高达34.18×10⁴t；② 1982年开始进行注水试验，1985年之后含水率上升较快，产出水类型为注入水和地层水，2005年之后停止注水，采用衰竭式开发；③ 2018年12月，油井开井数25口，日产液1516t，日产油1098t，含水率27.57%，采油速度0.59%；累计产油403.28×10⁴t，采出程度10.45%。

第十三节　九区侏罗系八道湾组油藏

一、石油地质特征

（一）地层分布

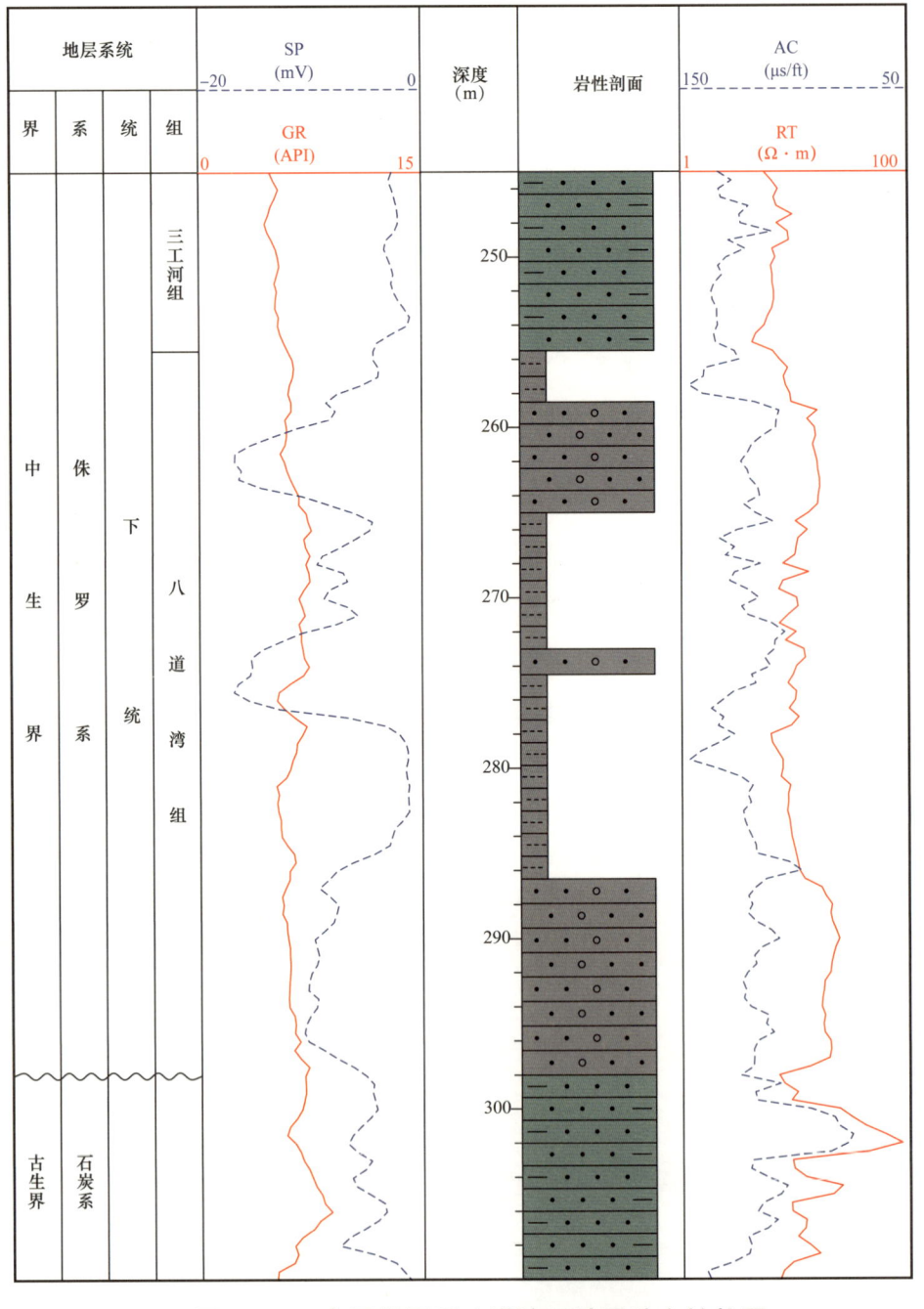

图 3-192　九区侏罗系八道湾组地层综合柱状图

表 3-49　九区重点井钻揭地层厚度统计表

井号	完钻层位	底深（m）	地层厚度（m）			
		白垩系	侏罗系			
		K_1tg	J_3q	J_2x	J_1s	J_1b
检 457	C	204	158	75.5	90.5	94.5
检 482	C	247	165	74	100	95
990722	C	126	168	58	78	86
990726	C	218	179.5	52.5	113	100

图表注　① 钻揭的主要地层分别为白垩系吐谷鲁群（K_1tg，底深100～250m），侏罗系齐古组（J_3q，150～200m）、西山窑组（J_2x，50～100m）、三工河组（J_1s，50～130m）、八道湾组（J_1b，80～110m）；② 主要产油层为八道湾组。

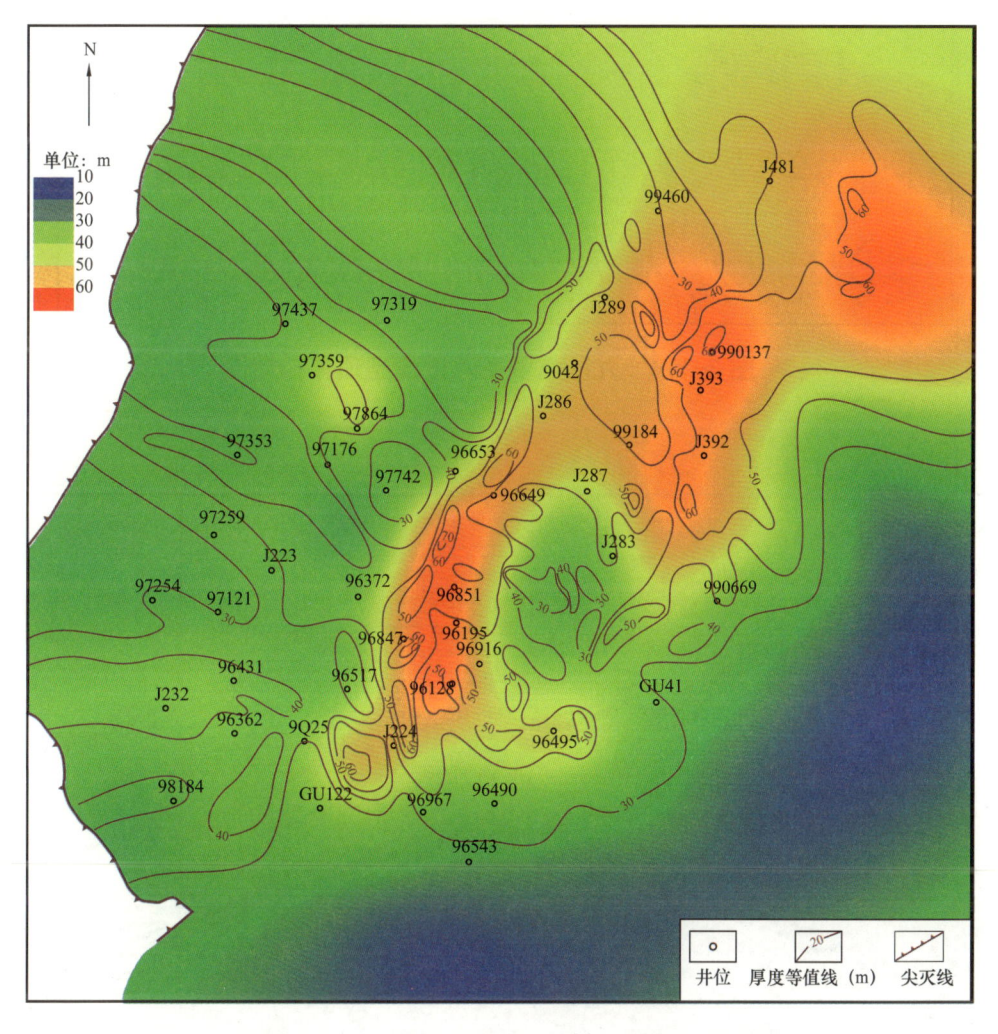

● 图 3-193　九区八道湾组沉积厚度等值线图

图注　八道湾组在本区沉积稳定，沉积厚度10～100m。平面上地层总体上北厚南薄、东厚西薄分布。

（二）构造特征

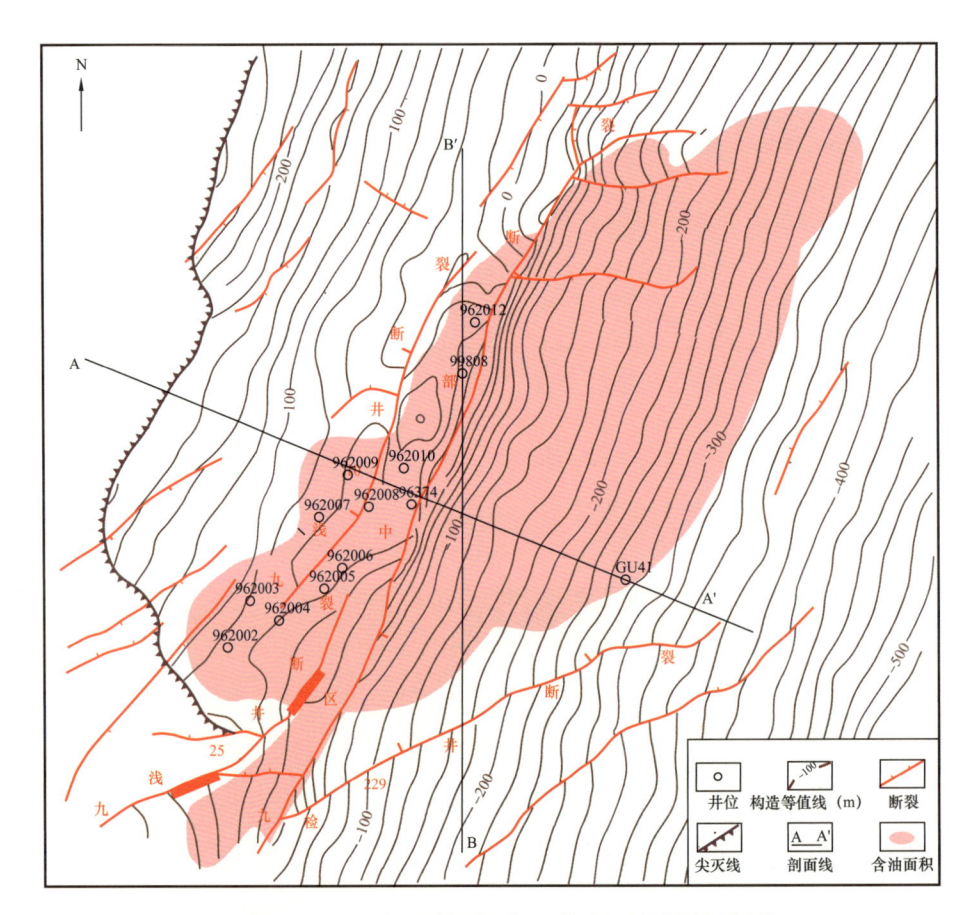

● 图 3-194　九区侏罗系八道湾组顶界构造图

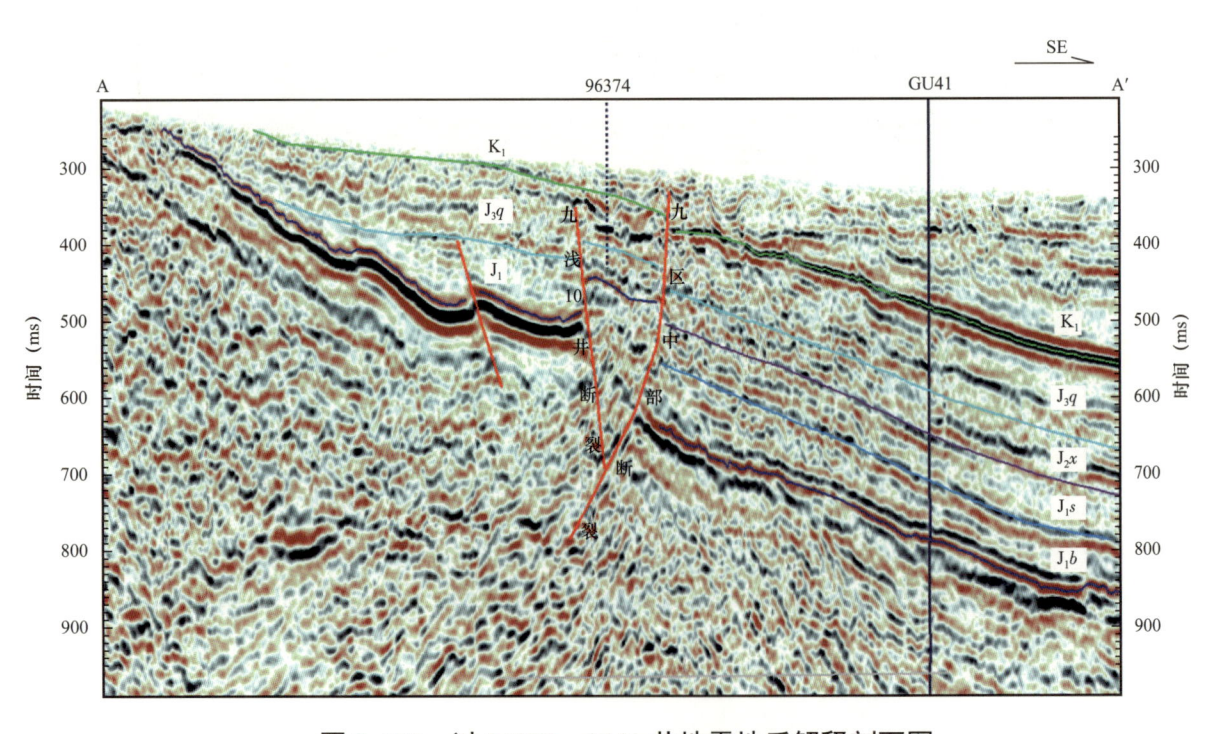

● 图 3-195　过 96374—GU41 井地震地质解释剖面图

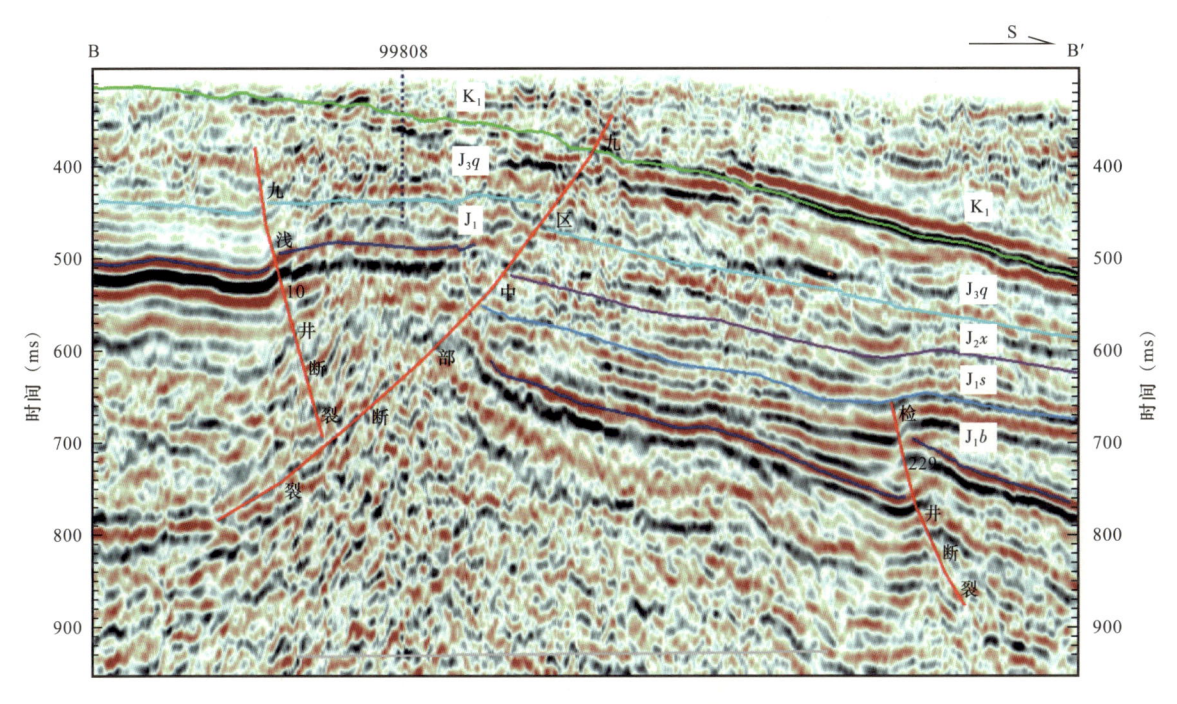

图 3-196　过 99808 井地震地质解释剖面图

表 3-50　九区主要断裂要素表

序号	断层名称	断层性质	断距(m)	断层产状 走向	断层产状 倾向	断层产状 倾角
1	九区中部断裂	逆	30~110	东北—西南	西北	50°~70°
2	九浅 10 井断裂	逆	35	近东西	南	60°~70°
3	九浅 25 井断裂	逆	35	近东西	北	50°~70°
4	检 229 井断裂	逆	95	近东西	南	70°

图表注　九浅 7 井断块、九浅 11 井区八道湾组构造形态大致为一由西北向东南缓倾的单斜，地层倾角 4°~6°。区内共有四条断裂断开八道湾组，即九区中部断裂、检 229 井断裂、九浅 10 井断裂及九浅 25 井断裂，均为中—晚侏罗世形成的逆断层。

(三) 油藏剖面

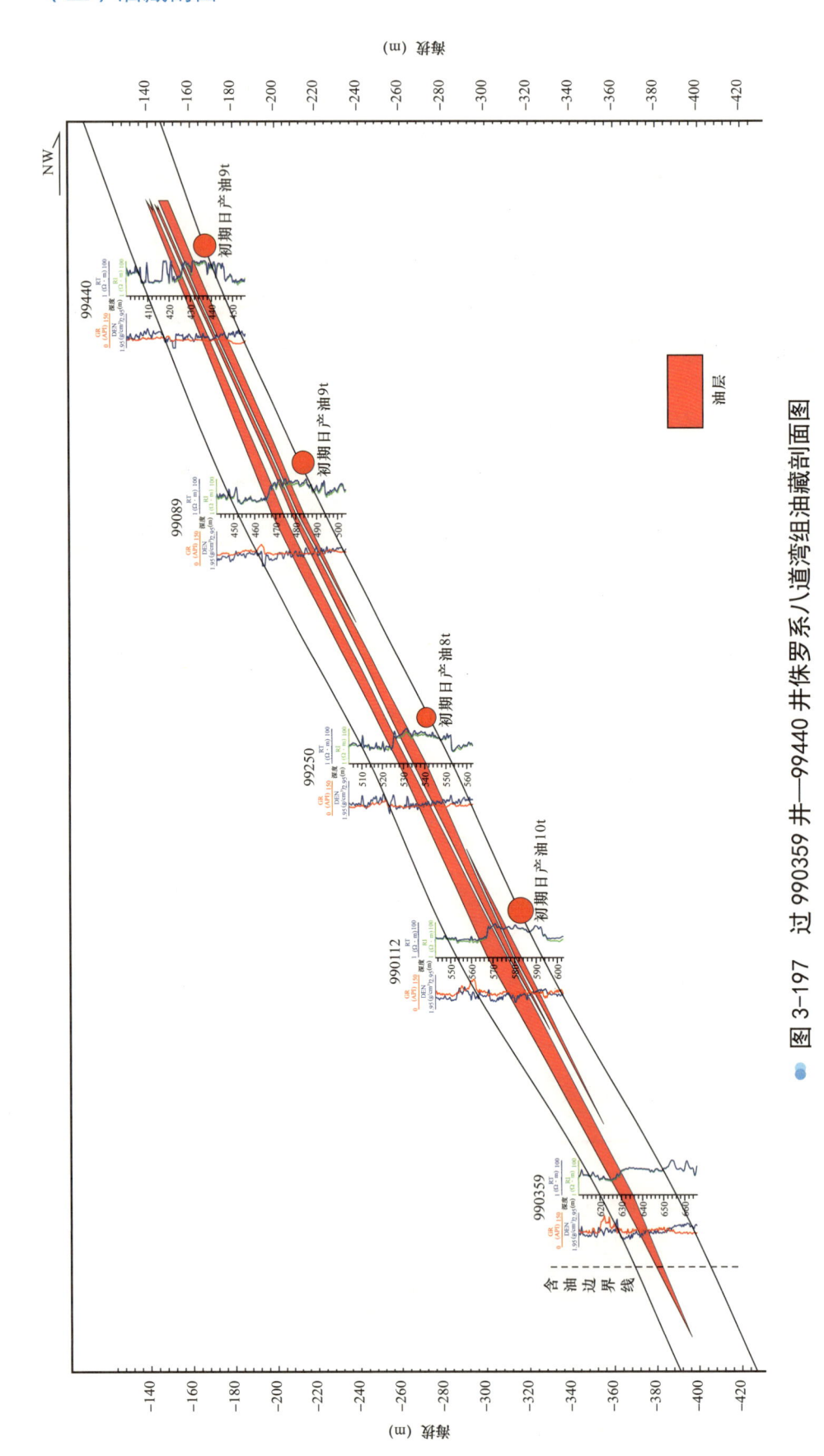

图 3-197 过 990359 井—99440 井侏罗系八道湾组油藏剖面图

图注 九区八道湾组油藏类型为断层遮挡的构造—岩性油藏。油藏西北部的构造高点部位为九区中部断裂遮挡。

（四）沉积特征

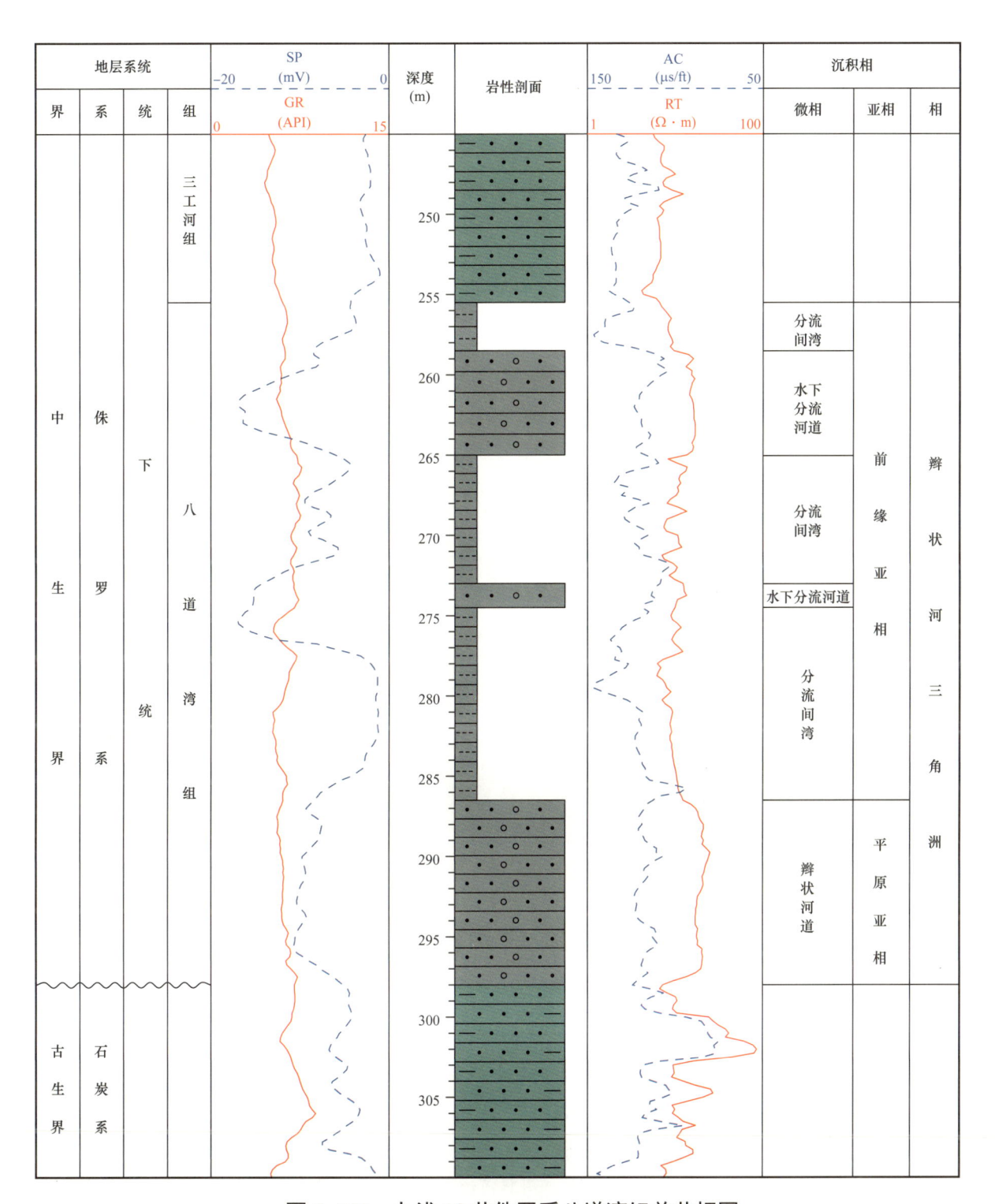

图 3-198　九浅 10 井侏罗系八道湾组单井相图

图注　八道湾组主要发育辫状河沉积相，包括分流间湾、水下分支河道、辫状河道共 3 种微相，水下分支河道、辫状河道等微相发育主力储层。

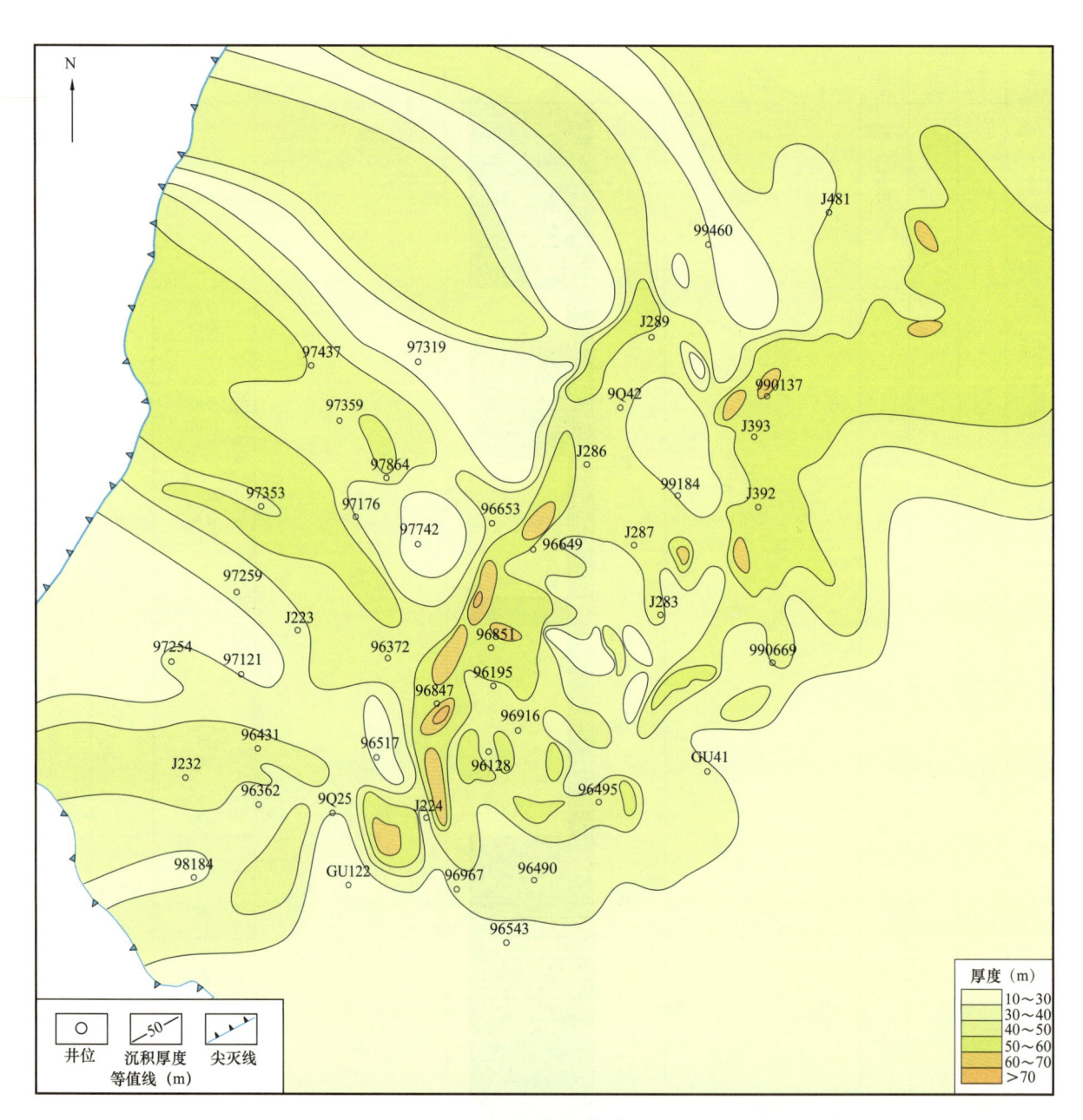

图 3-199　九区侏罗系八道湾组沉积相分布图

图注　辫状河主要发育有辫状河道、心滩、河道间共 3 种微相；物源方向主要来自西北和西部方向，8～9 支辫状河道呈北西—南东向延伸，辫状河道之间是砂砾岩含量的低值区（砂砾岩占地层累计厚度比值不超过 30%），主要为河道间微相，辫状河道内部发育的砂砾岩含量高值区（砂砾岩占地层累计厚度比值超过 60%），为心滩微相分布范围。

（五）储层特征

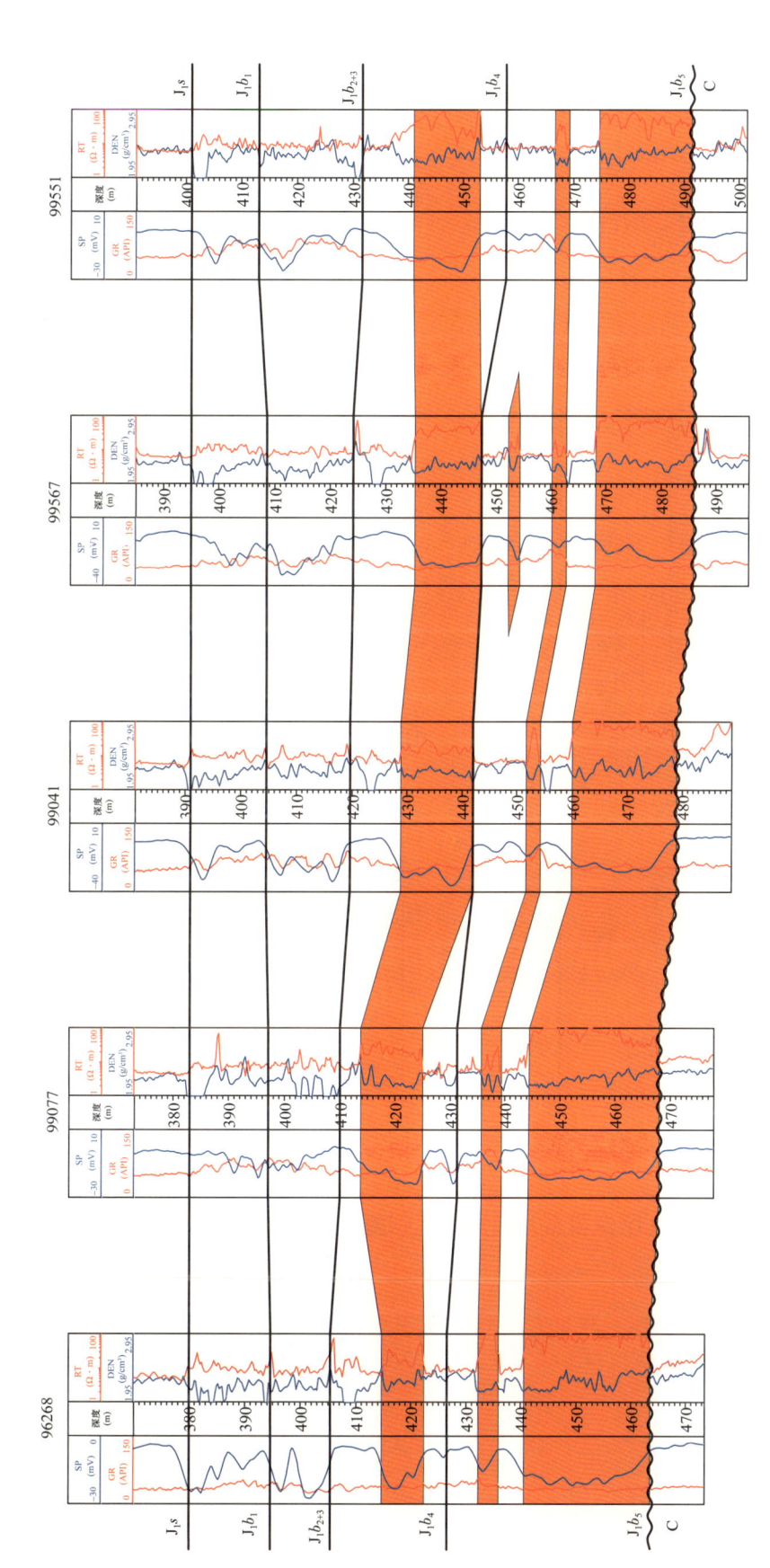

图 3-200 过 96268 井—99551 井侏罗系八道湾组砂层对比图

图注 九区八道湾组从上到下发育了 J_1b_1、J_1b_{2+3}、J_1b_4、J_1b_5 四个砂层组，其中 J_1b_4 和 J_1b_5 为主力油层，J_1b_1 和 J_1b_{2+3} 油层不发育。

表 3-51　九区侏罗系八道湾组储层物性特征统计表

层位	类别	孔隙度(%)			渗透率(mD)		
		样品数	变化范围	平均	样品数	变化范围	平均
J_1b	储层	163	12.30~34.5	24.9	193	0.02~6158.0	428.0
	油层	85	18.13~34.5	27.5	116	14.1~6158.0	845.0

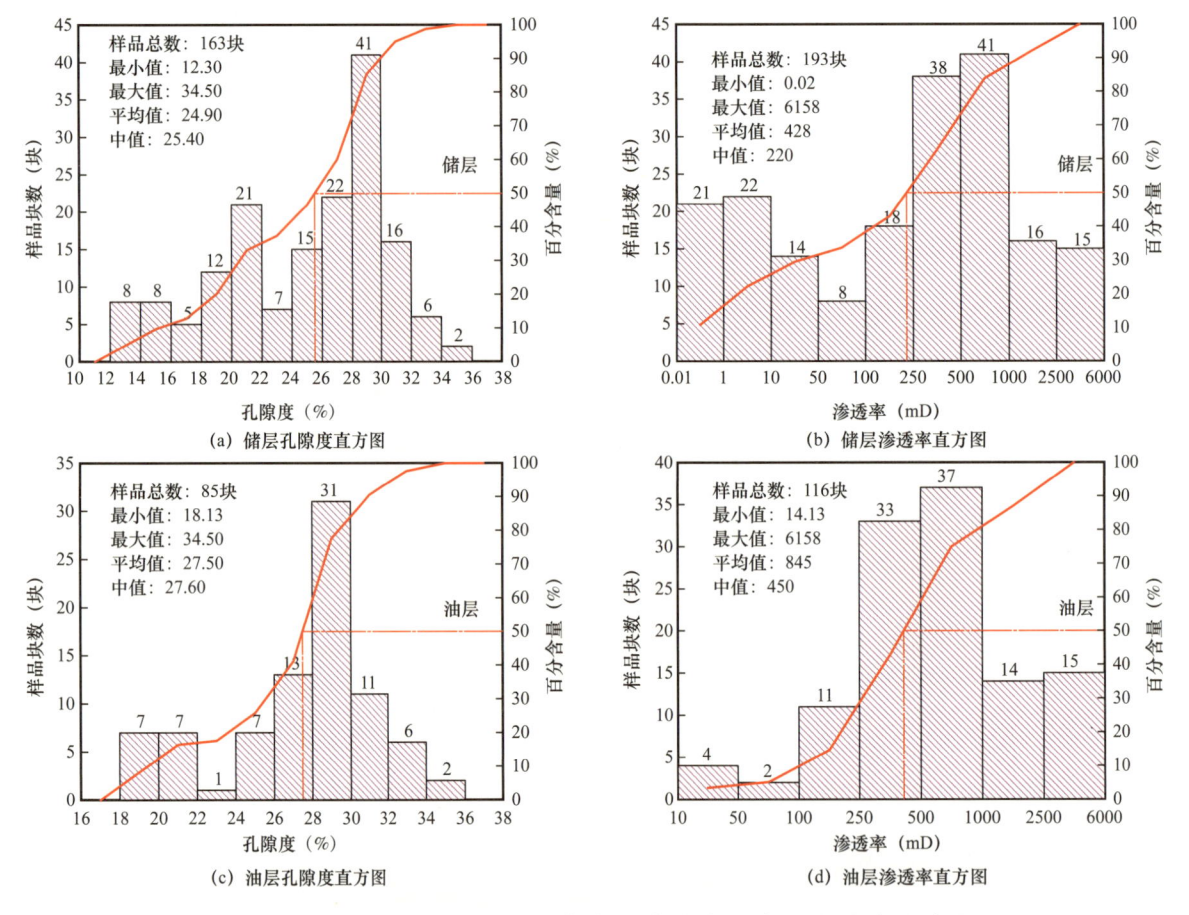

(a) 储层孔隙度直方图

(b) 储层渗透率直方图

(c) 油层孔隙度直方图

(d) 油层渗透率直方图

● 图 3-201　九区侏罗系八道湾组孔隙度、渗透率分布直方图

图表注　① 储层孔隙度12.30%~34.50%，平均为24.90%；渗透率0.02~6158mD，平均为428mD；② 油层孔隙度18.13%~34.50%，平均为27.50%；渗透率14.13~6158mD，平均为845mD。

(a) 96195井，223m，灰色细—中砂岩

(b) 96195井，226m，灰色细砂岩

(c) 检286井，451m，中砾岩

(d) 检286井，451m，中砾岩

● 图3-202　九区侏罗系八道组岩心照片

图注　主要含油岩性是中细砂岩，约占85%，其次为含砾砂岩及小砾岩，约占15%。储层为辫状河流相沉积，砂岩岩石成分主要以石英为主，其次为长石和变质岩屑，分选中等，磨圆差，为次圆—次棱角状，岩石胶结物中的黏土矿物以高岭石为主；砾岩岩石成分以变质泥岩和凝灰岩为主，分选中等，次圆状，胶结中等—致密。

(a) 99260井，粒间孔、粒间溶孔

(b) 96195井，粒间溶孔、粒间孔、粒内孔

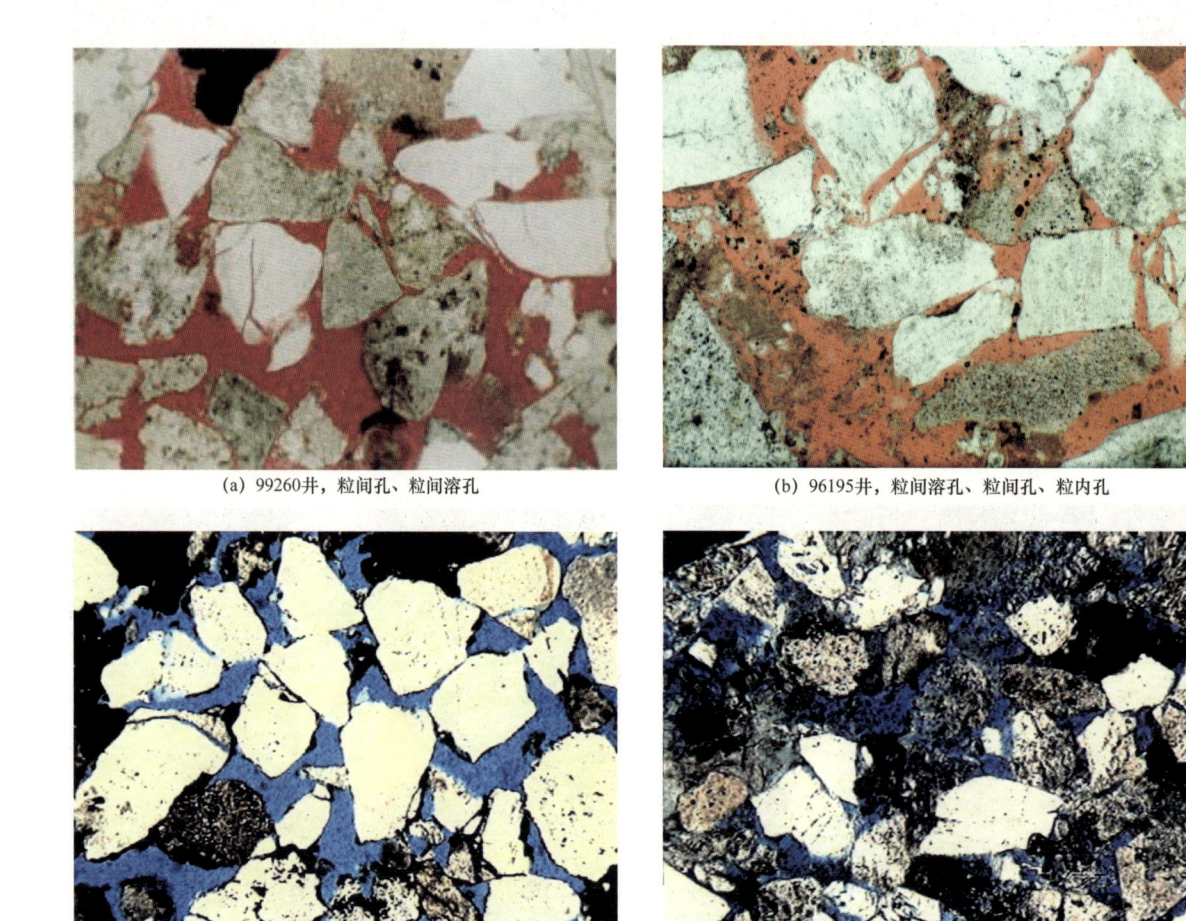

(c) 99888井，原生粒间孔

(d) 99888井，原生粒间孔、粒间溶孔

图 3-203 九区侏罗系八道湾组岩石铸体薄片照片

图注 九区八道湾组储层颗粒间以泥质杂基为主，含量8%。孔隙类型以原生粒间孔为主，占50%，其次为原生粒间孔、粒内溶孔及界面孔。孔隙连通性较好。孔喉配位数1～3，孔喉比2.24～12.18，平均孔隙直径69μm，最大可达100μm，面孔率2.8%～11.8%，平均6.6%。

第三章 典型油气藏

(a) 99888井，不规则状伊/蒙混层

(b) 99888井，蠕虫状高岭石

(c) 检286井，粒间充填的碳酸盐类矿物

(d) 检286井，粒间蠕虫状高岭石

图 3-204 九区侏罗系八道湾组扫描电镜照片

图注 黏土矿物以高岭石为主，其次为伊/蒙混层，杂基及胶结物的含量一般在8%左右。

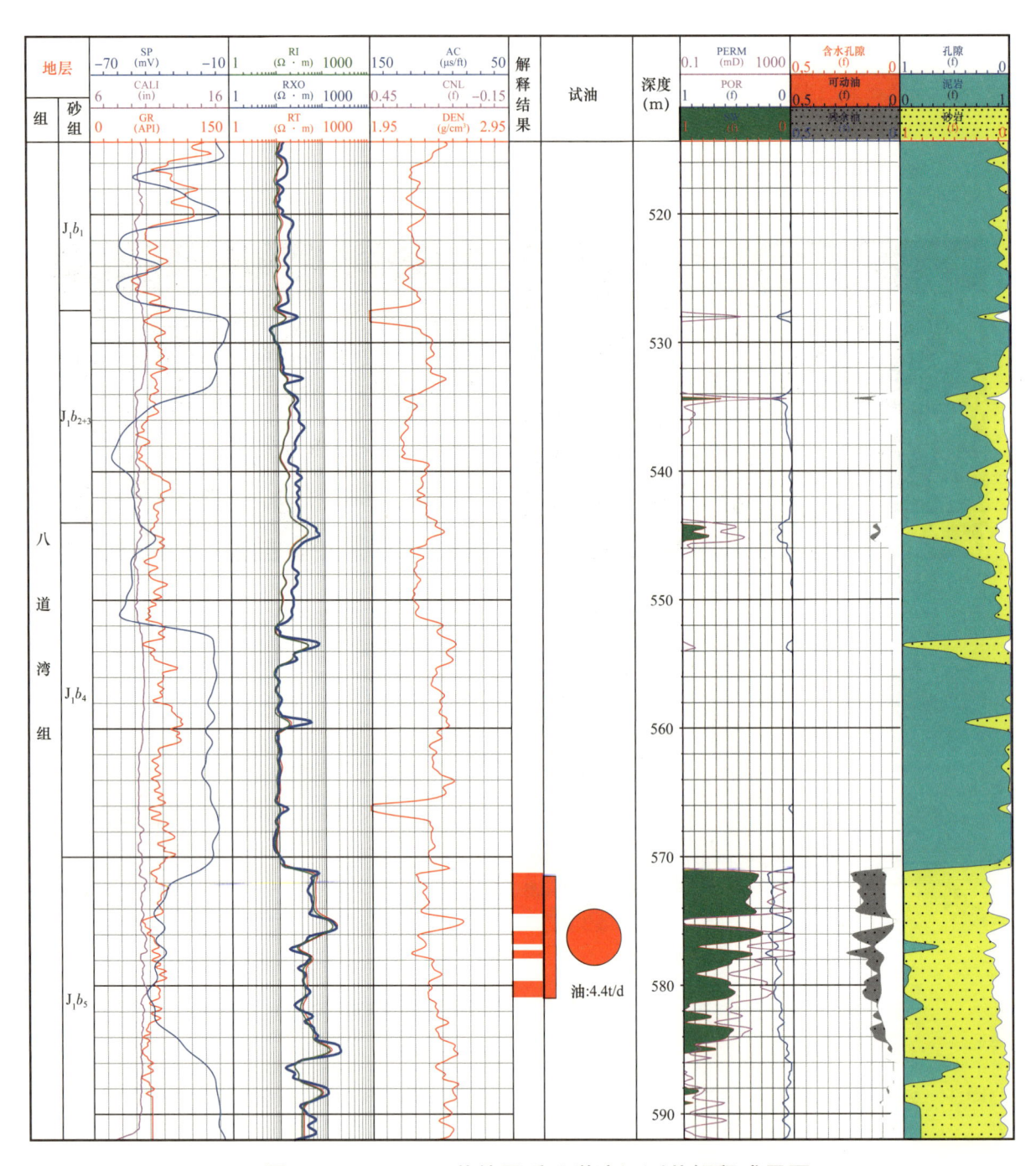

● 图 3-205 990723 井侏罗系八道湾组测井解释成果图

图注 ① 九区八道湾组油层下限为：$RT > 30\Omega \cdot m$，$\phi > 18.0\%$，$S_o > 50\%$；② 共解释油层 5.91m/4 层。

（六）流体性质与压力系统

表 3-52　九区侏罗系八道湾组地面原油性质参数表

层位	密度（g/cm³）	50℃黏度（mPa·s）	含蜡（%）	凝固点（℃）
J₁b	0.9418	2401.2	7.1	2.8

表注　原油密度平均为 0.9418g/cm³；50℃时地面脱气原油黏度平均为 2401.2mPa·s；含蜡量 7.1%；凝固点 2.℃。

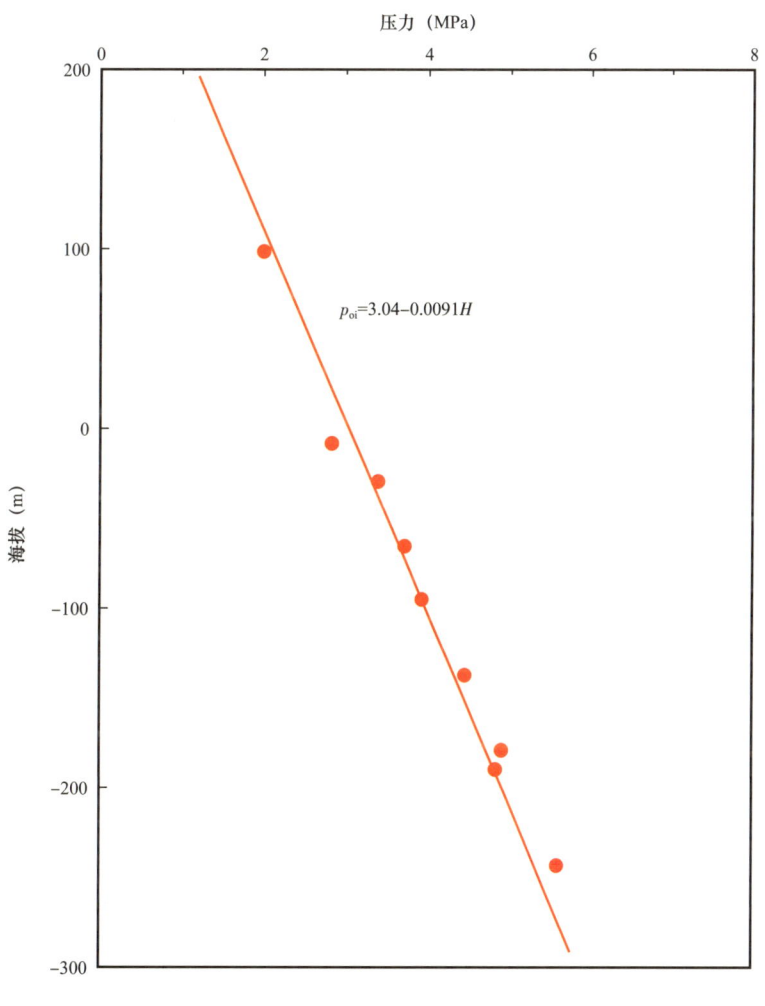

图 3-206　九区侏罗系八道湾组油藏压力梯度图

$p_{oi}=3.04-0.0091H$

图注　八道湾组油层中部深度 545m（海拔 −283m），原始地层压力为 5.62MPa，压力系数 1.03。

二、开发特征

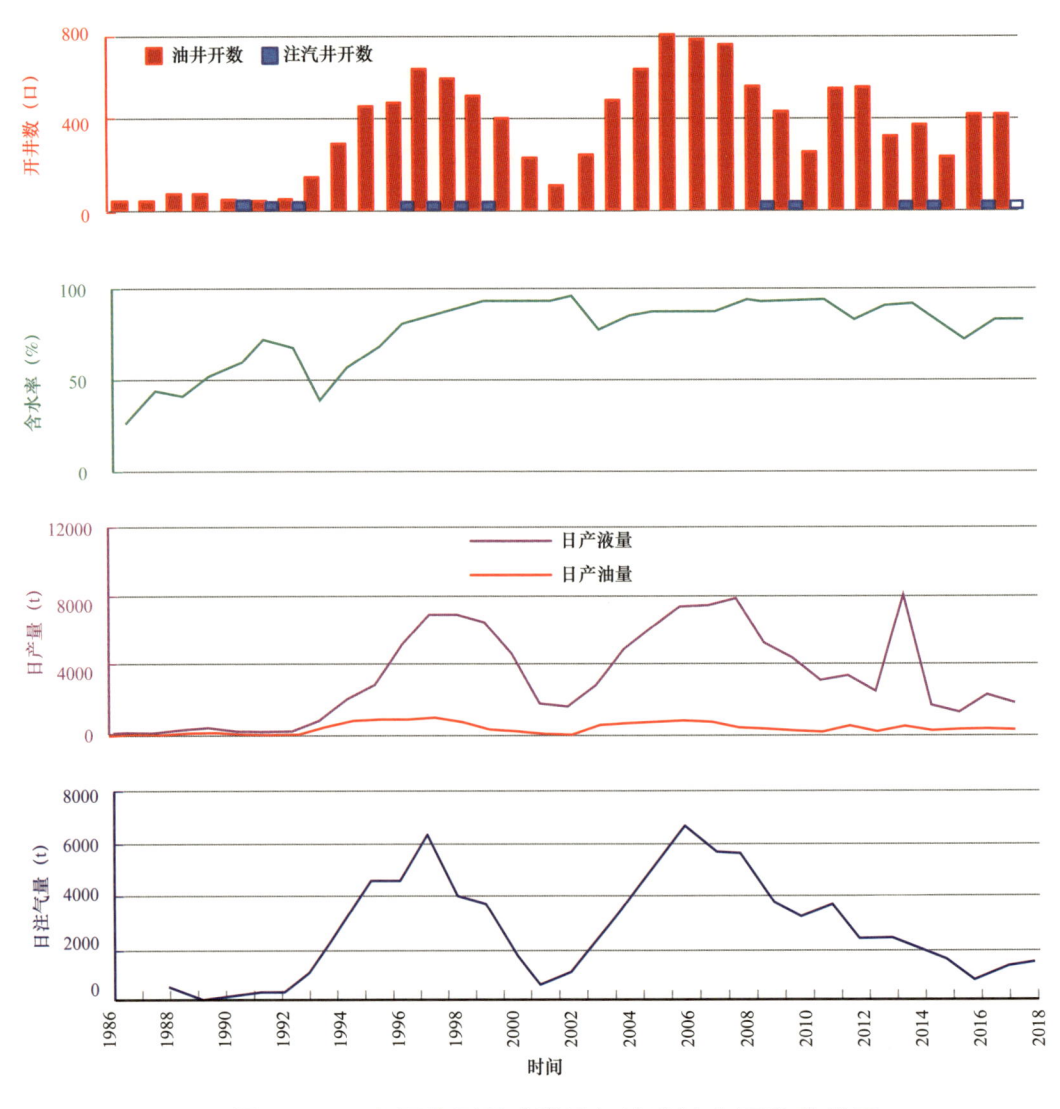

图 3-207　九区侏罗系八道湾组油藏综合开发曲线图

图注　① 1986 年正式投入开发，最高开井数油井 760 口、注汽井 9 口，1997 年产油量最高达 43.17×10⁴t；② 1988 年开始注汽，1993 之后含水率上升较快，产出水类型为注入水和地层水；③ 2018 年 12 月，油井开井数 405 口，日产液 1780t，日产油 299t，日注汽 1532m³，含水率 83.20%，采油速度 0.62%；累计产油 515.78×10⁴t，采出程度 24.68%。

第十四节　九区侏罗系齐古组油藏

一、石油地质特征

（一）地层分布

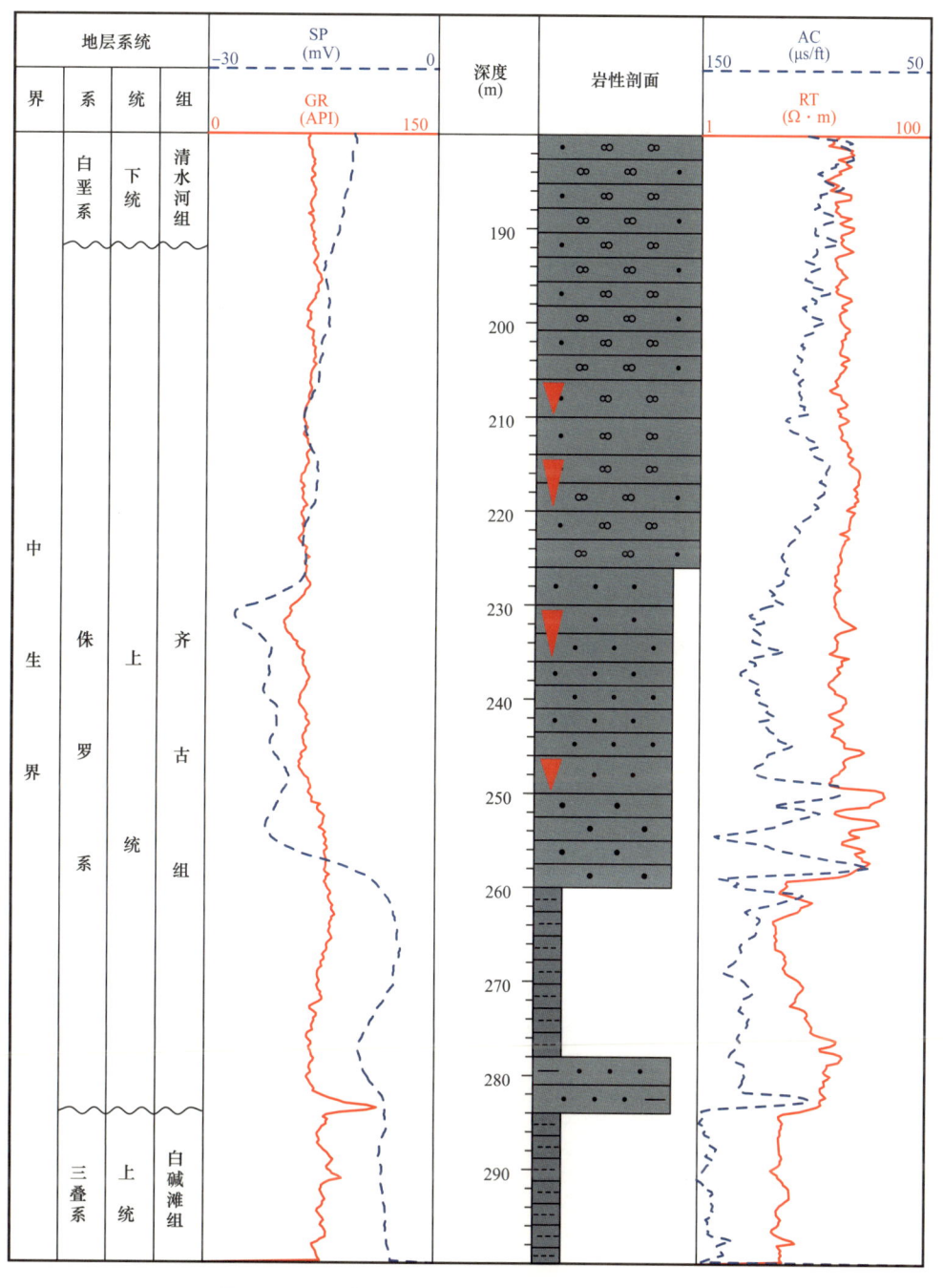

● 图 3-208　九区侏罗系齐古组地层综合柱状图

表 3-53 九区重点井钻揭地层厚度统计表

井号	完钻层位	底深(m) 白垩系 吐谷鲁群 K_1tg	地层厚度(m) 侏罗系 齐古组 J_3q J_3q_1	J_3q_2	J_3q_3	西山窑组 J_2x	三工河组 J_1s	八道湾组 J_1b	三叠系 白碱滩组 T_3b	克拉玛依组 T_2k
九浅5	T	192	—	259	25	—	—	—	—	—
检223	C	103	18.5	53	39.5	—	25	52.5	—	33.5
检384	J	176.5	24.5	76	16	—	—	—	—	—
古5	C	273	—	345	64	61	84	76	30	—

图表注 ① 钻遇的地层分别有白垩系吐谷鲁群（K_1tg，底深100~280m），侏罗系齐古组1砂层组（J_3q_1，10~30m）、齐古组2砂层组（J_3q_2，50~80m）、齐古组3砂层组（J_3q_3，10~70m）、西山窑组（J_2x，0~70m）、三工河组（J_1s，0~90m）、八道湾组（J_1b，0~80m），三叠系白碱滩组（T_3b，0~60m）、克拉玛依组（T_2k，0~40m）；② 目地层与下伏地层不整合接触，其中齐古组2砂层组（J_3q_2）为主要含油目的层。

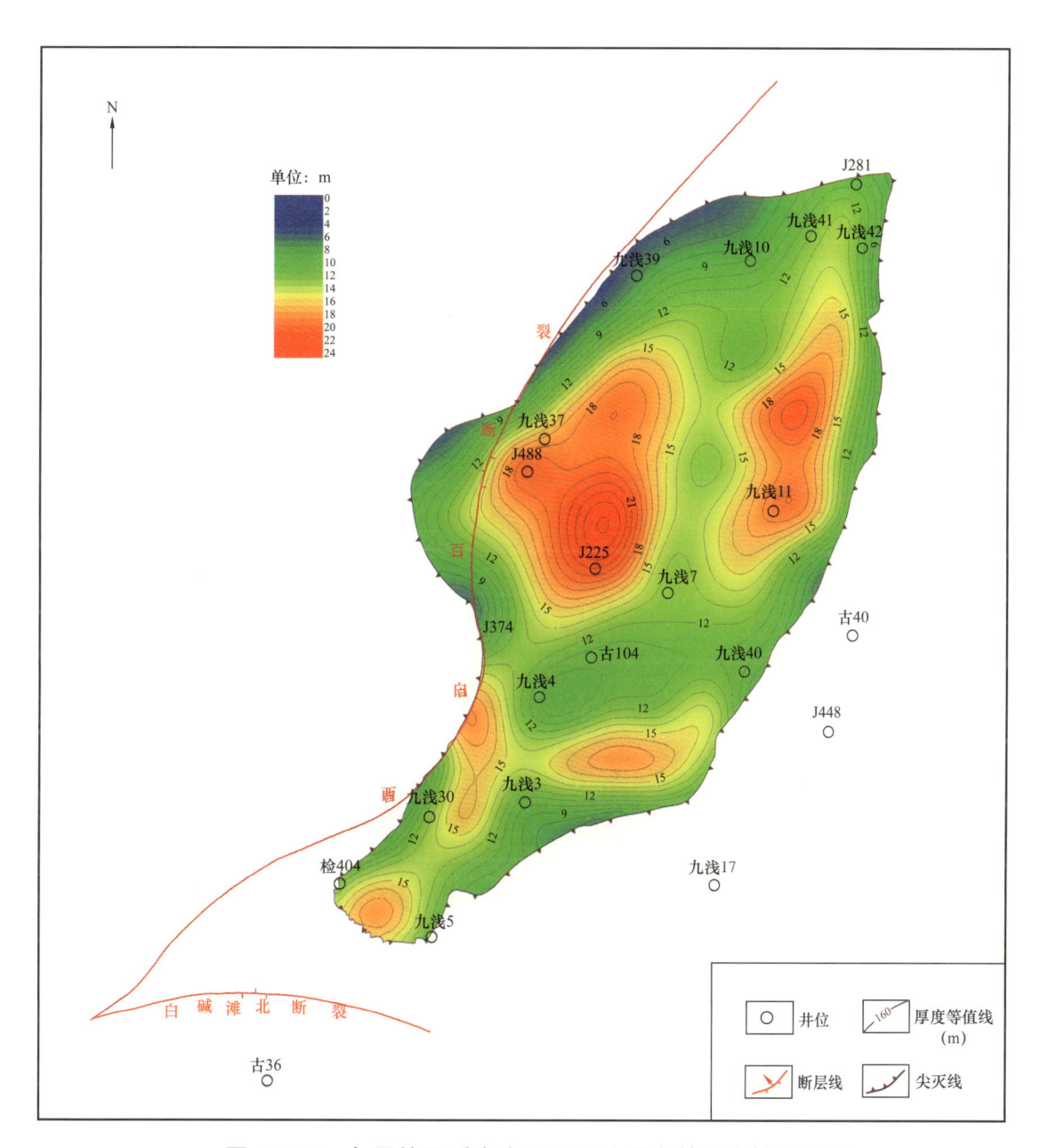

● 图 3-209　九区侏罗系齐古组二段油层有效厚度等值线图

图注　① 九区齐古组主要岩性以中细砂岩、粗砂岩、含砾不等粒砂岩及少量砂砾岩为主；② 厚度 0~25m，总体上中部厚度较稳定。

（二）构造特征

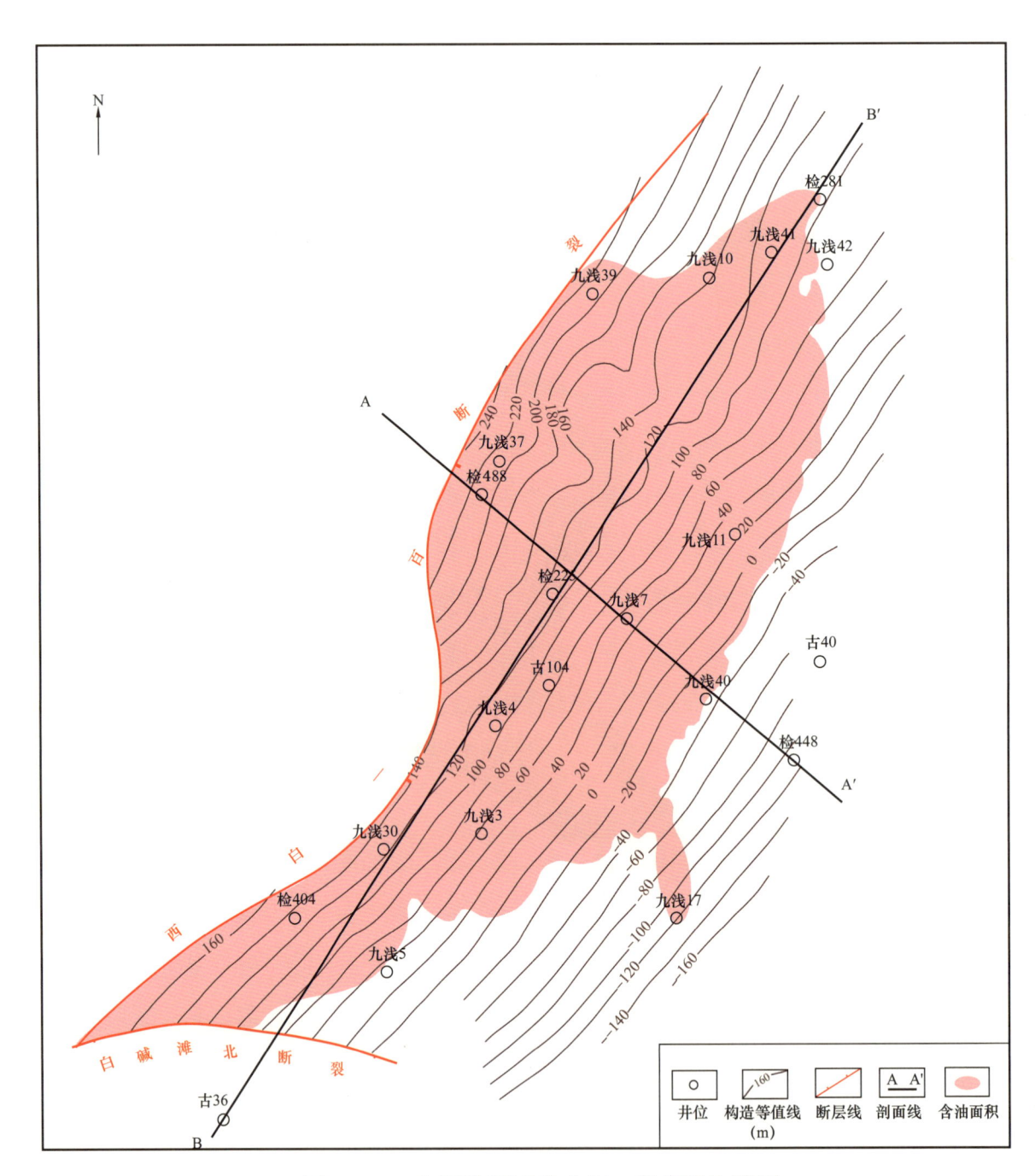

图 3-210　九区侏罗系齐古组二段底界构造图

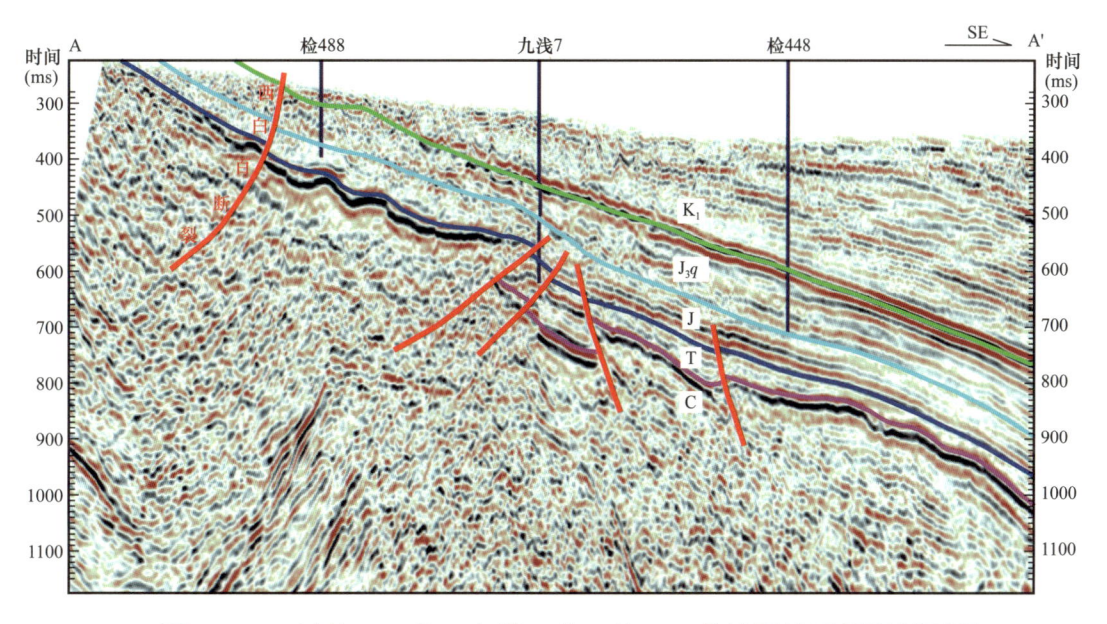

● 图 3-211　过检 488 井—九浅 7 井—检 448 井地震地质解释剖面图

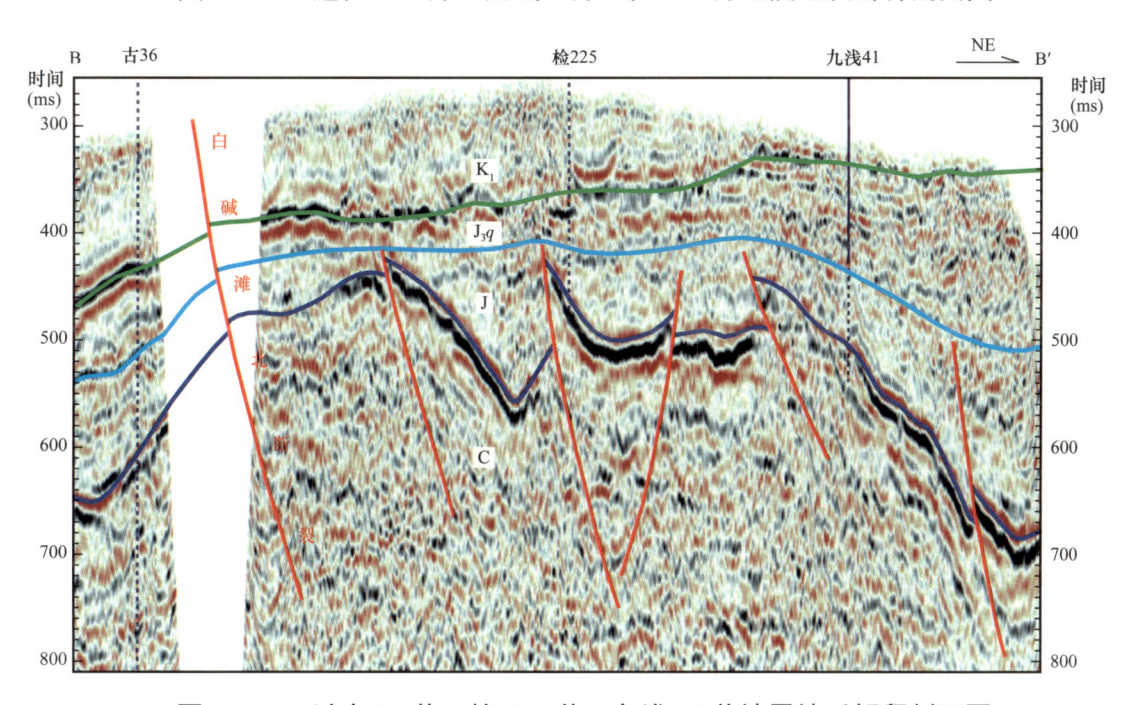

● 图 3-212　过古 36 井—检 225 井—九浅 41 井地震地质解释剖面图

表 3-54　九区主要断裂要素表

序号	断裂名称	断裂性质	断开层位	断距(m)	断裂产状 走向	断裂产状 倾向	断裂产状 倾角
1	西白百断裂	逆	J_3q—C	10～14	SN	NW	25°～45°

图表注　① 九区齐古组油藏在区域构造上位于克乌断裂二级构造带上盘超覆尖灭带上，构造形态单一，其顶部构造为一向南东缓倾的单斜，倾角约 4°～9°；② 区内仅西白百断裂断开齐古组，并对油藏的形成起到了遮挡作用；西白百断裂走向近南北向，长达数十千米，倾向北西，倾角自下而上由 25° 增加到 45° 左右，断开齐古组及以下地层，垂直断距 10～14m，属基底同生断层。

（三）油藏剖面

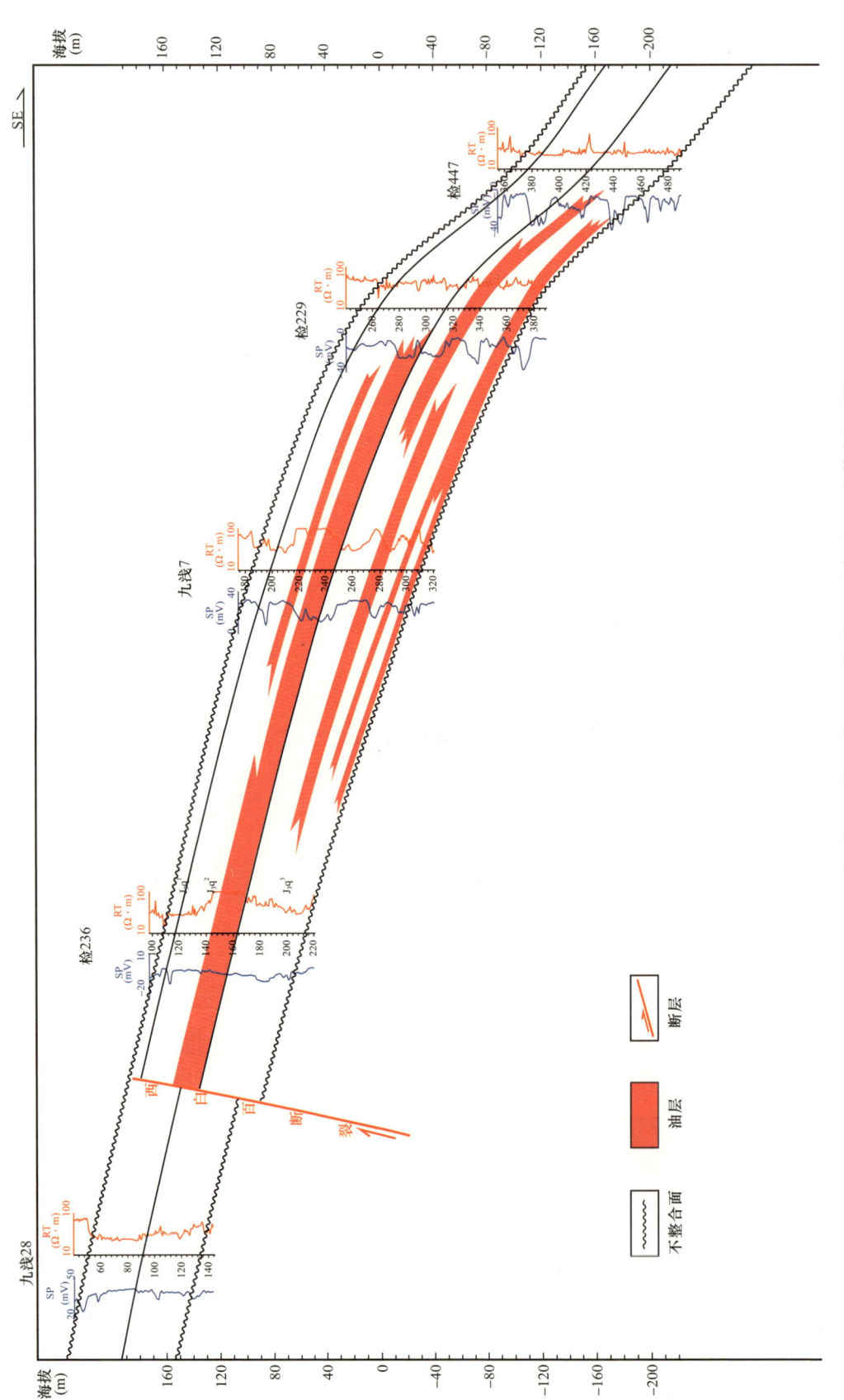

图 3-213 过九浅 28 井—检 447 井侏罗系齐古组油藏剖面图

图注 ①九区齐古组油藏类型为断裂遮挡的岩性圈闭浅层稠油油藏；②该油藏主要分布于西白碱滩断裂下盘构造高部位，低部位构造高部位，岩性变细，储层含油性变差，平面上油层变化完全不受构造控制，北面虽构造位置较高，但岩性变差而不含油，反映油层分布受沉积相控制。

（四）沉积特征

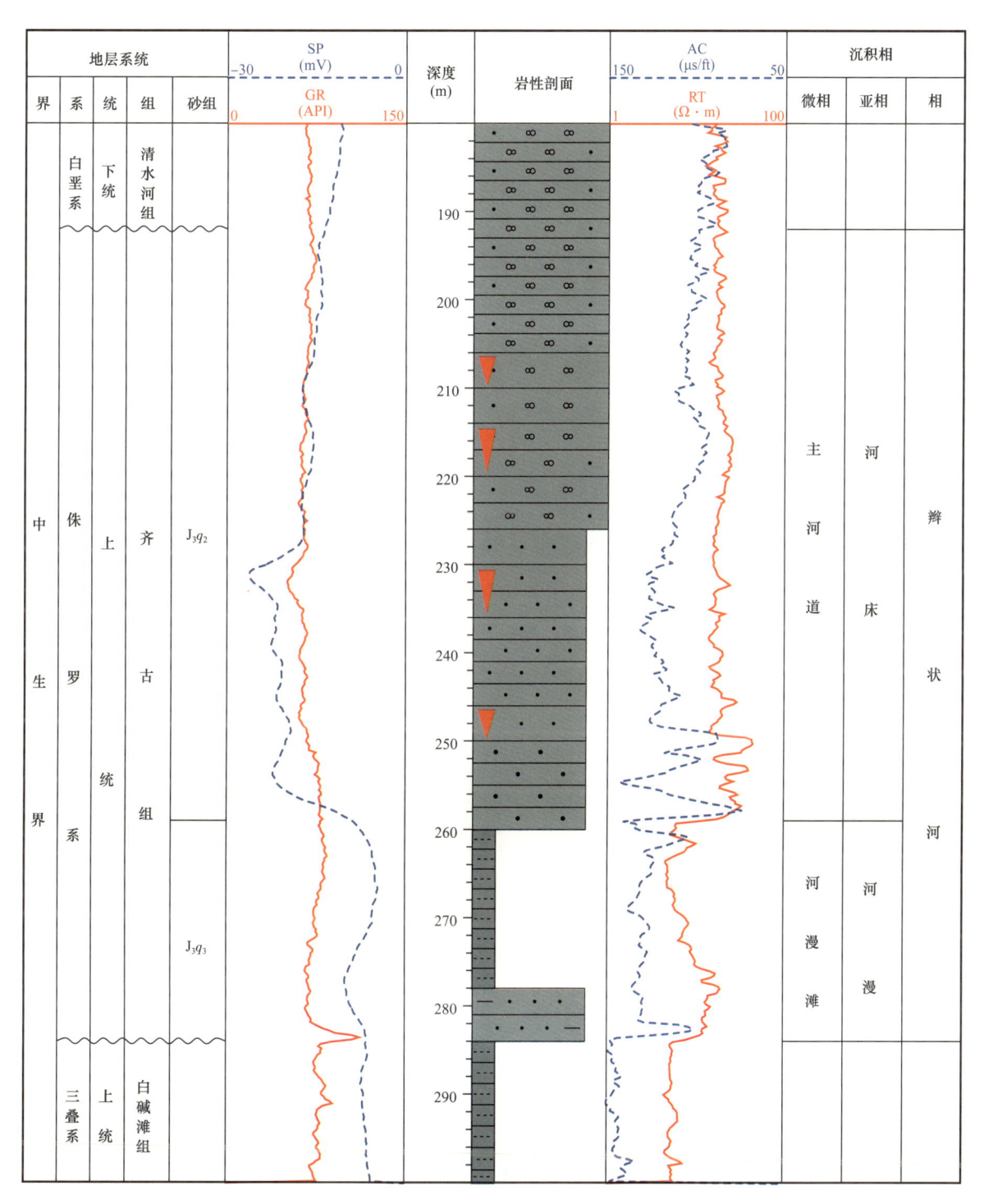

图 3-214　九浅 5 井侏罗系齐古组单井相图

图注　① 主要发育辫状河流相沉积；② 垂向上主河道、河漫滩两种微相相互叠置；③ 主力储层为主河道微相，电阻率曲线呈齿化箱形，18≤RT＜40Ω·m，伽马曲线呈箱形，55≤GR＜80API，自然电位呈箱形，−28≤SP＜−15mV。

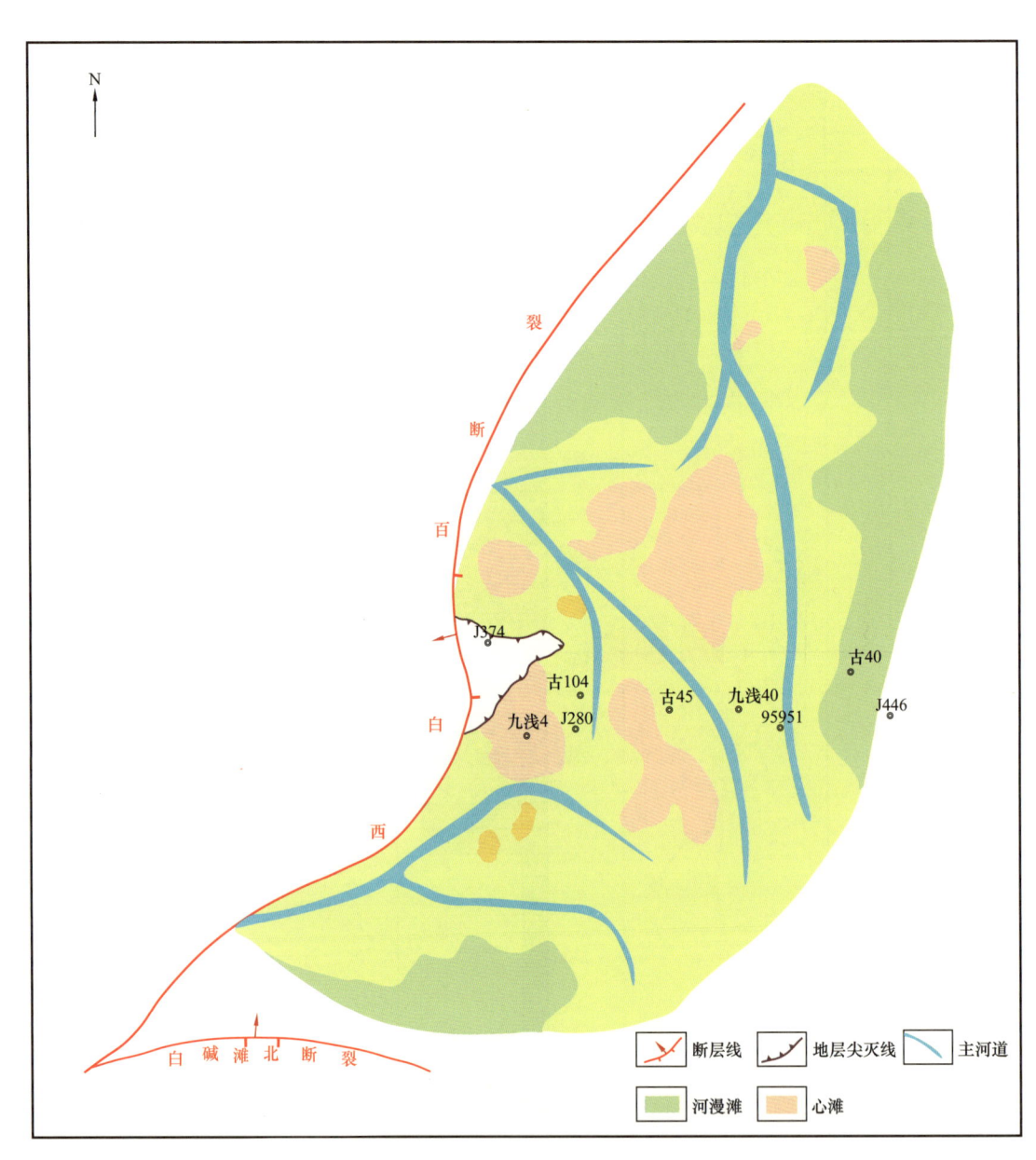

图 3-215 九区侏罗系齐古组油藏三段沉积相分布图

图注 ① 九区齐古组齐 3 砂层组为辫状河流相沉积，还发育有河道、心滩以及河漫滩沉积微相，油层主要发育在河道和心滩沉积砂体上；② 物源主要来自西部和北部。

第三章 典型油气藏

（五）储层特征

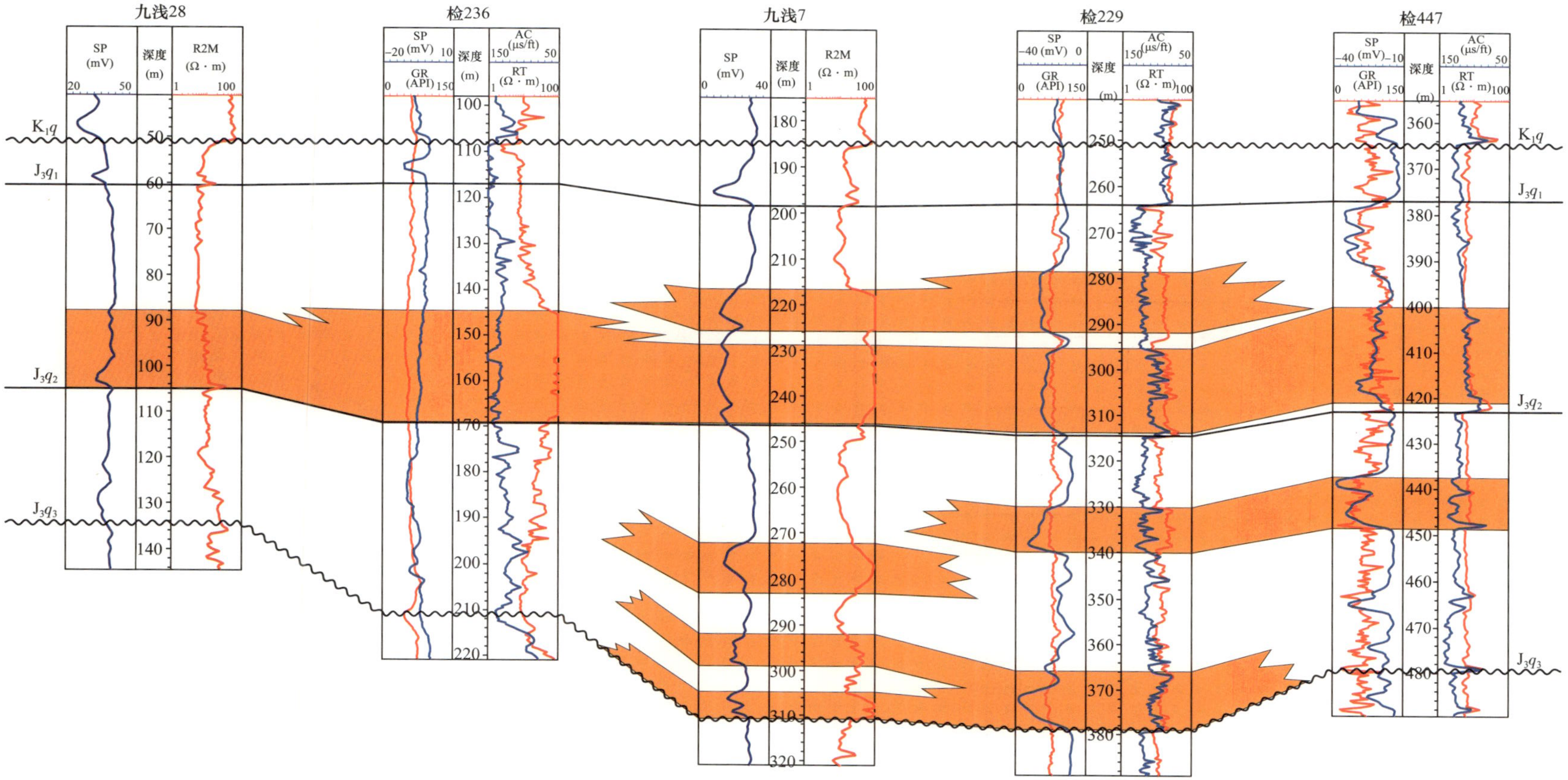

图 3-216 过九浅 28 井—检 447 井侏罗系齐古组砂层对比图

图注 ① 九区齐古组纵向上自下而上分为 J_3q_3、J_3q_2、J_3q_1 三个砂层组，J_3q_2 砂层组是该区的主力油层；② 储层岩性以中细砂岩、粗砂岩、含砾不等粒砂岩及少量砂砾岩为主。

表 3-55 九区侏罗系齐古组储层物性特征统计表

层位	类别	孔隙度(%)			渗透率(mD)		
		样品数	变化范围	平均	样品数	变化范围	平均
J_3q	储层	391	20～36	29.6	213	100～9622	1780

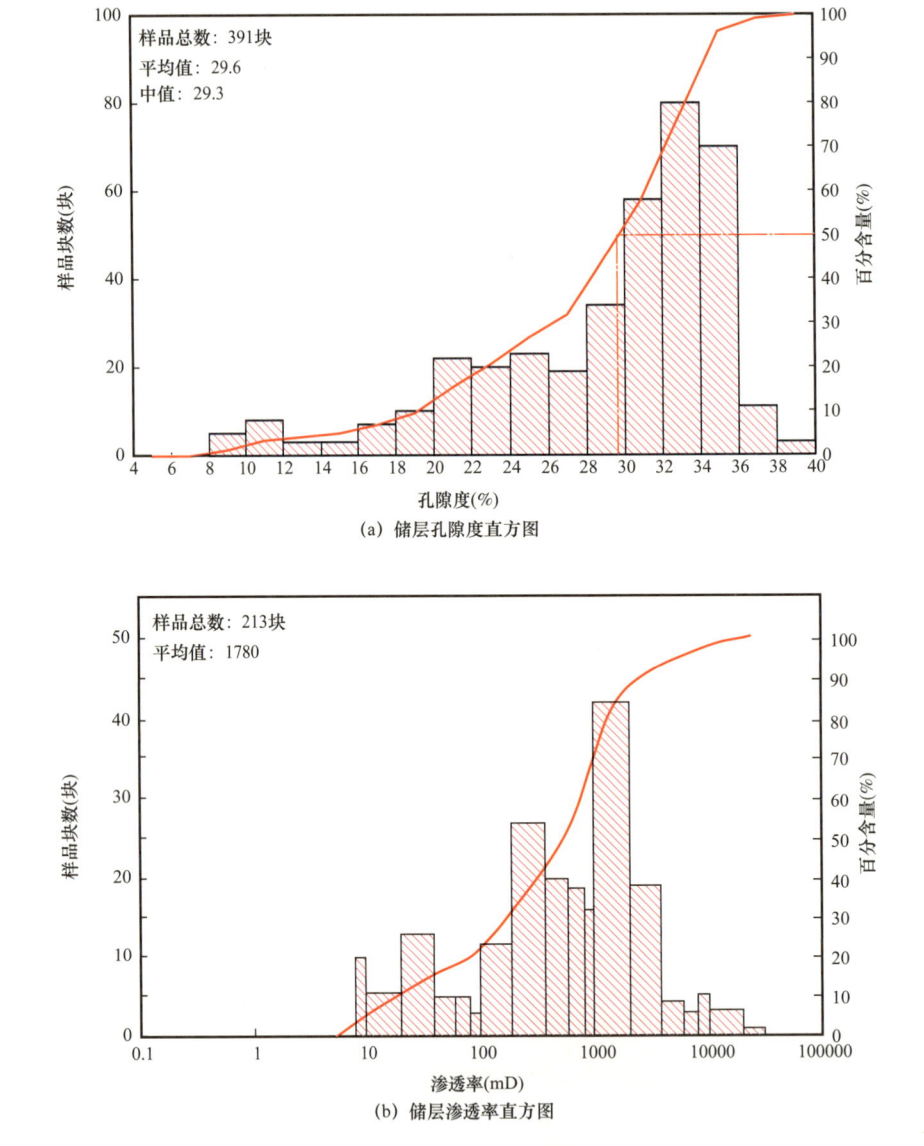

(a) 储层孔隙度直方图

(b) 储层渗透率直方图

图 3-217 九区侏罗系齐古组孔隙度、渗透率分布直方图

图表注 侏罗系齐古组的孔隙度20%～36%，平均为29.6%；渗透率100～9622mD，平均为1780mD。

(a) 九浅3井，褐色中砂岩

(b) 九浅3井，灰色含砾粗砂岩

(c) 九浅18井，黑褐色粗砂岩

(d) 九浅18井，灰色泥砾岩

图 3-218 九区侏罗系齐古组岩心照片

图注 ① 九区齐古组沉积物为一套浅灰—灰褐色中细砂岩、粗砂岩、含砾中砂岩及少量砾岩和浅灰色泥岩组合的正旋回碎屑沉积体；② 沉积物中常见交错、水平、波状层理，韵律间可见冲刷面和植物碳化印痕；③ 齐古组沉积环境属于辫状河流相沉积。

(a) 931062井，121.16m，剩余粒间孔

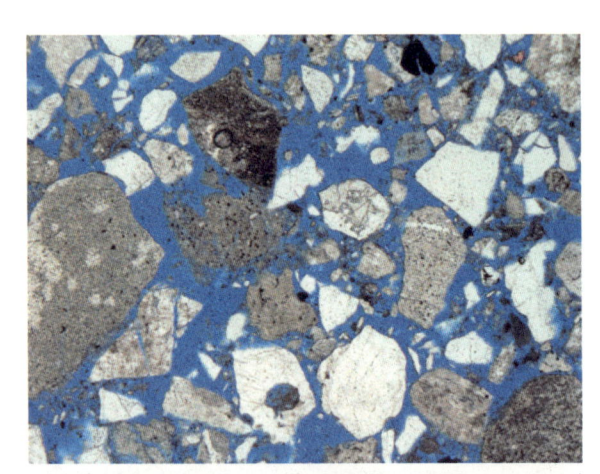

(b) 931062井，113m，剩余粒间孔、原生粒间孔

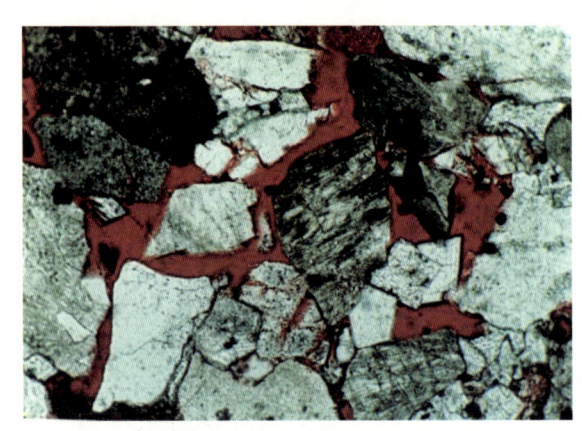

(c) 九浅41井，156.41m，粒间溶孔、粒内溶孔

(d) 九浅41井，158.94m，粒间孔、粒间溶孔、粒内溶孔、方解石溶孔

● 图3-219　九区侏罗系齐古组岩石铸体薄片照片

图注　① 根据铸体薄片鉴定分析，储层空间类型主要有原生粒间孔、粒间溶孔、粒内孔、胶结物内溶孔和微裂缝，但主要孔隙类型为原生粒间孔，占齐古组孔隙的50%～95%；② 颗粒磨圆度中等，以次圆状为主，分选中等，胶结程度疏松—中等，胶结类型大多属于孔隙—压嵌型；③ 接触方式以点接触为主。

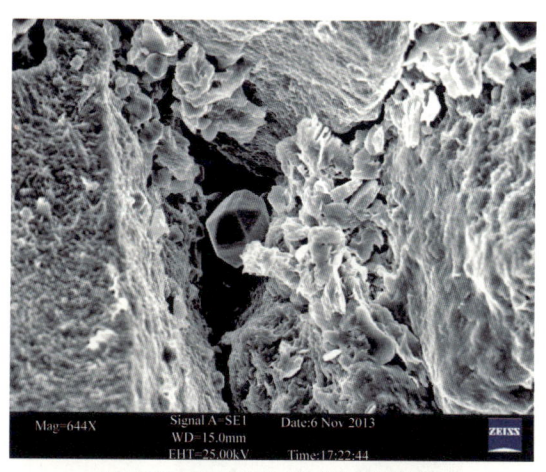

(a) 931062井，粒间孔充填高岭石与黄铁矿

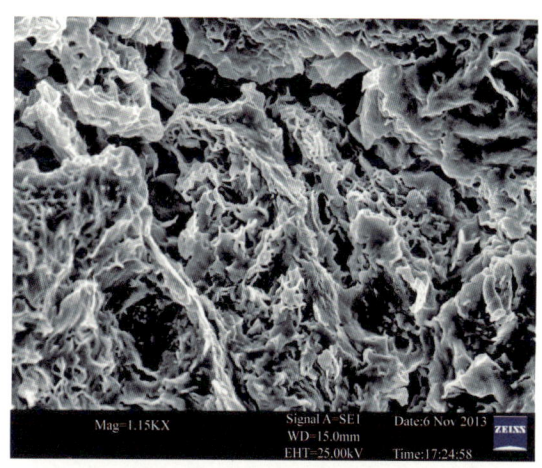

(b) 931062井，粒表似蜂巢状伊/蒙混层矿物

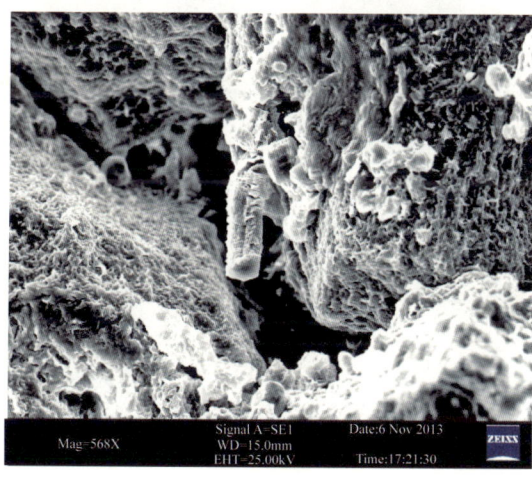

(c) 931062井，粒表包裹伊/蒙混层矿物与粒间充填蠕虫状高岭石

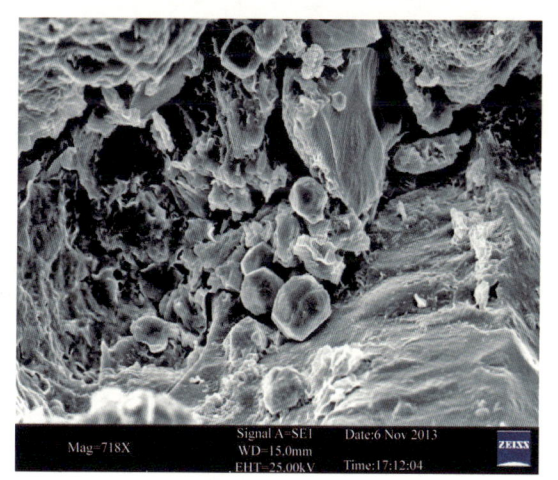

(d) 931062井，粒间充填黄铁矿

图 3-220　931062井侏罗系井齐古组扫描电镜照片

图注　① 齐古组泥质含量占 6.5%；② 其主要矿物成分为伊/蒙混层（64.8%）、高岭石（16.5%）、伊利石（9.4%）、绿泥石（9.3%）；③ 黏土矿物形态为不规则状、蜂巢状、蠕虫状等。

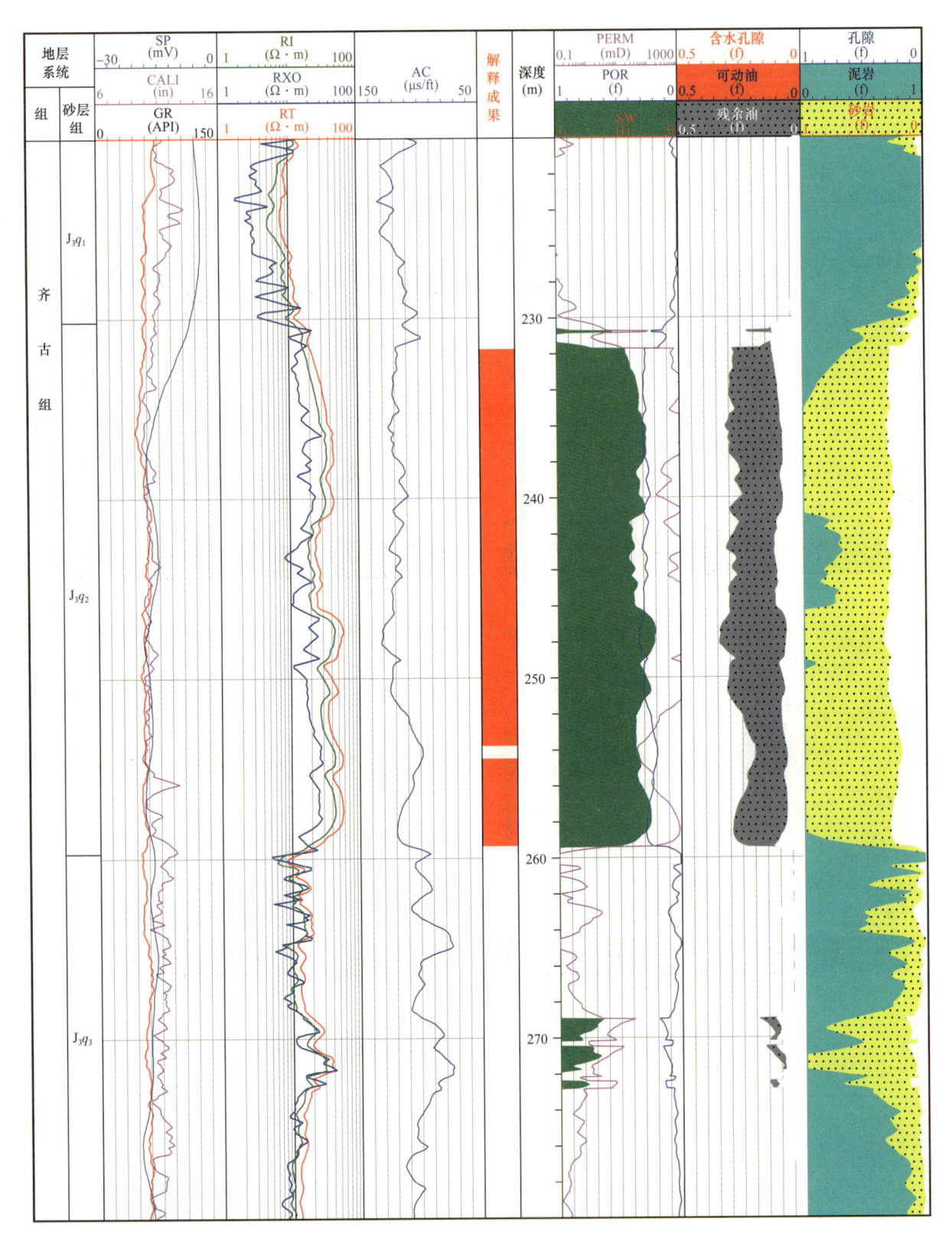

图 3-221 九浅 11 井侏罗系齐古组测井解释成果图

图注 ① 九区齐古组 J_3q_3 油层解释下限标准为：$RT>17\Omega\cdot m$，$\phi>20\%$，$S_o>50\%$；② 九浅 11 井 J_3q_3 共解释油层 26.8m/2 层。

（六）流体性质与压力系统

表 3-56　九区侏罗系齐古组油藏地面原油性质参数表

层位	密度（g/cm³）	20℃黏度（mPa·s）	含蜡（%）	凝固点（℃）
J₃q²	0.9390	15100	2.2	−41～12

表注　齐古组油藏J_3q^2层地面原油密度平均为0.9390g/cm³，20℃时地面脱气油黏度为15100mPa·s。含蜡量低，平均为2.2%；凝固点12～−41℃。

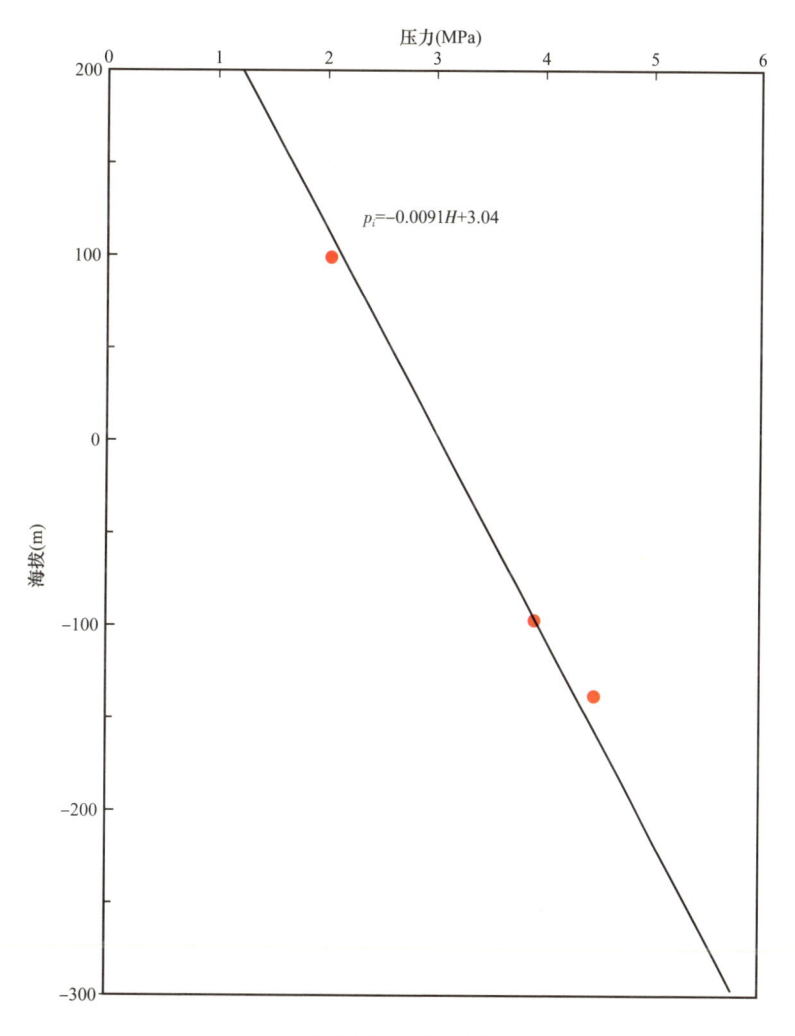

图 3-222　九区侏罗系齐古组油藏压力梯度图

$p_i = -0.0091H + 3.04$

图注　油藏中部地层压力为2.49MPa，压力系数为1.02，属于正常压力系统油藏。

二、开发特征

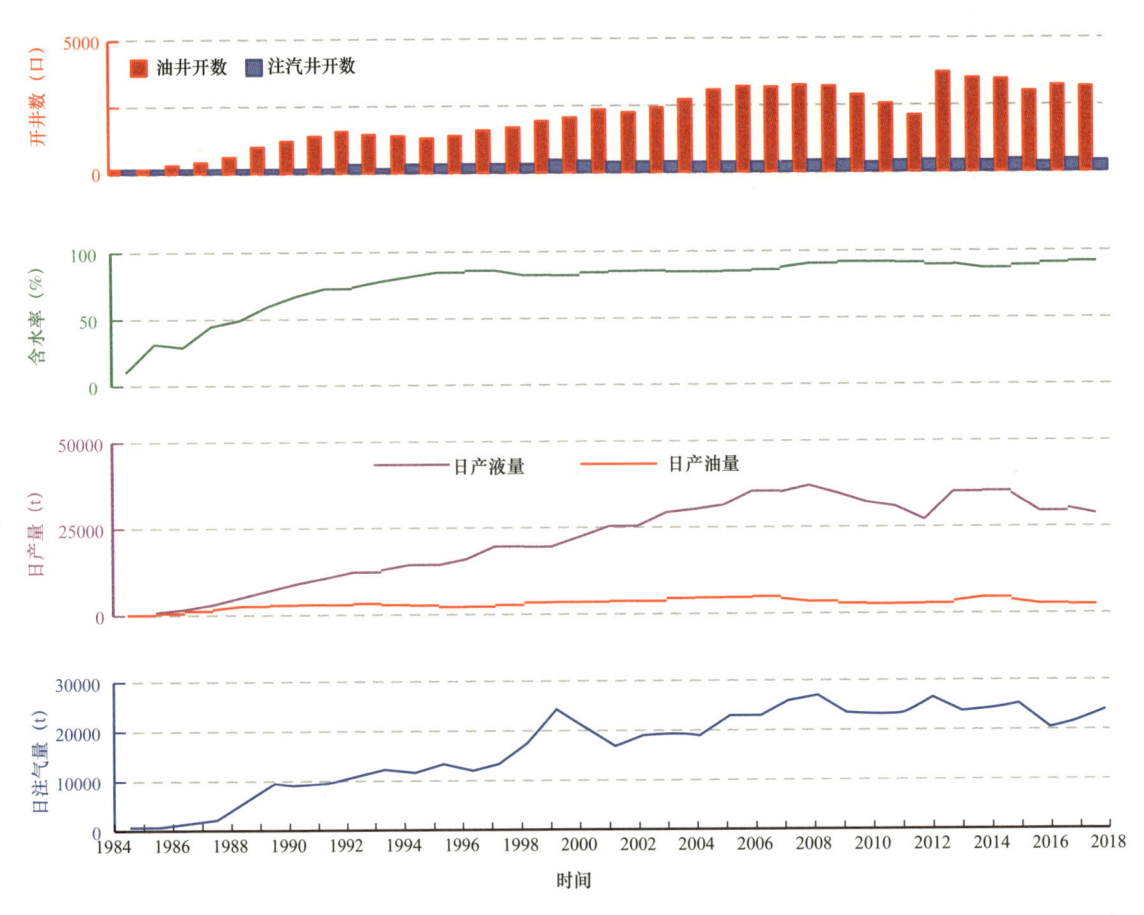

图 3-223　九区侏罗系齐古组油藏综合开发曲线图

图注　① 1984 年投入开发，最高开井数油井 3665 口、注汽井 374 口，2006 年产油量最高达 168.82×10⁴t；② 1984 年开始注汽，1988 年之后含水率上升较快，产出水类型为注入水和地层水；③ 2018 年 12 月，油井开井数 3105 口，日产液 28680t，日产油 2849t，日注汽 23721m³，含水率 90.07%，采油速度 0.94%；累计产油 3658.18×10⁴t，采出程度 37.43%。

第十五节　九区 93850 井区白垩系清水河组油藏

一、石油地质特征

（一）地层分布

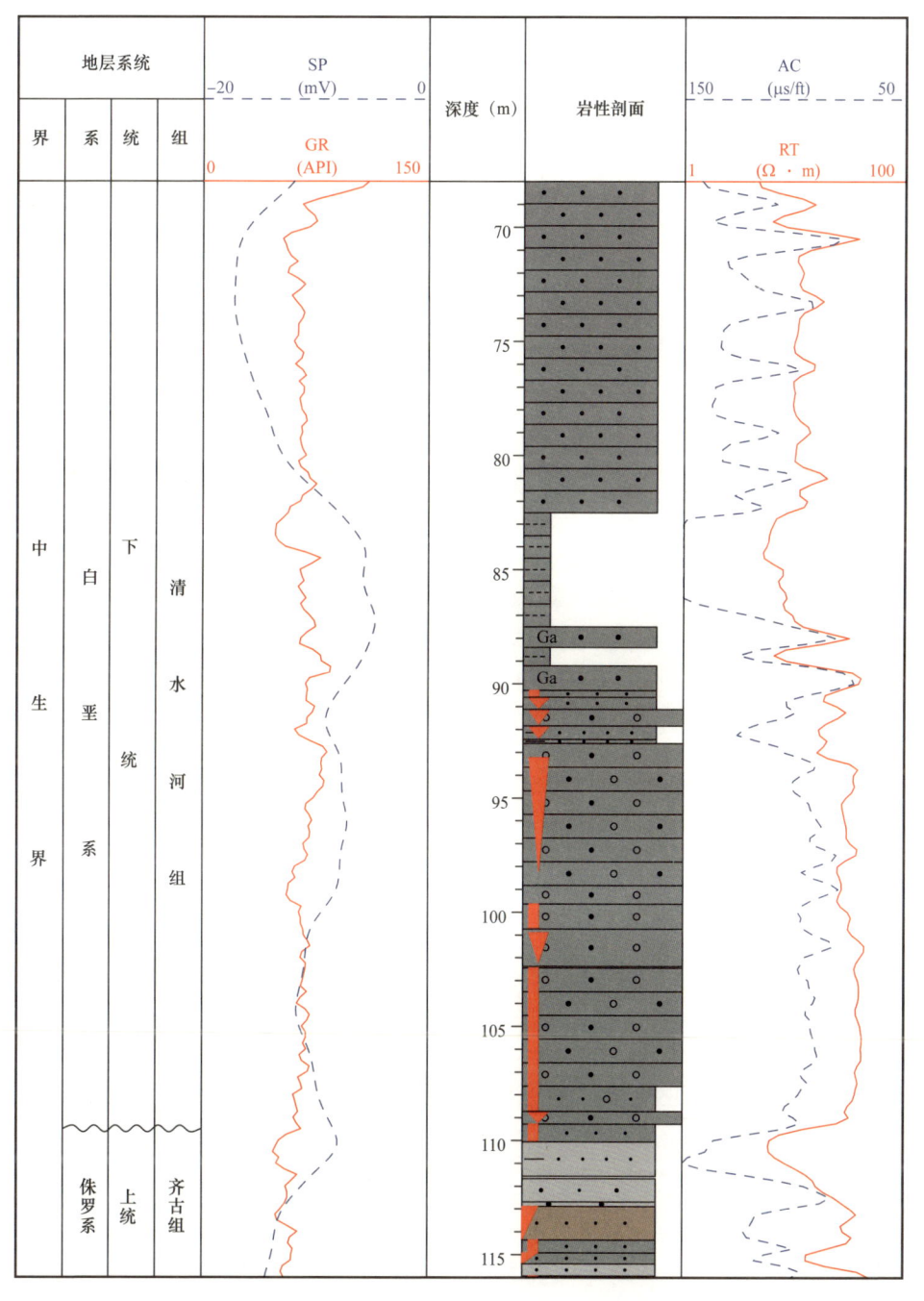

图 3-224　九区白垩系清水河组油藏综合柱状图

表 3-57 九区重点井钻揭地层厚度统计表

井号	完钻层位	底深（m）	地层厚度（m）		
		白垩系	侏罗系	三叠系	
		清水河组	齐古组	白碱滩组	克拉玛依组
		K_1q	J_3q	T_3b	T_2k
92558	C	48.4	93.4	4.2	62.4
92571	C	61.8	96.5	21.7	50.7
92680	C	70	102.6	29.1	22.9
93850	C	50	55	11.5	42.6

表注　① 钻揭的主要地层分别为白垩系清水河组（K_1q，40～70m），侏罗系齐古组（J_3q，50～110m），三叠系白碱滩组（T_3b，4～30m）、克拉玛依组（T_2k，20～70m），石炭系（C，未穿）；② 目的层为白垩系清水河组。

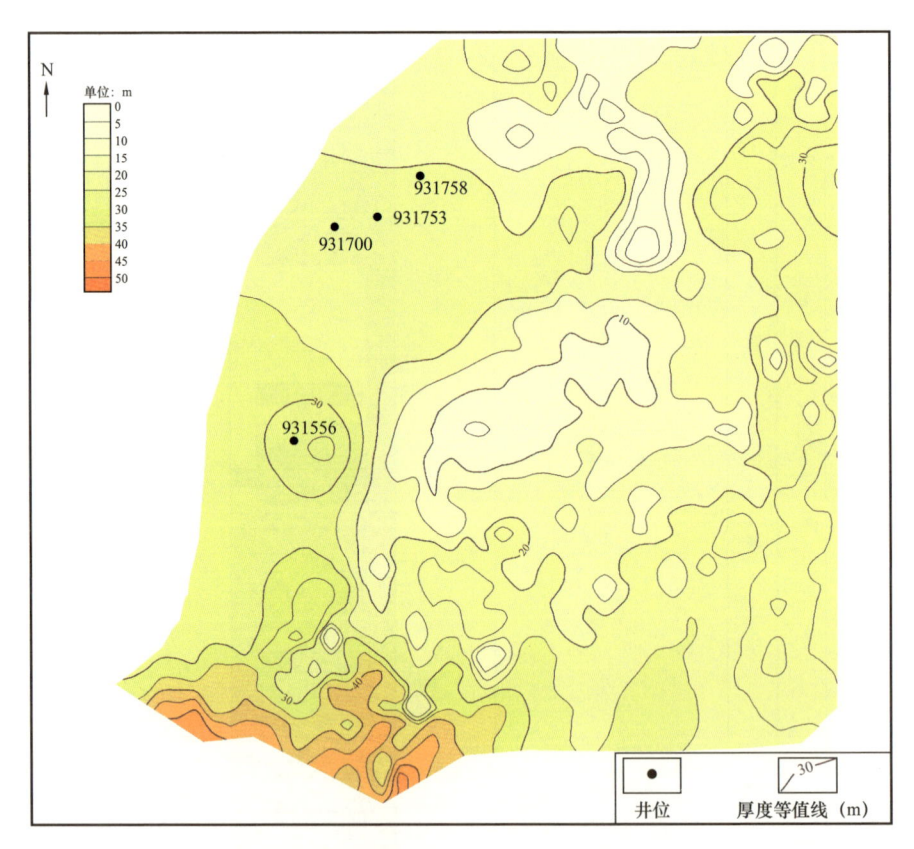

图 3-225　九区 93850 井区白垩系清水河组油层有效厚度等值线图

图注　① 93850 井区清水河组沉积厚度43.8～108.5m，平均66.0m，砂层厚度0.5～57.1m，平均20.2m，沉积厚度由工区南部向北部逐渐变薄，平面上砂体西南部和中部厚度较大；② 清水河组 $K_1q_1^2$ 层砂体厚度5.9～57.1m，平均厚度20.2m。平面上砂体厚度分布较均匀，西南部相对较厚，横向上砂体发育较稳定。

（二）构造特征

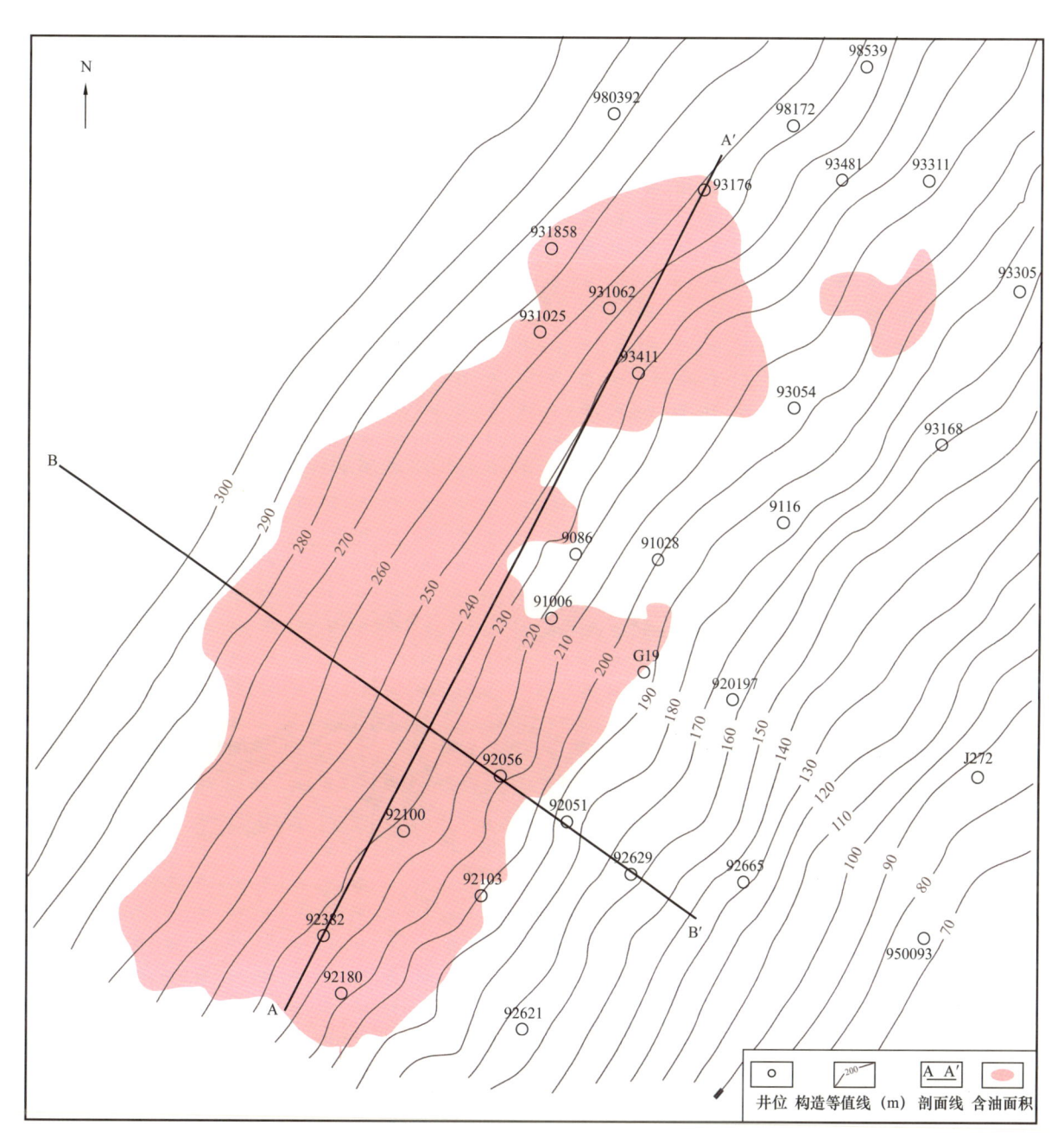

图 3-226　九区 93850 井区白垩系清水河组油藏顶部构造图

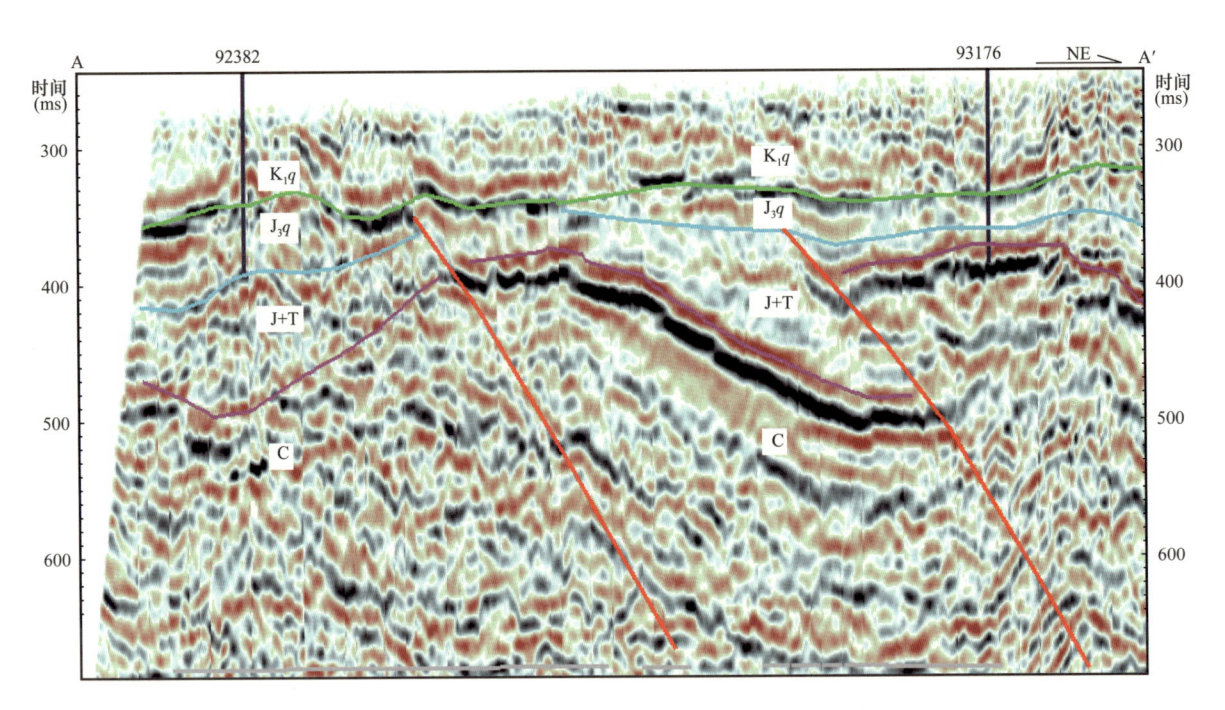

图 3-227　过 92382 井—93176 井地震地质解释剖面图

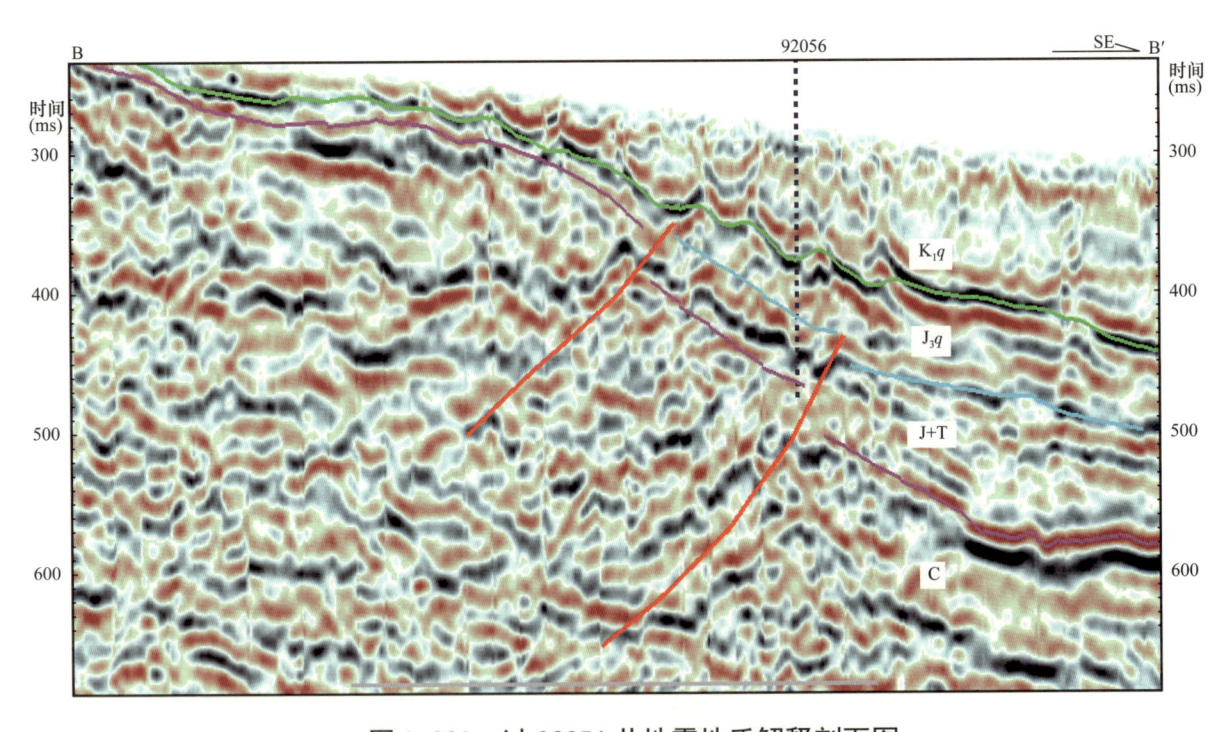

图 3-228　过 92056 井地震地质解释剖面图

图注　① 九区 93850 井区内清水河组砂层顶界构造形态简单，整体为西北向东南倾的单斜，地层倾角 5°左右；② 北部西白百断裂以及九区中部断裂均断开了侏罗系齐古组以下地层，白垩系清水河组未被断开。

（三）油藏剖面

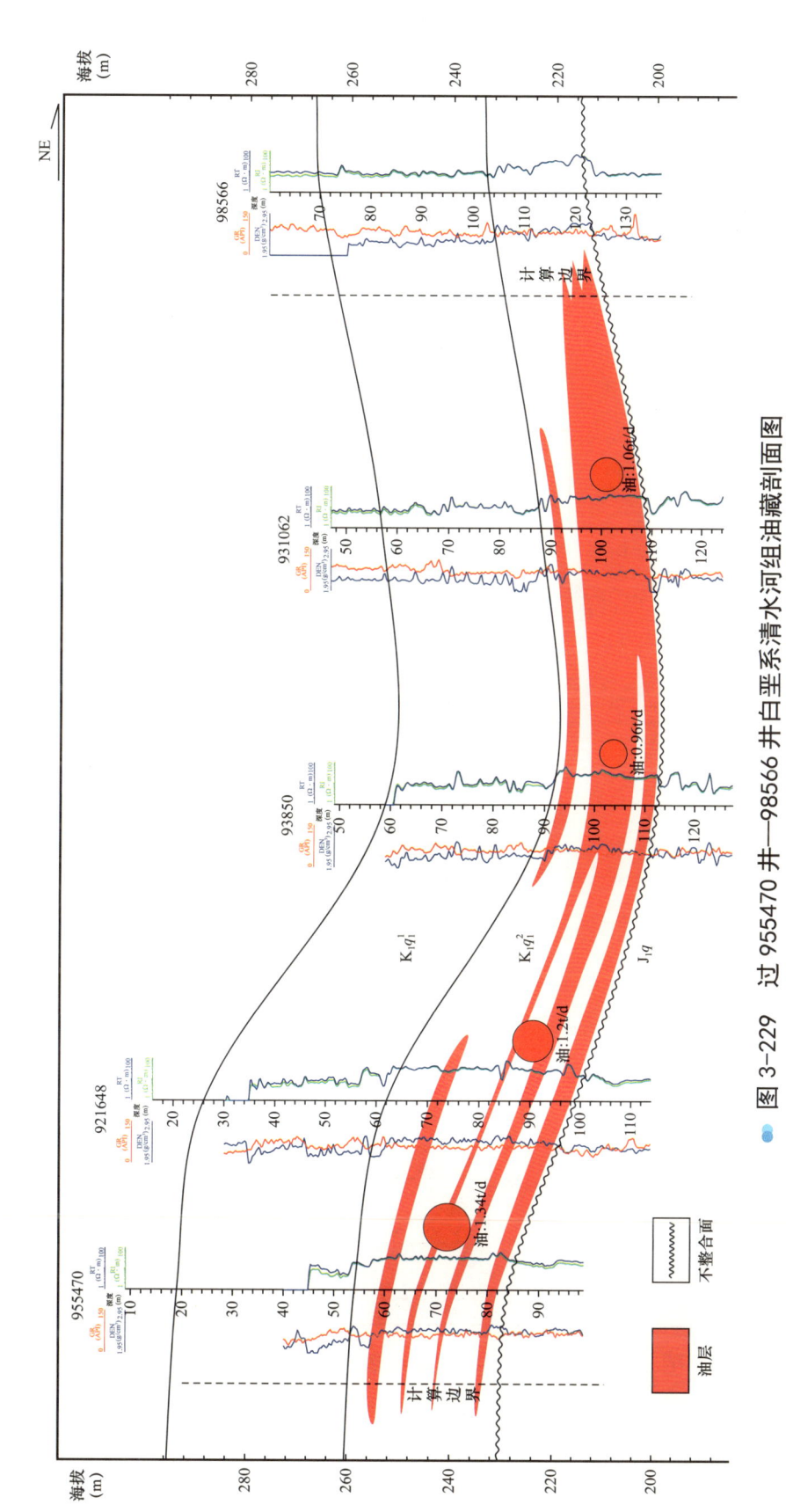

图 3-229 过 955470 井—98566 井白垩系清水河组油藏剖面图

图注 93850 井区清水河组油藏为主要受岩性控制、局部受构造控制的构造岩性稠油油藏。

（四）沉积特征

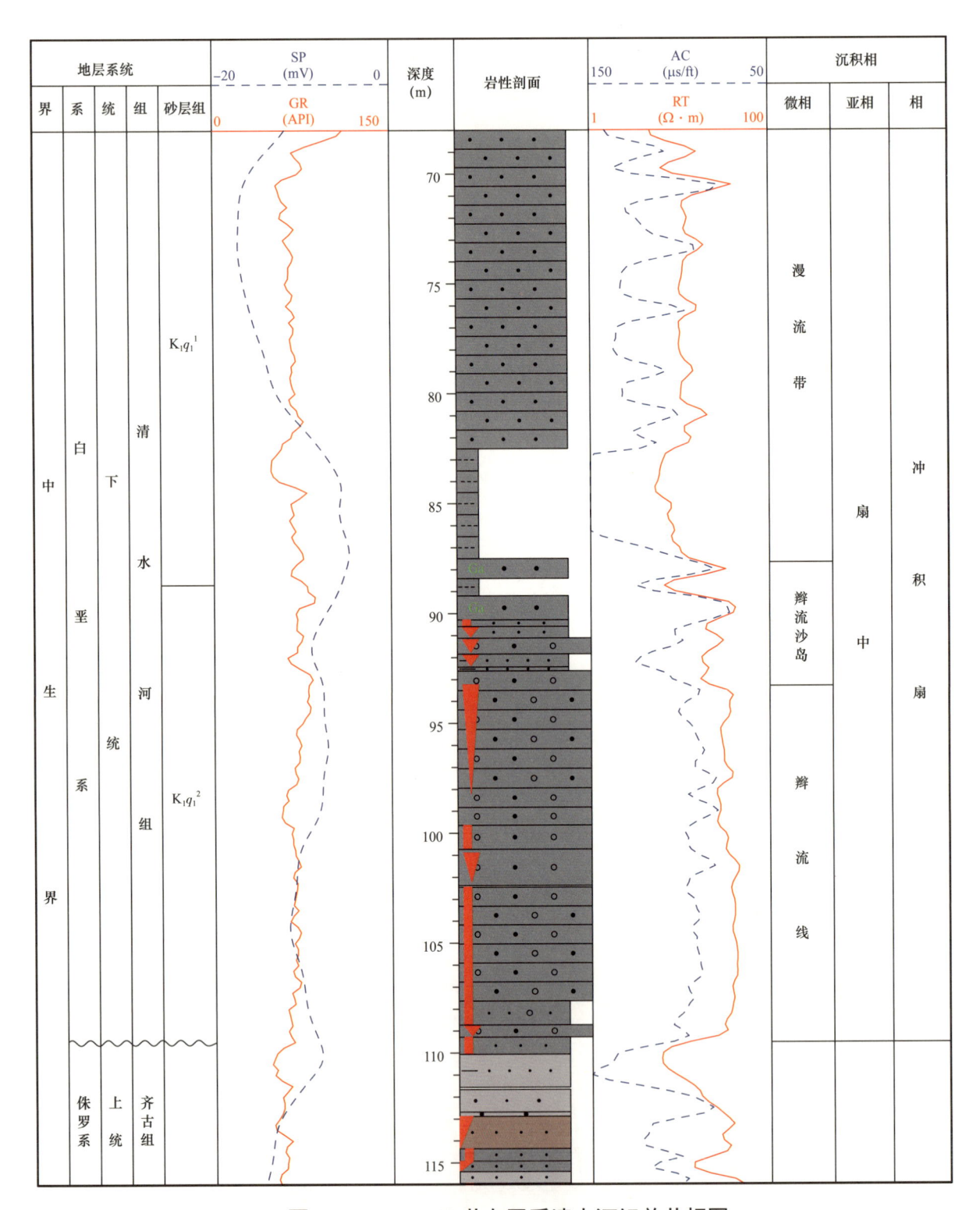

● 图 3-230　931062 井白垩系清水河组单井相图

图注　① 整体为一套冲积扇沉积相，主要发育扇中亚相；② 垂向上为辫流线、辫流沙岛和漫流带微相；③ 主力储层为辫流线微相。

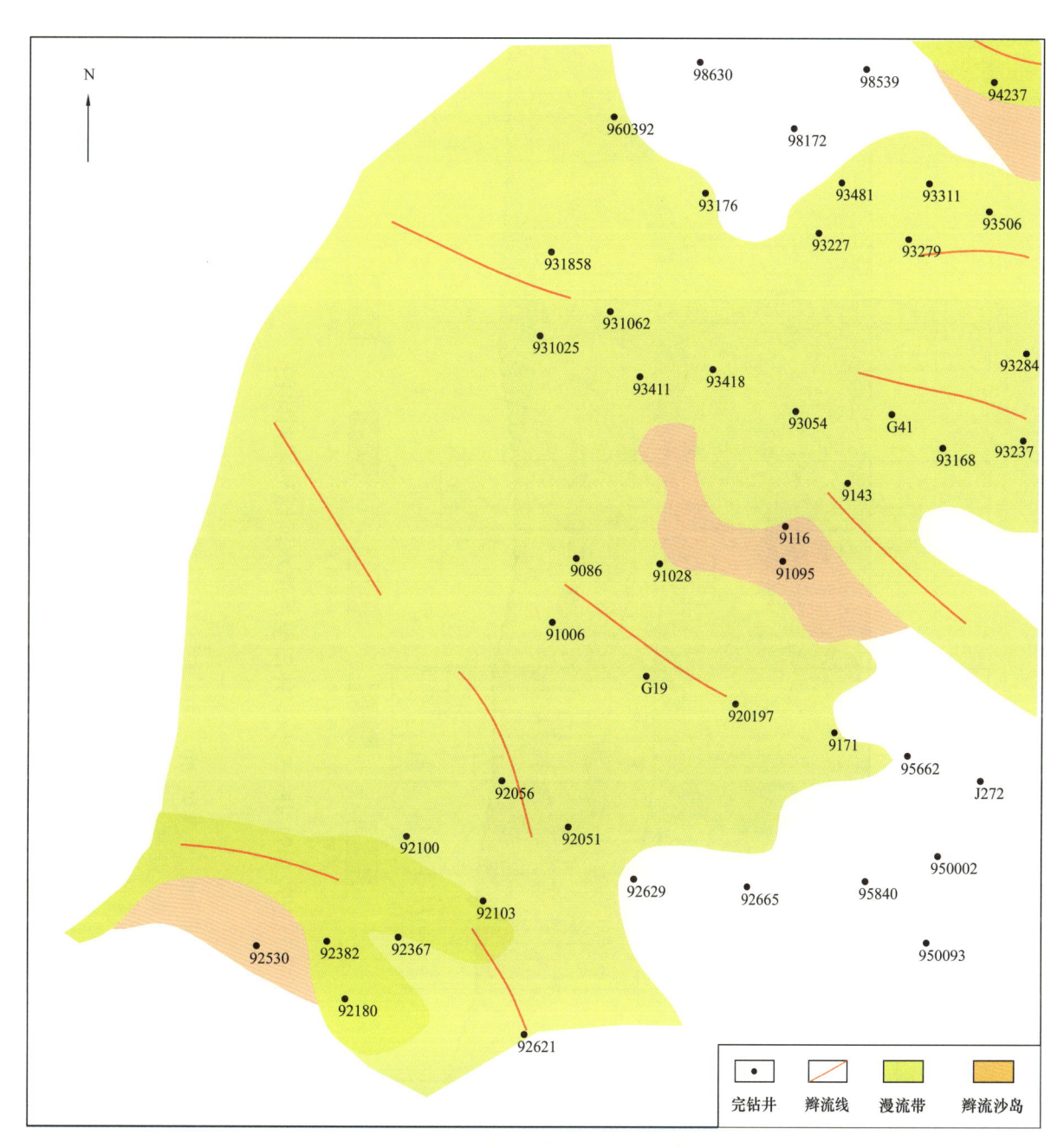

图 3-231 九区 93850 井区白垩系清水河组沉积相分布图

图注 ① 本区清水河组为冲积扇扇中亚相，扇中亚相可分为辫流线、辫流沙岛、漫流带三种微相，油藏主体区发育辫流线微相；② 沉积物物源来自西北部的扎伊尔山。

（五）储层特征

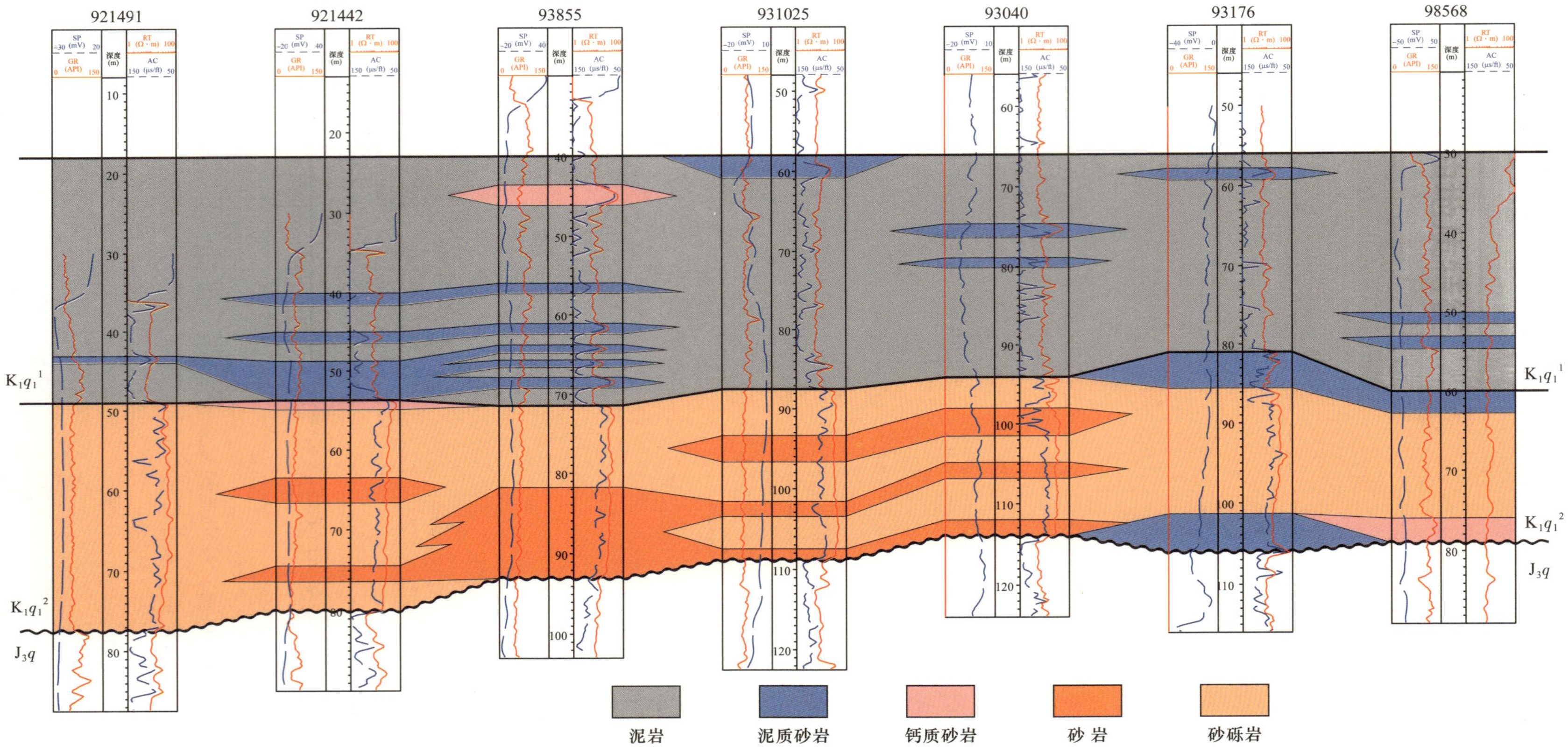

图 3-232 过 921491 井—98568 井白垩系清水河组砂层对比图

图注 ① 93850 井区清水河组沉积厚度 43.8~108.5m，平均 66.0m，岩性主要以砂砾岩、含砾砂岩为主，其次为泥岩、泥质粉砂岩、泥质细砂岩；② K_1q_1 层顶部主要发育一套泥岩、粉砂岩，局部夹薄层砂砾岩，底部主要发育一套砂砾岩储层。根据沉积旋回，K_1q_1 层自上而下划分为 $K_1q_1^1$、$K_1q_1^2$ 两个砂层组，含油层段为下部的 $K_1q_1^2$。

表 3-58　九区 93850 井区白垩系清水河组储层物性特征统计表

层位	类别	孔隙度(%) 样品数	孔隙度(%) 变化范围	孔隙度(%) 平均	渗透率(mD) 样品数	渗透率(mD) 变化范围	渗透率(mD) 平均
K_1q	储层	31	20.6~35.2	26.3	31	101~4150	872

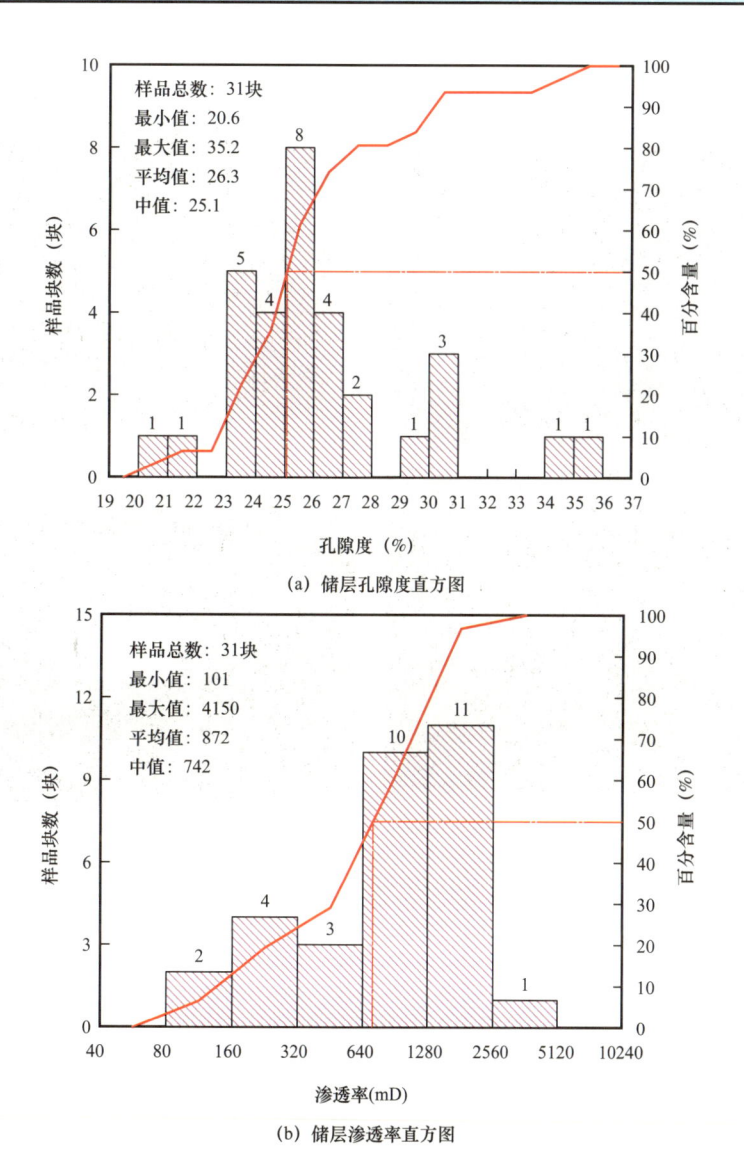

(a) 储层孔隙度直方图

(b) 储层渗透率直方图

图 3-233　九区 93850 井区白垩系清水河组孔隙度、渗透率分布直方图

图表注　油层孔隙度分布集中在 20.6%~35.2%，平均为 26.3%；渗透率分布在 101~4150mD，平均为 872mD。

● 图 3-234　九区 93850 井区白垩系清水河组岩心照片

图注　93850 井区白垩系清水河组岩性主要以砂砾岩、含砾砂岩为主，其次为泥岩、泥质粉砂岩、泥质细砂岩。

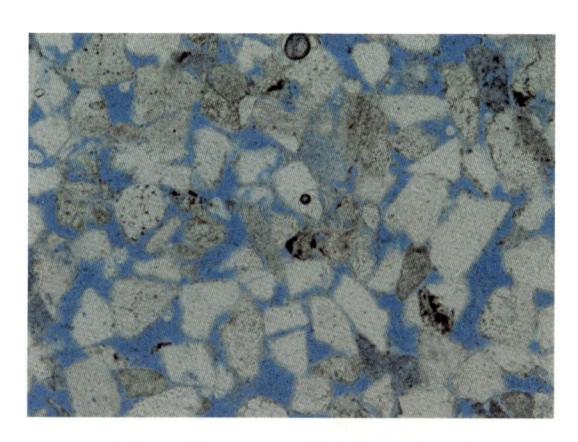

(a) 921062井，92.15m，原生粒间孔、剩余粒间孔

(b) 921062井，108.15m，原生粒间孔、剩余粒间孔

(c) 921062井，113m，原生粒间孔、剩余粒间孔

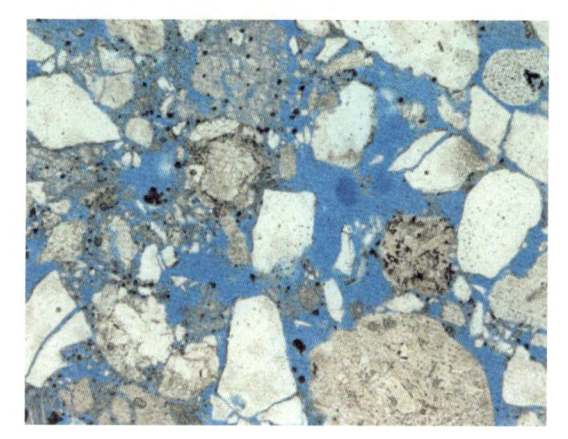

(d) 921062井，124.82m，原生粒间孔、剩余粒间孔

● 图 3-235　九区 93850 井区白垩系清水河组岩石铸体薄片照片

图注 ① 孔隙类型主要为原生粒间孔，平均 57.3%，其次为剩余粒间孔，平均 42.7%。孔隙直径 2.12~132.75μm，平均为 51.76μm，喉道宽度 1.08~23.21μm，平均为 9.55μm，面孔率平均为 3.72%。② 碎屑颗粒分选差—中等，磨圆度以次圆状为主，接触方式以点—线接触为主，点接触次之。胶结程度疏松—中等，胶结类型为孔隙型和孔隙—压嵌型。

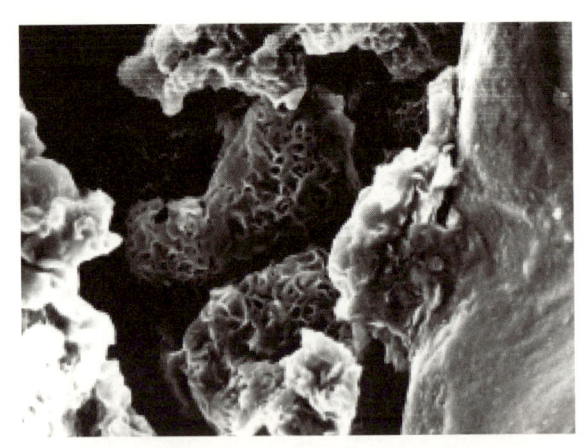

(a) 931062井，95.08m，粒表似蜂巢状伊/蒙混层矿物

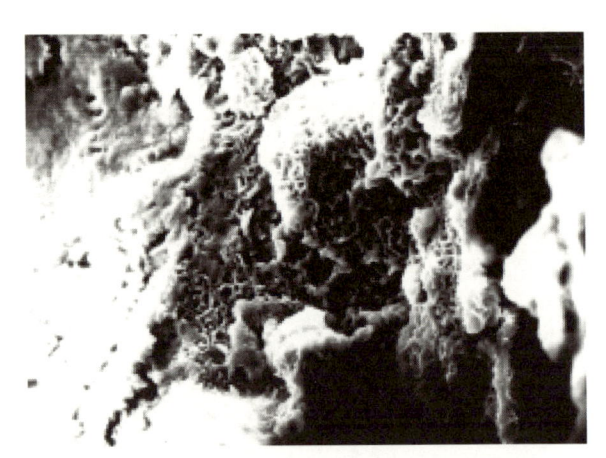

(b) 931062井，95.08m，粒表似蜂巢状伊/蒙混层矿物

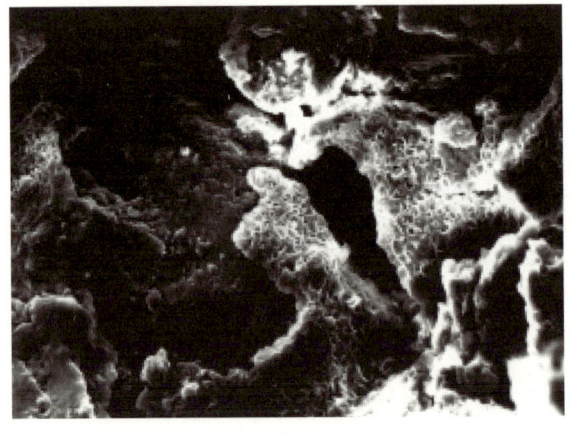

(c) 931062井，95.08m，粒表包裹的薄膜状伊/蒙混层矿物

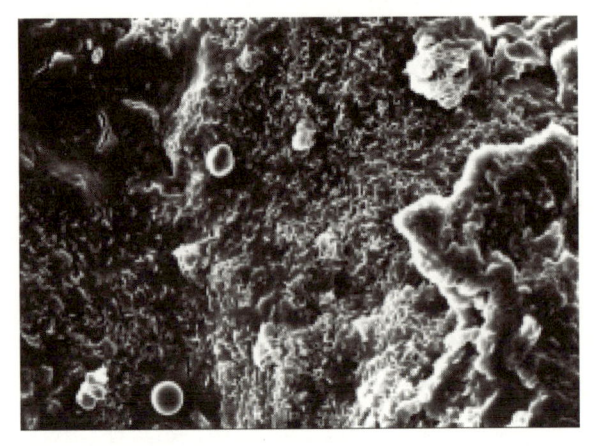

(d) 931062井，105.6m，粒表油浸现象与似蜂巢状伊/蒙混层矿物

● 图 3-236　九区 93850 井区白垩系清水河组扫描电镜照片

图注　① 93850 井区白垩系清水河组储层中黏土矿物成分以伊/蒙混层矿物为主，含量为 76.75%，其次为伊利石（10.75%）、绿泥石（7.25%）和高岭石（5.25%）；② 形态以片状、不规则状、蠕虫状为主。

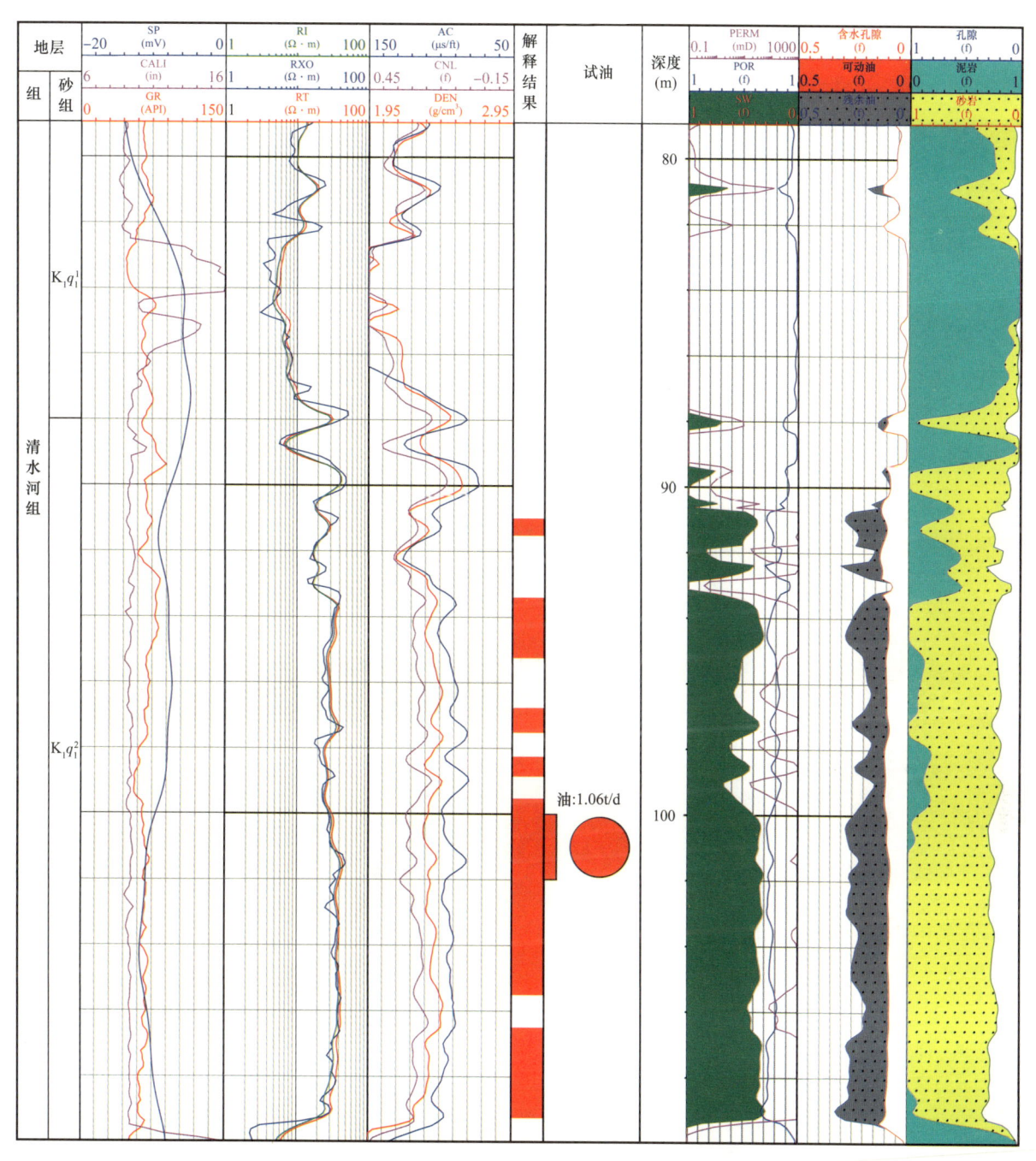

图 3-237　931062 井白垩系清水河组测井解释成果图

图注　① 93850 井区白垩系清水河组油层解释下限标准为：$RT>25\Omega\cdot m$，$\phi>20\%$。$S_o>60\%$；
② 共解释油层 12.33m/6 层。

（六）流体性质与压力系统

表 3-59　九区 93850 井区白垩系清水河组油藏地面原油性质参数表

层位	密度（g/cm³）	50℃黏度（mPa·s）	含蜡（%）	凝固点（℃）
K_1q	0.934	1061	—	—

表注　原油密度平均为 0.934g/cm³，50℃时地面脱气油黏度平均为 1061mPa·s。

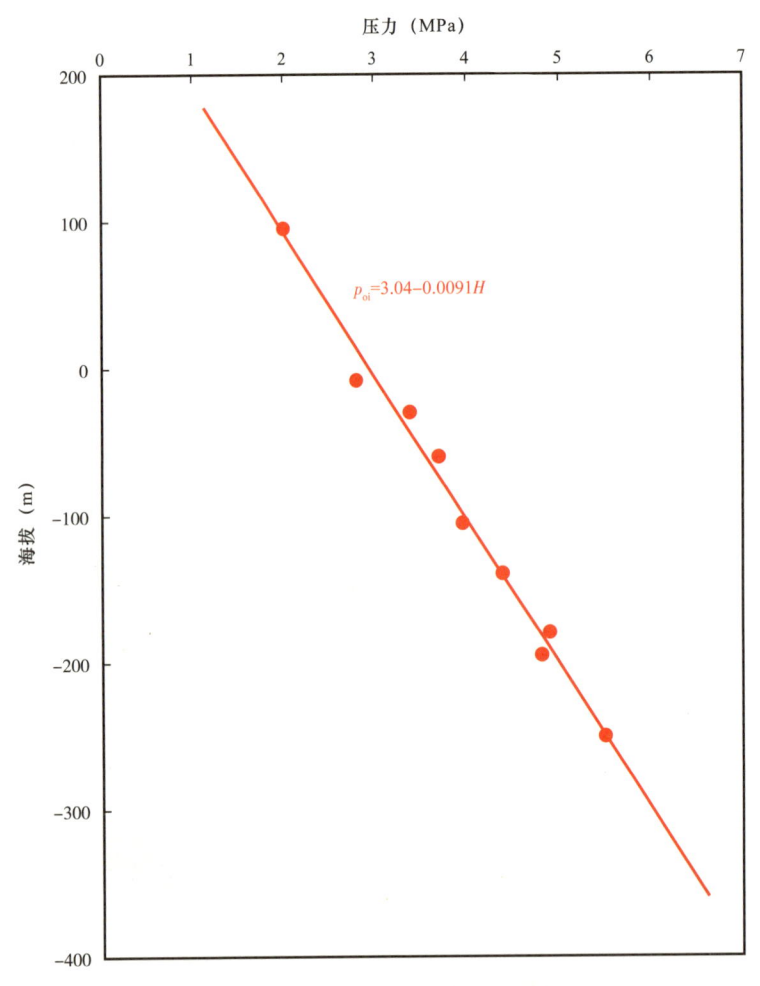

图 3-238　九区 93850 井区白垩系清水河组油藏中部地层压力梯度图

$p_{oi}=3.04-0.0091H$

图注　清水河组平均油层中部海拔 182m，原始地层压力为 1.38MPa，压力系数 1.28。

二、开发特征

● 图 3-239　九区 93850 井区白垩系清水河组油藏综合开发开发曲线图

图注　① 2012 年投入开发，最高开井数油井 54 口，2014 年产油量最高达 168.82×10⁴t；② 2013 年之后含水率上升较快，产出水类型主要为地层水；③ 2018 年 12 月，油井开井数 54 口，日产液 182t，日产油 51t，日注汽 1020m³，含水率 71.98%，采油速度 0.52%；累计产油 6.74×10⁴t，采出程度 2.65%。

参 考 文 献

陈建平，王绪龙，邓春萍，等.2016.准噶尔盆地烃源岩与原油地球化学特征［J］.地质学报，90（1）：37-67.

匡立春，薛新克，邹才能，等.2007.火山岩岩性地层油藏成藏条件与富集规律——以准噶尔盆地克百断裂带上盘石炭系为例［J］.石油勘探与开发，34（3）：285-290.

雷德文，陈刚强，刘海磊，等.2017.准噶尔盆地玛湖凹陷大油（气）区形成条件与勘探方向研究［J］.地质学报，91（7）：1604-1619.

刘永爱，董义军.2010.油气资源勘探开发一体化管理模式探析［J］.西安石油大学学报（社会科学版），19（1）：5-10.

石昕，张立平，何登发，等.2005.准噶尔盆地西北缘油气成藏模式分析［J］.天然气地球科学，16（4）：460-463.

隋风贵.2015.准噶尔盆地西北缘构造演化及其与油气成藏的关系［J］.地质学报，89（4）：779-793.

王屿涛，蒋少斌，1998.准噶尔盆地西北缘稠油分布的地质规律及成因探讨［J］.石油勘探与开发，25（5）：18-20.

谢宏，赵白，林隆栋，尤绮妹.1984.准噶尔盆地西北缘逆掩断裂区带的含油特点［J］.新疆石油地质，4（3）：1-15.

新疆油气区石油地质志（上册）编写组.1993.中国石油地质志（卷十五）：新疆油气区（上册）准噶尔盆地［M］.北京：石油工业出版社.

杨瑞麒，过洪波.1989.准噶尔盆地西北缘稠油油藏地质特征及成因分析［J］.新疆石油地质，10（1）：55-60.

印森林，吴胜和，冯文杰，等.2013.冲积扇储集层内部隔夹层样式——以克拉玛依油田一中区克下组为例［J］.石油勘探与开发，40（6）：757-763.

余宽宏，金振奎，李桂仔，等.2015.准噶尔盆地克拉玛依油田三叠系克下组洪积砾岩特征及洪积扇演化［J］.古地理学报，17（2）：143-159.

《中国油气田开发志》总编纂委员会.2011.中国油气田开发志.新疆油气区油气田卷（上卷）［M］.北京：石油工业出版社.

张国俊，杨文孝.1983.克拉玛依大逆掩断裂带构造特征及找油领域［J］.新疆石油地质，（1）：1-5.

张义杰，2003.准噶尔盆地断裂控油的流体地球化学证据［J］.新疆石油地质，24（2）：100-106.

张越迁，陈中红，唐勇，等.2014.准噶尔盆地克百断裂带火山岩储层特征研究［J］.沉积学报，32（4）：754-765.

支东明，曹剑，向宝力，等.2016.玛湖凹陷风城组碱湖烃源岩生烃机理及资源量新认识［J］.新疆石油地质，37（5）：499-506.